Bibliothek des technischen Wissens

Thomas Apprich

# 3D-CAD mit Inventor in der Metalltechnik

mit Internet-Online-Support
www.europa-lehrmittel.de/inventor2

2. Auflage

VERLAG EUROPA-LEHRMITTEL · Nourney, Vollmer GmbH & Co. KG
Düsselberger Straße 23 · 42781 Haan-Gruiten

Europa-Nr.: 53316

**Der Autor des Buches:**

**Oberstudienrat Dipl.-Ing. (FH) Thomas Apprich** unterrichtet CAD an der Technikerschule Maschinentechnik, sowie im Berufskolleg für Technische Zeichner an der Technischen Schule Aalen und ist Dozent für berufliche Weiterbildung in CAD.

**Lektorat:**

Prof. Dr.-Ing. D. Schmid, Aalen

**Bildbearbeitung:**

Zeichenbüro des Verlags Europa-Lehrmittel GmbH & Co., Leinfelden-Echterdingen

2. Auflage 2005
Druck 5 4 3 2
Alle Drucke derselben Auflage sind parallel einsetzbar, da sie bis auf die Behebung von Druckfehlern untereinander unverändert sind.
Das vorliegende Buch wurde auf der **Grundlage der neuen amtlichen Rechtschreibregeln** erstellt.

ISBN 978-3-8085-5332-9

Inventor ist ein eingetragenes Warenzeichen der Autodesk Inc.

Diesem Buch wurden die neuesten Ausgaben der DIN-Blätter zugrunde gelegt.
Verbindlich sind jedoch nur die DIN-Blätter selbst. Die DIN-Blätter können von der Beuth-Verlag GmbH, Burggrafenstraße 6, 10787 Berlin, und Kamekestraße 2-8, 50672 Köln, bezogen werden.

Alle Rechte vorbehalten. Das Werk ist urheberrechtlich geschützt. Jede Verwertung außerhalb der gesetzlich geregelten Fälle muss vom Verlag schriftlich genehmigt werden.

Umschlaggestaltung unter Verwendung technischer Zeichnungen des Autors.

© 2005 by Verlag Europa-Lehrmittel, Nourney, Vollmer GmbH & Co. KG, 42781 Haan-Gruiten
http://www.europa-lehrmittel.de

Satz: Meis Grafik, 59469 Ense
Druck: Media Print GmbH, 33100 Paderborn

# Vorwort

Der Einsatz von 2D-CAD-Systemen zum computergestützten Zeichnen und Konstruieren hat sich inzwischen zum Standard in der heutigen automatisierten Fertigung entwickelt. Der Einsatz von 3D-CAD-Systemen ist notwendig, wenn eine geschlossene Prozesskette in der Fertigung erreicht werden soll. Aus allen Bereichen der automatisierten Fertigung werden 3D-Modelldaten gefordert. Diese Forderungen können z. B. aus dem Bereich des Qualitätsmanagement kommen, für Referenzdaten zu einer Messmaschine, aus dem Bereich der Zerspanung zur Generierung von Fräsbahnen oder auch aus dem Vertrieb zur fotorealistischen Darstellung eines Produkts.
Dazu kommt, dass in 3D-CAD-Systemen dem Entwickler und Konstrukteur praxisorientierte Konstruktionswerkzeuge wie zum Beispiel Arbeitsumgebungen zur Konstruktion von Blechteilen oder zur Gestaltung von Schweißzusammenbauten, zur Verfügung stehen.

Das vorliegende Lehrbuch führt den Technischen Zeichner, den Techniker oder Meister und den Konstrukteur in der beruflichen Aus- und Weiterbildung in die Begriffswelt von CAD ein und macht ihn mit CAD systemneutral vertraut. In dem Kapitel Einführung wird er an die Oberfläche des Systems Inventor herangeführt und lernt in den Folgekapiteln die Skizzenerstellung und die 3D-Bauteilmodellierung kennen. Ein Kapitel befasst sich mit der Modellierung von Blechteilen. In den beiden Kapiteln zum Thema Zusammenbau ist eines den Schweißzusammenbauten gewidmet. Weitere Kapitel beschäftigen sich mit der Präsentation von Zusammenbauten und mit der Zeichnungserstellung. Im letzten Kapitel werden die Möglichkeiten der Variantenkonstruktion, der Teilefamilien und der Katalogteile aufgezeigt.

Besonderer Wert wurde in diesem Buch auf die Auswahl von didaktisch aufbereiteten, praxisorientierten und leicht nachvollziehbaren Übungsbeispielen aus dem allgemeinen Maschinenbau gelegt. In zwölf Projekten werden die Inhalte des jeweiligen Kapitels wiederholt und vertieft. Schritt für Schritt wird der Anwender durch die Projekte bis zur Lösung geführt. Da viele Befehle und auch Vorgehensweisen bei modernen 3D-CAD-Systemen ähnlich sind, bietet die Beherrschung des Systems Inventor auch die Möglichkeit, sich in kurzer Zeit in ein anderes 3D-CAD-System einzuarbeiten.

Ab der zweiten Auflage stehen den Nutzern des Buches **„3D-CAD mit Inventor"** mehrere Dateien kostenlos als Ergänzung zum Buch zur Verfügung. Die Dateien zu den Projekten ergänzen die Aufgabenstellung und stellen eine nachvollziehbare Lösung des Projekts dar. Weitere Projekte und Übungsbeispiele dienen zum selbstständigen Lernen. Die optimierten Vorlagedateien können in das *template*-*Verzeichnis* im Inventor-Installationspfad kopiert werden. Der Link zum Online-Support ist www.europa-lehrmittel.de/inventor2.

Sommer 2005                                                                                                              Thomas Apprich

# Inhaltsverzeichnis

| | | |
|---|---|---|
| **1** | **Grundlagen CAD** | **7** |
| 1.1 | Begriffsdefinition und Bedeutung von CAD | 7 |
| 1.2 | Anforderungen an ein CAD-System | 8 |
| 1.3 | CAD- Arbeitsplatz | 8 |
| 1.3.1 | Anforderungen an einen CAD-Arbeitsplatz | 9 |
| 1.3.2 | Rechner | 9 |
| 1.3.3 | CAD-Bildschirme | 10 |
| 1.3.4 | Eingabegeräte | 11 |
| 1.3.5 | Drucker und Plotter | 11 |
| 1.3.6 | 3D-Printing, Rapid prototyping | 12 |
| 1.4 | 2D-Systeme | 13 |
| 1.4.1 | Anforderungen an 2D-Systeme | 14 |
| 1.5 | 3D-Systeme | 15 |
| 1.5.1 | Modelldarstellung | 16 |
| 1.5.2 | 3D-Koordinatensysteme | 17 |
| 1.5.3 | 3D-Geometrieelemente | 18 |
| 1.5.3.1 | Flächen | 18 |
| 1.5.3.2 | Basis-Volumenkörper | 18 |
| 1.5.3.3 | Skizzenbasierende Geometrieelemente | 19 |
| 1.5.3.4 | Platzierte Geometrieelemente | 19 |
| 1.5.4 | Erzeugungslogik | 20 |
| 1.5.5 | 3D-Manipulationen | 21 |
| 1.5.6 | Darstellungshilfen | 22 |
| 1.5.7 | Zeichnungsableitung | 23 |
| 1.5.8 | Bauteilparametrik, Assoziativität, Adaptivität | 24 |
| 1.5.9 | Teilefamilien, tabellengesteuerte Teile | 25 |
| 1.5.10 | Normteilbibliotheken, Internetanbindung | 25 |
| **2** | **Einführung** | **26** |
| 2.1 | Das Programm Inventor starten | 26 |
| 2.2 | Der Startbildschirm | 26 |
| 2.3 | Erste Schritte – Basisinformationen | 27 |
| 2.4 | Erstellen neuer Objekte – Dokumentvorlagen | 27 |
| 2.5 | Speichern von Dateien | 29 |
| 2.6 | Öffnen bestehender Dateien | 30 |
| 2.7 | Schließen von Dateien | 32 |
| 2.8 | Beenden | 32 |
| 2.9 | Projekte | 32 |
| 2.9.1 | Neues Projekt erstellen | 33 |
| 2.9.2 | Projekte editieren | 34 |
| 2.10 | Maustastenbelegung | 35 |
| 2.11 | Tasten-Shortcuts | 36 |
| 2.12 | Auswahloptionen | 37 |
| 2.13 | Zoom-Befehle | 38 |
| 2.14 | Das Ansichtswerkzeug *Drehen* | 38 |
| 2.15 | Bauteildarstellung | 39 |
| 2.16 | Farbe, Texturen, Beleuchtung und Materialien | 40 |
| 2.17 | iProperties – Eigenschaften | 44 |
| 2.18 | Darstellung des Schwerpunktes | 46 |
| 2.19 | Ein- und Ausschalten der Objektsichtbarkeit | 46 |
| 2.20 | Messen an Bauteilen und Baugruppen | 47 |
| 2.21 | Dokumenteinstellungen | 48 |
| 2.22 | Fensterhandhabung | 49 |
| **3** | **Bauteilmodellierung – Skizzenerstellung** | **50** |
| 3.1 | Erstellen eines neuen Bauteils | 51 |
| 3.2 | Voreinstellungen der Vorlagedatei *norm.ipt* | 52 |
| 3.3 | Die veränderte Vorlagedatei *norm.ipt* speichern – Speicherort | 53 |
| 3.4 | Die Benutzeroberfläche | 54 |
| 3.4.1 | Die Schaltflächenleisten bei der Bauteilmodellierung | 55 |
| 3.4.2 | Der Browser bei der Bauteilmodellierung | 57 |
| 3.5 | Die Skizzenerstellung | 58 |
| 3.6 | Vorgehensweise bei der Skizzenerstellung | 59 |
| 3.6.1 | Eine neue Skizze erstellen | 59 |
| 3.6.2 | Eine Skizze beenden | 59 |
| 3.7 | Zeichenhilfen im *Skizziermodus* | 60 |
| 3.7.1 | Zeichenhilfe *Raster* | 60 |
| 3.7.2 | Zeichenhilfe *Systemursprung* | 60 |
| 3.7.3 | Zeichenhilfe *Präzise Eingabe* | 60 |
| 3.7.4 | Zeichenhilfe *System Rückmeldungen* | 61 |
| 3.8 | Skizzierwerkzeuge | 62 |
| 3.8.1 | Skizzierwerkzeuge *Linie* und *Spline* | 62 |
| 3.8.2 | Skizzierwerkzeuge *Kreis* und *Ellipse* | 62 |
| 3.8.3 | Skizzierwerkzeug *Bogen* | 63 |
| 3.8.4 | Skizzierwerkzeug *Rechteck* | 63 |
| 3.8.5 | Skizzierwerkzeug *Punkt* | 63 |
| 3.8.6 | Skizzierwerkzeug *Polygon* | 64 |
| 3.8.7 | Skizzierwerkzeug *Geometrie projizieren* | 64 |
| 3.8.8 | Skizzierwerkzeug *AutoCAD Datei einfügen* | 64 |
| 3.8.9 | Skizzierwerkzeug *Text erstellen* | 65 |
| 3.8.10 | Skizzierwerkzeug *Bild einfügen* | 65 |
| 3.9 | Bestehende Skizzen bearbeiten und verändern | 66 |
| 3.9.1 | 2D-Abrunden und 2D-Fase | 66 |
| 3.9.2 | Rechteckige und runde Anordnung | 67 |
| 3.9.3 | Skizzierte Geometrie spiegeln | 70 |
| 3.9.4 | Dehnen und Stutzen | 71 |
| 3.9.5 | Versatz | 72 |

# Inhaltsverzeichnis

| | | |
|---|---|---|
| 3.9.6 | Schieben | 73 |
| 3.9.7 | Drehen | 74 |
| 3.9.8 | Allgemeine Bemaßung | 75 |
| 3.9.9 | Automatische Bemaßung | 78 |
| 3.9.10 | Parametrische Bemaßung | 79 |
| 3.9.11 | Bemaßung bearbeiten und löschen | 81 |
| 3.9.12 | Getriebene Bemaßung | 81 |
| 3.10 | Abhängigkeiten in Skizzen | 82 |
| 3.10.1 | Abhängigkeitsarten | 82 |
| 3.10.2 | Abhängigkeiten anzeigen und löschen | 84 |
| **4** | **Bauteilmodellierung** | **86** |
| 4.1 | Grundlegende Werkzeuge der 3D-Elemente-Modellierung | 86 |
| 4.1.1 | Extrusion | 86 |
| 4.1.2 | Drehung | 88 |
| 4.1.3 | Bohrung | 89 |
| 4.2 | Modellierte 3D-Elemente ändern | 93 |
| 4.3 | Grundlegende platzierte 3D-Elemente modellieren | 93 |
| 4.3.1 | 3D-Modellierung von Rundungen | 94 |
| 4.3.2 | 3D-Modellierung von Fasen | 97 |
| 4.3.3 | 3D-Modellierung von Gewinden | 99 |
| 4.4 | 3D-Modellierung von Wandstärken | 107 |
| 4.5 | 3D-Modellierung von Rippen | 108 |
| 4.6 | 3D-Modellierung einer Flächenverjüngung | 110 |
| 4.7 | 3D-Manipulationen von 3D-Elementen | 110 |
| 4.7.1 | Rechteckige Anordnung | 111 |
| 4.7.2 | Runde Anordnung | 112 |
| 4.7.3 | Spiegeln von Elementen | 113 |
| 4.8 | 3D-Modellierung von Spiralen | 118 |
| 4.9 | 3D-Modellierfunktion Trennen | 119 |
| 4.10 | 3D-Arbeitselemente | 121 |
| 4.10.1 | Arbeitsebene | 121 |
| 4.10.2 | Arbeitsachse | 122 |
| 4.10.3 | Arbeitspunkte | 123 |
| 4.11 | 3D-Modellierung Sweeping | 123 |
| 4.12 | 3D-Modellierung Erhebung | 126 |
| 4.13 | 3D-Modellierung mit Flächen | 128 |
| 4.13.1 | Fläche heften | 128 |
| 4.13.2 | Flächen ersetzen | 128 |
| 4.13.3 | Flächen löschen | 128 |
| 4.13.4 | 3D-Modellierung Verdickung/Versatz | 129 |
| 4.13.5 | 3D-Modellierung Prägung | 130 |
| 4.13.6 | 3D-Modellierung Aufkleber | 132 |
| **5** | **Blechteilmodellierung** | **133** |
| 5.1 | Grundlagen der Blechteilmodellierung | 133 |
| 5.1.1 | Blechstile | 134 |
| 5.1.2 | Grundlagen der Biegeumformung und Biegungstabellen | 135 |
| 5.2 | Fläche | 137 |
| 5.3 | Lasche | 138 |
| 5.4 | Eckverbindungen | 139 |
| 5.5 | Ausklinkungen | 140 |
| 5.6 | Freie Lasche | 141 |
| 5.7 | Abwicklung von Blechmodellen | 142 |
| 5.8 | Konturlasche | 143 |
| 5.9 | Biegung | 144 |
| 5.10 | Falz | 145 |
| 5.11 | Bohrungen, Eckenrundungen und Eckenfasen | 146 |
| 5.12 | Stanzwerkzeug | 147 |
| **6** | **Zusammenbau – Baugruppen** | **153** |
| 6.1 | Konstruktionsstrategien im Zusammenbau | 153 |
| 6.2 | Erstellung einer neuen Zusammenbaudatei | 153 |
| 6.3 | Schaltflächenleiste Baugruppe | 154 |
| 6.4 | Der Browser in einer Baugruppe | 154 |
| 6.5 | Komponente platzieren | 155 |
| 6.6 | Komponente erstellen | 157 |
| 6.7 | Komponente anordnen | 158 |
| 6.8 | Baugruppenabhängigkeit | 159 |
| 6.9 | Komponente ersetzen | 161 |
| 6.10 | Komponente verschieben und drehen | 162 |
| 6.11 | Schnittansicht der Baugruppe | 162 |
| 6.12 | Normteilbibliothek im Zusammenbau | 163 |
| 6.13 | Steuerelemente der Normteilbibliothek | 165 |
| 6.14 | Objekt einfügen | 166 |
| 6.15 | Externe Normteile einfügen | 167 |
| 6.16 | Adaptive Bauteile | 168 |
| **7** | **Zusammenbau – Schweißen** | **173** |
| 7.1 | Erstellung einer neuen Schweißbaugruppe | 173 |
| 7.2 | Umwandeln einer Standardbaugruppe in eine Schweißbaugruppe | 174 |
| 7.3 | Schweißen – Definition von Schweißnähten | 176 |
| 7.3.1 | Kehlnähte als modelliertes Volumen | 176 |
| 7.3.2 | Schweißnahtzeichen | 177 |
| 7.4 | Nahtvorbereitung und Bearbeitung | 178 |
| **8** | **Präsentation** | **182** |
| 8.1 | Eine neue Präsentation erstellen | 182 |
| 8.2 | Eine Ansicht erstellen | 183 |
| 8.3 | Komponentenposition ändern | 184 |
| 8.4 | Präsentationsansicht bearbeiten | 185 |
| 8.5 | Aufgabe und Sequenzen bearbeiten | 185 |
| 8.6 | Präsentationen animieren | 186 |
| **9** | **Zeichnungserstellung** | **189** |
| 9.1 | Eine neue Zeichnung erstellen | 189 |
| 9.2 | Zeichnungsressourcen | 190 |
| 9.2.1 | Arbeitsblattformate | 190 |
| 9.2.2 | Zeichnungsrahmen (Ränder) | 190 |
| 9.2.3 | Schriftfelder | 191 |

| | | | | | |
|---|---|---|---|---|---|
| 9.2.4 | Skizzierte Symbole | 192 | 9.4.2 | Mittellinien, Mittelpunktsmarkierungen und Symmetrielinien | 205 |
| 9.3 | Zeichnungsansichten erstellen | 194 | | | |
| 9.3.1 | Definition von Erstansichten | 194 | 9.4.3 | Oberflächensymbol | 206 |
| 9.3.2 | Definition von Parallelansichten | 194 | 9.4.4 | Form- und Lagetoleranzen, Bezugssymbol | 208 |
| 9.3.3 | Definition von Hilfsansichten | 196 | | | |
| 9.3.4 | Definition von Schnittansichten | 196 | 9.4.5 | Text und Führungslinientext | 209 |
| 9.3.5 | Definition von Detailansichten | 197 | 9.4.6 | Revisionstabelle und Revisionsbezeichnung | 210 |
| 9.3.6 | Definition von unterbrochenen Ansichten | 197 | | | |
| | | | 9.4.7 | Symbole | 210 |
| 9.3.7 | Definition von Ausschnittansichten | 198 | 9.4.8 | Positionsnummern und Stücklisten | 212 |
| 9.3.8 | Entwurfsansichten und neue Blätter | 198 | 9.4.9 | Zeichnungserstellung von geschweißten Bauteilen | 215 |
| 9.4 | Zeichnungskommentare | 199 | | | |
| 9.4.1 | Zeichnungsbemaßung | 199 | 9.4.10 | Voreinstellungen bei der Zeichnungserstellung | 216 |
| 9.4.1.1 | Bemaßungen abrufen | 200 | | | |
| 9.4.1.2 | Allgemeine Bemaßung | 200 | | | |
| 9.4.1.3 | Basislinienbemaßung | 202 | **10** | **Variantenkonstruktion** | **217** |
| 9.4.1.4 | Koordinatenbemaßungssatz | 202 | 10.1 | iFeatures | 217 |
| 9.4.1.5 | Koordinatenbemaßung | 203 | 10.2 | iParts | 219 |
| 9.4.1.6 | Bohrungstabelle | 204 | 10.3 | Abgeleitete Komponenten | 220 |
| 9.4.1.7 | Bemaßung von Bohrungen und Gewinden | 205 | **Sachwortverzeichnis** | | **222** |

**Projekte**

| | | | | |
|---|---|---|---|---|
| Projekt 1 | Konstruktion einer Grundplatte für eine Spannvorrichtung | | Projekt 8 | Zusammenbau eines Rollenbocks nach der Bottom-Up Methode |
| Projekt 2 | Konstruktion einer Achse für einen Keilriementrieb | | Projekt 9 | Schweißkonstruktion eines Schwenkhebels |
| Projekt 3 | Konstruktion eines Gelenkkopfes | | Projekt 10 | Präsentation eines Zahnrads mit Spannelementen |
| Projekt 4 | Konstruktion einer Haube | | | |
| Projekt 5 | Konstruktion eines verrippten Gehäusedeckels aus Guss | | Projekt 11 | Norm- und fertigungsgerechte Zeichnungserstellung eines Lagerbocks |
| Projekt 6 | Konstruktion eines Gerätegehäuses aus Stahlblech | | Projekt 12 | Erstellung einer Gesamtzeichnung einer Keilriemenscheibe mit Lagerbock |
| Projekt 7 | Konstruktion eines Deckels auf das Blechgehäuse | | | |

# 1 Grundlagen CAD

## 1.1 Begriffsdefinition und Bedeutung von CAD

CAD war ursprünglich die Abkürzung für *computer aided drafting*, also computerunterstütztes Zeichnen. Die zunehmende Leistungsfähigkeit der Computer ermöglicht es, die entsprechend weiter entwickelten CAD-Systeme zum Entwerfen und Konstruieren einzusetzen. CAD lässt sich somit auch im Sinne von *computer aided design*, also computerunterstütztem Konstruieren, interpretieren.

An heutigen CAD-Arbeitsplätzen können je nach Leistungsfähigkeit des CAD-Systems neben der ursprünglichen grafischen Aufgabe weitere Aufgaben beim Entwerfen und Konstruieren wie beispielsweise Festigkeitsberechnungen, Verformungssimulationen, Bewegungssimulationen oder Datenaustausch mit anderen Datenverarbeitungssystemen (DV-Systemen) ausgeführt werden. Demnach ist CAD heute ein Sammelbegriff für alle Aktivitäten, bei denen die EDV (Elektronische Datenverarbeitung) direkt oder indirekt im Rahmen von Entwicklungs- und Konstruktionstätigkeiten eingesetzt wird.

Für die unterschiedlichen Industriezweige werden zunehmend so genannte anwendungsspezifische CAD-Systeme entwickelt. Diese Systeme sind für die entsprechenden Anwendungen optimal zugeschnitten. Damit wird sichergestellt, dass die Kosten für ein CAD-System (Software) nebst den zugehörigen Geräten (Hardware) in vertretbaren Grenzen bleiben. Außerdem ist mit solchen problemorientierten Systemen ein effektives Arbeiten ohne große DV-Kenntnisse möglich.

Die Entwicklung der CAD-Systeme ist nicht abgeschlossen. Mit weiter zunehmender Leistungsfähigkeit der Hardware wird auch die Leistungsfähigkeit der CAD-Software weiter steigen. Dabei dürfte vor allem die Vernetzung von CAD mit anderen DV-Systemen eines Betriebes, wie PPS (Produktionsplanung und -steuerung), CAM (computerunterstütze Fertigung) oder CAQ (computerunterstützte Qualitätssicherung) im Vordergrund stehen. Darüber hinaus bekommt die Simulation von Problemlösungen in verschiedenen Alternativen besondere Bedeutung. Sie ermöglicht es im Voraus, die optimale Lösung in Bezug auf Funktion und Kosten zu finden und steigert so die Wettbewerbsfähigkeit des Unternehmens.

**Beispiele für CAD-Arbeitsplätze**

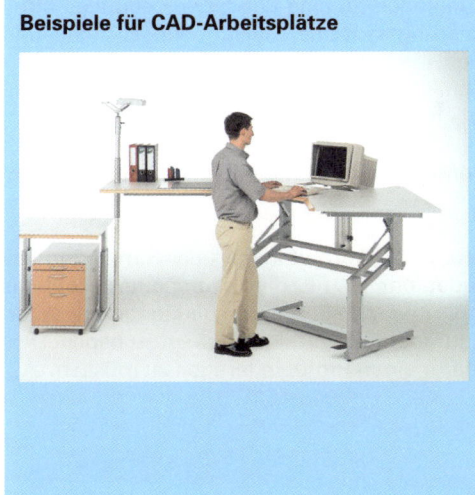

Multifunktionale, ergonomische Arbeitsplätze, höhenverstellbare Monitortische und Schreibtische für abwechselndes Arbeiten im Stehen oder Sitzen.

## 1.2 Anforderungen an ein CAD-System

Die Beschaffung eines CAD-Systems ist unter folgenden Gesichtspunkten zu sehen:

- CAD soll die Erstellung von Konstruktions- und Einzelteilzeichnungen effizienter machen und somit die Kosten der Konstruktion senken.

- CAD soll die Qualität der Konstruktion und damit die des Produktes erhöhen.

- CAD soll die zu fertigenden Produkte EDV-mäßig erfassen und für andere DV-Systeme zur Verfügung stellen, z. B. für die NC-Programmierung.

Um diese allgemeinen Zielsetzungen erfüllen zu können, muss ein CAD-System folgenden Anforderungen genügen:

- Das CAD-System muss in seiner Zielsetzung und Leistungsfähigkeit auf die Bedürfnisse des jeweiligen Konstruktionsbüros abgestimmt sein.

- Das CAD-System muss eine hohe Bedienerfreundlichkeit und damit eine hohe Akzeptanz aufweisen. Hierzu gehören nicht nur einfache, selbsterklärende Befehle und Hilfefunktionen, sondern auch kurze Antwortzeiten und ein unter ergonomischen und arbeitsmedizinischen Gesichtspunkten gestalteter CAD-Arbeitsplatz.

- Das CAD-System muss dem Konstrukteur als Informationsquelle dienen. Dazu muss es in der Lage sein, dem Konstrukteur in einer Datenbank Informationen, beispielsweise zu Werksnormen, zu Halbzeugen, zu Norm- und Zukaufteilen, zur Verfügung stellen. Der Zugriff auf externe Daten und das Herunterladen von Teilen aus dem Internet, muss durch kompatible Schnittstellen problemlos möglich sein. Es muss aber auch mit einem leistungsfähigen Zeichnungsverwaltungssystem kommunizieren können, um bereits vorhandene Teile aus früheren Konstruktionen für eine Wiederverwendung auffinden zu können. Dazu ist es notwendig, über Klassifizierungssysteme, Sachmerkmalsleisten und Suchschlüssel ein leistungsfähiges Datenarchiv aufzubauen.
Das CAD-System muss neben einer leistungsfähigen Grafik auch eine leistungsfähige Datenleitung zur Verfügung stellen, um in schneller Folge im Archiv „blättern" zu können.

- Das CAD-System muss das Auslegen und Dimensionieren der Bauteile mit entsprechenden Berechnungs- und Optimierungsprogrammen unterstützen.

- Das CAD-System muss Simulationen durchführen können. Dabei kommt künftig der Simulation des in der Konstruktion festgelegten Produktes besondere Bedeutung zu. Für die Lösung eines Problems gibt es in der Regel verschiedene Alternativen. Aus Kostengründen hat man sich häufig für eine Alternative zu entscheiden, ohne die anderen Alternativen bis zum fertigen Produkt verfolgt zu haben. Dies ist durch eine leistungsfähige Simulation möglich, ohne dafür einen Prototyp fertigen zu müssen.

## 1.3 CAD-Arbeitsplatz

Der CAD-Arbeitsplatz (Bild, vorhergehende Seite) besteht meist aus einem CAD-Bildschirm, einem Rechner mit der Tastatur als alphanumerisches Eingabegerät und einer Einrichtung zum Bewegen des Cursors. Dies kann eine Maus mit Tastenrad, eine 3D-Space-Maus oder nur noch selten ein Digitalisiertablett mit einer Fadenkreuzlupe bzw. einem Digitalisierstift sein. Die Zeichnungen werden mit Plottern oder Druckern zu Papier gebracht. Zum CAD-Arbeitsplatz gehören auch ein ergonomisch gestalteter Arbeitstisch und Stuhl, indirekte Raumbeleuchtung und Stellwände.

# 1 Grundlagen CAD

## 1.3.1 Anforderungen an einen CAD-Arbeitsplatz

Der CAD-Arbeitsplatz muss unter ergonomischen und arbeitsmedizinischen Gesichtspunkten gestaltet sein. Dazu gehört, dass die Geräte selbst unter diesen Gesichtspunkten entwickelt wurden.

Im Besonderen ist darauf zu achten, dass der PC möglichst wenig Laufwerksgeräusche und Ventilationsgeräusche verbreitet, dass der Bildschirm in höchstem Maße strahlungsarm ist, sowie ein flimmerfreies Bild aufweist, was eine hohe Bildwiederholfrequenz des Systems erfordert oder ein Flachbildschirm ist. Der Bildschirm soll scharf begrenzte dünne Linien wiedergeben, was mit einer hohen Pixelzahl (Zahl an Bildpunkten) erreicht wird. Die Bildschirmoberfläche sollte spiegelungsfrei beschichtet sein. Die Teile der CAD-Anlage, die man ständig benutzt, wie Tastatur, Maus oder Lupe des Digitalisiertabletts müssen ergonomisch gestaltet sein. Dies bedeutet, dass sie auf die Anatomie des Menschen abgestimmt sind. Eine als viereckiges Kästchen gestaltete Lupe entspricht beispielsweise nicht der Anatomie der menschlichen Hand und führt zu schmerzenden Druckstellen.

Als Nachteil von CAD-Anlagen wird häufig das, im Gegensatz zum Zeichenbrett sehr kleine Zeichenfeld des Bildschirms genannt. Große Bauteile oder Maschinen lassen sich nicht als Ganzes darstellen, da man hierbei nichts mehr erkennen kann. Betrachtet man jedoch das Zeichenfeld, welches das menschliche Augenpaar erfassen kann, wenn man am Zeichenbrett zeichnet, dann entspricht das etwa der Größe eines 20-Zoll-Monitors. Will man die Zeichnung ganz sehen, muss man einen Schritt zurücktreten. In dieser Position kann man aber nicht zeichnen. Überträgt man dies auf einen CAD-Arbeitsplatz, so erkennt man die Notwendigkeit von leistungsfähigen Plottern oder Druckern und geeigneten Stellwänden um den Bildschirm herum, um dort die Gesamtzeichnung in Form eines Plotter-Papierausdruckes zur Orientierung parat zu haben. Dort kann dann der Zeichnungsfortschritt durch entsprechende Plotterzeichnungen ergänzt werden. Auf diese Weise ist gewährleistet, dass dem Konstrukteur der Überblick nicht verloren geht. Ist dies vom Arbeitsplatz her berücksichtigt, erkennt man einen wesentlichen Vorteil des Bildschirms: Es kann gezoomt werden. Hierdurch ist es möglich, Zeichnungsdetails in Vergrößerung auf dem Bildschirm zu betrachten bzw. zu bearbeiten.

Manche CAD-Systeme arbeiten mit zwei Grafikbildschirmen. Auch dies erhöht die Übersichtlichkeit beim Konstruieren, wenn auf einem Bildschirm das Zeichnungsdetail und auf dem anderen das Umfeld oder eventuell eine andere Ansicht des betreffenden Details sichtbar ist.

Zum CAD-Arbeitsplatz gehört auch ein Arbeitstisch und ein Stuhl. Auch sie müssen ergonomisch gestaltet und so mit den CAD-Geräten abgestimmt sein, dass die Sitzhöhe bzw. die Augenhöhe und der Augenabstand zum Bildschirm sowie die Platzierung der Tastatur und des Digitalisiergerätes zum Benutzer in optimaler Weise ausgeführt sind. Fenster und Beleuchtungseinrichtungen dürfen nicht zu Spiegelungen auf den Bildschirm führen. Die Berufsgenossenschaften haben entsprechende Arbeitsplatzvorschläge erarbeitet. Diese können dort angefordert werden.

## 1.3.2 Rechner

Für die Anwendung von CAD stehen unterschiedliche Computer zur Verfügung. Man unterscheidet PC, Workstations und Großrechner.

**PC** (Personalcomputer). Sie sind z. B. als 32-Bit-Rechner auf dem Markt und werden überwiegend mit dem Betriebssystem Windows betrieben. Die Leistungsfähigkeit dieser Geräte wurde ständig gesteigert. Sie stellen für CAD-Systeme im 2D-Modus ein sehr günstiges Preis-Leistungsverhältnis dar.

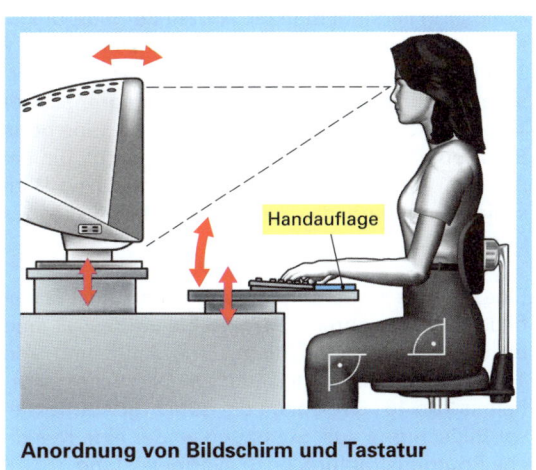

**Anordnung von Bildschirm und Tastatur**

Auch bei CAD-Systemen im 3D-Modus ist das Windows-Betriebssystem auf dem Vormarsch. Die Leistungsfähigkeit ist nur noch in einigen Bereichen begrenzt. Dies sind komplexe FEM-Berechnungen oder die Erzeugung von HSC-Zerspanbewegungen. Die stetige Weiterentwicklung dieser Arbeitsplatzrechner in punkto Rechenleistung und Rechengenauigkeit kann diese Defizite allerdings schnell beseitigen.

**Workstation.** Die Workstation ist ein 32-Bit-Computer oder ein 64-Bit-Computer mit hoher Leistungsfähigkeit. Sie arbeiten meist unter dem Betriebssystem Unix (universelles Mehrbenutzerbetriebssystem). Die Leistungsfähigkeit einer Workstation wird u. a. an der Rechengeschwindigkeit, an der Größe des Hauptspeichers und an der peripheren Plattenspeicherkapazität gemessen. Auch bei CAD-Arbeiten im 3D-Modus wird die Workstation sich mit dem ständig an Leistungsfähigkeit zunehmenden PC messen müssen.

**Großrechner** (zentrale Rechner). Großrechner sind Computer zur Verarbeitung großer Datenmengen, an die mehrere CAD-Arbeitsplätze sowie andere DV-Arbeitsplätze angeschlossen werden können. Mit der Zahl der angeschlossenen Arbeitsplätze fällt jedoch die Leistungsfähigkeit des einzelnen Arbeitsplatzes. Die Datenübertragungsraten zwischen Großrechnern und den Bildschirmarbeitsplätzen reichen nicht aus, um Simulationen mit bewegten Szenen auszuführen. Außerdem sind bei Computerausfällen alle Arbeitsplätze betroffen. Mit der Leistungssteigerung von PC und Workstation hat die Bedeutung von Großrechnern bei CAD-Arbeitsplätzen abgenommen. Sie übernehmen häufig in einem vernetzten Computersystem zentrale Aufgaben der Datenarchivierung und der Kommunikationssteuerung, wobei das Internet als Kommunikationsmedium diese Aufgaben bei vernetzten PC übernehmen kann.

**Rechnervernetzung.** Von Computervernetzung spricht man, wenn einzelne Computer miteinander verbunden sind. In einem solchen Netzwerk lassen sich nicht nur mehrere Computer im Verbund betreiben, sondern es können auch zentrale Speicher (Zeitungsarchiv, Datenarchiv) gemeinsam angelegt und genutzt werden. Gemeinsame Terminplanung, Mailboxen und Internetzugang für jeden Arbeitsplatz im Netzwerk sind so möglich. Peripheriegeräte wie Plotter und Drucker lassen sich gemeinsam nutzen.

### 1.3.3 CAD-Bildschirme

Als CAD-Bildschirme (Grafikbildschirme) werden überwiegend Farbrasterschirme in einer Größe bis 21 Zoll eingesetzt. Das gesamte Bild ist dabei aus einer Vielzahl einzelner Bildpunkte (Pixel) zeilenweise zusammengesetzt. Eine gute Bildqualität wird mit einer hohen Auflösung erreicht. Unter Auflösung versteht man die Anzahl der Bildpunkte. Mit 1024 Zeilen zu je 1280 Bildpunkten (1024 x 1280) erreicht man eine gute Bildqualität. Linien erscheinen hierbei dünn und scharf begrenzt. Der Treppeneffekt schräger Linien ist gering. Eine hohe Bildwiederholfrequenz (z. B. 70 Hz) sorgt für ein ruhiges, flimmerfreies Bild. Strahlungsarme Bildschirme mindern das gesundheitliche Risiko des Benutzers.

Eine positive Weiterentwicklung haben auch Flachbildschirme erfahren. Formate bis zu 22 Zoll sind im CAD-Bereich im Einsatz. Eine Auflösung von 1600 x 1024 Bildpunkten und ein Darstellungsverhältnis von 16 : 9 zeichnen die gute Ergonomie dieser Bildschirme aus. Sie haben weder eine merkliche Röntgenstrahlung noch Wärmeleistung.

**CAD-geeigneter Flachbildschirm für 3D-Konstruktion und Animation**

# 1 Grundlagen CAD

## 1.3.4 Eingabegeräte

Der CAD-Computer benötigt mehrere Eingabegeräte. Für die Eingabe von Zahlen und Texten besitzt er eine alphanumerische Tastatur. Zur Bewegung des Cursors auf dem Bildschirm ist eine Maus erforderlich. Eine gute, kostengünstige, funktionale Maus ist eine optische, kabellose 3-Tasten-Maus, bzw. die 3. Tastenfunktion wird durch ein Rollrad gebildet. Viele CAD-Funktionen lassen sich durch eine solche Maus nutzen (Zoomen, Kontextmenüs, etc.).

Eine teurere, allerdings auch benutzerfreundlichere Variante stellt die so genannte Space-Mouse dar. Ein Griffstück erlaubt hier das 3D-Modell frei im Raum in alle Richtungen zu drehen und zu verschieben. Zusätzlich stehen dem Benutzer noch 10 Funktionstasten zu Befehlsaufrufen zur Verfügung.

Will man ein Tablettmenü benützen, braucht man ein Digitalisiertablett. Dabei können mithilfe einer Fadenkreuzlupe oder eines Digitalisierstiftes durch Anpicken von Piktogrammen auf dem Tablett die entsprechenden Befehle ausgelöst werden. Da moderne CAD-Systeme die nötigen Befehle „just in time" bereithalten, ist der große Befehlevorrat auf dem Tablett nicht mehr nötig.

## 1.3.5 Drucker und Plotter

Mit einem Plotter oder Drucker wird die durch CAD erstellte Zeichnung auf Papier übertragen. Drucker arbeiten nach dem Rasterverfahren, Plotter nach dem Vektorverfahren.

Maßgebend für die Zeichenqualität eines Druckers ist die Anzahl der Rasterpunkte pro mm² (dpi) und die Druckgeschwindigkeit. Tintenstrahldrucker bzw. Tintenstrahlplotter und Laserdrucker liefern gute Zeichenqualität. Moderne Tintenstrahlplotter liefern 3D-Modellzeichnungen in Fotoqualität mit bis zu 1440 dpi.

Die universelle Einsetzbarkeit dieser Tintenstrahlplotter, sowohl zum Zeichnungen plotten als auch zum Erstellen hochwertiger Präsentationen von 3D-Konstruktionen in fotorealistischer Darstellung, macht diese Geräte zum Standardgerät für ein Konstruktionsbüro. Großflächige Farbdrucke sind allerdings teuer.

Die kostengünstigere Variante ist ein Laserdrucker, wobei hier allerdings das verarbeitbare Blattformat bei den meisten Geräten bei maximal DIN A3 liegt.

**Eingabegeräte**

3-Tasten-Maus mit Rollrad

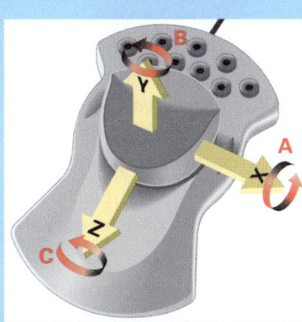

Space-Mouse. Die Pfeile symbolisieren die Bewegungs- und Verdrehrichtungen, bzw. die Steuerfunktionen.

**Plotter und Drucker**

Tintenstrahlplotter

## 1.3.6 3D-Printing, Rapid prototyping

Rapid prototyping (RP) ist der Sammelbegriff für ca. 20 verschiedene, neuartige Fertigungsverfahren, die die Herstellung von Werkstücken direkt aus CAD-Daten erlauben.

Basis für alle diese Fertigungsverfahren ist ein 3D-Datensatz des Werkstücks. Dieser Datensatz wird meist im stl-Format in die Maschinensoftware der RP-Anlage übergeben. Alle heutigen Verfahren beruhen auf dem gemeinsamen Prinzip, das 3D-Modell des Werkstücks in Scheiben zu zerlegen (slicing) und diese Scheiben dann in in der RP-Anlage schichtweise, Inkrement für Inkrement, wieder aufzubauen. Ausgehend vom ersten Verfahren, der Stereolithographie, wurde die Idee des schrittweisen Werkstückaufbaus mit verschiedenen physikalischen Prinzipien und Ausgangswerkstoffen realisiert. Verwendet werden sehr verschiedenartige feste, flüssige oder gasförmige Werkstoffe.

Durch die verschiedenartigen Ausgangswerkstoffe entstehen 3D-Werkstücke mit den unterschiedlichsten Werkstoffeigenschaften.

*Konzeptionsmodelle* dienen der Produktvisualisierung und haben oft eine geringe mechanische Festigkeit.

*Funktionsmodelle* entsprechen in ihren Werkstoffeigenschaften fast dem Serienteil. Sie können also für Funktionprüfungen, Montageuntersuchungen oder ergonomische Studien verwendet werden. Selbst Werkstücke mit Elastomere-Eigenschaften (z. B. Faltenbälge) lassen sich so als Prototyp herstellen.

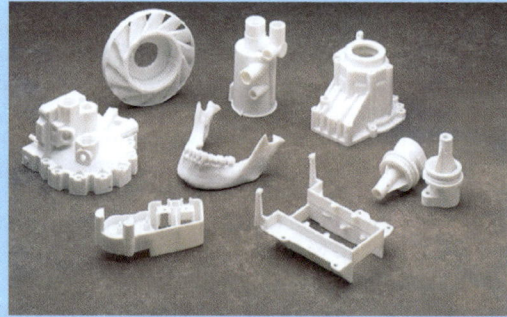

Auswahl von 3D-Konzeptmodellen aus ABS mittels Fused Deposition Modelling

Bürotaugliche Maschine zur Erstellung von Konzeptmodellen mittels Fused Deposition Modelling

*Gussmodelle* und Kerne sind ebenfalls als Prototypteile herstellbar, und die Modelle lassen immerhin einige tausend Abformungen zu. Die Anforderung an einen Gusskern lässt sich ebenfalls durch entsprechende Materialwahl (hier ein Quarzsand mit Binder) erfüllen.

Im „rapid tooling" genannten Verfahren lassen sich sogar metallische Formen für das Kunststoffspritzgießen (ca. 500 Teile) und sogar für das Metalldruckgießen (ca. 50 Teile) herstellen.

Folgende Fertigungsverfahren stellen eine Auswahl der gesamten Palette dar.

- **Stereolithographie**. Verwendet wird ein flüssiges Monomer das durch UV-Licht polymerisiert. Für Kunststoffteile die entweder maßgenau, temperaturbeständig, elastisch oder wasserfest sein sollen.
- **Selektives Laser Sintern**. Die verschiedenartigsten pulverförmigen Werkstoffe werden mittels eines Lasers miteinander verschmolzen (gesintert). Der Vorteil des Verfahrens liegt in der fast unbegrenzten Materialpalette. Dies können thermoplastische Kunststoffe für Konzeptmodelle, Polyamid für Funktionsmodelle, Sand für Gusskerne oder Nickel-Bronze Legierungen für das rapid tooling sein.
- **LOM Laminated Objekt Manufacturing**. Ausschneiden der Schichtkontur durch einen Laser und verkleben der ausgeschnittenen Folien unter hohem Druck. Hauptsächlich werden Papiere verarbeitet. Es ist aber auch die Verarbeitung von Blechen oder Kunstoffen möglich.
- **Fused Deposition Modelling**. Thermoplastisches Material wird knapp unter Schmelztemperatur erhitzt und durch eine Extrusionsdüse Schicht für Schicht aufgebracht. Die aufgebrachten Schichten erkalten sofort und haften aneinander. Selbst der Einsatz unterschiedlich gefärbter Kunststoffe ist möglich.
- **3D-Printing**. Ähnlich dem Laser Sintern wird in pulverförmiges Material über eine Düse Binder eingebracht.

# 1 Grundlagen CAD

## 1.4 2D-Systeme

Das Erstellen einer Zeichnung mit einem 2D-CAD-System geschieht nach den gleichen Darstellungsregeln wie beim manuellen Zeichnen am Zeichenbrett. Das dreidimensionale Bauteil wird mittels Ansichten und Schnitten in zweidimensionaler Form auf den Bildschirm gebracht. Jede Ansicht und jeder Schnitt muss dabei zweidimensional in X- und Y-Werten gezeichnet werden. Die Z-Achse bleibt dabei unberücksichtigt. Die einzelnen Ansichten und Schnitte sind rechnerintern getrennt und voneinander unabhängig abgelegt. Änderungen in der einen Ansicht führen deshalb nicht zu den entsprechenden Änderungen in den restlichen Ansichten.

Der Vorteil von 2D-Systemen liegt darin, dass gegenüber dem seitherigen manuellen Zeichen in der Zeichnungsstruktur wenig Unterschied besteht und die vom Rechner zu verarbeitende Datenmenge relativ klein ist.

Der Nachteil von 2D-Systemen, wie auch bei manuell erstellten Zeichnungen ist allerdings die Darstellung in Ansichten, die beim Betrachter das Lesen einer technischen Zeichnung voraussetzen.

Eine 3D-Zeichnung visualisiert das Bauteil fast real und ist so für jedermann als Präsentationsobjekt, z. B. in einer Bedienungsanleitung, leicht verständlich. Ebenso fordern immer kürzer werdende Produktentwicklungszeiten reale 3D-Modelle für Simulationen aller Art, für Festigkeitsberechnung, für Vertrieb und Marketing und für weitere Prozesse des Simultaneous Engineering.

So wie die Entwicklung vom manuellen Konstruieren hin zu den 2D-CAD-Systemen, werden die Anforderungen an eine moderne Konstruktion und die Geschlossenheit der Prozesskette den Einsatz von 3D-CAD-Systemen erforderlich machen. Diese Entwicklung wird eine kontinuierliche Umwandlung von 2D-CAD-Arbeitsplätzen zu 3D-CAD-Arbeitsplätzen zur Folge haben.

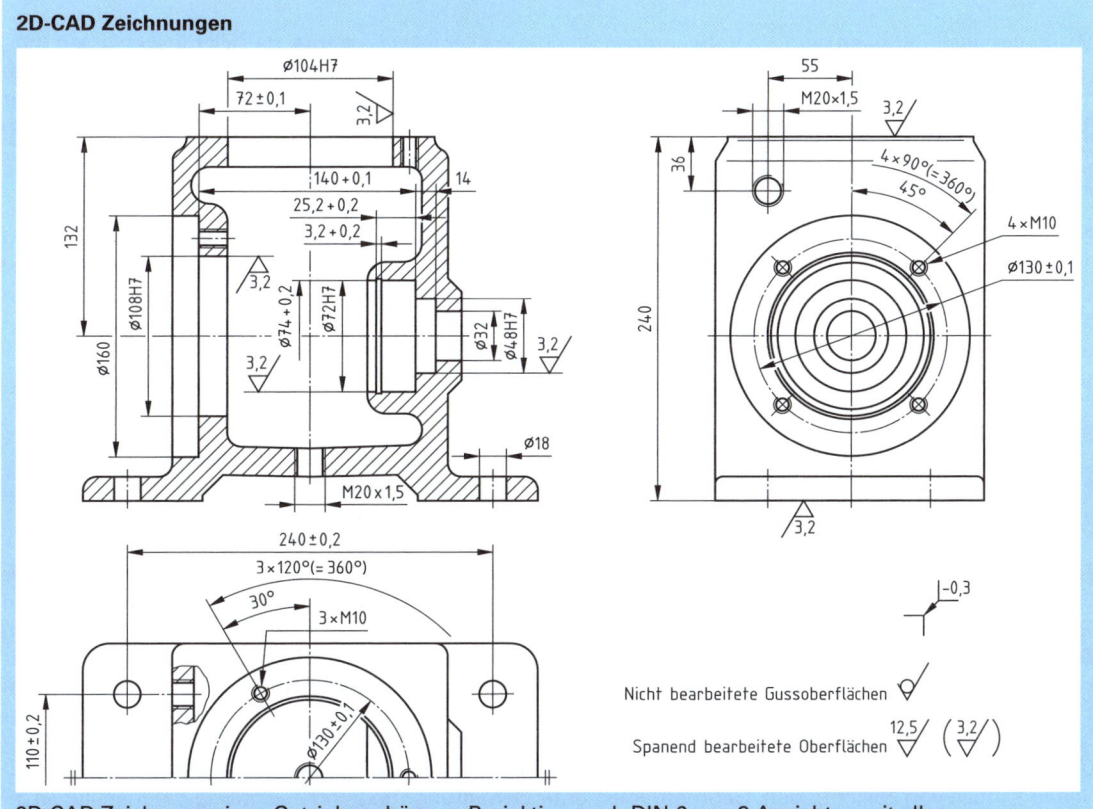

**2D-CAD Zeichnungen**

2D-CAD Zeichnung eines Getriebegehäuses, Projektion nach DIN 6 von 3 Ansichten mit allen Maßangaben, Oberflächenangaben und sonstigen fertigungstechnisch relevanten Informationen.

## 1.4.1 Anforderungen an 2D-Systeme

2D-CAD-Systeme lassen sich durch verschiedene Merkmale charakterisieren mit denen sie die an sie gestellten Anforderungen erfüllen.

**Koordinatensysteme** sind zur Platzierung der Geometrieelemente auf der Zeichnung unabdingbar. Dem Zeichenbereich des CAD-Systems liegt ein Koordinatensystem zugrunde mit einem meist in der linken unteren Ecke liegenden Nullpunkt und der Waagrechten als X-Achse und der Senkrechten als Y-Achse. Die Definition weiterer Arbeitskoordinatensysteme ist möglich.

**Geometrieelemente** (oder Konturelemente) sind die Bausteine aus denen eine Bauteilzeichnung zusammengesetzt ist. Die wichtigsten Geometrieelemente sind *Linie*, *Kreis*, *Bogen* und *Punkt*, davon abgeleitete Elemente sind *Rechteck*, *Polygon* und *Langloch*. Eine **Linie** kann über Anfangs- und Endpunkt oder durch den Anfangspunkt, die Richtung und die Länge definiert werden. Ein **Kreis** kann zum Beispiel durch den Kreismittelpunkt und den Durchmesser festgelegt werden. Für die verschiedenen Geometrieelemente gibt es oft mehrere Definitionsmöglichkeiten, die dann entsprechend angewählt werden müssen.

Unter **Erzeugungslogik** versteht man die Strategie mit der man die einzelnen Geometrieelemente zu einer Bauteilzeichnung zusammensetzt. Die *Einzelelementmethode* zeichnet sich durch ein schrittweises aneinanderfügen einzelner Geometrieelemente aus. Bei der *Manipulationsmethode* werden zusammengefügte Geometrieelemente durch Verändern der Bauteilkontur angepasst. Die *Hilfslinienmethode* oder *Konturverfolgungsmethode* legt zuerst eine Hilfsgeometrie aus Geraden und Vollkreisen an, die eigentliche Bauteilkontur wird dann nachgezeichnet und die Hilfslinien werden zum Schluss gelöscht.

**Manipulationsfunktionen** sind ein notwendiges Werkzeug aller CAD-Systeme, da sich die wenigsten Bauteile aus einzelnen einfachen Geometrieelememten zusammensetzen lassen. Die gezeichneten Elemente müssen häufig durch verschiedene Manipulationsfunktionen verändert (editiert) werden. Dies geschieht durch die Befehle *Stutzen*, *Dehnen* oder *Brechen*. Weitere Manipulationsfunktionen sind die Befehle *Spiegeln*, *Kopieren*, *Reihe*. Von einem symmetrischen Werkstück muss z. B. nur die Hälfte der Bauteilkontur gezeichnet werden, die andere Hälfte wird dann durch den Befehl *Spiegeln* erzeugt.

**Bemaßungen** werden an Bauteilzeichnungen mit CAD-Systemen in halbautomatischer, interaktiver Form durchgeführt. Der Benutzer definiert nur zwischen welchen Punkten ein *Maß* angegeben werden soll. Das CAD-System ermittelt dann das Maß, trägt Maßlinien und Maßhilfslinien und die Maßzahl automatisch in die Zeichnung ein. Besitzt das CAD-System *assoziative Bemaßung* so bedeutet dies, dass sich bei einer Größenänderung des Bauteils das Maß automatisch korrigiert. Anpassungen an internationale Normen sollten bei der Maßeintragung möglich sein.

**Schraffuren** kennzeichnen Schnittflächen in einer Bauteilzeichnung. Ein leistungsfähiger Schraffuralgorithmus erkennt automatisch die *Grenzkanten* der geschnittenen Kontur und erleichtert so das Arbeiten. Besitzt das System eine *assoziative Schraffur*, so wird bei Größenänderungen der Bauteilzeichnung, bezüglich der Schraffurfläche, die vorhandene Schraffur automatisch berichtigt.

**Zeichnungsmaßstäbe** können frei gewählt werden und jederzeit geändert werden. Dies gilt ebenso für Zeichnungsrahmen und Blattformate. Die Zeichenblattgröße richtet sich nach der Bauteilgröße und den Gegebenheiten der vorhandenen Drucker bzw. Plotter. Die Bildschirmdarstellung zeigt im Gegensatz zum Zeichenbrett meistens nur einen mehr oder weniger großen Ausschnitt des Bauteils. Abhilfe schaffen hier eine Vielzahl von Zoom-Befehlen die jedes Detail sichtbar machen. Papierplots in Originalgröße verbessern allerdings die Vorstellungskraft in Bezug auf Proportionen.

Die **Ebenentechnik** ist ebenfalls ein gemeinsames Merkmal vieler CAD-Systeme. Sie erlaubt den strukturierten Aufbau von Zeichnungen. Geometrieelemente, Bemaßung, Text und Zeichnungsrahmen liegen jeweils auf verschiedenen Ebenen. Durch das Ausblenden bestimmter Ebenen, z. B. der Bemaßung, kann im Verlauf einer Konstruktion die Übersichtlichkeit erhöht werden.

Bei häufig wiederkehrenden Zeichnungsdetails ist es sinnvoll diese in so genannten **Makros** abzuspeichern. Durch diese *Makrotechnik* kann ein Detail einfach wieder aufgerufen werden. Das Zeichnungsdetail ist allerdings in seiner Form und Größe immer gleich. Unterschieden werden *Zeichnungsmakros* bei denen der Zeichenvorgang ähnlich eines Videorecorders aufgezeichnet wird und *Befehlsmakros* bei dem Befehle in einer Programmiersprache abgearbeitet werden.

Die **Variantentechnik** ist eine Weiterführung der Makrotechnik. Varianten enthalten im Gegensatz zu Makros allerdings einzelne *variable Parameter*. Mit der Variantentechnik lassen sich komplette Bauteilzeichnungen erzeugen. Die Programmierung der Varianten erfolgt in üblichen Programmiersprachen (z. B. C++) oder in speziellen dem CAD-System angepassten Sprachen (z. B. AutoLISP).

Der Zugriff auf externe Geometriedaten von Zukaufteilen oder von Normteilen via Internet erleichtert die Arbeit ungemein. Fertige Norm- und Zukaufteilbibliotheken werden von einer Vielzahl von Firmen angeboten. Die Daten liegen oft im Dateisystem des jeweiligen CAD-Systems vor.

## 1.5 3D-Systeme

Mit 3D-CAD-Systemen werden Bauteile in einer dreidimensionalen rechnerinternen Datenstruktur erzeugt. Während eine isometische Bauteildarstellung auf dem Bildschirm zunächst das gleiche Bild ergibt, wie eine 3D-Darstellung aus dem gleichen Blickwinkel, liegt zwischen diesen beiden Darstellungen ein elementarer Wesensunterschied. Die isometrische Darstellung wurde in zweidimensionaler Form, d. h. mit X- und Y-Koordinaten der einzelnen Geometriepunkten erstellt. Die 3D-Darstellung besitzt an den einzelnen Geometriepunkten drei Koordinaten, nämlich eine X-, eine Y- und eine Z-Koordinate. Die 3D-Darstellung resultiert aus einem rechnerinternen Modell. Dieses Modell, einmal im Computer gespeichert, kann beliebig auf dem Bildschirm gedreht werden, um es von allen Seiten betrachten zu können.

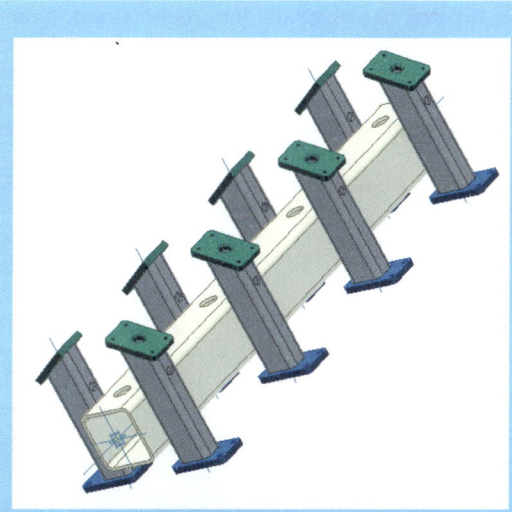

3D-Modell einer Schweißkonstruktion in einer benutzerdefinierten Position.

Auf diese Weise können die beim technischen Zeichnen üblichen Ansichten automatisch erzeugt werden. Es können auch Schnitte durch das Modell gelegt werden. Die verschiedenartigen Abbildungen auf dem Bildschirm greifen dabei immer auf denselben Datenbestand des rechnerinternen Modells zu.

Um Bauteile dreidimensional im CAD-System generieren zu können, müssen die Bauteile in Geometrieelemente zerlegt werden, die vom Benutzer erfassbar sind. Diese Geometrieelemente sind dabei immer dreidimensional angeordnet. Das rechnerinterne Modell kann dabei verschiedenartig dargestellt werden.

## 1.5.1 Modelldarstellung

Zur räumlichen Darstellung bzw. zur Beschreibung von Bauteilen unterscheidet man drei Modelltypen. Es sind dies:

- **Kanten- bzw. Drahtmodell** (wireframe). Hierbei wird das Modell durch die Körperkanten des Bauteils beschrieben.
- **Flächenmodell** (surface). Die Modellbeschreibung erfolgt durch die Oberflächen des Bauteils.
- **Volumenmodell** (solid). Das Modell wird durch das Volumen des Bauteils beschrieben.

Die Unterschiede der Modelltypen werden in den drei Abbildungen deutlich. Das Drahtmodell wird nur durch die Werkstückkanten repräsentiert. Im Flächenmodell wird dagegen die Außenhaut des Werkstücks durch miteinander verbundenen Flächen dargestellt. Das Volumenmodell stellt das Werkstück als massiven Volumenkörper dar.

Auch wenn hierdurch der Eindruck entsteht, dass die Qualität der Modellbildung beim Drahtmodell am geringsten und beim Volumenmodell am höchsten ist, kann jedes Verfahren für bestimmte Anwendungsgebiete Vorteile aufweisen. Ein durch CAD-NC-Kopplung zu fertigendes Bauteil, welches weder Durchbrüche noch Hohlräume, aber eine schwierige Oberflächenform besitzt, wird sinnvollerweise als Flächenmodell generiert.

**Modelltypen**

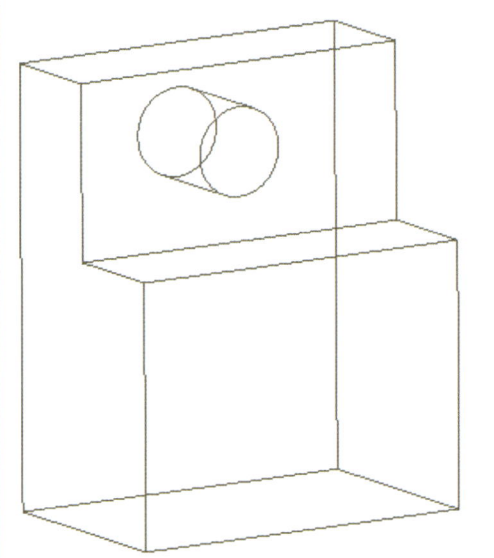

Kantenmodell (Drahtmodell), erzeugt aus 2D-Geometrieelementen, z.B. Linien, Kreisen.

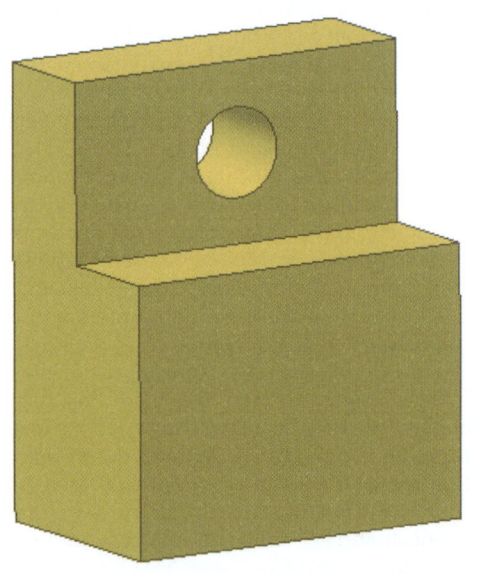

Volumenmodell, gebildet aus Volumenkörpern, die durch boolesche Operationen zu einem gemeinsamen Körper zusammengefügt wurden.

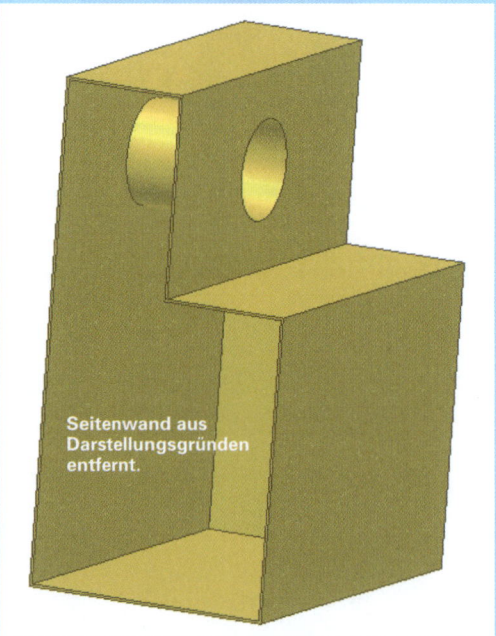

Flächenmodell, gebildet aus Flächen, die miteinander verschnitten zur Außenhaut des Werkstücks werden.

# 1 Grundlagen CAD

3D-CAD-Systeme der neuesten Generation verbinden die Funktionalität aller drei Modelltypen. Das Modell wird hierbei als Volumenkörper aufgebaut. Man kann aber jederzeit auf Kanten oder Flächen zugreifen und in die Volumenkonstruktion integrieren. Sogar das Löschen einzelner Flächen ist bei Volumenkörpern möglich, wobei das Modell dann nur noch aus den restlichen verbliebenen Flächen besteht. Die Umwandlung eines Volumenmodells in ein Flächenmodell, z.B. zur Erzeugung von 3D-CNC-Fräswegen, stellt dadurch kein Problem dar.

**Volumenmodell eines Bauteils – Selektion von Elementen unterschiedlicher Modelltypen**

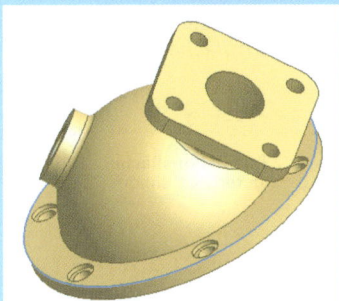
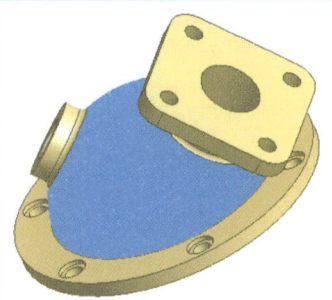
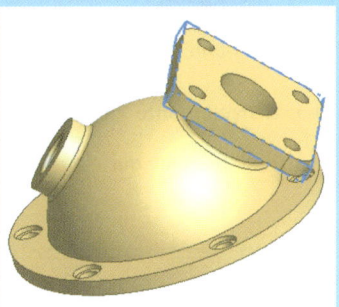

| Hier ist eine Kante ausgewählt, z.B. zum Erzeugen eines platzierten Volumenelements (Radius, Fase). | Hier ist eine Fläche ausgewählt, z.B. als Begrenzung bei der Erzeugung eines neuen Volumenelemets. | Hier ist ein Volumenelement ausgewählt, z.B. zur Anwendung einer 3D-Manipulationsfunktion (Spiegeln). |
|---|---|---|

Im Hintergrund laufen zur Modelldarstellung unterschiedliche mathematische Modellbeschreibungsverfahren ab. Beim analytischen Verfahren werden Regelflächen wie Ebene, Zylindermantelfläche oder Kegelmantelfläche mathematisch exakt beschrieben. Bei Volumenmodellen sind die beschriebenen Elemente Grundkörper wie Quader, Zylinder oder Kegel. Gekrümmte Flächen werden durch Näherungsverfahren facettiert dargestellt. Die steigende Rechnerleistung lässt dies aber oft nicht mehr erkennen.

## 1.5.2 3D-Koordinatensysteme

3D-Systeme gehen meist von einem rechtwinkligen kartesischen Koordinatensystem aus, das dem Zeichenfeld unterlegt ist. Die Lage eines Punktes im dreidimensionalen Raum ist dabei durch die Koordinaten X, Y und Z eindeutig beschreibbar. Vom Benutzer können weitere Arbeitskoordinatensysteme (Benutzerkoordinatensysteme) definiert werden.

Von jeweils zwei Koordinatenachsen werden die drei Koordinatenebenen gebildet:
    XY-Ebene, YZ-Ebene, ZX-Ebene.

Das systemeigene Koordinatensystem wird bei vielen CAD-System visualisiert. Es werden die drei Hauptebenen, XY-Ebene, YZ-Ebene und ZX-Ebene, die X-, Y- und die Z-Achse und der Ursprung des Koordinatensystems dargestellt.

Analog zur Lage des Werkstücknullpunktes bei der NC-Technik sollte die Lage des Nullpunktes des Koordinatensystems sinnvoll, auf die Bauteilkonstruktion bezogen, gewählt werden.

**3D-Koordinatensystem mit Arbeitsebenen**

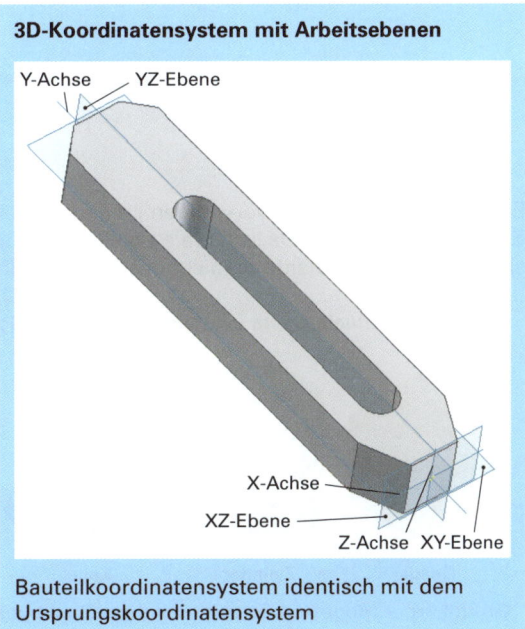

Bauteilkoordinatensystem identisch mit dem Ursprungskoordinatensystem

## 1.5.3 3D-Geometrieelemente

Die bei der 3D-Konstruktion zu verwendenden Geometrieelemente richten sich nach dem zu verwendenden Modelltyp. Bei modernen 3D-CAD-Systemen wird allerdings meistens im Volumen modelliert. Die als „Nebenprodukt" der Volumenmodellierung entstehenden Modelloberflächen und Modellkanten sind jederzeit präsent und können als Konstruktionselemente genutzt werden.

### 1.5.3.1 Flächen

Bei der Erzeugung von Flächenmodellen benötigt man Flächen als Geometrieelemente. Man unterscheidet zwischen verschiedenen *Grundflächen* (Flächenelementen). Die gebräuchlichsten sind *Planfläche*, *Rotationsfläche*, *Translationsfläche*, *Regelfläche*, *Verrundungsfläche* und *Freiformfläche*.

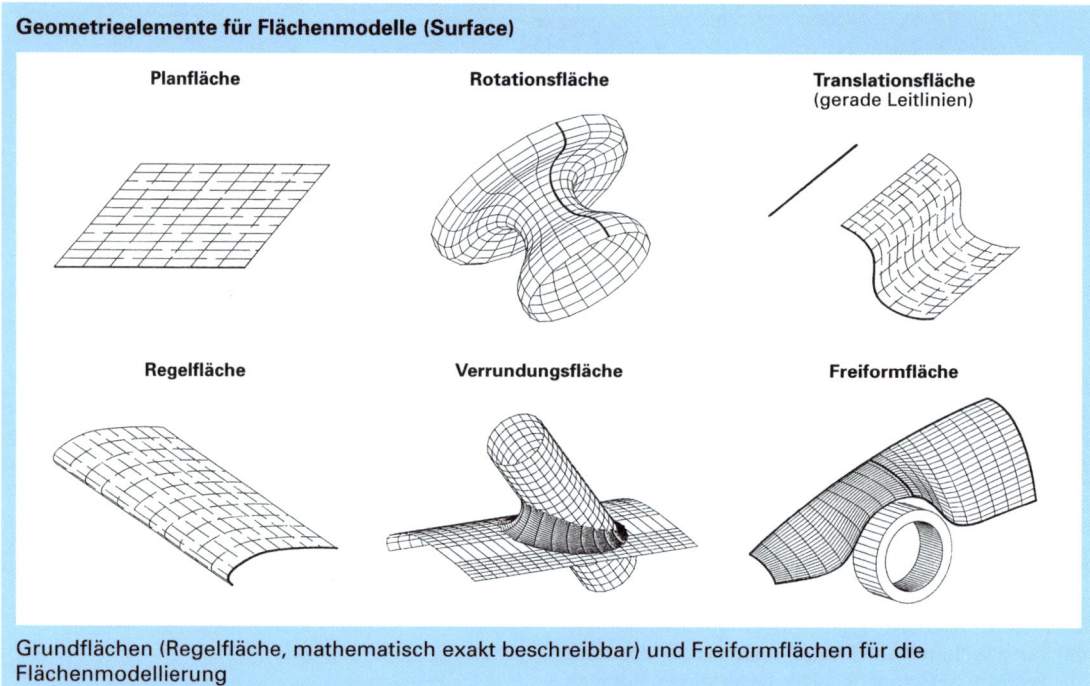

Grundflächen (Regelfläche, mathematisch exakt beschreibbar) und Freiformflächen für die Flächenmodellierung

### 1.5.3.2 Basis-Volumenkörper

Einige 3D-CAD-Systeme verwenden so genannte Basis-Geometrieelemente wie Quader, Zylinder, Kegel, Keil, Kugel und Torus. Da sich reale Werkstücke aber aus komplexeren Volumenkörpern zusammensetzen sind diese Basiselemente oft nicht ausreichend für die Volumenmodellierung von Bauteilen.

Grundkörper (Regelkörper, mathematisch exakt beschreibbar) für die Volumenmodellierung

# 1 Grundlagen CAD

## 1.5.3.3 Skizzenbasierende 3D-Geometrieelemente

Volumenmodelle lassen sich sehr gut auch aus skizzenbasierten 3D-Geometrieelementen zusammensetzen. In der Regel stehen verschiedene Optionen zur Bauteilmodellierung mittels skizzenbasierter 3D-Geometrieelementen zur Verfügung.

Bei *Extrusion, Drehung, Bohrung, Rippe* und ähnlichen Funktionen entstehen die Volumenkörper aus einer 2D-Skizze und der gewünschten Funktion.

Zur Erzeugung bestimmter Volumenkörper sind allerdings zwei Skizzen erforderlich. Die eine Skizze stellt hierbei den *Erzeugungspfad* die andere das *Profil* des zu erzeugenden Körpers dar. Die Skizze für den Erzeugungspfad kann sowohl eine 2D-Skizze auf einer Bezugsebene sein als auch eine 3D-Skizze im Raum sein.

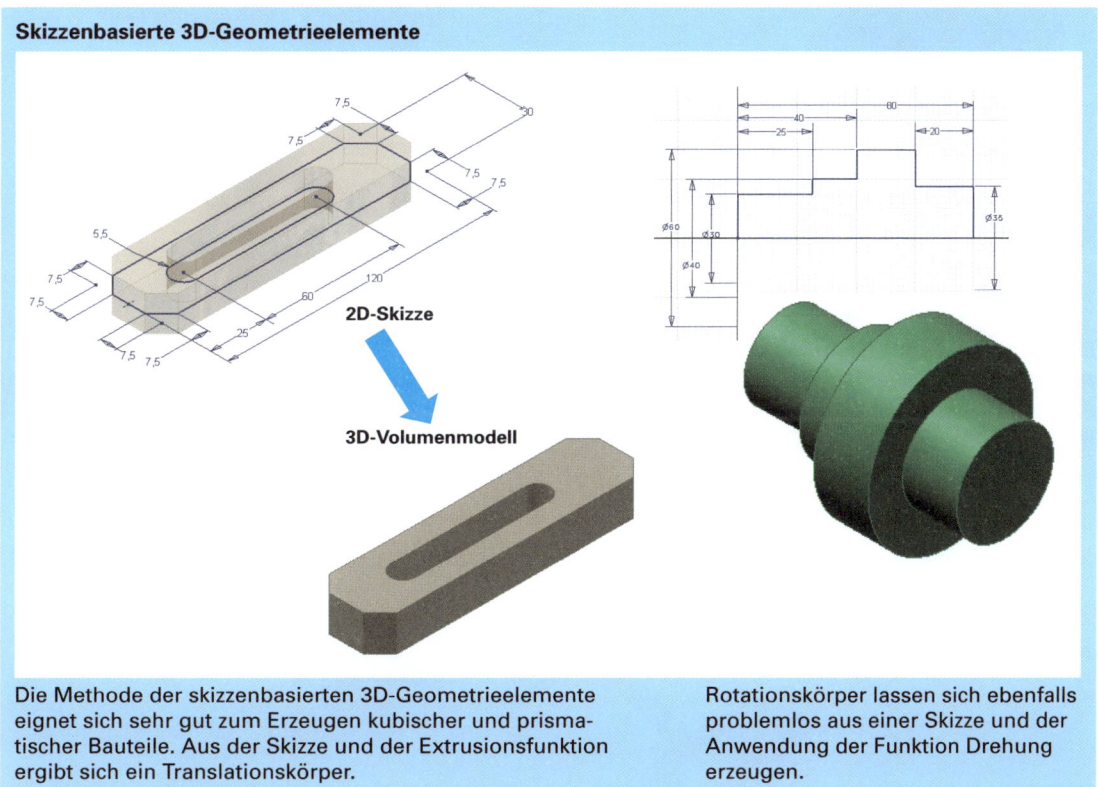

Die Methode der skizzenbasierten 3D-Geometrieelemente eignet sich sehr gut zum Erzeugen kubischer und prismatischer Bauteile. Aus der Skizze und der Extrusionsfunktion ergibt sich ein Translationskörper.

Rotationskörper lassen sich ebenfalls problemlos aus einer Skizze und der Anwendung der Funktion Drehung erzeugen.

## 1.5.3.4 Platzierte 3D-Geometrieelemente

Auf bestehende Volumen lassen sich einige platzierte 3D-Geometrieelemente setzen. Die beiden gebräuchlichsten Funktionen sind Verrundungen (Radien) und Fasen. Eine weitere Funktion die ohne Skizze angewandt werden kann ist die Wandstärke. Nach dem Entfernen einer Fläche kann den anderen Wänden eine Dicke zugewiesen werden. Auch Außengewinde lassen sich so auf bestehende Geometrie applizieren. Eine weitere Funktion ist die Flächenverjüngung bei der die „Außenwände" eines Volumenkörpers verformt werden können.

**Platzierte 3D-Geometrieelemente**

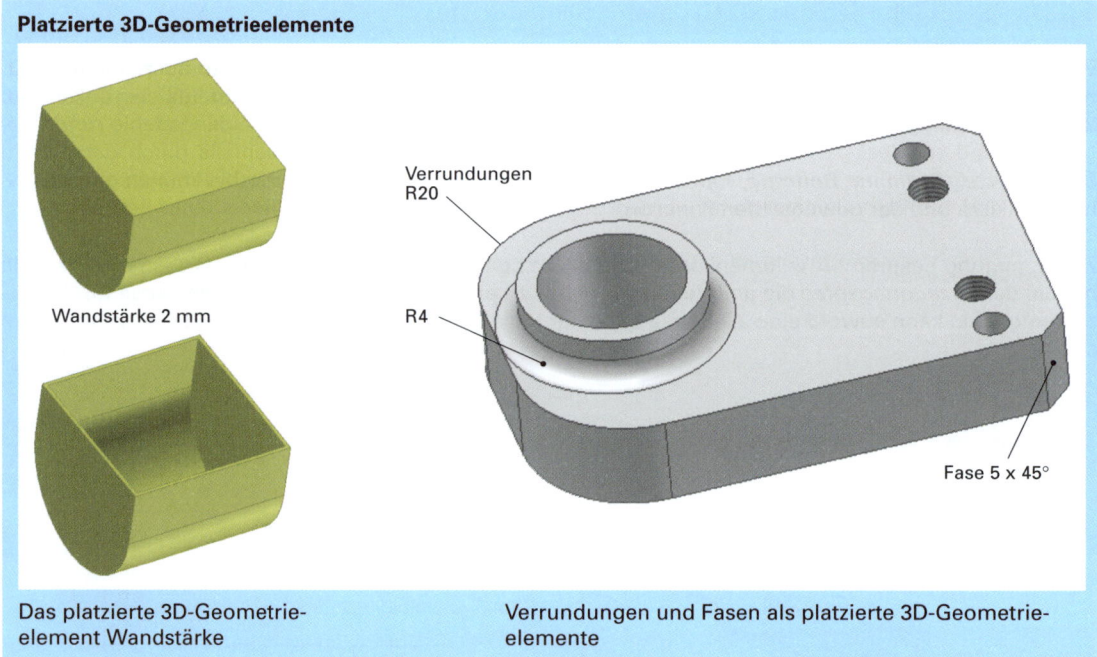

Das platzierte 3D-Geometrieelement Wandstärke

Verrundungen und Fasen als platzierte 3D-Geometrieelemente

## 1.5.4 Erzeugungslogik

Die einzelnen im 3D-Raum definierten Volumenkörper müssen zu einem gesamten 3D-Volumenmodell zusammengefügt werden. Bei den Volumenmodellen können komplexe Bauteile nur durch Anwendung mengentheoretischer (boolescher) Operationen auf die einzelnen Volumenelemente erzeugt werden. Es werden zur Modellierung vor allem folgende drei boolesche Operationen benötigt:

- Die Vereinigung ∪ verbindet 2 Volumenkörper zu einem neuen Körper.
- Die Differenz ∩ subtrahiert einen Volumenkörper von einem bestehenden anderen Körper.
- Die Schnittmenge \ bildet einen neuen Körper aus den gemeinsamen Teilen zweier Körper.

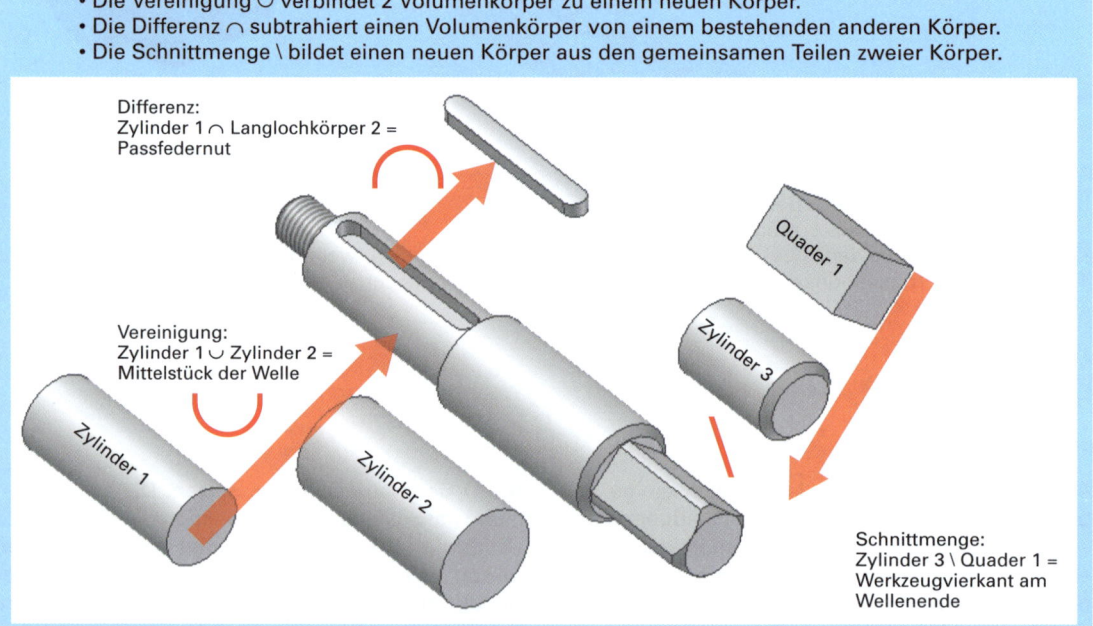

# 1 Grundlagen CAD

## 1.5.5 3D-Manipulationen

Entsprechend zu der Vorgehensweise beim Zeichnen mit 2D-CAD-Systemen werden auch bei 3D-CAD-Systemen *Manipulationsfunktionen* bereitgestellt. Die Funktionen entsprechen zum Teil den bekannten 2D- Funktionen und werden nur im Raum angewandt. Typische Befehle sind die beiden Befehle *runde Anordnung* und *rechteckige Anordnung*. 3D-Geometrieelemente lassen sich ebenfalls durch den Befehl *Spiegeln* editieren. Eine weitere Funktion ist das *Ableiten* von Komponenten. Hierbei können ganze Bauteile von anderen Bauteilen abgeleitet werden, z. B. die linke und die rechte Variante eines Bauteils.

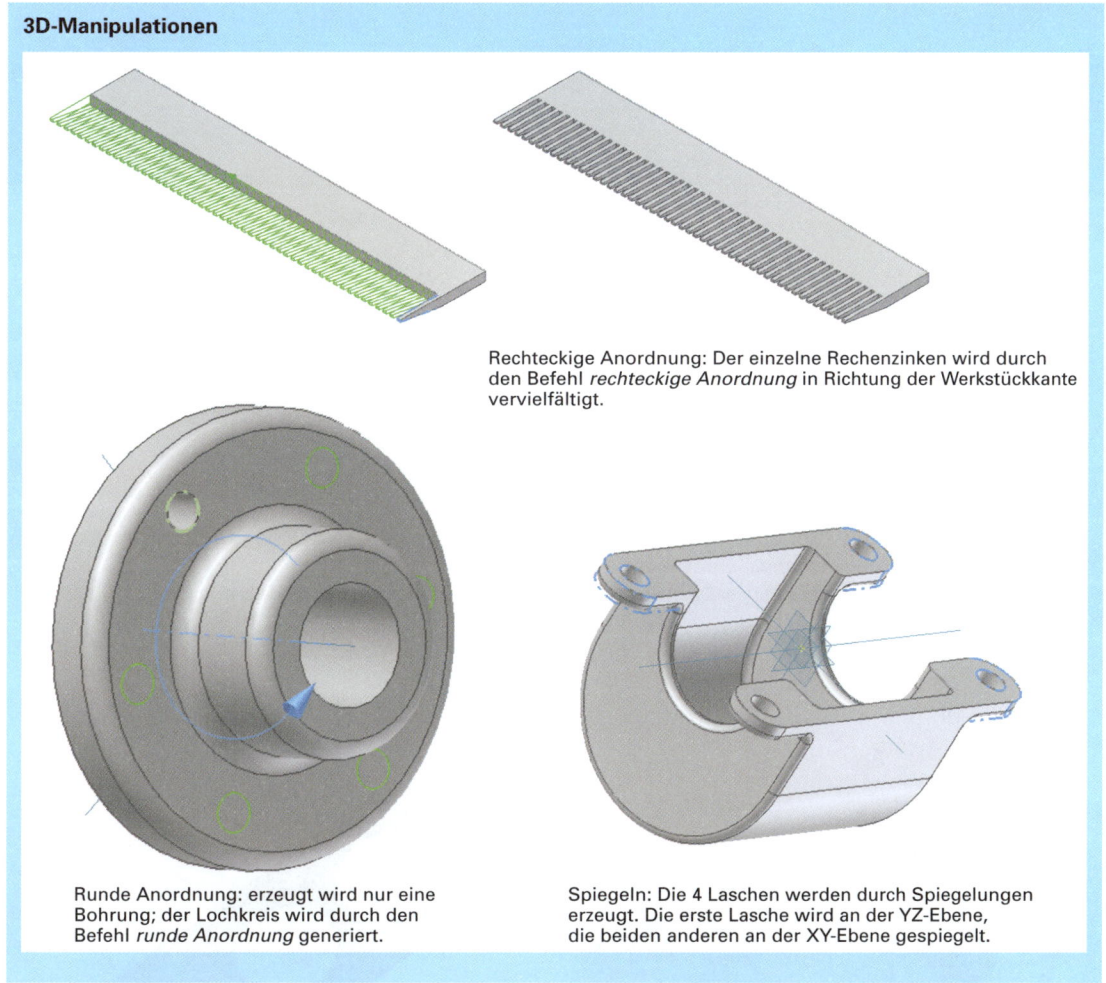

**3D-Manipulationen**

Rechteckige Anordnung: Der einzelne Rechenzinken wird durch den Befehl *rechteckige Anordnung* in Richtung der Werkstückkante vervielfältigt.

Runde Anordnung: erzeugt wird nur eine Bohrung; der Lochkreis wird durch den Befehl *runde Anordnung* generiert.

Spiegeln: Die 4 Laschen werden durch Spiegelungen erzeugt. Die erste Lasche wird an der YZ-Ebene, die beiden anderen an der XY-Ebene gespiegelt.

Ein notwendiges Werkzeug zur 3D-Manipulation sind folgende Arbeitselemente:

- Die **Arbeitsebene**, eine Ebene im Raum als Versatz oder im Winkel zu einer bestehenden Arbeitsebene oder einer planen Werstückoberfläche.
- Die **Arbeitsachse**, gebildet als Durchdringungskurve zweier planer Flächen.
- Der **Arbeitspunkt**, als Schnittpunkt zweier Geraden.

Auch zum Erzeugen regulärer 3D-Geometrien können die Arbeitselemente von großem Nutzen sein, z. B. als Skizzierfläche, tangential zur Mantelfläche, eines Zylinders.

## 1.5.6 Darstellungshilfen

Leistungsfähige, moderne 3D-CAD-Systeme (Volumenmodellierer) arbeiten bei der Bauteilmodellierung in der Regel im schattierten Darstellungsmodus. Dies ist die wirklichkeitsgetreueste Darstellung des Bauteils und stellt so eine große Arbeitserleichterung dar. Beim *Schattieren* werden einzelne Flächen des Bauteils farbig dargestellt. Die jeweilige Farbintensität einzelner Teilflächen wird vom System, entsprechend der Schattenbildung beim Anstrahlen von einer Lichtquelle aus, gewählt.

Zusätzlich kann der Bauteiloberfläche eine bestimmte *Oberflächenbeschaffenheit* (Finish) zugeordnet werden, wie z. B. *matt, rauh, spiegelnd, glänzend*. Dies reicht bis zur fotorealistischen Darstellung des Bauteils.

**3D-Darstellungshilfen zur 3D-Modelldarstellung**

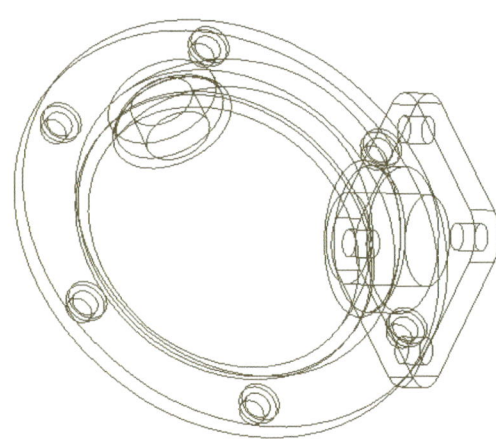

3D-Darstellung des Modells mit der Darstellung von verdeckten Kanten.

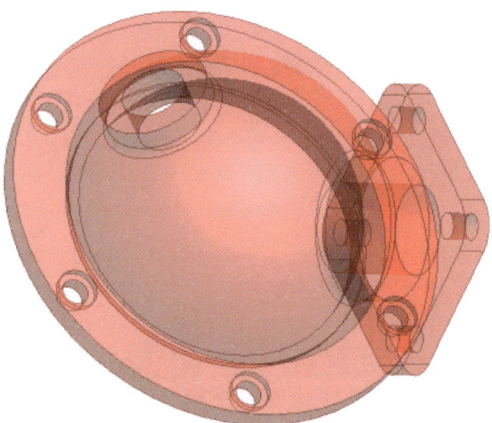

3D-Darstellung des Modells schattiert, transparenter Werkstoff, mit der Darstellung von verdeckten Kanten.

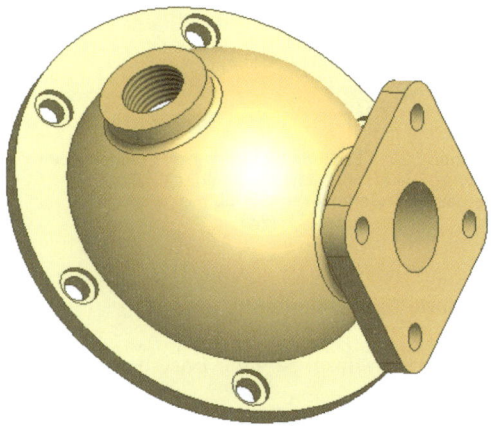

3D-Darstellung des Modells, schattiert mit metallischem Finish der Oberfläche.

3D-Darstellung einer Instrumentenblende mit Wurzelholzoberfläche.

# 1 Grundlagen CAD

## 1.5.7 Zeichnungsableitung

3D-CAD-Systeme benutzen das erzeugte 3D-Modell als Referenz für alle weiteren in das System integrierten Modi. Dies gilt für *Zusammenbauten*, *Präsentationen*, und in besonderem Maße auch für die Zeichnungsableitungen. Für die Fertigung ist es nötig Zeichnungen nach der bisherigen Projektionsmethode (DIN 6) anzufertigen. Die nötigen *Ansichten*, *Schnitte* und *Details* werden allerdings nicht in den Projektionsebenen gezeichnet sondern aus dem 3D-Modell abgeleitet. Dies geht sehr schnell und effizient und die Anzahl der Ansichten spielt keine Rolle mehr – der Informationsgehalt der Zeichnung steigt. Allerdings müssen *Zeichnungskommentare* wie z. B. normgerechte Bemaßung, Oberflächenangaben, Form- und Lagetoleranzen manuell nachgetragen werden. Die jeweiligen internationalen Normen können angewählt werden.

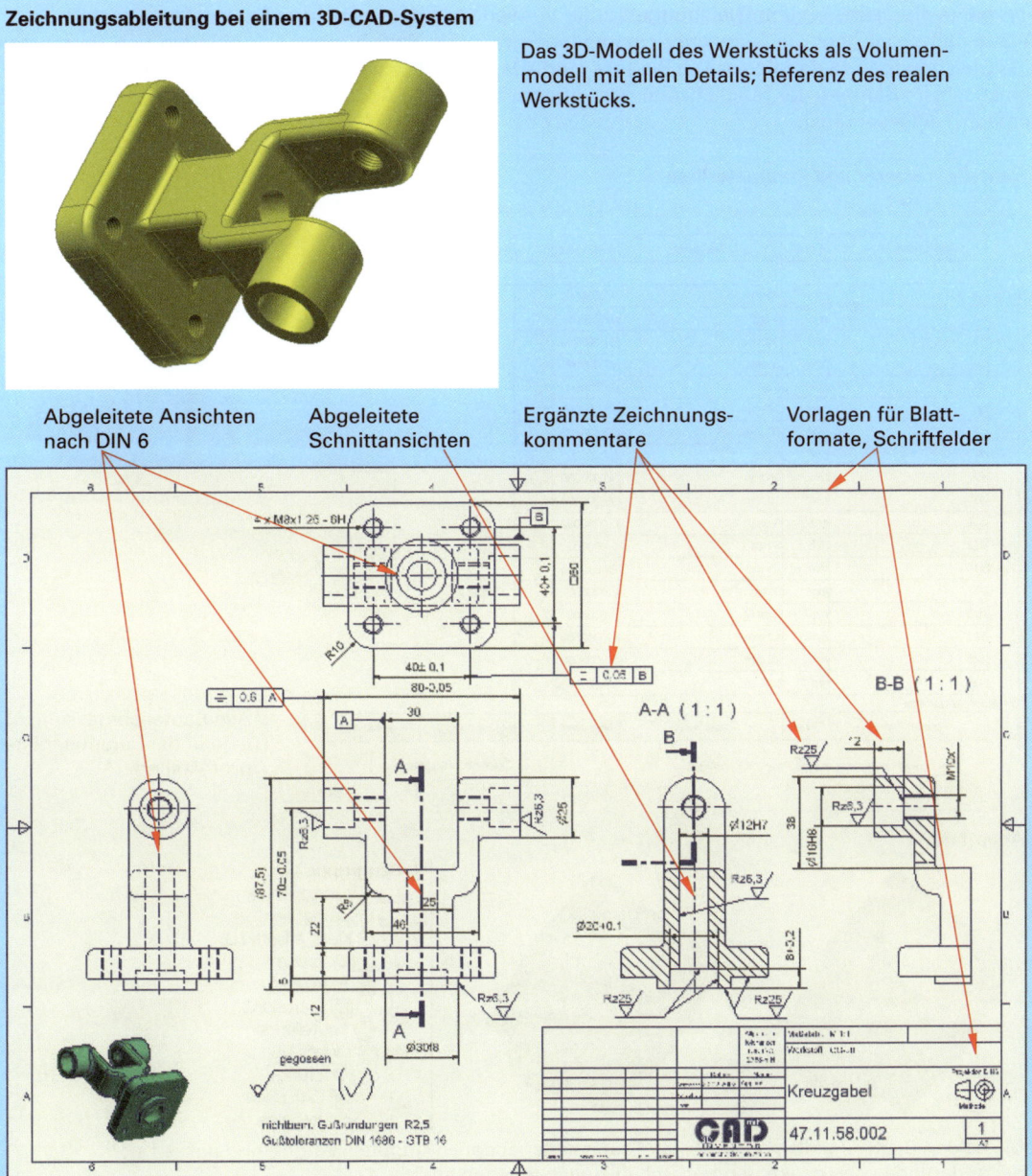

**Zeichnungsableitung bei einem 3D-CAD-System**

Das 3D-Modell des Werkstücks als Volumenmodell mit allen Details; Referenz des realen Werkstücks.

Abgeleitete Ansichten nach DIN 6

Abgeleitete Schnittansichten

Ergänzte Zeichnungskommentare

Vorlagen für Blattformate, Schriftfelder

## 1.5.8 Bauteilparametrik, Assoziativität und Adaptivität

Moderne 3D-CAD-Systeme sind parametrisch, das heißt alle Bauteilabmessungen, Bauteilbeziehungen und auch Zusammenbauabhängigkeiten liegen als Variablen vor, denen ein Zahlenwert zugewiesen ist. Diese Variablen und die dazugehörigen Zahlenwerte sind in einer Tabelle aufgelistet. Die Tabelle steuert somit die Bauteilabmessungen und ist ein effektives Manipulationswerkzeug. Bei den meisten CAD-Systemen ist ein Export dieser Tabelle in ein Tabellenkalkulationssystem möglich. Die Tabellenkalkulation bietet wesentlich bessere mathematische Möglichkeiten Beziehungen zwischen den verschiedenen Parametern zu definieren.

Unter Assoziativität versteht man eben diese Beziehungen zwischen den verschiedenen Parametern. Die einfachste Möglichkeit Beziehungen zu definieren ist die Vergabe von Abhängigkeiten. Ein weitere Möglichkeit ist die Definition von Gleichungen unter Verwendung der definierten Parameter.

Adaptivität bezeichnet die Möglichkeit bauteilübergreifende Beziehungen unabhängig von Parametern und Gleichungen zu definieren. Die Bauteile sind adaptiv und passen sich konstruktiven Änderungen automatisch, im Rahmen der Möglichkeiten der Adaptivität an. Die Adaptivität wird durch Definition von Parametern eingeschränkt.

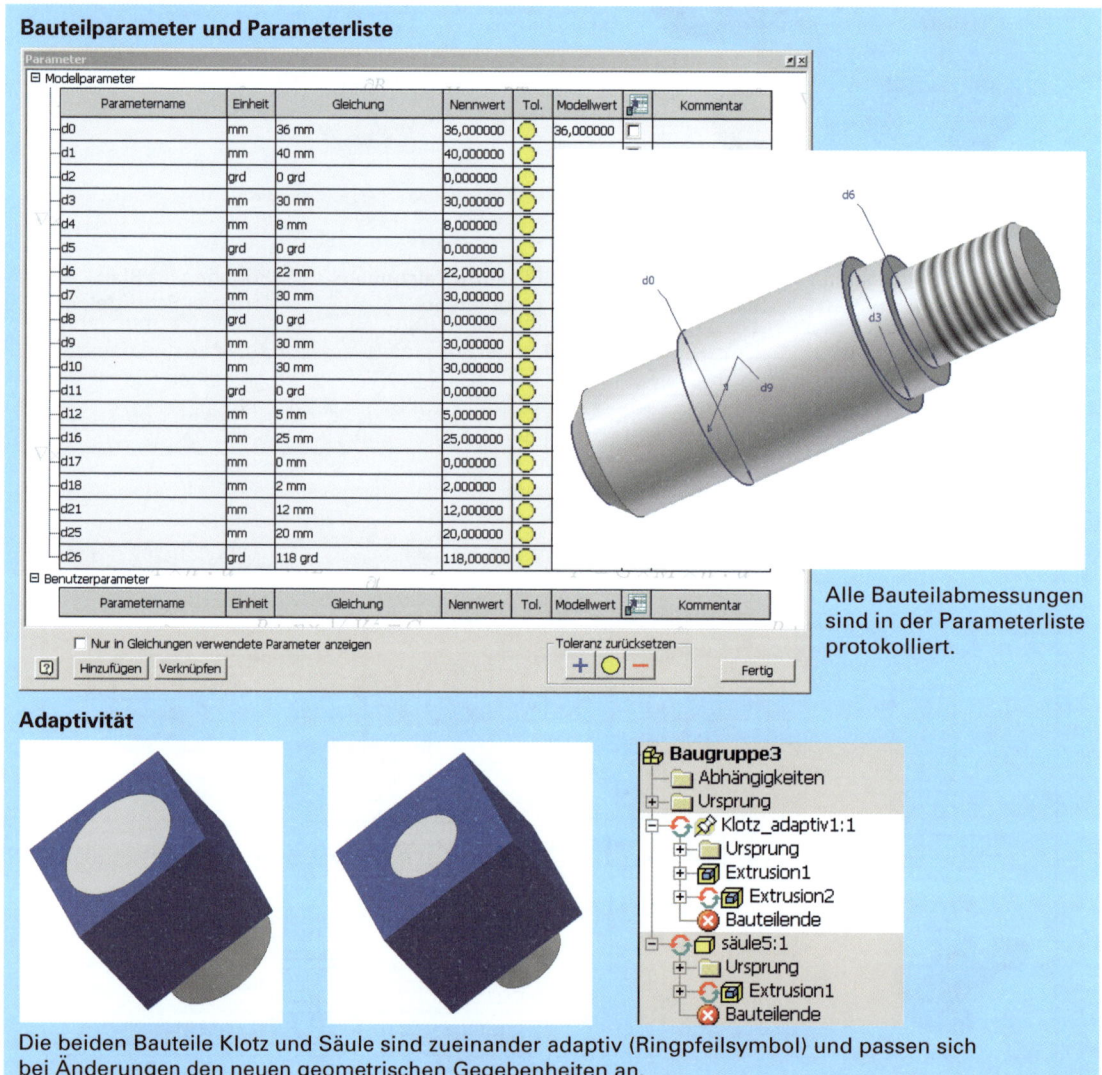

Die beiden Bauteile Klotz und Säule sind zueinander adaptiv (Ringpfeilsymbol) und passen sich bei Änderungen den neuen geometrischen Gegebenheiten an.

# 1 Grundlagen CAD

## 1.5.9 Teilefamilien, tabellengesteuerte Teile

Der Bauteilparametrik kann auch dazu genutzt werden tabellengesteuerte Teile zu erzeugen. In der Konstruktion gibt es immer wieder Teile die nur maßlich voneinander abweichen, ansonsten aber eine ähnliche Form haben. Diese Varianten können in einer Tabelle erfasst werden und müssen nicht mehr aufs Neue konstruiert werden. Die gewünschte Variante kann dann aus einem Listenfeld ausgewählt und im Zusammenbau platziert werden. So entsteht mit der Zeit eine ganze Baureihe ähnlicher Teile. Man spricht dann von einer so genannten Teilefamilie.

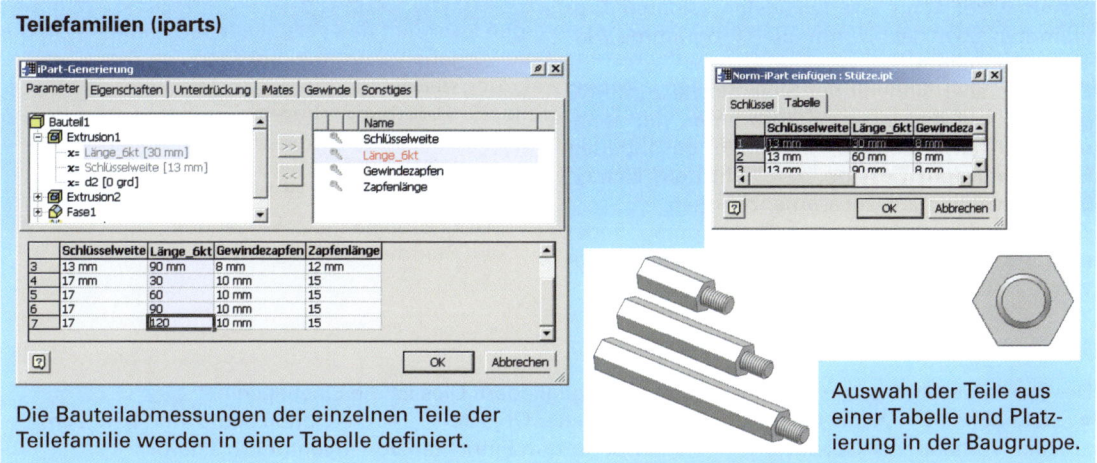

**Teilefamilien (iparts)**

Die Bauteilabmessungen der einzelnen Teile der Teilefamilie werden in einer Tabelle definiert.

Auswahl der Teile aus einer Tabelle und Platzierung in der Baugruppe.

## 1.5.10 Normteilbiliotheken, Internetanbindung

Das Internet bietet auf sehr einfache Weise einen vielfältigen Zugriff auf verschiedene Normteilbibliotheken. Die Anbieter unterscheiden sich meist darin ob das Herunterladen der Normteile kostenlos oder kostenpflichtig ist. Ein weiterer Unterschied liegt in der Qualität der zur Verfügung gestellten Daten. Die Daten können in einem allgemein lesbaren Dateiformat (*.igs, *.stp) oder im systemeigenen Format vorliegen. Ein weiteres Kriterium ist ob das hereingeladene Teil ein unveränderlicher Klotz oder in allen Details ausmodelliert und veränderbar vorliegt.
Neben den Normteilen sind bei Autodesk direkt oder im Internet unter dem Suchbegriff Inventor einige Diskussionsforen zu finden, die dem Informationsaustausch von Inventorbenutzern dienen.

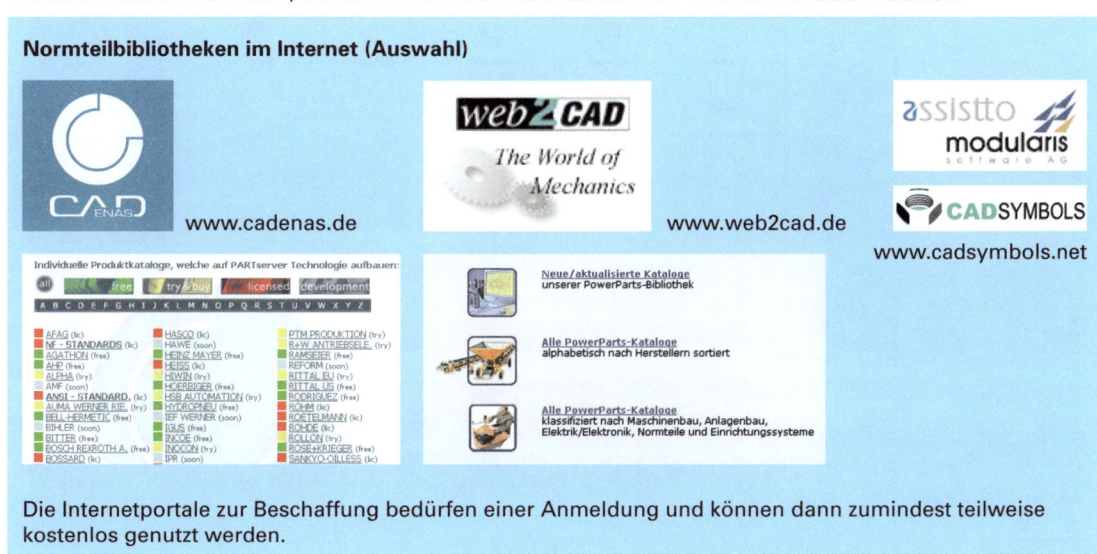

**Normteilbibliotheken im Internet (Auswahl)**

Die Internetportale zur Beschaffung bedürfen einer Anmeldung und können dann zumindest teilweise kostenlos genutzt werden.

# 2 Einführung

## 2.1 Das Programm Inventor[1] starten

Zum Programmstart des Inventors stehen verschiedene Möglichkeiten zur Verfügung. Der Programmaufruf kann wie bei vielen anderen Programmen über das Startmenü / Programme / Inventor 6 erfolgen.
Oft ist es aber sinnvoll die Schaltfläche zum Programmaufruf des Inventor, zusammen mit anderen CAD-Anwendungen, in einem gesonderten Ordner auf dem Desktop, z. B. mit dem Namen CAD-Anwendungen, zusammenzufassen.
Zum Erstellen dieser neuen Verknüpfung findet man die Schaltfläche zum Programmstart im Inventor Hauptverzeichnis, im Ordner BIN.

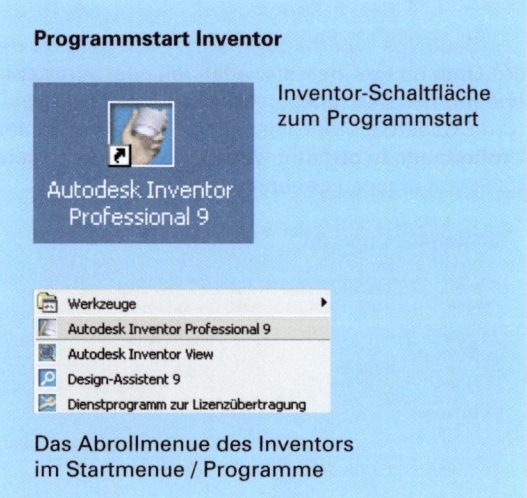

**Programmstart Inventor**

Inventor-Schaltfläche zum Programmstart

Das Abrollmenue des Inventors im Startmenue / Programme

## 2.2 Der Startbildschirm

Der Startbildschirm ist in vier Aufgabenbereiche gegliedert. Dies ist die Einstiegshilfe:
- Erste Schritte  • die Option zum Erstellen neuer Objekte  • die Option zum Öffen bzw. zum Bearbeiten vorhandener Objekte  • die Option zum Einrichten von Inventor Projekten.

**Erster Startbildschirm des Inventors**

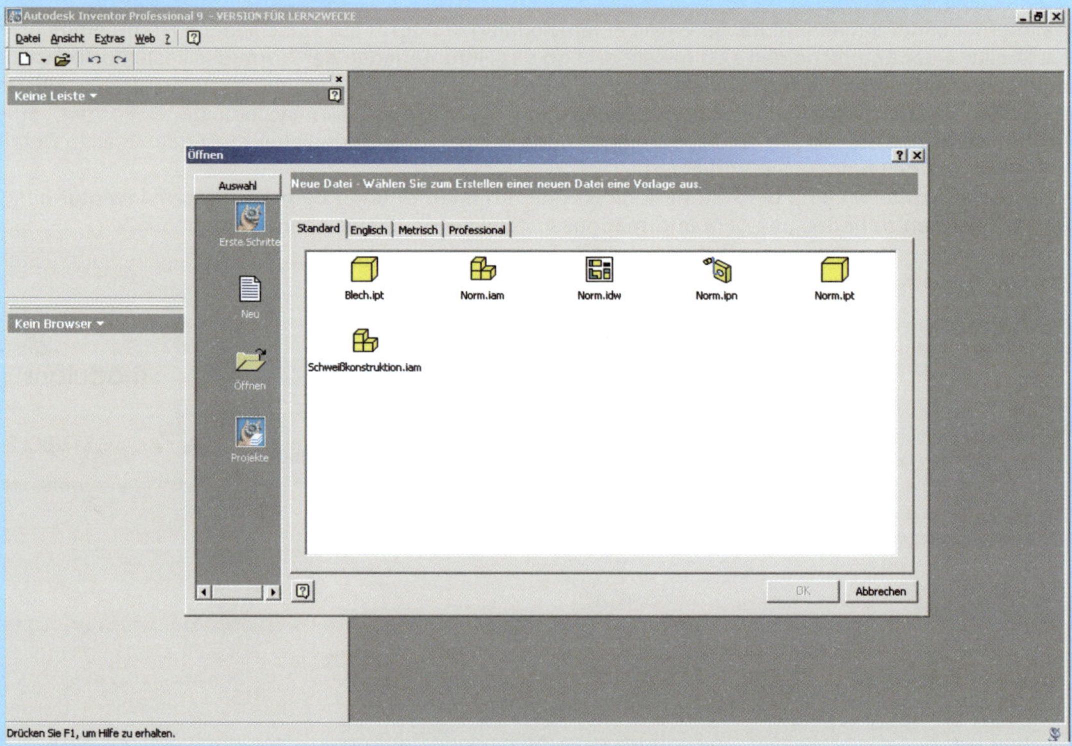

---
[1] Inventor ist ein eingetragenes Warenzeichen der Autodesk GmbH, München

2 Einführung                                                                 27

## 2.3 Erste Schritte – Basisinformationen

Die Option *Erste Schritte* liefert viele Informationen zum Inventor. Dies können Informationen zur *Handhabung* der Hilfefunktion sein oder zu *Neuheiten* in dem jeweiligen Inventor Release oder *Arbeitstipps* zum Skizzieren, Modellieren oder Zeichnungsableiten.
**Umfassende Information beschafft man sich allerdings durch die Hilfefunktion.**

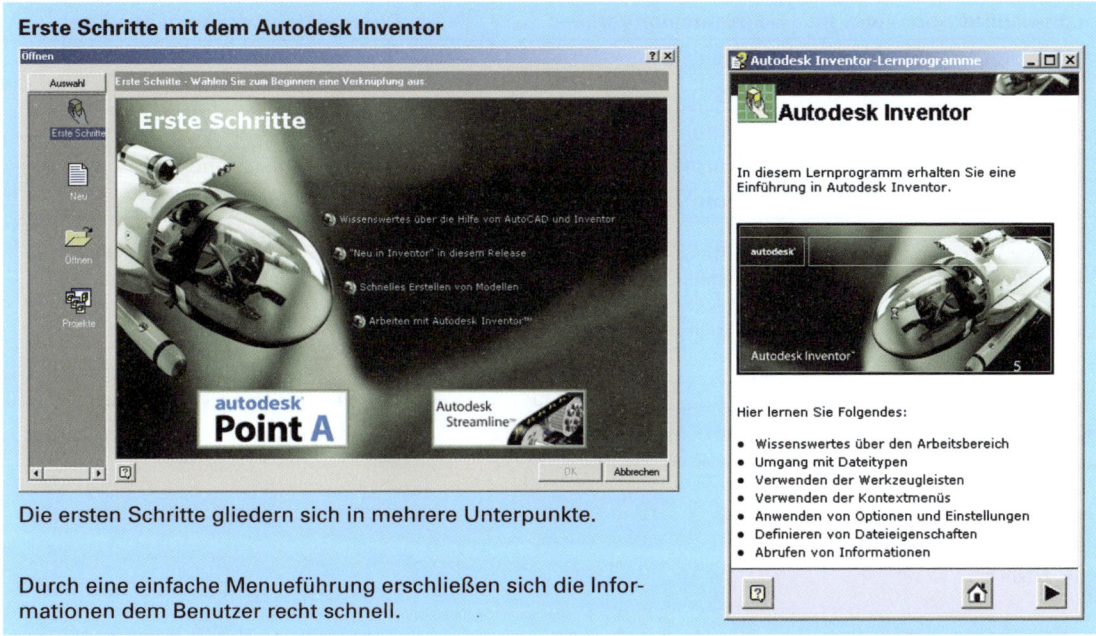

Die ersten Schritte gliedern sich in mehrere Unterpunkte.

Durch eine einfache Menueführung erschließen sich die Informationen dem Benutzer recht schnell.

## 2.4 Erstellen neuer Objekte – Dokumentvorlagen

Die *Option Neu* stellt dem Benutzer die verschiedenen Dokumentvorlagen des Inventor zur Verfügung. Grundsätzlich wird jedes neue Objekt durch eine Dokumentvorlage geöffnet. In den Registerkarten Standard, Englisch und Metrisch sind die verschiedenen Dokumentvorlagen zusammengefasst.

Grundsätzlich werden aber beim Erstellen neuer Dateien vier verschiedene Vorlagentypen mit folgenden Dateiendungen unterschieden: *Bauteile und Blechteile* (.ipt), *Baugruppen* (.iam), *Präsentationen* (.ipn) und *Zeichnungen* (.idw). Die verschiedenen Datei-Vorlagen, gegliedert in die Registerkarten *Standard*, *Englisch* und *Metrisch* enthalten die Vorlagen mit den entsprechenden Maßeinheiten und Zeichnungsnormen.

**Inventor-Dateitypen**

*.ipt   Bauteile (inventor parts)
*.iam   Baugruppen (inventor assemblys)
*.idw   Zeichnungen (inventor drawings)
*.ipn   Präsentationen (inventor presentations)

Beim Erstellen eines neuen Inventordokuments muss der Benutzer sich schon von Anfang an im Klaren sein, welche Art von Objekt er nun erstellen will. Aus funktionalen Gründen ergibt sich allerdings eine logische Erzeugungsreihenfolge. Am Anfang steht immer das Bauteil (Modell) von dem dann eine Zeichnung abgeleitet werden kann. Erstellte Bauteile können dann in Baugruppen zusammengebaut werden, zusammen mit, z. B. vom Internet heruntergeladenen, Kaufteilen. Von Baugruppen lassen sich dann wiederum Präsentationen erstellen, wie z. B. eine *animierte Explosionsdarstellung* der gesamten Baugruppe.

## Autodesk Inventor Dokumentvorlagen

Dokumentvorlagen der **Registerkarte Standard**

 Blech.ipt   Norm.iam   Norm.idw   Norm.ipn   Norm.ipt

| Speicherort der Vorlage | Name der Vorlage | Beschreibung der Vorlagendatei |
|---|---|---|
| Registerkarte Standard | Blech.ipt | Normblechbauteile |
| | Norm.iam | Standardbaugruppe |
| | Norm.idw | Standardzeichnung |
| | Norm.ipn | Standardpräsentation |
| | Norm.ipt | Standardbauteil |

Die Dokumentvorlagen der Registerkarte Standard entsprechen den in der Inventorinstallation angewählten Normen und dem dazugehörtigen Maßeinheitensystem.

Dokumentvorlagen der **Registerkarte Englisch**

 ANSI (zoll).idw   Blech (zoll).ipt   Katalog (zoll).ipt   Norm (zoll).iam   Norm (zoll).ipt

 Norm.ipn

| Speicherort der Vorlage | Name der Vorlage | Beschreibung der Vorlagendatei |
|---|---|---|
| Registerkarte Englisch | ANSI(Zoll).idw | Zeichnung (Maße in Zoll) |
| | Katalog(Zoll).ipt | Bauteilkatalog (Maße in Zoll) |
| | Blech(Zoll).ipt | Blechbauteile (Maße in Zoll) |
| | Norm(Zoll).iam | Baugruppe (Maße in Zoll) |
| | Norm(Zoll).ipt | Bauteil (Maße in Zoll) |
| | Norm.ipn | Präsentation |

Dokumentvorlagen der **Registerkarte Metrisch**

 ANSI (mm).idw   Blech (mm).ipt   BSI.idw   DIN.idw   GB.idw

 ISO.idw   JIS.idw   Katalog (mm).ipt   Norm (mm).iam   Norm (mm).ipt

 Norm.ipn

# 2 Einführung

## Dokumentvorlagen
Dokumentvorlagen der **Registerkarte Metrisch** (Fortsetzung)

| Speicherort der Vorlage | Name der Vorlage | Beschreibung der Vorlagendatei |
|---|---|---|
| Registerkarte Metrisch | BSI.idw | Zeichnung mit Norm BSI |
| | Katalog(mm).ipt | Bauteilkatalog (Maße in mm) |
| | DIN.idw | Zeichnung, Zeichnungsnorm DIN |
| | GB.idw | Zeichnung, Zeichnungsnorm GB |
| | ISO.idw | Zeichnung, Zeichnungsnorm ISO |
| | JIS.idw | Zeichnung, Zeichnungsnorm JIS |
| | Blech(mm).ipt | Blechbauteile (Maße in mm) |
| | Norm(mm).iam | Baugruppe (Maße in mm) |
| | Norm(mm).ipt | Bauteil (Maße in mm) |
| | Norm.ipn | Präsentation |

Hinweise zu den Normen:
- ANSI  American National Standards Institute
- BSI   British Standard Institution
- DIN   Deutsches Institut für Normung e.V.
- GB    Britische Norm
- ISO   International Organisation for Standardization
- JIS   Japanese Industrial Standardization Committee

Je nach Auswahl der Dokumentvorlage gelangen Sie in die entsprechende Inventorumgebung. Um ein Überschreiben der Dokumentvorlagen zu vermeiden werden im Inventor automatisch Dateinamen mit der entsprechenden Dateiendung vergeben. Die Bauteile werden während einer Inventorsitzung fortlaufend durchnummeriert (z. B. Bauteil1, Bauteil2, ..., Zeichnung1, Zeichnung2, ..., Baugruppe 1)

## 2.5 Speichern von Dateien

Der Befehl *Speichern* kann sowohl aus dem Abrollmenü *Datei* als auch aus der Werkzeugleiste *Norm* heraus aufgerufen werden. Die Speicherbox entspricht dem Windows-Standard.

Beim Erstaufruf des Befehls wird der Befehl als *speichern unter* ausgeführt, dem Dokument kann dann ein beliebiger Namen gegeben werden. Ein erneuter Befehlsaufruf speichert ohne Rückfrage. Dateien können überschrieben werden.

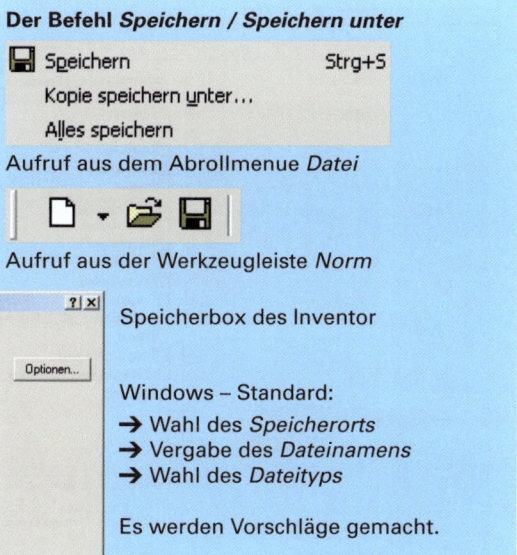

Der Befehl *Speichern / Speichern unter*

Aufruf aus dem Abrollmenue *Datei*

Aufruf aus der Werkzeugleiste *Norm*

Speicherbox des Inventor

Windows – Standard:
→ Wahl des *Speicherorts*
→ Vergabe des *Dateinamens*
→ Wahl des *Dateityps*

Es werden Vorschläge gemacht.

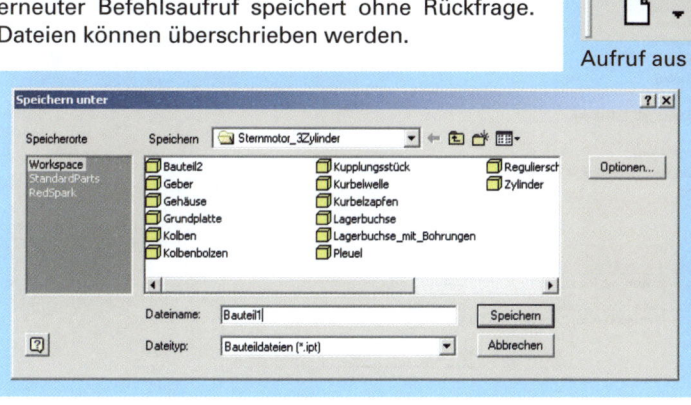

Mit dem Befehl *Kopie speichern unter* ... lassen sich von Dokumenten Kopien herstellen.
Der Befehlsaufruf findet im Abrollmenü *Datei* statt.
Die aktive Datei kann unter einem neuen Dateinamen, an einem neuen Speicherort oder in einem neuen Speicherformat abgespeichert werden.

**Der Befehl *Kopie speichern unter*...**

Aufruf aus dem Abrollmenü *Datei*

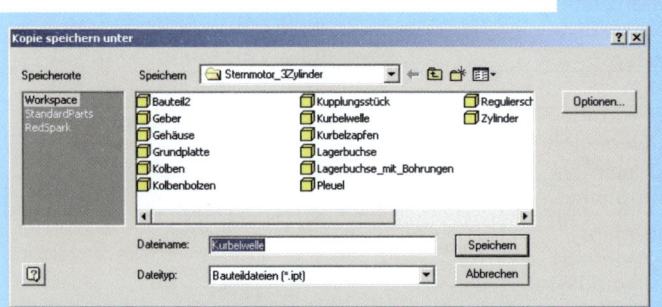

Speicherbox des Befehls *Kopie speichern unter*...

Der Befehl *Kopie speichern unter*... lässt die verschiedensten Speicherformate zum Datenaustausch zu. Der gewünschte Dateityp kann angewählt werden.

Der dritte Speicherbefehl *Alles speichern* befindet sich ebenfalls im Abrollmenü *Datei*.
Er lässt sich vor allem auf Zusammenbaudateien (.iam) anwenden. Mit dem Befehlsaufruf wird die gesamte Baugruppe mit allen ihren geöffneten Dateien gesichert.

**Der Befehl *Alles speichern***

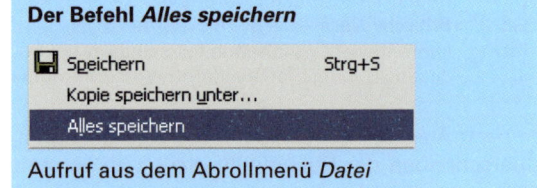

Aufruf aus dem Abrollmenü *Datei*

## 2.6 Öffnen bestehender Dateien

Der Befehl *Datei öffnen* kann auf verschiedene Arten erfolgen. Die erste Möglichkeit stellt wiederum das Abrollmenü *Datei* dar. Die zweite Möglichkeit des Programmaufrufs ist die Werkzeugleiste *Norm*.

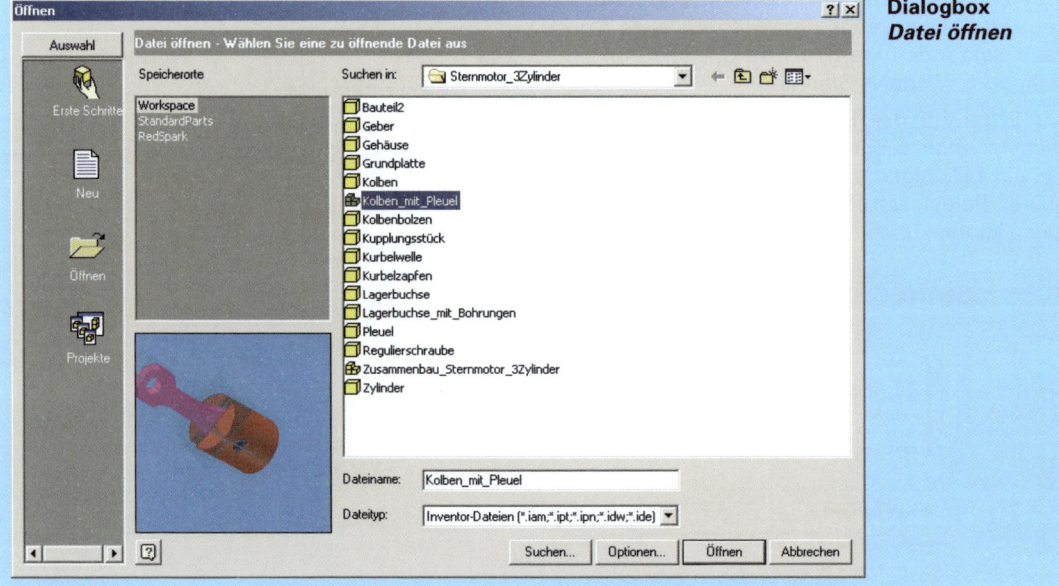

**Dialogbox *Datei öffnen***

# 2 Einführung

Die gewünschte Datei ist aus der Listenbox der *Öffnen-Dialogbox* auszuwählen. Sie wird dann in das Eingabefeld Dateiname übernommen. Durch einen Doppelklick auf die Datei kann diese auch direkt geöffnet werden.

Welcher Dateityp in der Listenbox zur Auswahl angeboten wird hängt von dem ausgewählten Dateityp ab. Diese kann die Gruppe aller Inventor-Dateien sein oder ein spezieller Inventordateityp.

Ebenso stehen die nativen Dateiformate von Pro-Engineer und AutoCAD, sowie die universellen Schnittstellenformate .dxf, .iges, .sat und .step zur Verfügung.

Manche Dateitypen lassen sich allerdings nur in bestimmten Inventor-Dokumenten öffnen. So lässt sich eine dwg-Datei nur in einer Inventor-Zeichnung öffnen.

Der Schalter Suchen in der Dialogbox Öffnen stellt dem Benutzer verschiedene Suchkriterien zur Verfügung nach denen er nach Inventor-Dateien suchen kann.

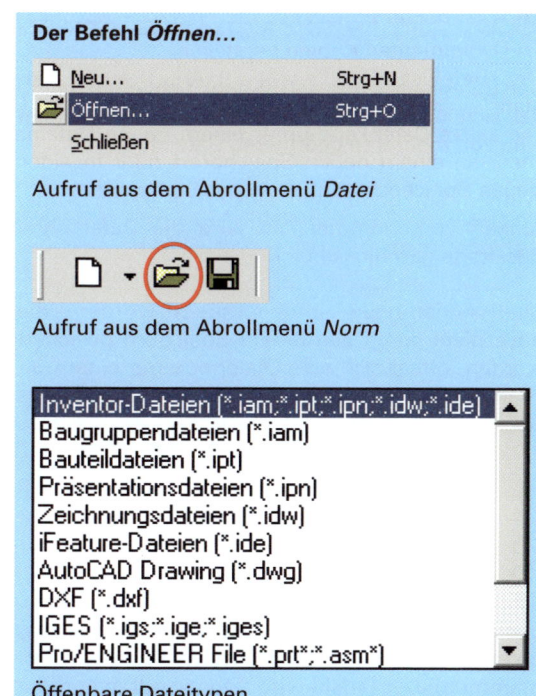

**Der Befehl *Öffnen*...**

Aufruf aus dem Abrollmenü *Datei*

Aufruf aus dem Abrollmenü *Norm*

Öffenbare Dateitypen

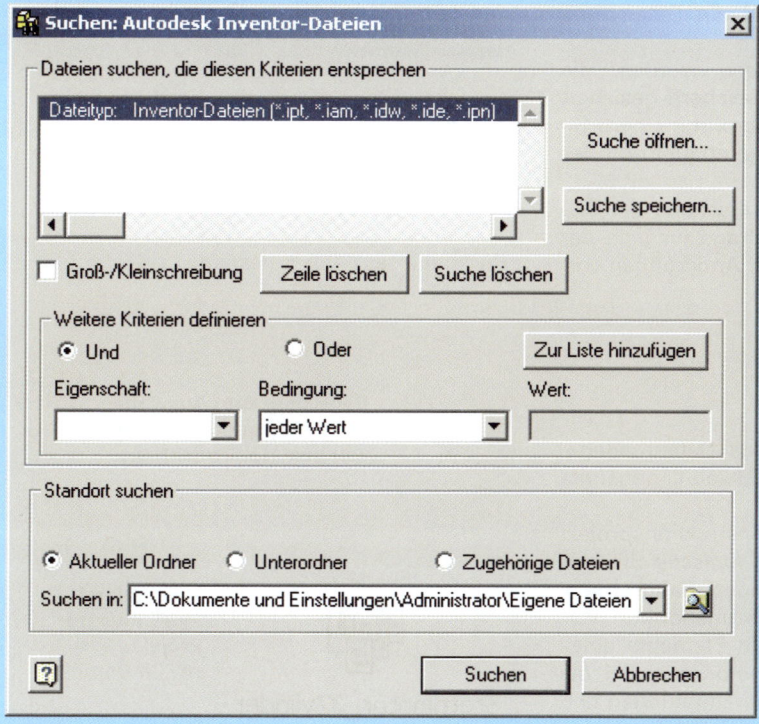

**Dialogbox *Suchen*:** Autodesk Inventor Dateien

Bestandteil der Dialogbox *Öffnen*

## 2.7 Schließen von Dateien

Der Befehlaufruf für den Befehl Schließen befindet sich auch im Abrollmenü *Datei*. Er beendet eine von mehreren geöffneten Dateien.

Wurden am geöffneten Dokument keine Änderungen vorgenommen, so wird die Datei ohne Rückfrage geschlossen.

Sind Änderungen vorgenommen worden, die noch nicht durch den Befehl Speichern gesichert wurden, öffnet sich eine Dialogbox mit einem Sicherheitshinweis. Diese Rückfrage erlaubt nun das Speichern der Datei.

## 2.8 Beenden

Ebenfalls im Abrollmenü *Datei* befindet sich der Befehl Beenden (analog zu vielen Windows-Programmen). Der Befehl wird angewandt, wenn der Inventor verlassen, bzw. die Arbeit beendet werden soll.

Wurden am geöffneten Dokument keine Änderungen vorgenommen, so wird die Datei ohne Rückfrage geschlossen.
Sind Änderungen vorgenommen worden, die noch nicht durch den Befehl Speichern gesichert wurden, öffnet sich eine Dialogbox mit einem Sicherheishinweis. Diese Rückfrage erlaubt nun das Speichern der Datei.
Sind mehrere Dateien geöffnet erscheint die Dialogbox mit der *Speichern*-Rückfrage für jede der geöffneten Dateien, sofern an ihr Änderungen vorgenommen wurden.

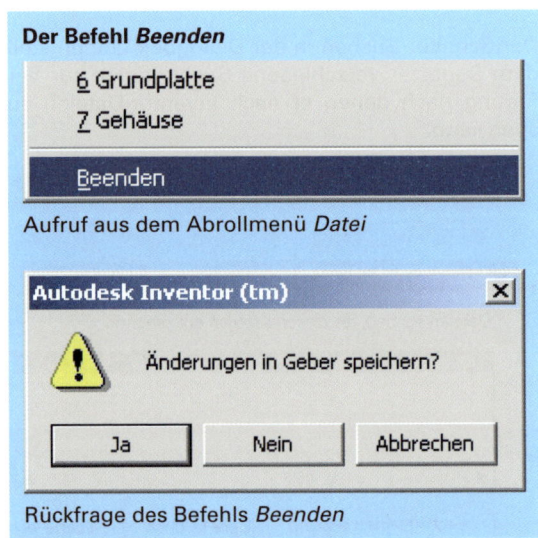

## 2.9 Projekte

Ein wichtiges Werkzeug für das Datenmanagement des Inventor ist die Möglichkeit sogenannte Projekte anzulegen.
Analog zu einem realen Konstruktionsprojekt stellt das Inventor Projekt eine *logische* Struktur von Dateien (Bauteile, Zeichnungen, Baugruppen, Präsentationen, ...) und den dazugehörigen Verknüpfungen dar. Die wichtigsten Elemente eines Projekts sind der *Projekt-Stammordner* und die *Projektdatei*. Sie enthalten die Verknüpfungen und Pfade aller dem Projekt zugehöriger Dateien.

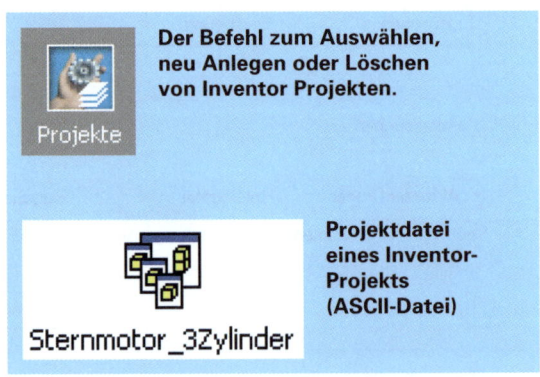

# 2 Einführung

**Beispiel: Projektdatei des Sternmotor_3Zylinder**

[Project Defaults]
MultiUser=FALSE
UseRelative= TRUE

[Included Path File]
Included Pathfile=D:\Programme\Autodesk\Inventor 5.3\Bin\Default.ipj

[Workspace]
Workspace=C:\Dokumente und Einstellungen\Administrator\Eigene Dateien\Sternmotor_3Zylinder

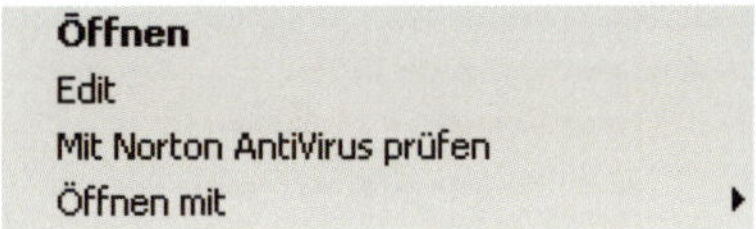

**Öffnen**
Edit
Mit Norton AntiVirus prüfen
Öffnen mit

Die Projektdatei im *Projekt-Stammordner* wurde im *Explorer* angewählt und über das Kontext-Menue, Öffnen mit dem *MS-Editor*. Erkennen kann man Projektdateien an der Dateiendung .ipj.

## 2.9.1 Ein neues Projekt erstellen

Neue Projekte werden mit dem *Projekteditor* erstellt. Es müssen allerdings alle anderen Dateien geschlossen sein. Der Projekteditor wird dann im Abrollmenü *Datei* aufgerufen.

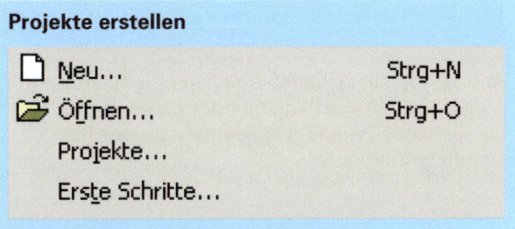

**Projekte erstellen**

- Neu...            Strg+N
- Öffnen...         Strg+O
- Projekte...
- Erste Schritte...

Aufruf aus dem Abrollmenü *Datei*

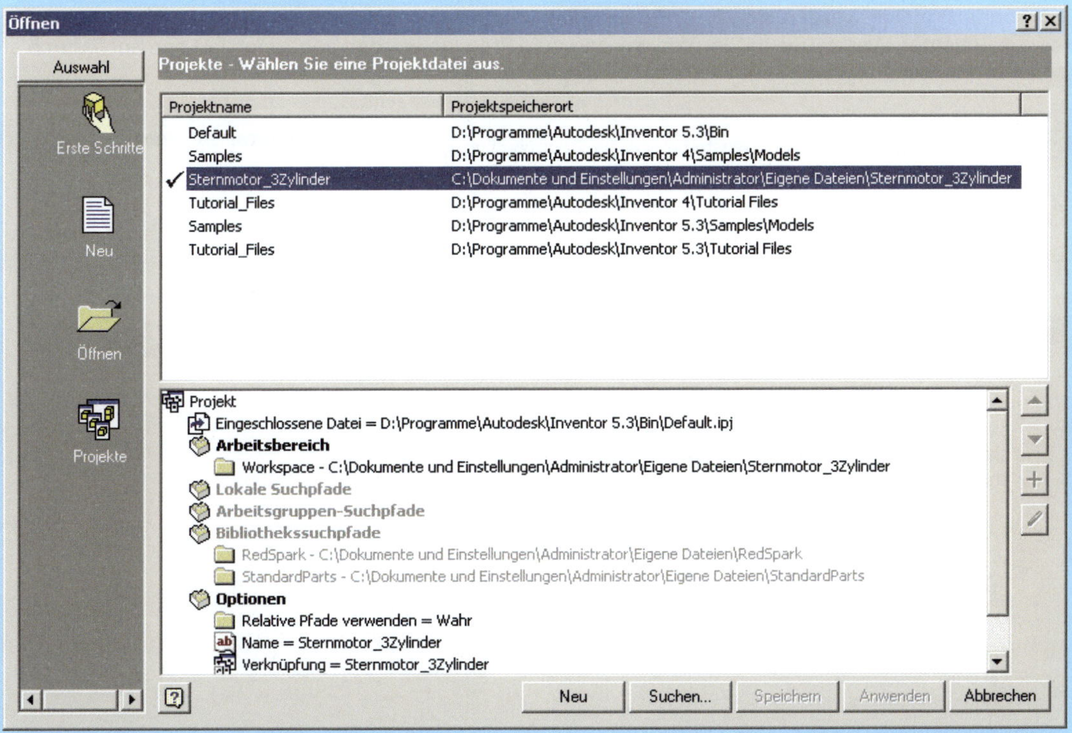

Die angezeigten Projekte können durch einen Doppelklick aktiv gesetzt werden. Ein neues Projekt wird durch einen Klick auf die Schaltfläche *Neu* angelegt. Änderungen können direkt vom Inventor oder vom Projekteditor ausgeführt werden.

## Erstellen eines neuen Projekts

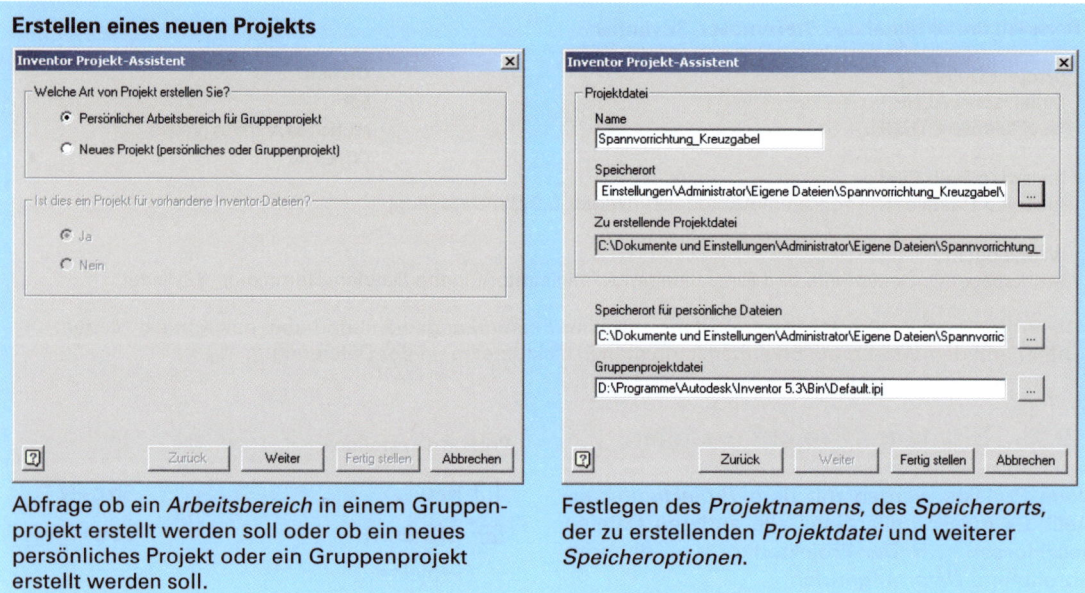

Abfrage ob ein *Arbeitsbereich* in einem Gruppenprojekt erstellt werden soll oder ob ein neues persönliches Projekt oder ein Gruppenprojekt erstellt werden soll.

Festlegen des *Projektnamens*, des *Speicherorts*, der zu erstellenden *Projektdatei* und weiterer *Speicheroptionen*.

### 2.9.2 Projekte editieren

Bestehende Projekte werden mit dem *Projekteditor* editiert. Der Editor kann über das *Startmenü*, Programme, Inventor, Werkzeuge aufgerufen werden. Alle Projekte werden angezeigt. Er kann auch durch ein *Kontextmenü*, bei ausgewählter Projektdatei, aufgerufen werden.

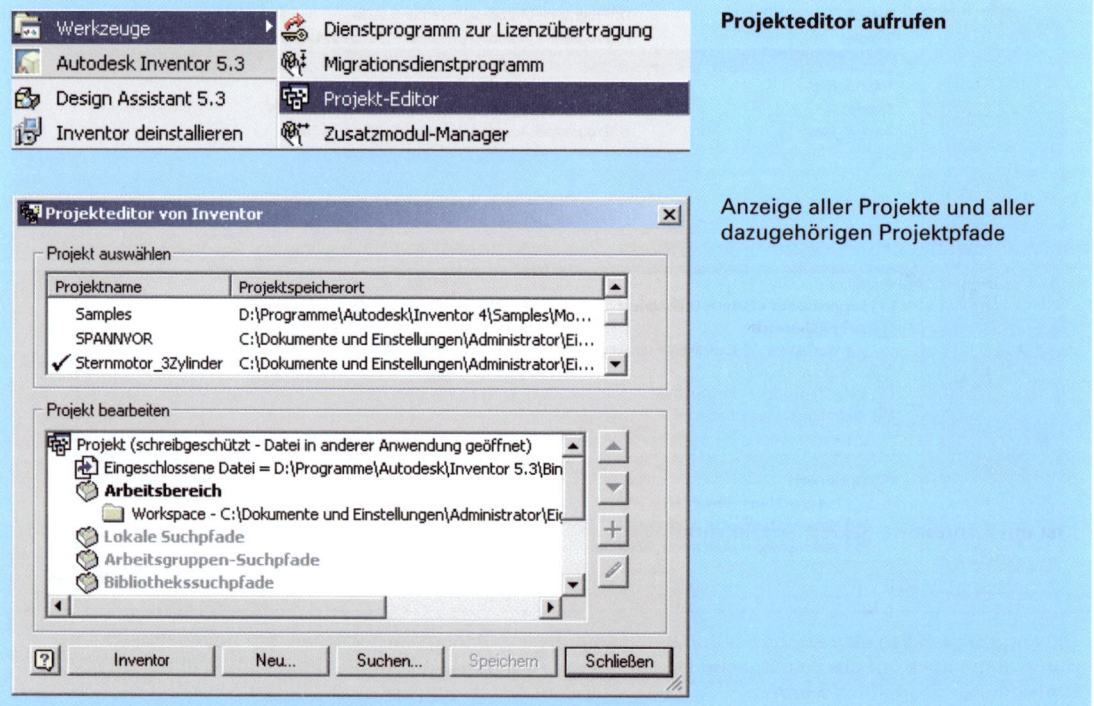

**Projekteditor aufrufen**

Anzeige aller Projekte und aller dazugehörigen Projektpfade

# 2 Einführung

**Projekt** *bearbeiten*

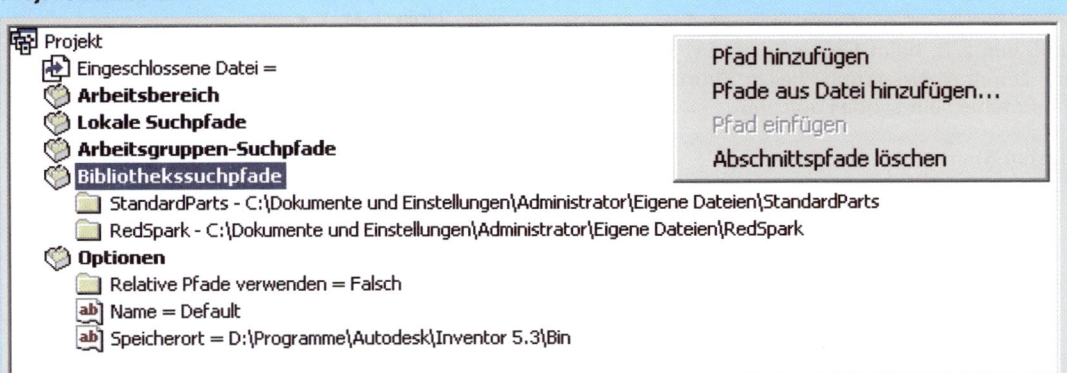

In diesem Teil des Dialogfeldes des Projekteditors lassen sich die verschiedenen Projektpfade bearbeiten.

- **Eingeschlossene Datei** → Eine andere Projektdatei, die in den Suchpfad für das Projekt mit einbezogen werden soll. Sinnvoll ist dies bei Arbeitsgruppenprojekten im Netzwerk.

- **Arbeitsbereich** → Der persönliche Arbeitsbereich für das Projekt.

- **Lokale Suchpfade** → Zusätzliche Speicherorte auf dem lokalen Computer.

- **Arbeitsgruppen-Suchpfade** → Arbeitsgruppen – Speicherorte im Netzwerk.

- **Bibliothekssuchpfade** → Pfade für die Standard- und benutzerdefinierten Bibliotheken. Dies können z.B. Normteilbibliotheken oder ähnliches sein.

## 2.10 Maustastenbelegung

**Maustastenbelegung**

Die linke und die rechte Maustaste haben im Inventor unterschiedliche Funktionen:

- **Linke Maustaste** → Zum Auswählen von Objekten, Flächen, Kanten, Geometrie, Menüschaltflächen und Objekten im Browser.

- **Rechte Maustaste** → Aktiviert ein Kontextmenü, das sich je nach Objekt, über dem die Taste betätigt wurde, ändert. Die rechte Maustaste ist oft eine große Hilfe! Dargestellt (im Bild rechts) ist ein Kontextmenü des Skizziermodus.

- **Tasten-Rädchen** → (Scrollrad) sollte man unbedingt haben. Durch das Drehen des Rädchens wird der *dynamische Zoombefehl* ausgeführt. Bei gedrückten Rädchen wechselt der Inventor in den *dynamischen Pan-Befehl*.

Kontextmenü durch Klicken mit der rechten Maustaste; hier ein Beispiel im Skizziermodus.

## 2.11 Tasten-Shortcuts

Einige Menüpunkte verweisen auf Tasten-Shortcuts[1], wie z. B. beim Linien-Befehl im Skizziermodus. Durch Verwendung dieser Shortcuts lassen sich Befehle sehr schnell aufrufen.

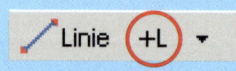

**Tasten-Shortcuts**

| Windows-Standard Shortcuts: | | Inventor-spezifische Shortcuts: | |
|---|---|---|---|
| Strg+O | Datei öffnen | S | Neue Skizze |
| Strg+S | Datei speichern | L | Linie |
| Strg+N | Datei neu | E | Extrusion |
| Strg+P | Drucken | H | Drehung |
| Strg+Z | Rückgängig | B | Bohrung |
| Strg+Y | Wiederherstellen | P | Komponente platzieren |
| Strg+C | Kopieren | A | Abhängigkeit platzieren |
| Strg+V | Einfügen | B | Allgemeine Bemaßung (Zeichnung) |
| Strg+X | Ausschneiden | K | Koordinatenbemaßung (Zeichnung) |
| | | M | Mittelpunktmarkierung (Zeichnung) |
| **Funktionstasten** | | F | Form- und Lagetoleranzen (Zeichnung) |
| | | P | Positionsnummer (Zeichnung) |
| F1 | Hilfe | | |
| F2 | Pan + linke Maustaste | | |
| F3 | Zoom + linke Maustaste | | |
| F4 | Drehen + linke Maustaste | | |
| F5 | Vorherige Ansicht | | |

Die Shortcuts bedürfen etwas Übung, bringen aber eine effektive Beschleunigung der Arbeit. In den einzelnen Modis, z.B. im Skizziermodus oder Elementmodus werden dieselben Buchstaben verwendet.

## 2.12 Auswahloptionen

Um Inventor-Objekte zu bearbeiten (*schieben, Eigenschaften ändern, löschen, ...*) müssen sie zuerst angewählt werden.

Ein einzelnes Objekt wird durch einen Klick mit der linken Maustaste angewählt. Es ändert seine Farbe (beim Millenium-Hintergrund in grün, beim Präsentationshintergrund hellblau) und signalisiert so seinen Anwahlstatus.

Weitere Objekte werden bei gedrückter Shift-Taste angewählt, zum Abwählen werden die Objekte nochmals bei gedrückter Shift-Taste angeklickt.

Die Anzahl der Elemente eines Auswahlsatzes ist beliebig.

**Auswahl einzelner Objekte**

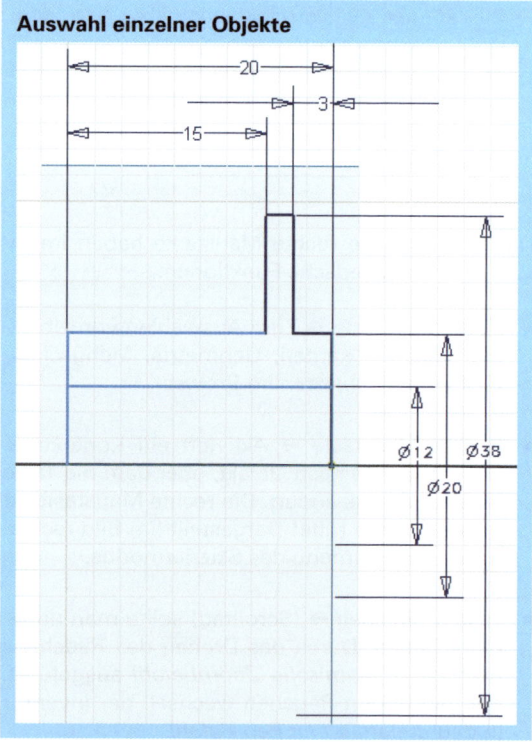

---

[1] engl. shortcut = Abkürzung

# 2 Einführung

Um Inventor-Objekte mit der Funktion *Fenster* auszuwählen *zieht* man von links nach rechts, um die gesamte Geometrie vollständig im Auswahlfenster einzuschliessen.

Um Inventor-Objekte mit der Funktion *Box* auszuwählen *zieht* man von rechts nach links, um die gesamte vollständig im Auswahlfenster eingeschlossene und von dem Auswahlfenster geschnittene Geometrie einzuschließen,.

Desweiteren befindet sich in der *Inventorstandardleiste* die Option *Auswählen*. Je nach Inventorbereich können so verschiedene Elemente angewählt werden. Im Baugruppen-Modus können so z. B. verschiedene Elemente herausgefiltert werden.

Ein weiteres Werkzeug zur Auswahl ist das grüne Rechteck mit den beiden Pfeilen. Es erscheint bei nahe beieiander liegenden Objekten. Durch klicken auf die Pfeile kann zwischen den Objekten hin und her geschaltet werden.

**Auswahl mehrerer Objekte**

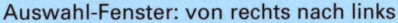

Auswahl-Fenster: von rechts nach links

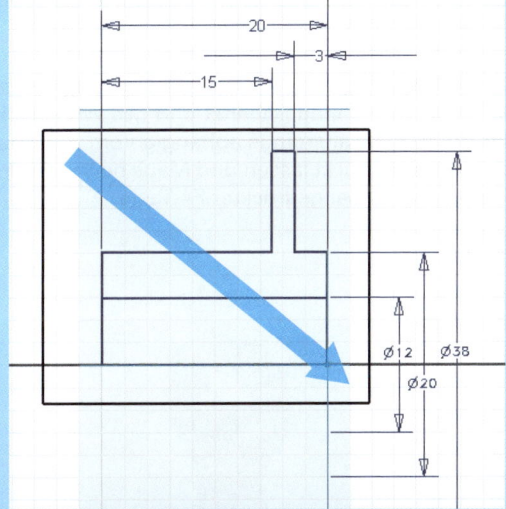

Auswahl-Box: von links nach rechts

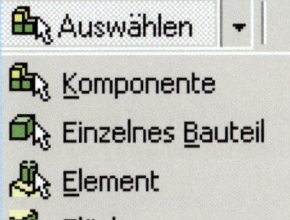

Auswählen im Baugruppenmodus

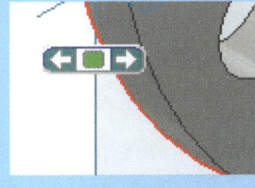

Auswahl – Werkzeug für nahe beieinander liegende Objekte. Mit den Pfeilen kann zwischen den Objekten hin und her geschaltet werden. Die Objekte werden rot hervorgehoben.

## 2.13 Zoom-Befehle

Beim Inventor stehen alle in anderen CAD-Systemen üblichen Zoom-Befehle auch zur Verfügung.

- **Alles zoomen** → stellt das Werkstück in seiner gesamten Größe im Arbeitsbereich dar.
- **Fenster zoomen** → ein frei bestimmbares Fenster füllt den Arbeitsbereich aus.
- **Zoomen** → stufenloses Vergrößern oder Verkleinern der Bildschirmanzeige.
- **Pan** → das momentan sichtbare Bild kann verschoben werden.

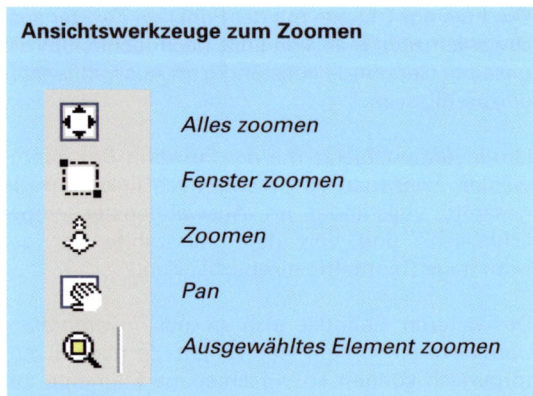

**Ansichtswerkzeuge zum Zoomen**

- Alles zoomen
- Fenster zoomen
- Zoomen
- Pan
- Ausgewähltes Element zoomen

Der Befehl wird durch den Klick auf die Schaltfläche dauerhaft aktiviert. Mit der gedrückten linken Maustaste und einer gleichzeitigen Mausbewegung wird die Operation dann dynamisch ausgeführt.

Temporär lassen sich die Befehle *Pan* und *Zoomen* durch die Tasten F2 (Pan) und F3 (Zoom) einschalten.

Der Befehl ausgewähltes Element zoomen setzt die Auswahl eines Elements (z. B. einer Bohrung) voraus. Das Element wird dann bildschirmfüllend gezoomt.

## 2.14 Das Ansichtswerkzeug *Drehen*

Dieses Werkzeug erlaubt eine *freie* Drehung eines Werkstücks im Raum. Der Befehl wird durch die Schaltfläche dauerhaft eingeschaltet und das Werkstück kann dann in alle Richtungen gedreht werden. Die Art der Drehung ist allerdings abhängig vom Angriffspunkt. Vorgehensweise: Klick mit der linken Maustaste, Maustaste gedrückt lassen und Maus bewegen → das Werkstück bewegt sich dynamisch mit. Temporäres Drehen erfolgt bei gedrückter F4-Taste.

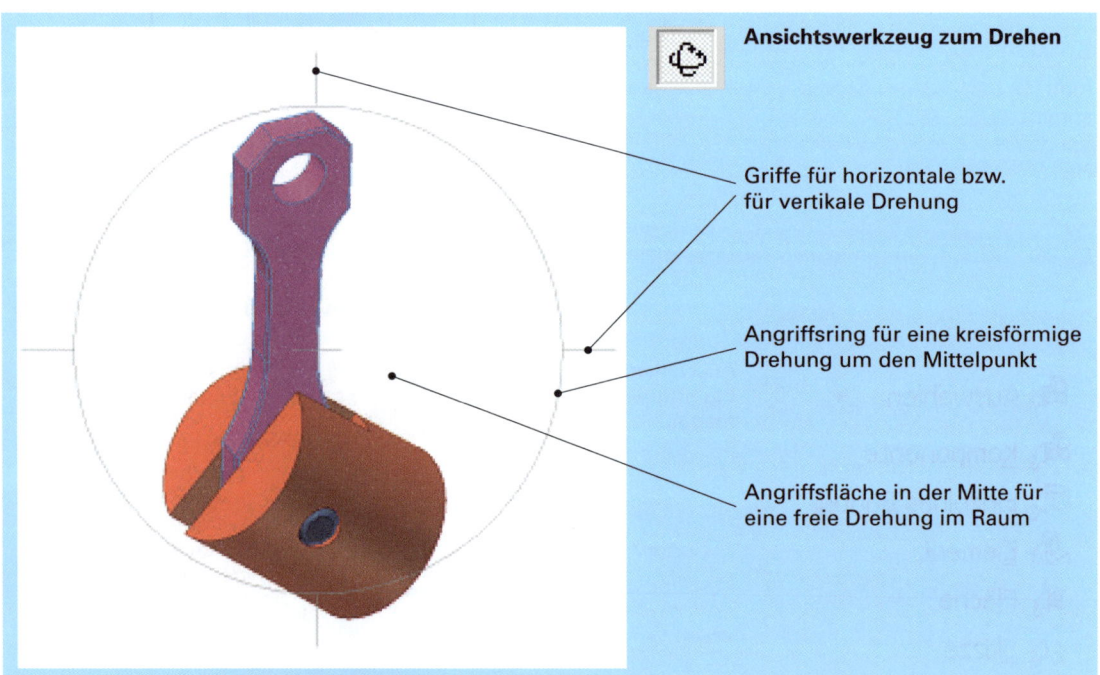

**Ansichtswerkzeug zum Drehen**

Griffe für horizontale bzw. für vertikale Drehung

Angriffsring für eine kreisförmige Drehung um den Mittelpunkt

Angriffsfläche in der Mitte für eine freie Drehung im Raum

# 2 Einführung

Wird bei aktiviertem Ansichtswerkzeug *Drehen* die *Leertaste* betätigt, so ändert sich das Aussehen des Drehwerkzeuges. Anstelle der freien Drehung können nun standardmäßige Projektionen in einer bestimmten Ebene oder in verschiedenen isometrischen Projektionen angezeigt werden. Durch anklicken eines grünen Richtungspfeils (wird dadurch rot) schwenkt das Modell in die neue Ansicht ein. Die Pfeilrichtung entspricht der Blickrichtung.

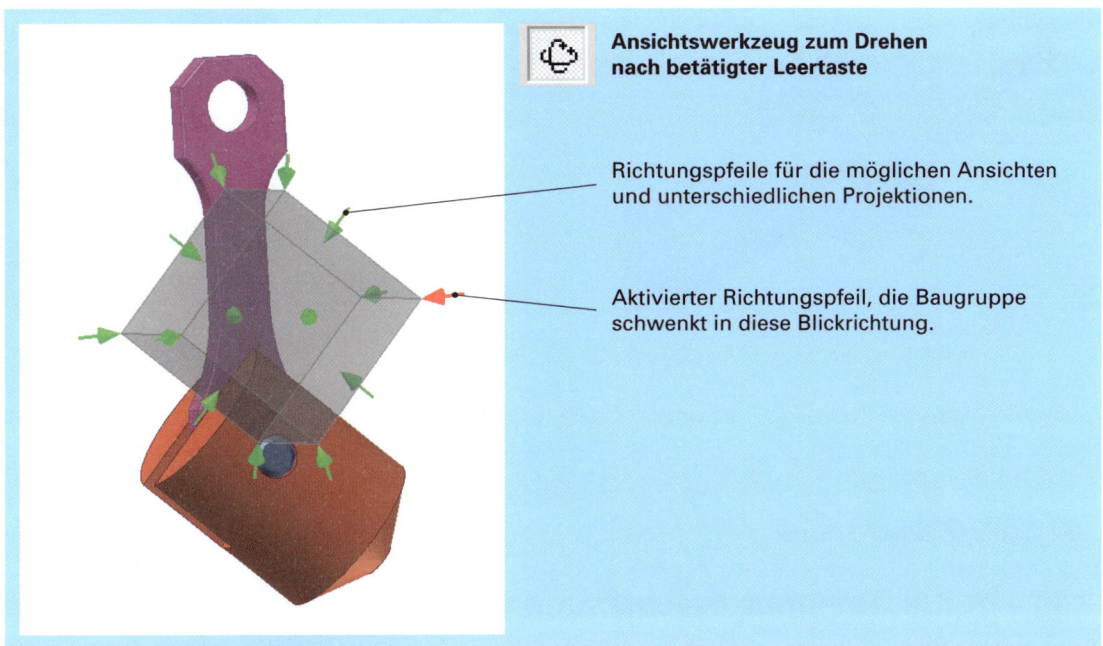

## 2.15 Bauteildarstellung

Es ist möglich zwischen drei verschiedenen Arten der Bauteildarstellung zu wählen. Die Standarddarstellung ist die des *schattierten Bauteils*, da sie am realistischsten ist und am ehesten dem realen Bauteil entspricht. Zur Anwahl von Kanten kann es manchmal von Vorteil sein in die Darstellung *schattiert, mit allen verdeckten Kanten* zu wechseln. Als dritte Darstellungsart steht der Drahtkörpermodus zur Verfügung. Hier werden alle Kanten dargestellt. Die Vielzahl der Kanten macht die Ansicht aber oftmals nicht übersichtlicher. Zusätzlich können noch zwei *unterschiedliche Kamerapositionen* ausgewählt werden und zwar eine perspektivische und eine orthogonale Kamera. Die beiden Kameradarstellungen ziehen einige Unterschiede beim Schwenken und Ausrichten des Modells nach sich.

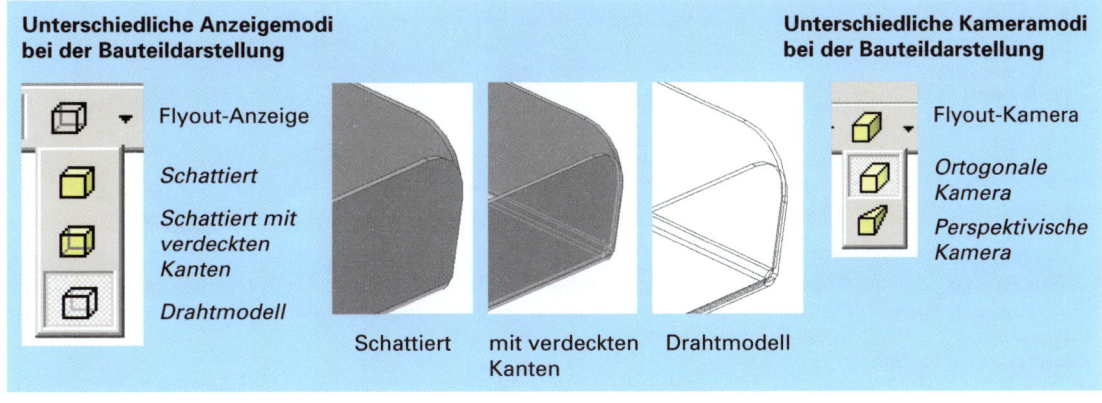

Für Präsentationen gibt es auch die Darstellung eines, vom Bauteil geworfenen, Schattens. Wählbar sind drei Optionen: Ohne Schatten, mit einem einfachen Schatten und mit einem differenzierten Schatten, der auch Bauteildetails wie Kanten, etc. wiedergibt.

**Bauteildarstellung mit Schatten**

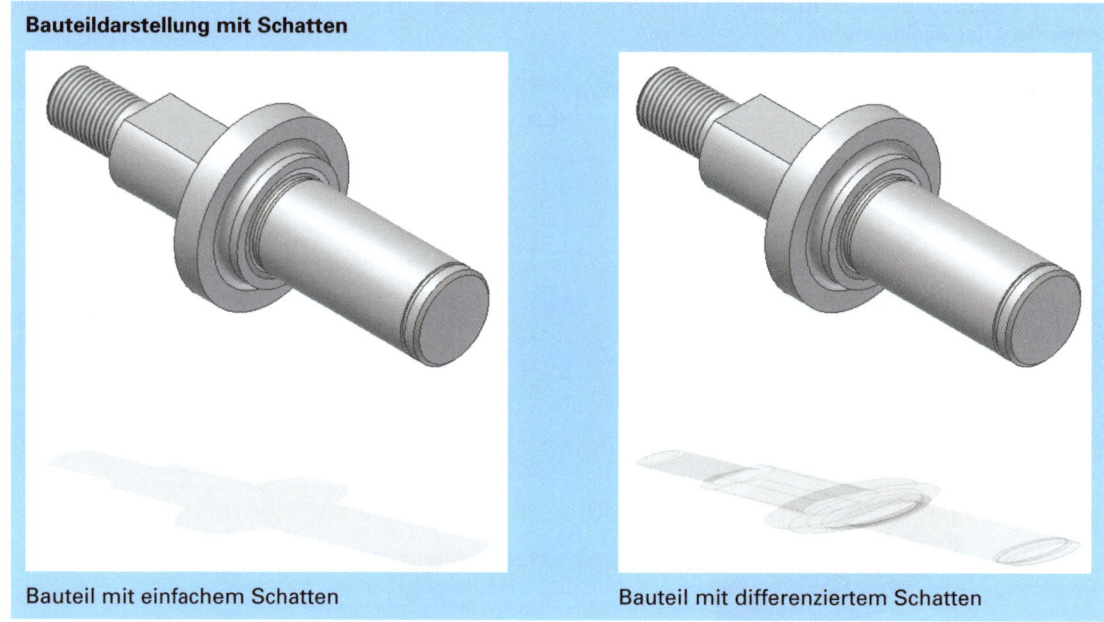

Bauteil mit einfachem Schatten     Bauteil mit differenziertem Schatten

## 2.16  Farbe, Texturen, Beleuchtung und Materialien

Es ist möglich Werkstücke oder einzelne, modellierte Elemente unterschiedlich einzufärben. Der Vorteil ist leicht erkennbar, denn die unterschiedlich eingefärbten Bauteile lassen sich leichter unterscheiden. Speziell modellierte Elemente lassen sich ebenfalls mit unterschiedlichen Farben darstellen. Auch mehrfarbige Bauteile lassen sich so realisieren.

Hinzu kommt die Möglichkeit eine Textur auf die Werkstückoberfläche zu legen. Die Texturen sind als Bitmap-Bild im Verzeichnis Programme\Autodesk\Inventor\textures\surfaces hinterlegt. Texturen aller Art sind möglich, die einzige Voraussetzung ist das Bilddateiformat *.bmp., wobei die Umwandlung in dieses Format mit einem Bildbearbeitungsprogramm keine Probleme bereitet.

Texturen kommen immer dann sinnvollerweise zum Einsatz, wenn die detailgetreue Ausmodellierung nicht erforderlich ist, z. B. bei einem Lochblech: Alle Löcher müssten modelliert werden und dies bedeutet eine sehr große Datenmenge. Die Alternative ist, man legt eine Lochblech ähnliche Textur über die Oberfläche.

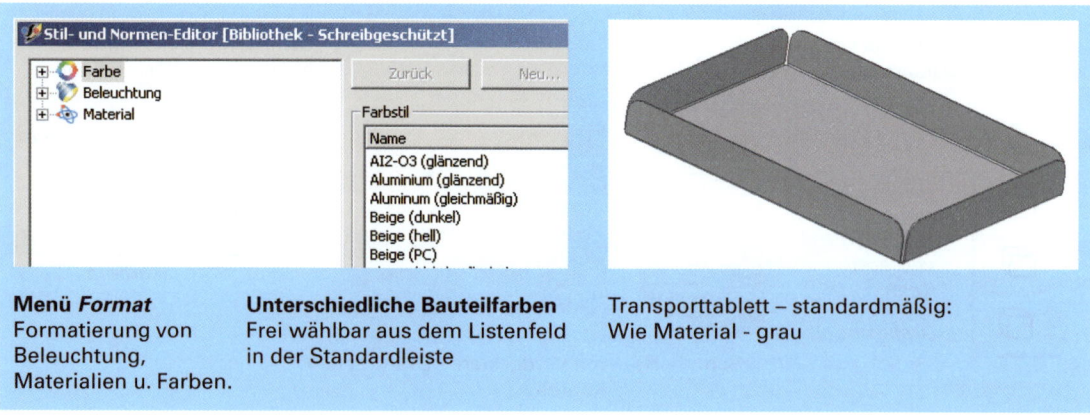

**Menü *Format***  
Formatierung von Beleuchtung, Materialien u. Farben.

**Unterschiedliche Bauteilfarben**  
Frei wählbar aus dem Listenfeld in der Standardleiste

Transporttablett – standardmäßig: Wie Material - grau

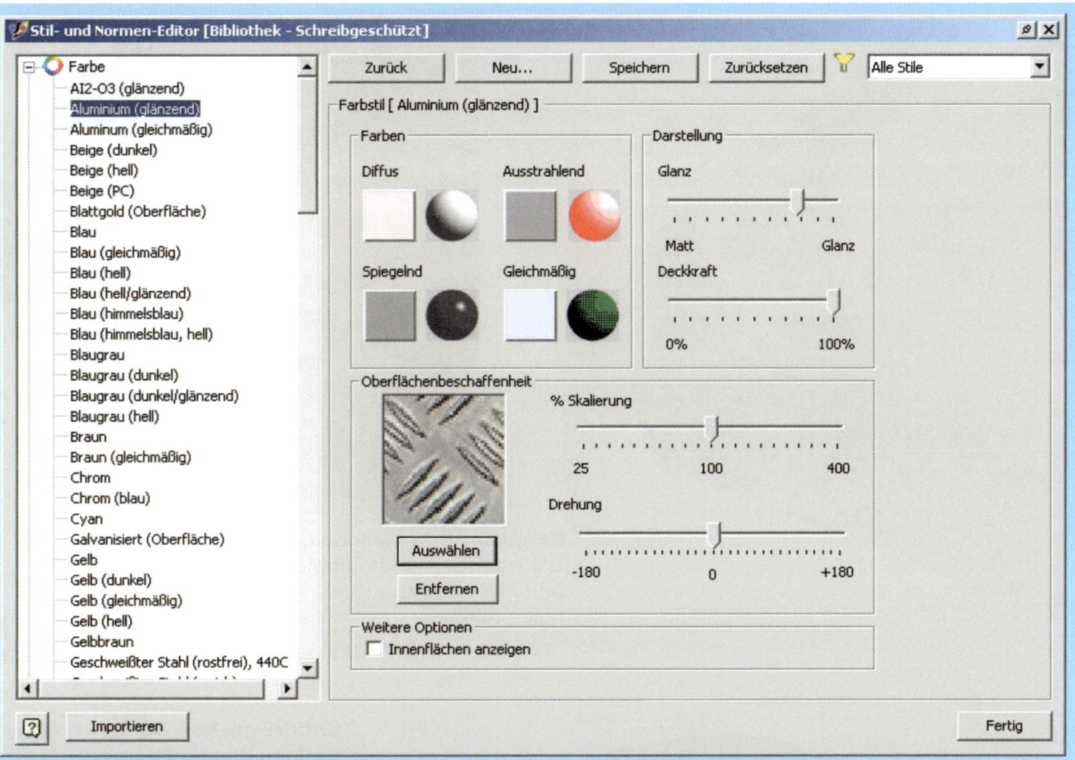

# 2 Einführung

![Stil- und Normen-Editor Dialog]

**Farbspezifikationen:** Einstellung der Farboptionen bestehender Farbstile und Anlegen neuer Farbstile ist in dieser Registerkarte möglich. Zusätzlich können noch die Deckkraft und der Glanz der Farbe eingestellt werden.

Optionen: Oberflächenbeschaffenheit.
Skalierung des Bitmap-Musters und seine Drehung können an dieser Stelle verändert werden.

**Oberflächenauswahl:** Einstellung der verschiedenen Stile der Oberflächenbeschaffenheit. Der Stil ist einfach eine hinterlegte Bitmap-Datei, die auf die Oberfläche des 3D-Modells mit einer einstellbaren Wiederholrate gelegt wird.

**Beispiele 3D-Modelloberflächen:**
Glänzendes Aluminiumblech mit geriffelter Struktur und Flechtstruktur (Bast) kombiniert mit der Farbe beige (hell).

Griffdesign: Kolibriblauer Kunststoff mit Rändelstruktur.

Leopardendesign

**Beleuchtung:** Es gibt viele Einstellmöglichkeiten der Werkstückbeleuchtung. Sie kann vor allem zu Präsentationszwecken effektvoll eingesetzt werden. Einstellbar ist die Anzahl der Beleuchtungskörper und ihre Position im Raum, die Helligkeit und das Umgebungslicht.

## 2 Einführung

Es gibt eine Materialliste für werkstoffspezifische Berechnungen. Der Umfang dieser Materialliste ist allerdings sehr begrenzt. Für den Benutzer ist daher die Überlegung interessant, die Liste mit gebräuchlichen, nach Norm bezeichneten, Werkstoffen zu ergänzen. Sind die Werkstoffkennwerte bekannt, so ist dies sehr einfach möglich indem man einen ähnlichen Werkstoff kopiert und abändert. Die Ergänzungen werden sinnvollerweise in der Vorlagendatei *norm.ipt* gemacht. In einzelnen Dateien definierte Materialien können mit dem *Organizer* übertragen werden.

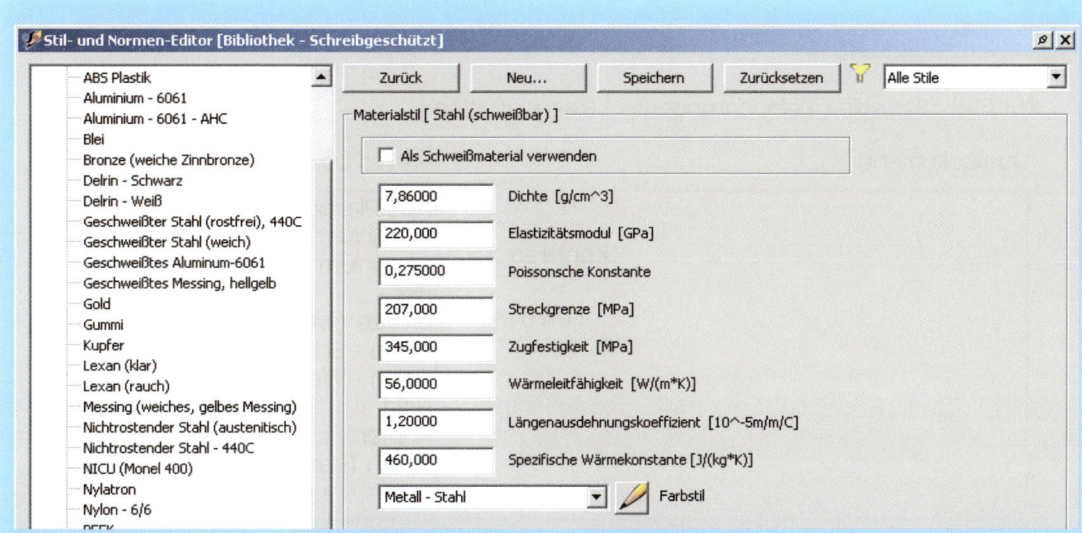

**Materialliste:** Einige Standardwerkstoffe mit ihren Eigenschaften.

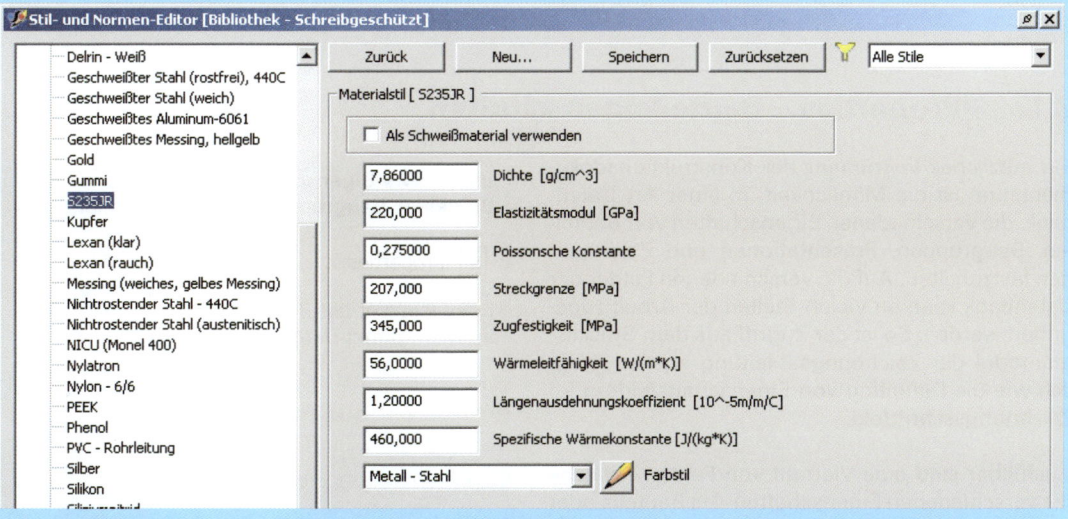

**Neues Material:** Definitionen des Baustahls S235JR mit $R_m = 360$ N/mm² und $R_{p0,2} = 235$ N/mm². Der Renderstil entspricht der Farbe der Bauteildarstellung.

Der **Organzier** ist ein Werkzeug mit dem sich die unterschiedlichsten Formate eines Dokuments (z. B. einer 3D-Modelldatei *.ipt) zu einem anderen Dokument übertragen lassen. Nach der Auswahl einer Quelldatei kannn ein dort definiertes Material oder eine Farbe oder ein Beleuchtungsstil oder eine getroffene Blechdefinition in das bestehende Dokument übertragen werden. Voraussetzung ist allerdings dass man weiß, wo diese Definition gemacht wurde. Von daher ist zu überlegen, ob solche Definitionen nicht besser, global gültig, in der Vorlagedatei zu treffen sind (ab Inventor 9 nur noch gültig für Blechdefinitionen).

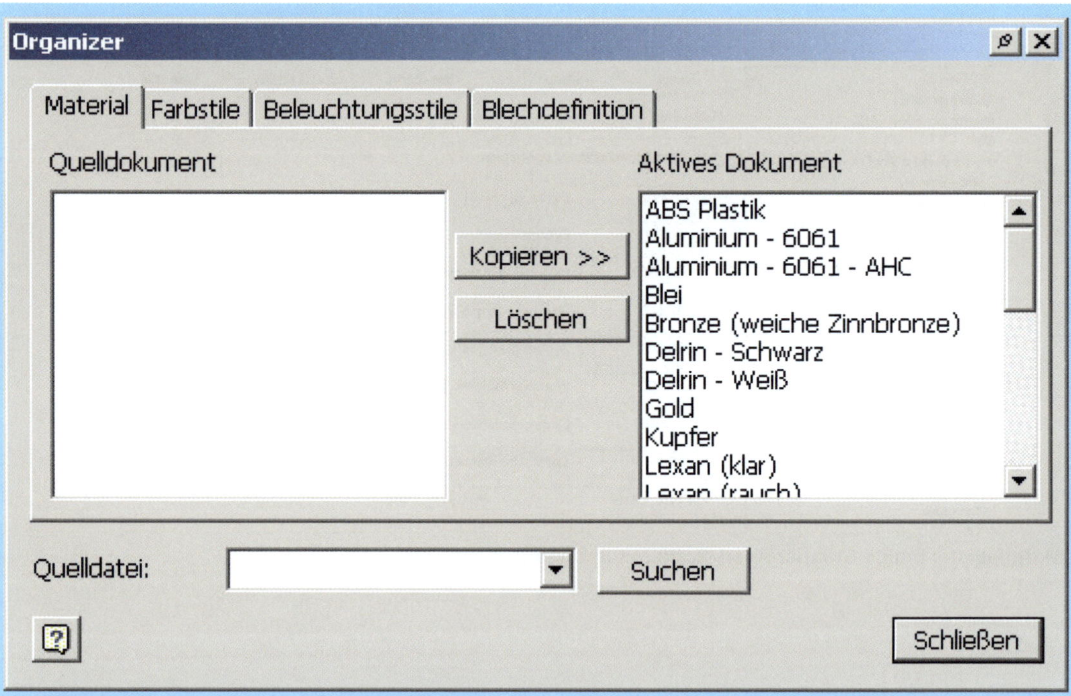

**Neues Material:** Definition des Baustahls S235JR mit $R_m$ = 360 N/mm² und $R_{p0,2}$ = 235 N/mm². Der Renderstil entspricht der Farbe der Bauteildarstellung.

## 2.17 iProperties – Bauteileigenschaften

Ein nützliches Instrument der Konstruktionsdokumentation ist die Möglichkeit, in einer Art Datenbank, die verschiedenen Eigenschaften von Bauteilen, Baugruppen, Präsentationen und Zeichnungen festzuhalten. Auf die verschiedenen Felder der Datenbank kann an vielen Stellen der Arbeit zugegriffen werden. So ist der Zugriff aus dem Stücklistenmodul der Zeichnungsableitung ebenso möglich wie die Definition von Eigenschaftsfeldern im Zeichnungsschriftfeld.

Ausfüllbar sind eine Vielzahl von Feldern, welche die verschiedenen Eigenschaften des Bauteils oder der Baugruppe beschreiben. Hinzu kommt noch die Möglichkeit weitere, benutzerdefinierte Eingabefelder festzulegen.

*iProperties*-**Eigenschaften von Bauteilen, Baugruppen oder Zeichnungen**

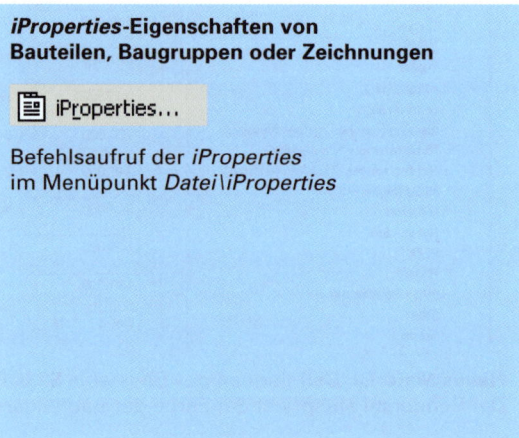

Befehlsaufruf der *iProperties* im Menüpunkt *Datei\iProperties*

## 2 Einführung

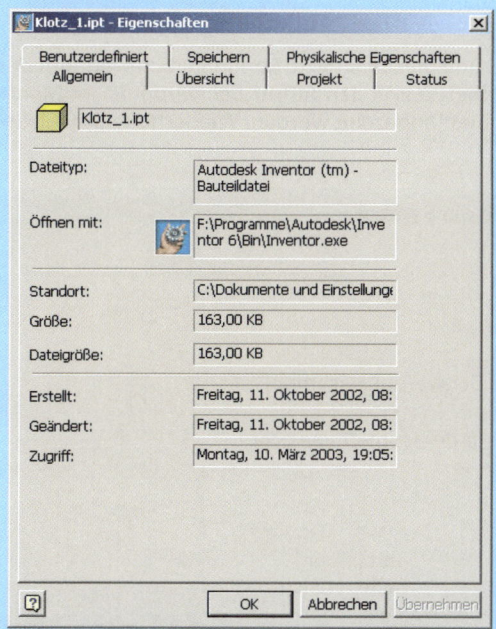

**Registerkarte *Allgemein***
Allgemeine Dateiinformationen, Speicherort, Dateigröße, Erstellungsdatum, etc.

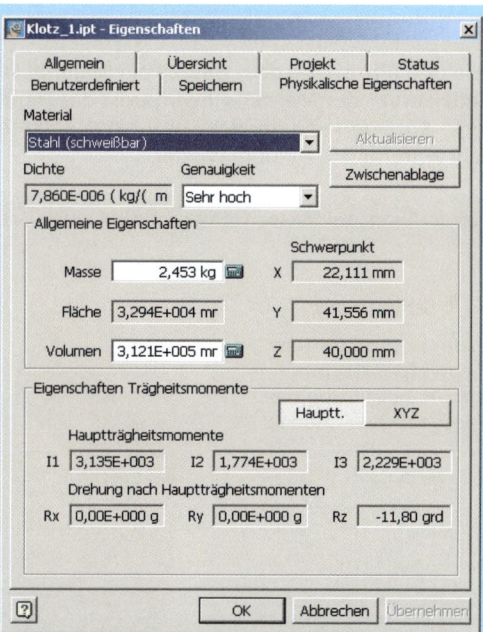

**Registerkarte *Physikalische Eigenschaft***
Definition des Materials für dieses Bauteil mit den daraus resultierenden allgemeinen Eigenschaften: Masse, Lage des Schwerpunkts in Bezug zum Ursprungskoordinatensystem, Fläche und Volumen. Darüber hinaus werden noch die Trägheitsmomente berechnet.

**Registerkarte *Benutzerdefiniert***
Die Möglichkeit eigene Felder zu definieren. Eingabe des (Variablen) Namens und Wahl des Typs. Eingabe des Wertes und der Wertzuweisung zur Variablen über den Befehl ändern.

**Registerkarte *Projekt***
Vordefinierte Felder zum Projektmanagement, Konstrukteur, Bezeichnung, ...

## 2.18 Darstellung des Schwerpunktes

Ist in den *iProperties* dem Bauteil ein Material (Werkstoff) zugewiesen so wird kontinuierlich während des Modellierens der Massenschwerpunkt des Bauteils berechnet. Durch den Aufruf *Schwerpunkt*, im Menüpunkt *Anzeige*, kann der Schwerpunkt des Bauteils symbolhaft angezeigt werden. Wiederholte Befehlsanwahl entfernt das Symbol wieder.

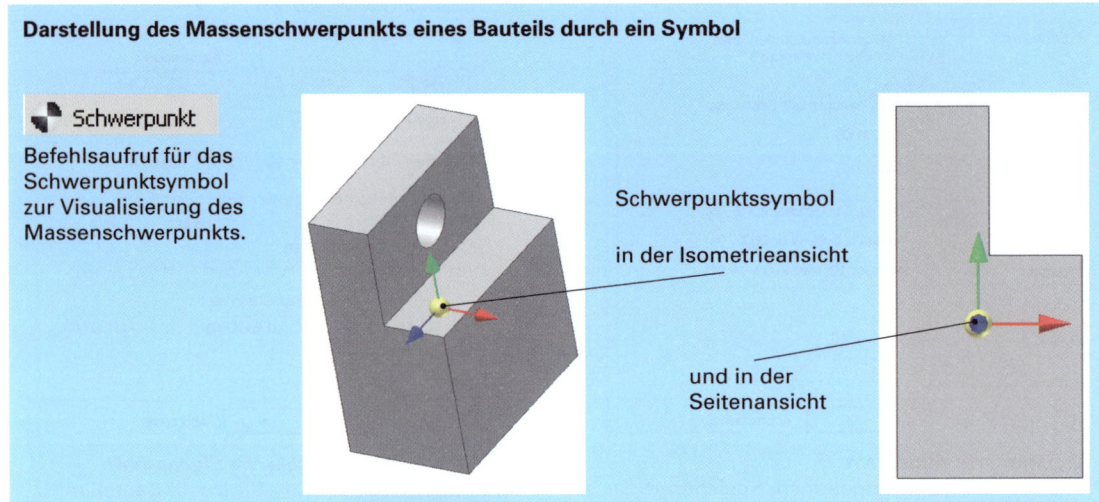

## 2.19 Ein- und Ausschalten der Objektsichtbarkeit

Durch den Befehl *Objektsichtbarkeit*, unter dem Menüpunkt *Ansicht*, und dem dazugehörigen *Flyout* lassen sich global alle ursprungsdefinierten und alle benutzerdefinierten Arbeitsgeometrien ausschalten. Dieser Befehl hat Vorrang vor der allgemein wählbaren Sichtbarkeit der einzelnen Arbeitselemente.

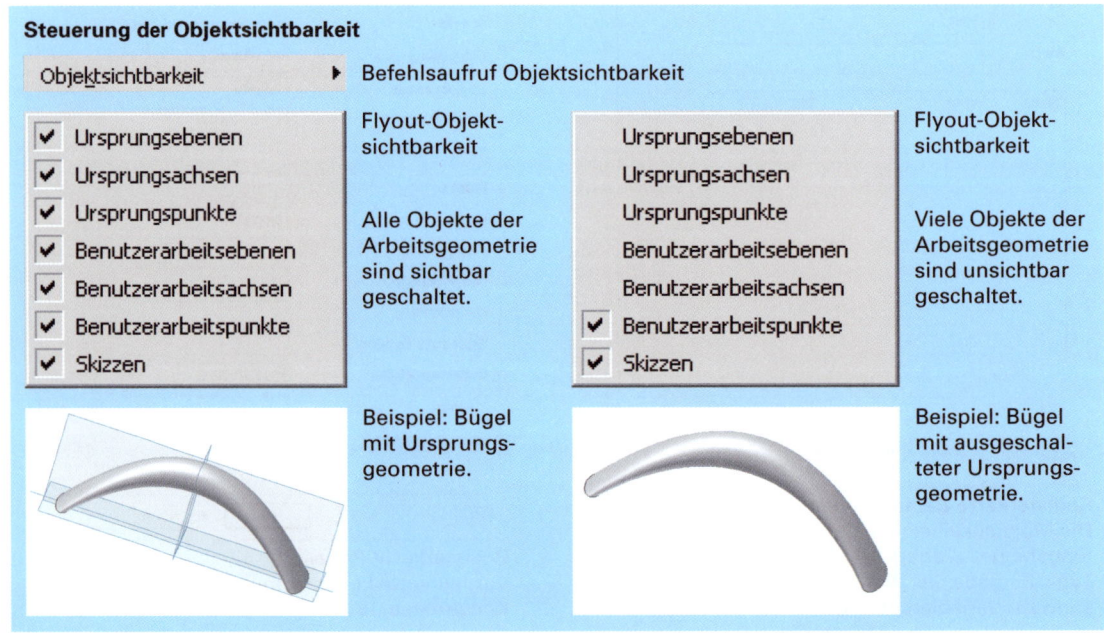

# 2 Einführung

## 2.20 Messen an Bauteilen und Baugruppen

Ein wichtiges Werkzeug bei der Bauteilmodellierung, aber auch beim Zusammenbau, ist das Messen. Durchmesser, Abstände, Winkel, u.a. müssen oft schnell ermittelt und bei der weiteren Konstruktion berücksichtigt werden. Die Messfunktion bietet die Möglichkeit Abstände und Winkel zu messen. Der Befehl *Kontur* misst die Länge eines Konturzuges und der Befehl *Bereich messen* ermittelt den Flächeninhalt einer Fläche. Aufgerufen werden die Messfunktionen aus dem Menü Extras.

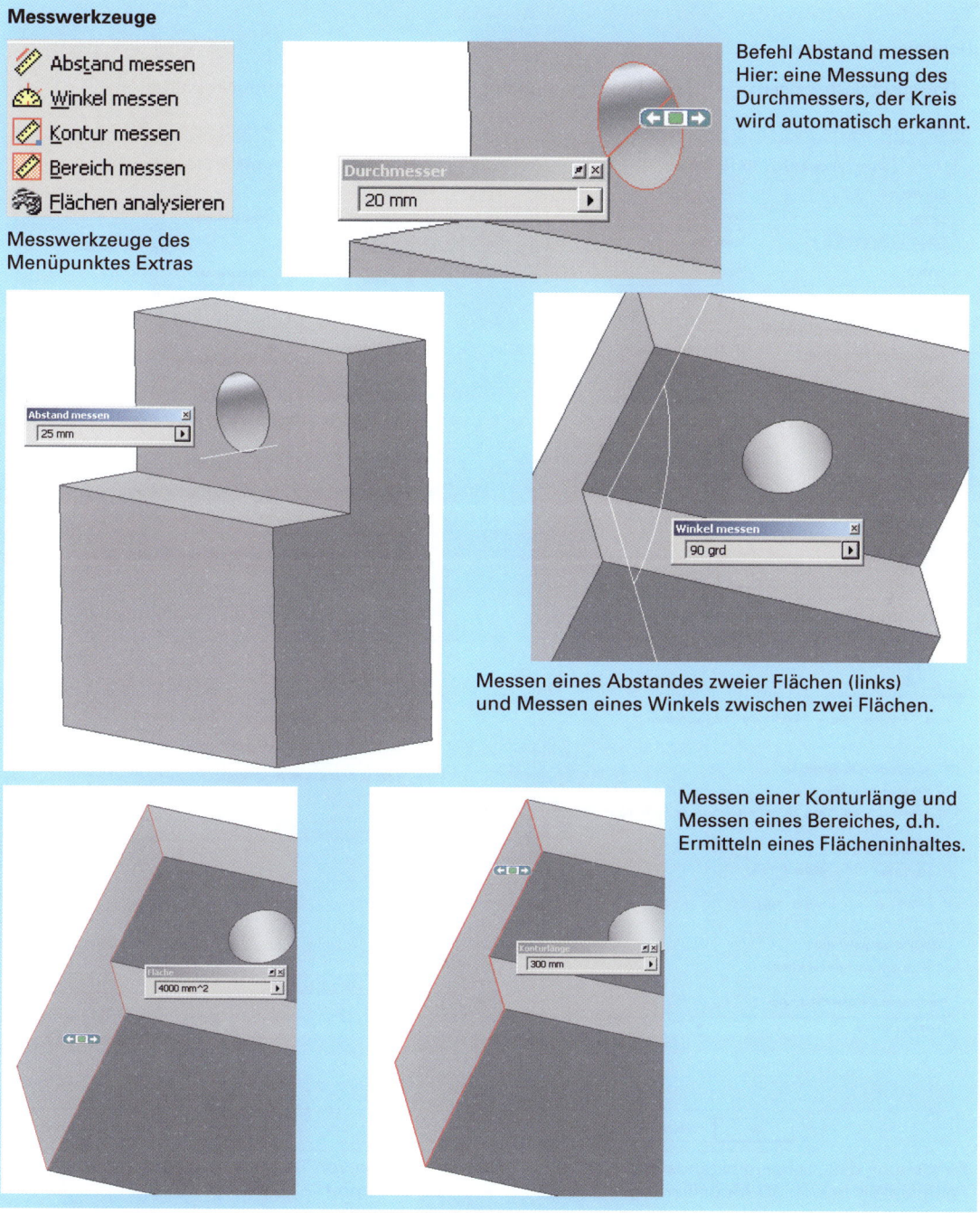

Messwerkzeuge des Menüpunktes Extras

Befehl Abstand messen
Hier: eine Messung des Durchmessers, der Kreis wird automatisch erkannt.

Messen eines Abstandes zweier Flächen (links) und Messen eines Winkels zwischen zwei Flächen.

Messen einer Konturlänge und Messen eines Bereiches, d.h. Ermitteln eines Flächeninhaltes.

## 2.21 Dokumenteinstellungen

Einstellungen bezüglich der zu verwendenden Einheiten werden in den *Dokumenteinstellungen* getroffen. Wichtig ist auch die Einstellung der Anzeige bei der Modellierungsbemaßung. Bei der Parametrisierung eines Bauteils ist die Anzeige des *Variablennamen* oder des *Ausdrucks* erforderlich. Des weiteren können die Hilfsfunktionen *Raster* und *Fang* sowohl im 2D-Skizziermodus als auch im 3D-Modellierungsmodus eingestellt werden. Die Verwendung und der Export von Toleranznormen ist an dieser Stelle ebenfalls möglich.

**Dokumenteinstellung**

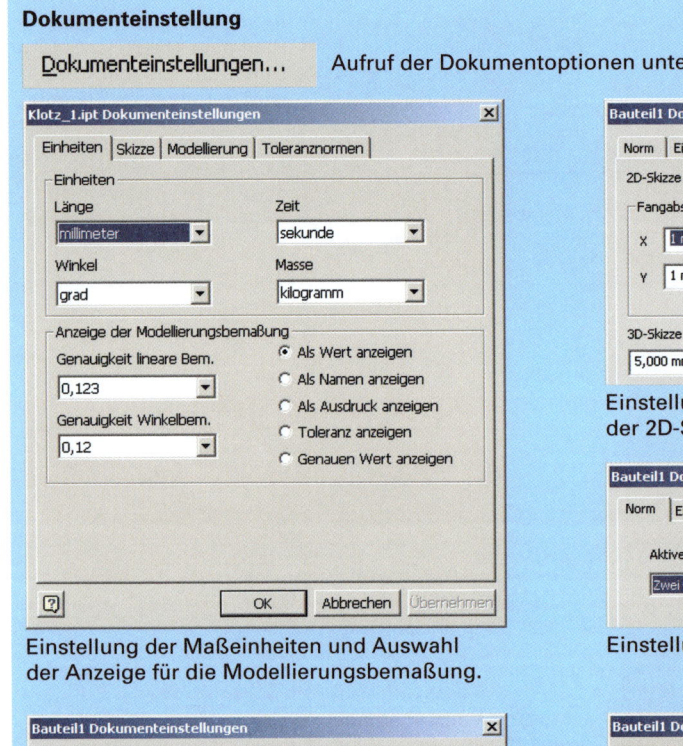

Aufruf der Dokumentoptionen unter dem Menüpunkt Extras

Einstellung der Maßeinheiten und Auswahl der Anzeige für die Modellierungsbemaßung.

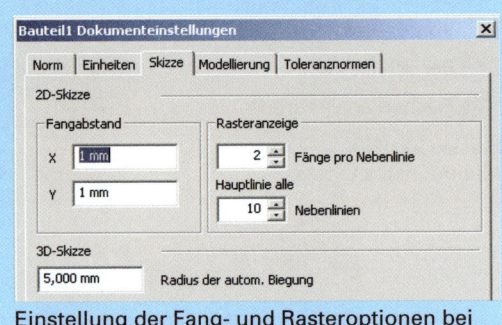

Einstellung der Fang- und Rasteroptionen bei der 2D-Skizze, Biegeradius in der 3D-Skizze.

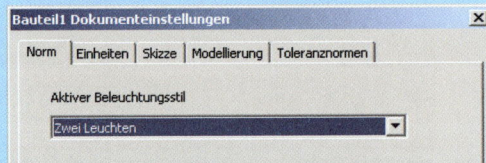

Einstellung des aktiven Beleuchtungsstils.

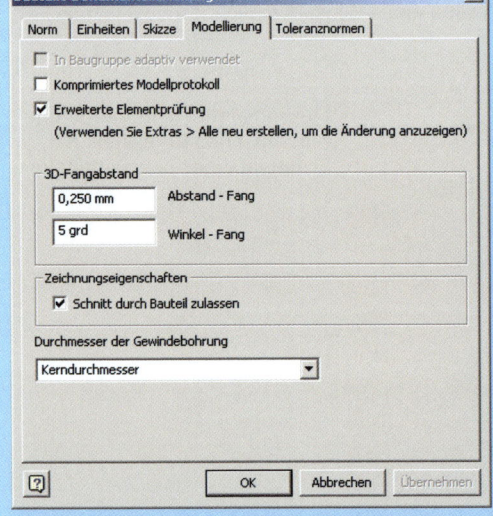

Einstellung des 3D-Fangabstands und des Fangwinkels bei der 3D-Modellierung.

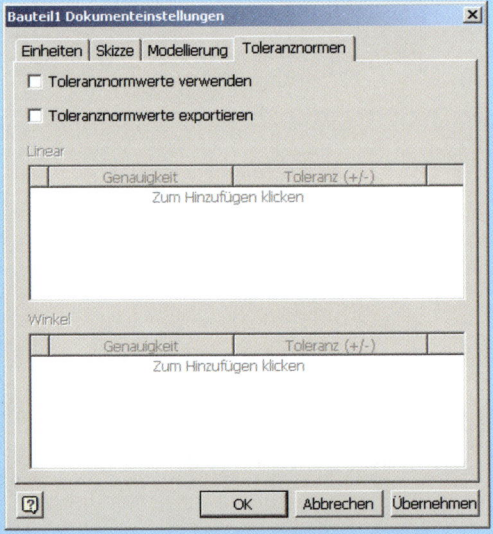

Festlegen von Toleranznormwerten und deren Export.

2 Einführung

## 2.22 Fensterhandhabung

Analog zu anderen Windowsanwendungen können im Inventor mehrere Objekte in verschiedenen Fenstern geöffnet sein. Die Anzeige des aktuellen Fensters (die anderen Fenster im Hintergrund) ist der eingestellte Standard. Die beiden weiteren Optionen sind die überlappende Darstellung aller Fenster und die Anordnung aller Fenster nebeneinander. Darunter werden die geöffneten Objekte in der Reihenfolge des Erstellens oder Öffnens gelistet.

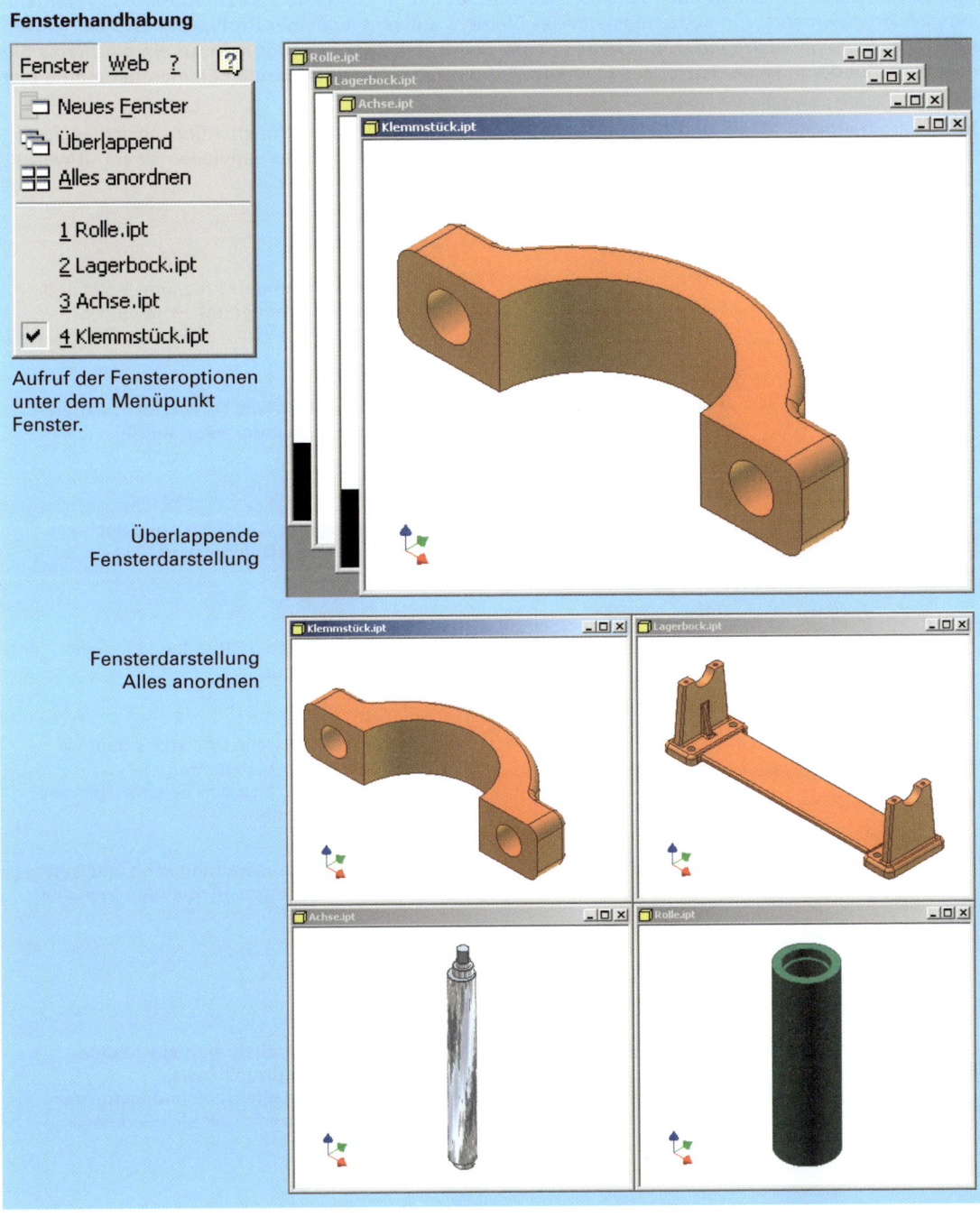

**Fensterhandhabung**

Aufruf der Fensteroptionen unter dem Menüpunkt Fenster.

Überlappende Fensterdarstellung

Fensterdarstellung Alles anordnen

# 3 Bauteilmodellierung – Skizzenerstellung

Bei der Bauteilmodellierung wird ein *virtuelles* parametrisches Modell des realen Werkstücks erstellt. Die Vorgehensweise ist der mechanischen Fertigung sehr ähnlich und es wird häufig die Sprache der Fertigungstechnik bei der Modellerstellung verwendet.

Das Bauteil wird aus verschiedenen Elementen zusammengesetzt, die durch boolesche Operationen miteinander verknüpft sind. Man unterscheidet zweierlei Arten von Elementen, *skizzenbasierende* Elemente und platzierte Elemente. Ein skizzenbasierendes Element entsteht aus einer Profilskizze und der Anwendung eines Elementwerkzeugs (z. B. Extrusion). Im Gegensatz dazu benötigt man für ein platziertes Element (z. B. Rundung) keine Skizze, das Element wird direkt auf der bestehenden Elementgeometrie platziert.

Durch parametrische Maße und geometrische Abhängigkeiten können Konstruktionsabsichten festgelegt und dokumentiert werden. Änderungen und die Entwicklung von Alternativteilen ist somit wesentlich einfacher und transparenter.

**Bauteilmodellierung**

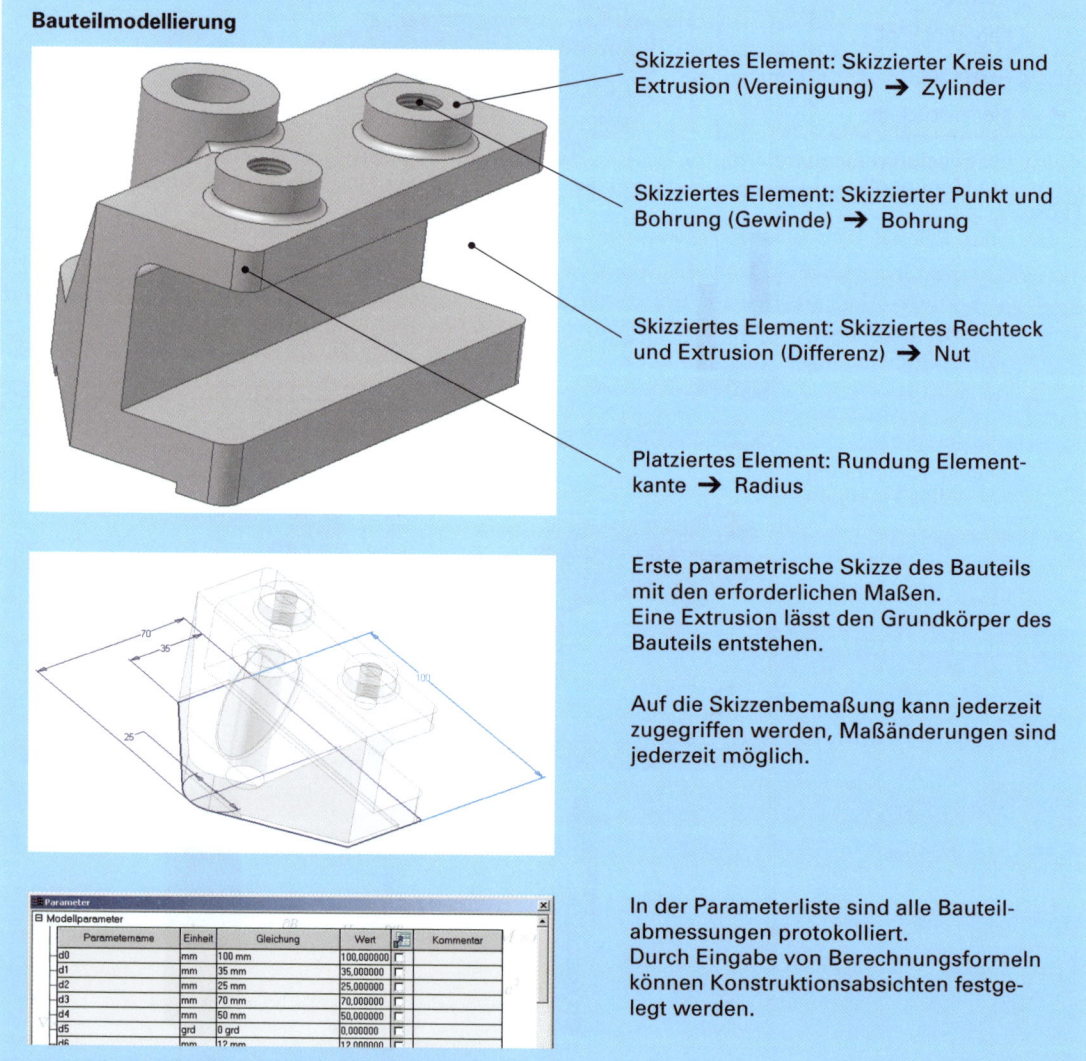

Skizziertes Element: Skizzierter Kreis und Extrusion (Vereinigung) → Zylinder

Skizziertes Element: Skizzierter Punkt und Bohrung (Gewinde) → Bohrung

Skizziertes Element: Skizziertes Rechteck und Extrusion (Differenz) → Nut

Platziertes Element: Rundung Elementkante → Radius

Erste parametrische Skizze des Bauteils mit den erforderlichen Maßen.
Eine Extrusion lässt den Grundkörper des Bauteils entstehen.

Auf die Skizzenbemaßung kann jederzeit zugegriffen werden, Maßänderungen sind jederzeit möglich.

In der Parameterliste sind alle Bauteilabmessungen protokolliert.
Durch Eingabe von Berechnungsformeln können Konstruktionsabsichten festgelegt werden.

# 3 Bauteilmodellierung – Skizzenerstellung

## 3.1 Erstellen eines neuen Bauteils

Nach dem Programmaufruf erscheint der so genannte Startbildschirm. An dieser Stelle kann der Benutzer entscheiden ob er eine neue Aufgabe angehen oder eine bestehende Aufgabe öffnen möchte. Ebenso können von dieser Stelle aus Projekte verwaltet werden. Von der Benutzeroberfläche kann ebenfalls ein neues Bauteil erstellt werden. Dazu wird in der Werkzeugleiste Standard das Symbol für eine neue Datei angewählt. Nun kann zwischen einer neuen Baugruppe, einer neuen Zeichnung, einem neuen Bauteil oder einer neuen Präsentation gewählt werden.

Für die neuen Aufgaben stehen in drei Registerkarten eine Vielzahl von Vorlagedateien (Prototypzeichnungen, Templates) zur Verfügung.

Zur Bauteilmodellierung sind dies die Dateien *norm.ipt* (Registerkarte *Standard*), *norm(zoll).ipt* (Registerkarte *Englisch*) und *norm(mm).ipt* (Registerkarte *Metrisch*).

Die Datei *norm.ipt* in der Registerkarte *Standard* erhält die Konfiguration die bei der Softwareinstallation gewählt wurde (in Deutschland: DIN und als Maßeinheit mm).

Vom Autodesk Inventor Startbildschirm → Neu

Start eines neuen Bauteils aus der Inventor-Benutzeroberfläche

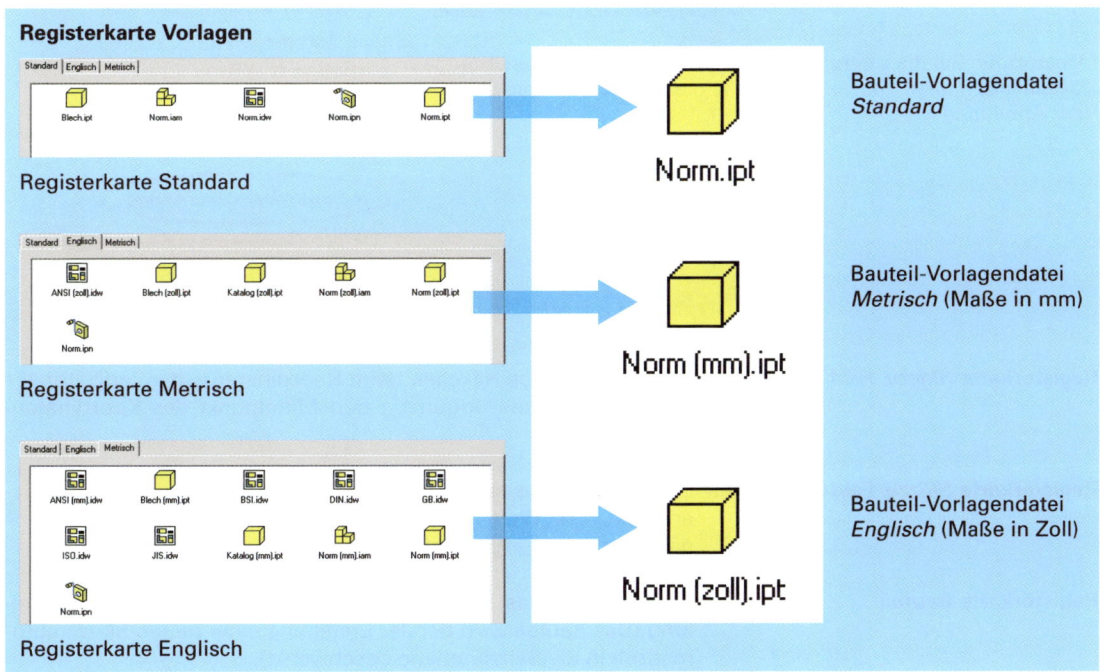

## 3.2 Voreinstellungen der Vorlagedatei *norm.ipt*

Zur Arbeitserleichterung sind einige Veränderungen der Grundeinstellungen an der Bauteilvorlagedatei notwendig. Im Normalfall ist die zu verändernde Datei die Datei *norm.ipt* (vorher eine Kopie machen!). Über den Menüpunkt Extras → *Anwendungsoptionen* werden Veränderungen in den Registerkarten *Skizze* und *Bauteil* vorgenommen.

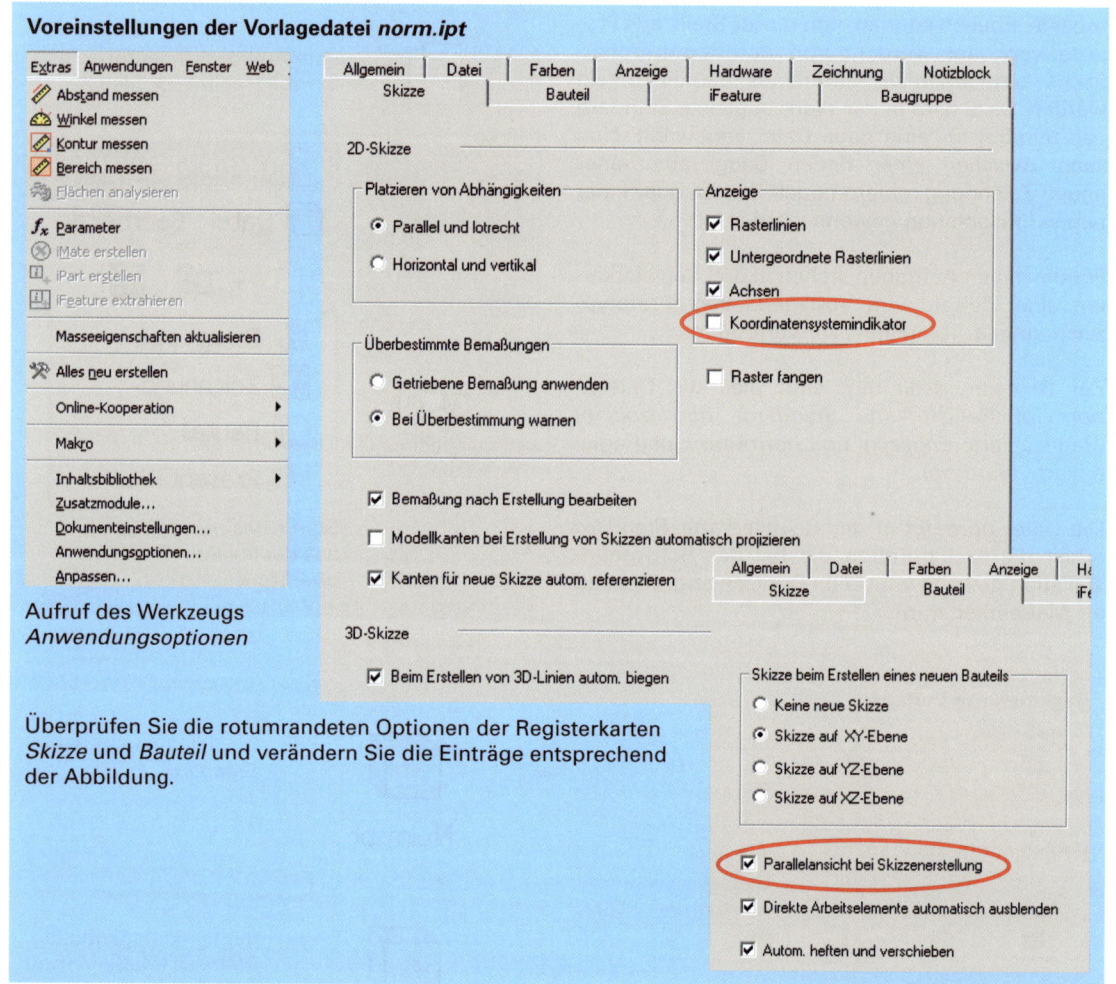

Aufruf des Werkzeugs *Anwendungsoptionen*

Überprüfen Sie die rotumrandeten Optionen der Registerkarten *Skizze* und *Bauteil* und verändern Sie die Einträge entsprechend der Abbildung.

| | |
|---|---|
| **Registerkarte *Skizze*, Feld Anzeige:** | Entfernen Sie das Häkchen beim Koordinatensystemindikator. (Er verdeckt meistens ungünstig den Mittelpunkt des Koordinatensystems). |
| **Registerkarte *Skizze*, Feld 2D-Skizze:** | Ergänzen Sie das Häkchen bei der Bemaßung nach Erstellung bearbeiten (Der Wert der Bemaßung wird sofort – automatisch – nach der Erstellung abgefragt). |
| **Registerkarte *Bauteil*:** | Ergänzen Sie das Häkchen bei Parallelansicht bei Skizzenerstellung (Das Bauteil wird bei der Erstellung einer neuen Skizze automatisch in die Skizzierebene geschwenkt). |

3 Bauteilmodellierung – Skizzenerstellung

Bei der Anwahl von Standard-Ebenen, Standard-Achsen und des Mittelpunktes des Koordinatensystems erweist es sich oft von Vorteil, wenn diese auf die Option *sichtbar* gesetzt sind. Durch Markieren der Elemente, YZ-, XZ-, XY-Ebene, X-, Y-, Z-Achse und Mittelpunkt, und durch einen Mausklick mit der rechten Maustaste wird das Kontextmenü geöffnet und die Option *Sichtbarkeit* kann mit einem Häkchen versehen werden.

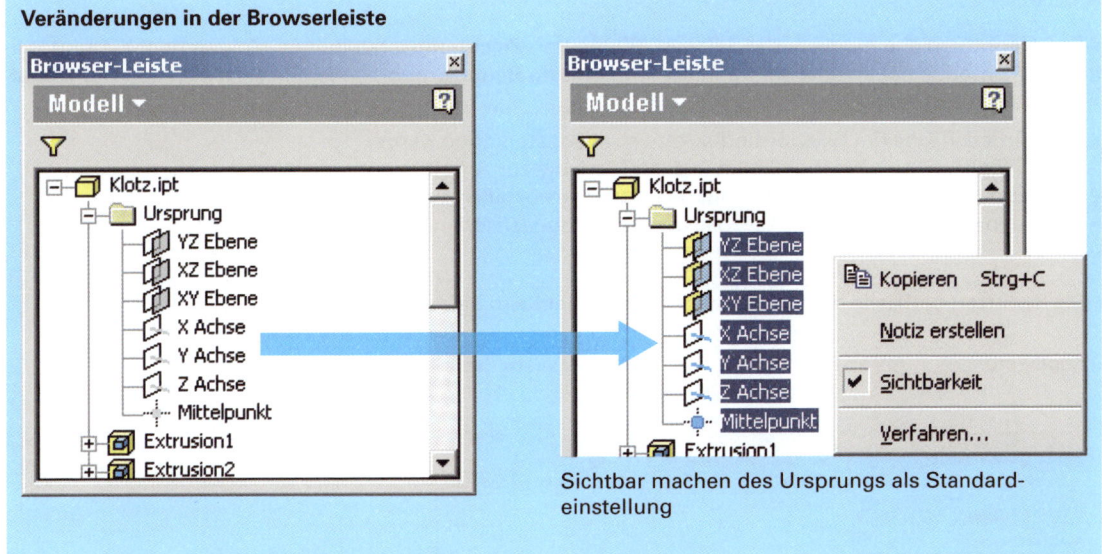

**Veränderungen in der Browserleiste**

Sichtbar machen des Ursprungs als Standardeinstellung

## 3.3 Die veränderte Vorlagedatei *norm.ipt* speichern – Speicherort

Die geänderte Vorlagendatei wird im Installationsverzeichnis, im Ordner Templates, unter dem selben Namen, *norm.ipt* abgespeichert.

Die Ordner *Englisch* und *Metrisch* repräsentieren die gleichnamigen Registerkarten bei der Auswahl eines neuen Bauteils. Die Vorlagedateien der Registerkarte Standard liegen im *Rootverzeichnis* des Ordners *Templates*.

Um eine Registerkarte mit eigenen Vorlagedateien anzulegen, muss im Ordner *Templates* ein neuer Ordner mit dem Namen der gewünschten Registerkarte, hier *eigene Vorlagen*, erstellt werden. In diesen Ordner sind dann die eigenen Vorlagedateien zu speichern.

Hinweis: Vor dem Ändern von Vorlagedateien sollten immer Sicherungskopien der betreffenden Dateien (noch besser des Ordners Templates) angefertigt werden.

Es gibt keinen speziellen *Dateisuffix* für Vorlagedateien. Dies erhöht die Gefahr des versehentlichen Überschreibens!

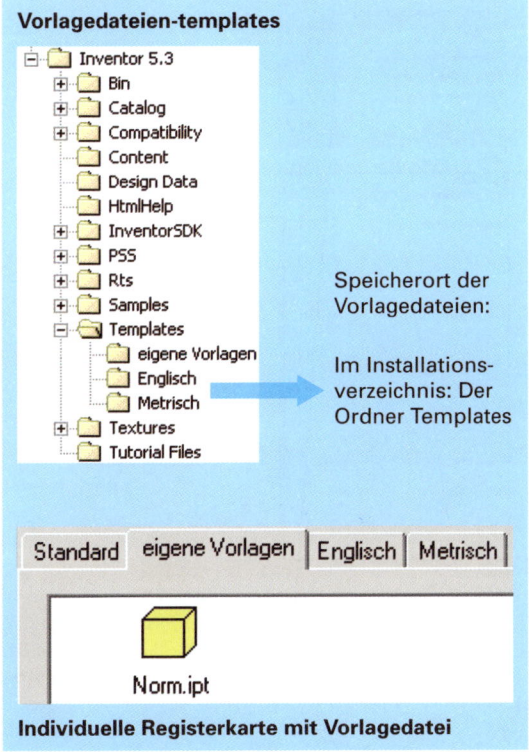

**Vorlagedateien-templates**

Speicherort der Vorlagedateien:

Im Installationsverzeichnis: Der Ordner Templates

**Individuelle Registerkarte mit Vorlagedatei**

## 3.4 Die Benutzeroberfläche

Die Benutzeroberfläche Inventors bietet alle Vorteile eines an Windows orientierten Produktes. Viele Schaltflächen entsprechen den Windows-Standards. Ein Windows-Anwender befindet sich somit in einer für ihn gewohnten Umgebung mit gewohnten Schaltflächen, z. B. für das Speichern, Drucken, Kopieren, Einfügen, etc.

Alle 5 Hauptbereiche nämlich, der Skizzier-, Elemente-, Zeichnungserstellungs-, Zusammenbau- und Präsentationsmodus haben eine sehr ähnlich strukturierte Benutzeroberfläche. Sie setzt sich aus vier Hauptelementen zusammen:

– der *Arbeitsfläche* (im Skizziermodus kariert, ansonsten ohne Karos),
– der *Schaltflächenleiste* (beinhaltet in allen Modi die zur Arbeit benötigten Werkzeuge),
– des *Browsers* (in dem der Fortschitt der Arbeit protokolliert wird),
– und den *Befehlsleisten*, *Werkzeugleisten* und *Statusleisten* mit der *Abroll-Menüleiste*.

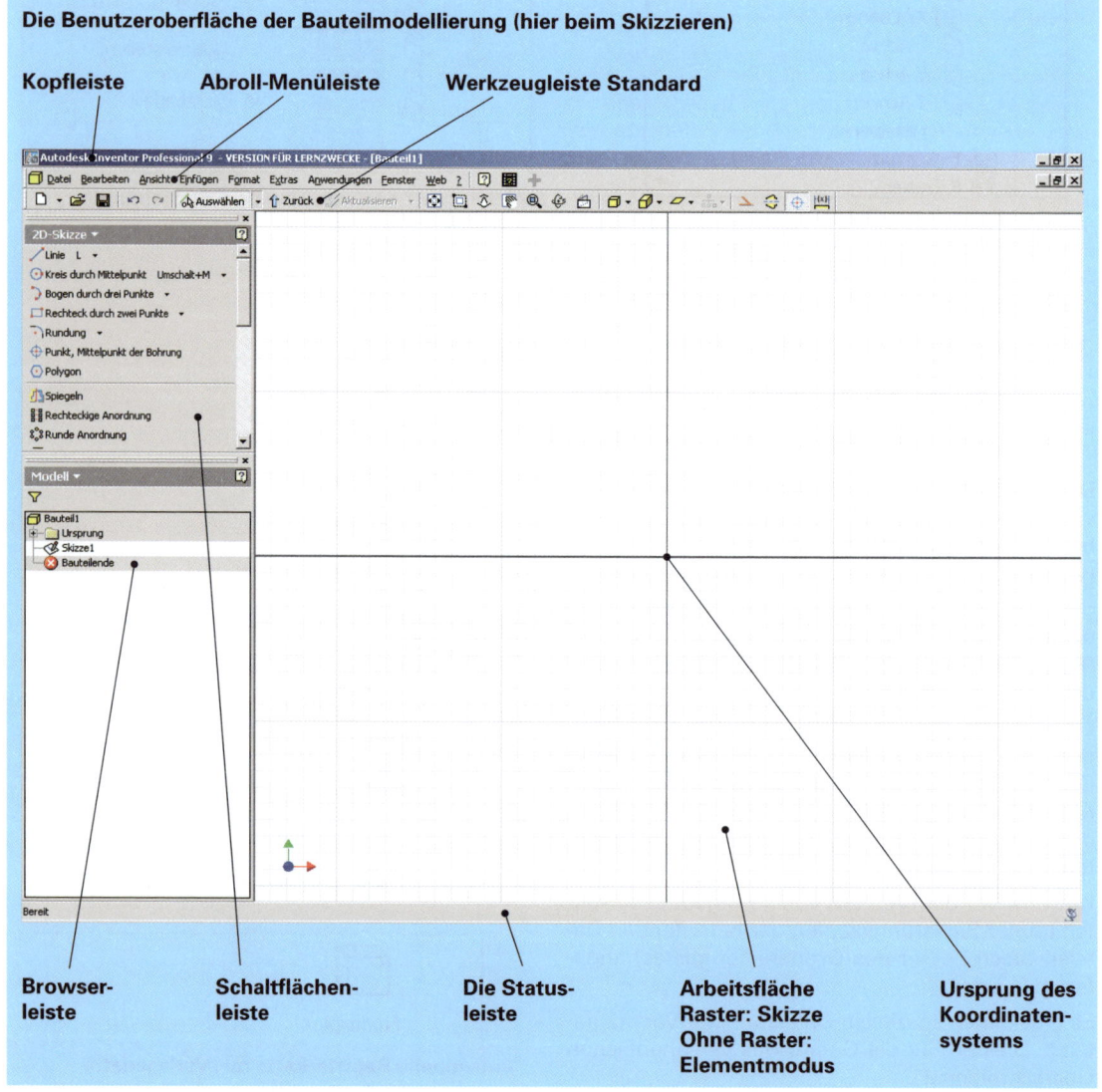

Die Benutzeroberfläche der Bauteilmodellierung (hier beim Skizzieren)

# 3 Bauteilmodellierung – Skizzenerstellung

## 3.4.1 Die Schaltflächenleisten bei der Bauteilmodellierung

Die Schaltflächenleiste des *Skizziermodus* enthält alle Werkzeuge die für das Skizzieren erforderlich sind.

Dies sind die Werkzeuge zum *Erstellen* von Skizzengeometrie, zum *Verändern* der Skizzengeometrie, zur *Bemaßung* und zur *Vergabe* von Skizzenabhängigkeiten.

Des Weiteren steht ein Werkzeug zum *Projizieren* vorhandener Bauteilgeometrie zur Verfügung.

Ebenso kann eine vorhandene AutoCAD-2D-Geometrie in die Skizze eingefügt werden.

Einige Schaltflächen sind mit einem kleinen Pfeil versehen. Der Pfeil aktiviert ein Fly-Out-Menü, in dem weitere Optionen des Basis-Befehls angewählt werden können. Am Beispiel des Befehls *Linie* kann der Befehl *Spline* angewählt werden.

Ebenso werden in der Schaltflächenleiste für einige wichtige Befehle *Tasten-Shortcuts* angezeigt. Wiederum am Beispiel des Befehls Linie kann durch die Eingabe der Tastenkombination L+ der Befehl zum Zeichnen einer Linie aktiviert werden.

Mit einem Klick der rechten Maustaste auf die Schaltflächenleiste kann zwischen dem *Anfängermodus* und dem *Expertenmodus* der Schaltflächenleiste umgeschaltet werden.

Der Anfängermodus beinhaltet Schaltflächen und textuelle Erläuterungen der verschiedenen Befehle, beim Expertenmodus stehen nur die Schaltflächensymbole zur Verfügung. Dadurch kann dem Browser mehr Platz zur Verfügung gestellt werden und liefert eine bessere Übersicht bei komplexen Bauteilstrukturen.

**Schaltflächenleiste im Skizzen-Modus**

**Expertenmodus Skizze**

Die Schaltflächenleiste des *Elementemodus* enthält alle Werkzeuge die für das Erstellen der 3D-Modelle erforderlich sind.

Dies sind die Werkzeuge sowohl zum Erstellen von skizzierten 3D-Elementen wie *Extrusion, Drehung, Bohrung, Rippe, Erhebung, Sweeping, Spirale* und *Trennen* als auch zum Erzeugen platzierter 3D-Elemente wie *Wandstärke, Gewinde, Rundung, Fase* und *Flächenverjüngung*.

Zur Veränderung erzeugter Elemente stehen die Befehle *rechteckige Anordnung* und *runde Anordnung, Element spiegeln* und das *Ableiten* von Komponenten zur Verfügung. Ständig wiederkehrende Konstruktionselemente, wie zum Beispiel Passfedernuten können als so genannte *iFeatures* aus einem selbst erstellten Katalog eingefügt werden.

*Arbeitsebene, Arbeitsachse* und *Arbeitspunkte* stellen Werkzeuge zum Erzeugen von Hilfsgeometrie dar. So kann zum Beispiel eine neue Skizzierebene im Raum oder eine neue Rotationsachse als Schnittlinie zweier Ebenen erzeugt werden.

Die Verknüpfung der einzelnen Elemente entsteht durch die Anwendung boolescher Operationen. Dies geschieht während der Ausführung des jeweiligen 3D-Elemente-Befehls.

Die Schaltflächenleiste steht wie alle Schaltflächenleisten ebenfalls im Expertenmodus zur Verfügung. Der Wechsel zwischen den Modi erfolgt über ein mittels rechtem Mausklick geöffnetes Kontextmenü.

Bei der Bauteilmodellierung findet ein ständiger Wechsel zwischen Skizzier- und Elementmodus statt. Dies ist darin begründet, dass die meisten Elemente eine Skizze zu ihrer Erzeugung voraussetzen. Einige Elemente (z. B. sweeping) setzen sogar 2 Skizzen voraus (Profil und Pfad).

Der Arbeitsprozess der Bauteilmodellierung beginnt somit automatisch mit einer Skizze (in der Skizzierebene XY) und wechselt dann zum Element, Skizze, Element, Skizze, usw.

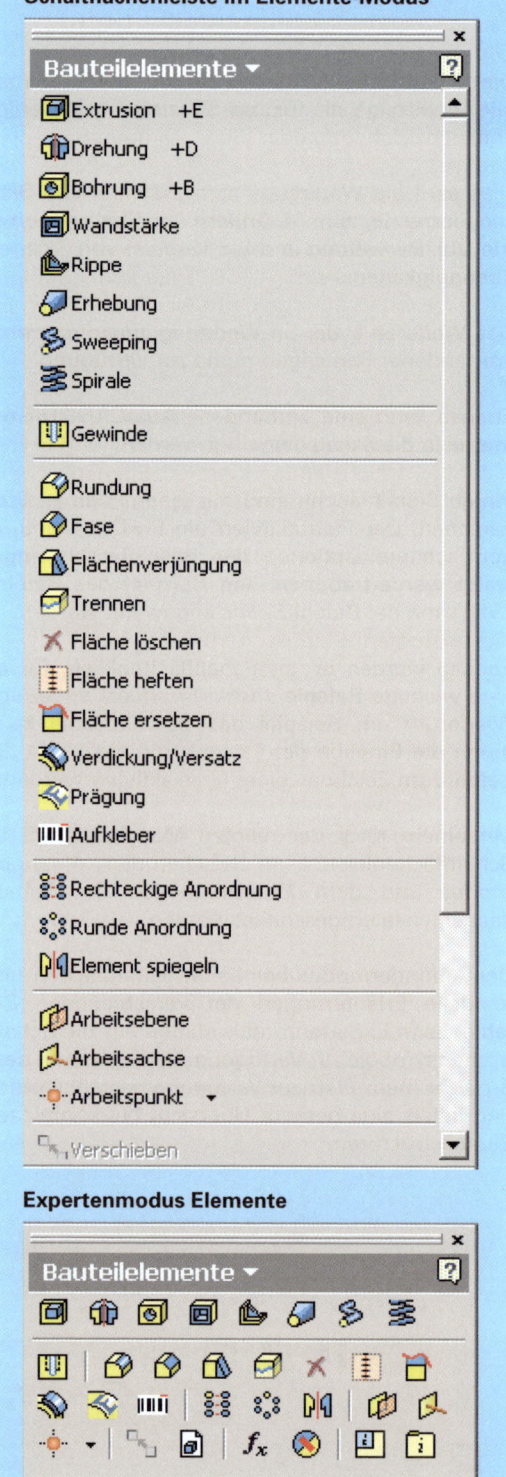

Platzierte Elemente können immer dazwischen gesetzt werden. Sie dürfen niemals am Anfang der Bauteilmodellierung stehen.

## 3.4.2 Der Browser bei der Bauteilmodellierung

Ein sehr wichtiger Bestandteil der Oberfläche ist der Browser[1]. Hier wird die Entstehung des Bauteils, der Zeichnung oder des Zusammenbaus protokolliert.

Alle Skizzen, Elemente, Arbeitselemente und sonstige Objekte werden in zeitlicher Reihenfolge ihrer Erzeugung aufgelistet. Alle Objekte können angewählt, geändert oder gelöscht werden. Ebenso ist eine Änderung der Erzeugungsreihenfolge möglich.

Für das Skizzieren spielt der Browser allerdings eine untergeordnete Rolle. Eine Skizze wird in der Regel bei der Erzeugung eines 3D-Elements „verbraucht" und taucht somit nicht mehr im Hauptpfad des Browsers auf. Eine Ausnahme bilden hier mehrfach verwendete Skizzen die im Hauptpfad des Browsers stehen bleiben.

Alle erzeugten Skizzen, verbraucht oder unverbraucht, können zu jeder Zeit im Browser angewählt und geändert werden. Die markierte Skizze wird mit der rechten Maustaste angeklickt und im Kontextmenü wird die Option *Skizze bearbeiten* angewählt.

Für den Zugriff auf alle bisher erzeugten Elemente ist der Browser bei der Bauteilmodellierung ein notwendiges Werkzeug. Alle Elemente können im Browser angewählt, geändert und, wenn erzeugungslogisch möglich, verschoben werden.

Ebenso können Elemente unterdrückt werden. Sie werden somit grafisch nicht mehr angezeigt und verdecken so z. B. keine andere Geometrie mehr. Die Unterdrückung kann danach wieder rückgängig gemacht werden.

Ein neues Bauteil enthält im Browser von Anfang an 2 Objekte und zwar den Ursprung und die Skizze1 (Standard in der XY-Ebene).

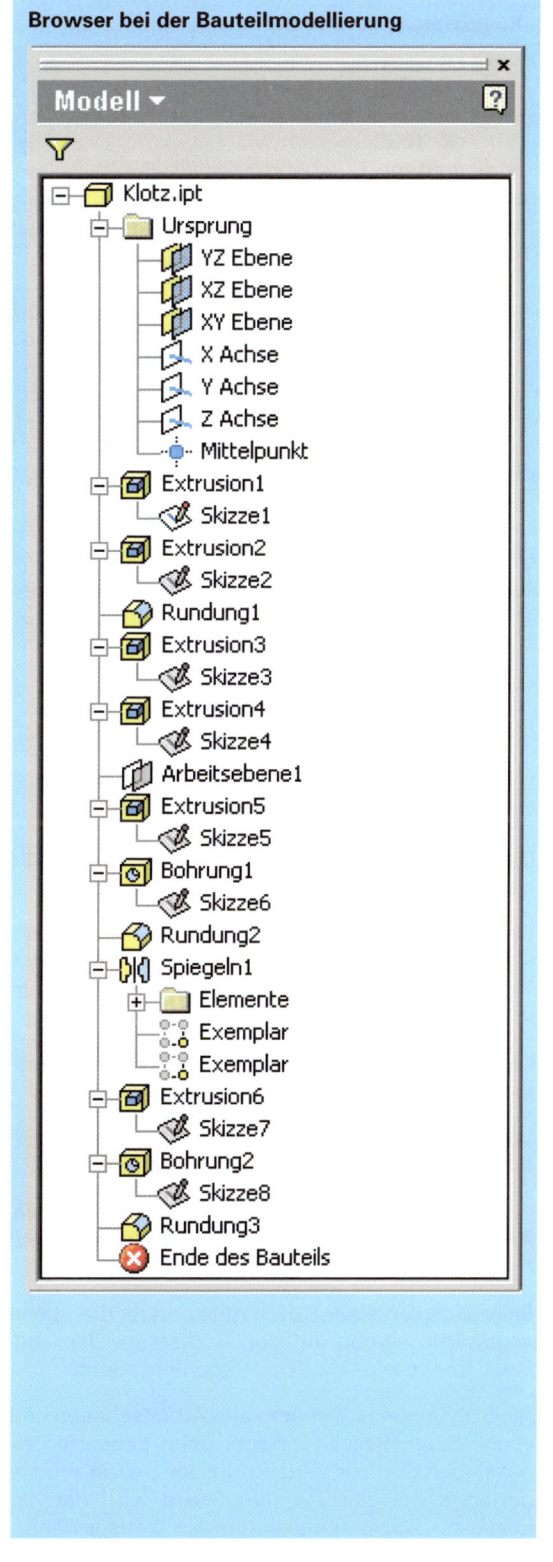

**Browser bei der Bauteilmodellierung**

---

[1] engl. to browse = in Büchern blättern, in Büchern schmökern

**Kontextmenü des Browsers**

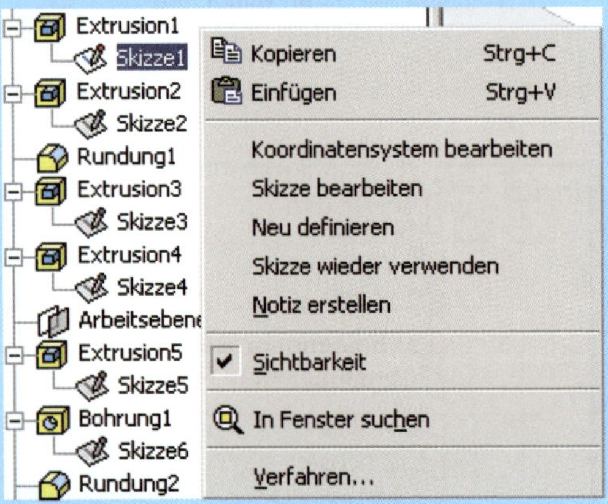

**Browser-Kontextmenü für eine Skizze**
Die Skizze kann bearbeitet, neu definiert und wieder verwendet werden. Ebenso kann die Sichtbarkeit eingestellt werden.

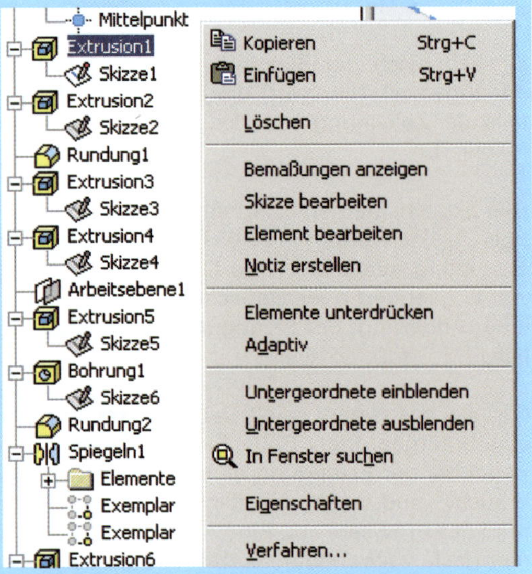

**Browser-Kontextmenü für ein Element**
Das Element kann bearbeitet, gelöscht und unterdrückt werden. Ebenso kann das Element kopiert oder eingefügt werden.

## 3.5 Die Skizzenerstellung

Die Analyse des zu konstruierenden 3D-Modells steht am Anfang des Entwurfprozesses.

Das Bauteil und damit auch sein 3D-Modell, verfügt über Querschnitte oder Grundformen die das Teil durch späteres Extrudieren oder Rotieren im Wesentlichen beschreiben.

Diese Querschnitte, Grundformen oder Profile lassen sich durch so genannte Skizzen definieren.

Beim Skizzieren wird ein aus einer *Drahtdarstellungsgeometrie* bestehendes 2D-Profil erstellt.

Als Skizziergeometrie stehen die Objekte *Linie, Kreis, Bogen, Ellipse, Rechteck, Punkt, Spline* und *Polygon* zur Verfügung.

Beim Erstellen einer Skizze muss zuerst die Ebene angewählt werden auf der skizziert werden soll. Diese Ebene wird als *Skizzierebene* benannt.

Als Skizzierebene kommen alle Arbeitsebenen und ebene Bauteilflächen infrage. Beim Entwerfen eines neuen Bauteils wird sofort der Skizziermodus gestartet. Bei dieser ersten Skizze wird die XY-Ebene als Skizzierebene automatisch ausgewählt.

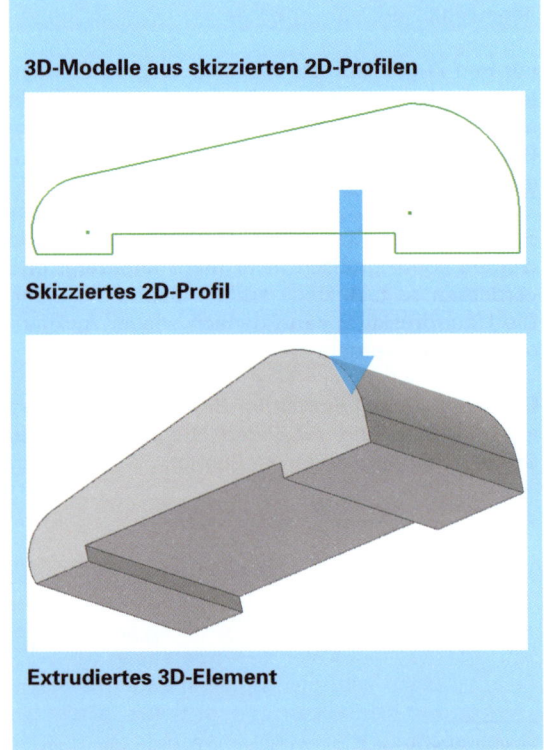

**3D-Modelle aus skizzierten 2D-Profilen**

**Skizziertes 2D-Profil**

**Extrudiertes 3D-Element**

# 3 Bauteilmodellierung – Skizzenerstellung

## 3.6 Vorgehensweise bei der Skizzenerstellung

Die Vorgehensweise beim Erstellen einer Skizze lässt sich in vier Abschnitte einteilen. Zuerst wird der Skizzier-Befehl aufgerufen.

An zweiter Stelle steht die Erzeugung der Geometrie unter Verwendung der verschiedenen Skizzierwerkzeuge. Die erzeugte Geometrie kann dann mit unterschiedlichen Befehlen bearbeitet und verändert werden.

Im dritten Schritt wird die erzeugte Geometrie bemaßt und mit Abhängigkeiten versehen. Bemaßung und Abhängigkeiten dokumentieren die Absichten des Konstrukteurs.

Zuletzt wird der Skizziermodus beendet.

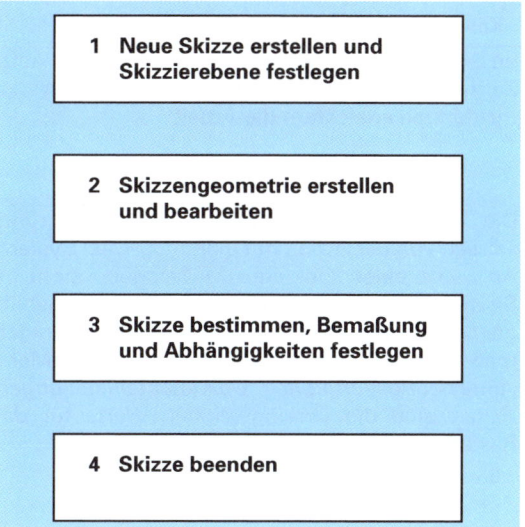

### 3.6.1 Eine neue Skizze erstellen

Beim Erstellen eines neuen Bauteils startet automatisch der Skizziermodus und verwendet die XY-Ebene als Skizzierebene.

Bei allen weiteren Skizzen muss zuerst der Skizzierbefehl an gewählt werden. Dies kann durch das Kontextmenü, die Befehlsleiste oder den Tasten-Kurzbefehl S+ geschehen.

Dann muss die gewünschte Skizzierebene angewählt werden. Dies kann eine Bauteilfläche oder eine Arbeitsebene sein. Bei korrekter Voreinstellung wird die Ansicht automatisch in die Skizzierebene geschwenkt.

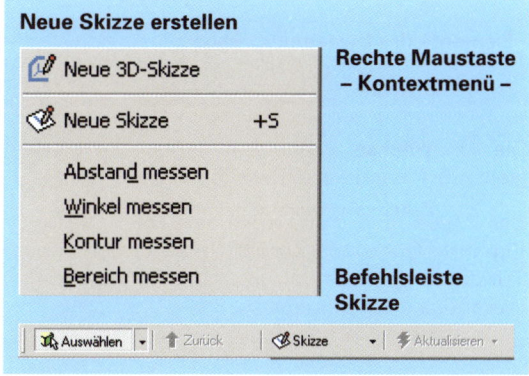

### 3.6.2 Eine Skizze beenden

Sind alle Skizzengeometrien erzeugt, so wird der letzte Skizzierbefehl im Kontextmenü mit dem Befehl fertig quittiert (oder durch Betätigen der ESC-Taste). Danach wird das Kontextmenü erneut aufgerufen und die Skizze mit dem Befehl *Skizze beenden* beendet.

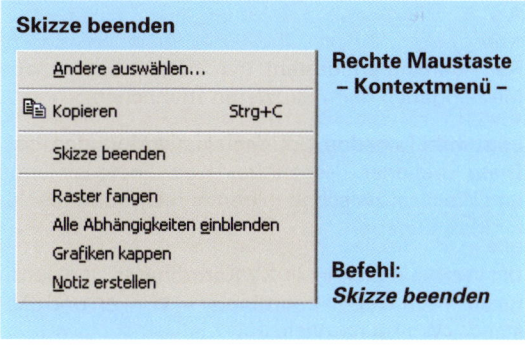

## 3.7 Zeichenhilfen im *Skizziermodus*

Im Skizziermodus stehen dem Benutzer eine Vielzahl von Zeichenhilfen zur Verfügung. Das Spektrum der Zeichenhilfen reicht von einem praktischen Werkzeug wie dem *Raster* bis zu verschiedenen Systemrückmeldungen erleichtern die Arbeit.

### 3.7.1 Zeichenhilfe *Raster*

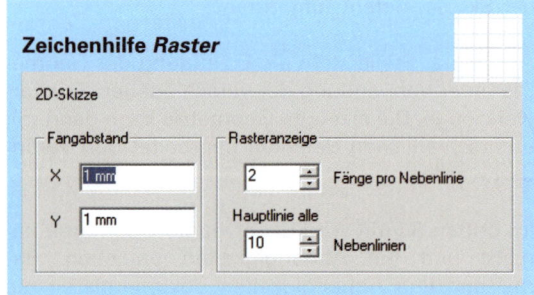

Die Vorgehensweise unterscheidet sich grundsätzlich von der Arbeit mit einem 2D-CAD System. An Stelle einer konkreten Maßeingabe steht im Skizziermodus ein Raster als Orientierungshilfe an. Das Raster erleichtert es, die Skizzen einigermaßen proportioniert zu erstellen. Im Menü *Anwendungspartitionen, Dokumenteinstellungen, Skizze*, sind die voreingestellten Werte für das Raster einstellbar.

### 3.7.2 Zeichenhilfe *Systemursprung*

Vom System werden standardmäßig drei Basisebenen zur Verfügung gestellt, die YZ-Ebene, die ZX-Ebene und die XY-Ebene. Die Basisebenen entsprechen der Vorderansicht (YZ), einer Seitenansicht (ZX) und der Draufsicht (XY). Ist keine andere Ebene angewählt, so ist die XY-Ebene standardmäßig als Skizzierebene definiert. Der Systemursprung beinhaltet weitere Arbeitselemente. Dies sind die X-Achse, Y-Achse, Z-Achse und der Mittelpunkt. Die Achsen liegen auf den Ebenen und schneiden sich im Mittelpunkt, der gleichzeitig im Zentrum der drei Basis-Arbeitsebenen liegt.

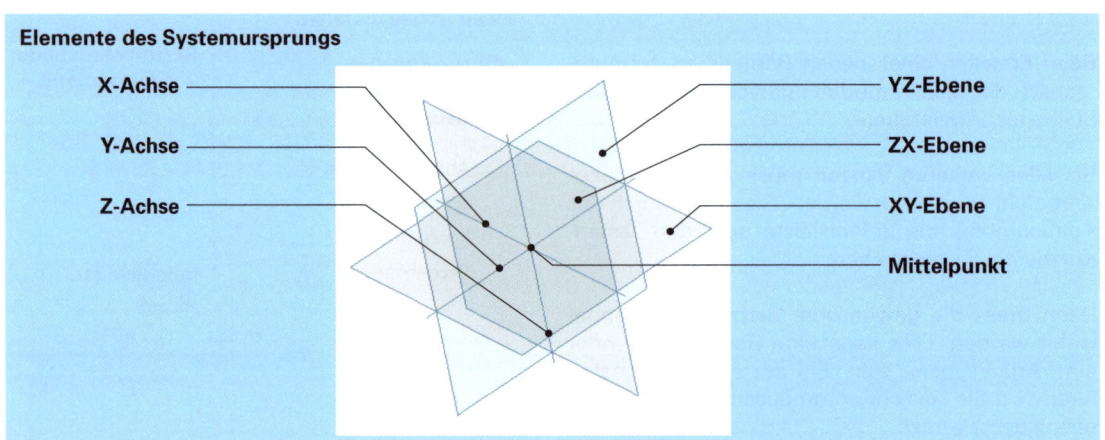

### 3.7.3 Zeichenhilfe *Präzise Eingabe*

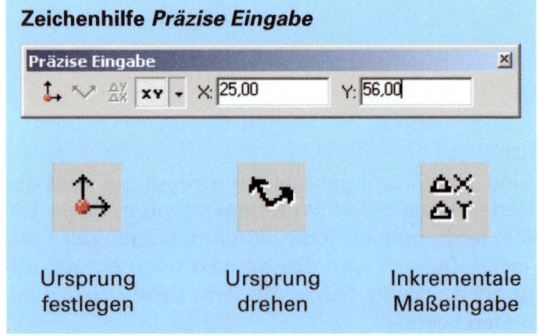

Für Ausnahmen besteht die Möglichkeit genaue Maßeingaben beim Skizzieren zu machen.

Es stehen folgende Optionen zur Verfügung: Festlegen und/oder drehen des Koordinatensystems und Wechsel zwischen inkrementaler oder absoluter Maßeingabe.

Die Werteeingabe ist in XY-Koordinaten, X-Koordinaten + Winkel, Y-Koordinate + Winkel und Abstand + Winkel möglich.

# 3 Bauteilmodellierung – Skizzenerstellung

## 3.7.4 Zeichenhilfe *System Rückmeldungen*

Die intuitive Benutzeroberfläche ist ohne die Vielzahl von Systemrückmeldungen nicht denkbar. Dieses Feedback erleichtert das Arbeiten an sehr vielen Stellen.

Der Cursor zeigt farbig die verschiedenen Auswahlmöglichkeiten an. Dies können im Skizziermodus Endpunkte, Mittelpunkte, Schnittpunkte und Zentrumspunkte von Geometrieelementen als große grüne Punkte dargestellt sein. Nächstgelegene Punkte bestehender Geometrien werden als kleine gelbe Punkte dargestellt. Der Cursor rastet auf die bestehende Geometrie ein.

Eine alphanumerische Rückmeldung stellen die *Kommentare* in der Statusleiste (am unteren Bildschirmrand) dar. Sie bestehen aus Handlungshinweisen, Positionsangaben und Maßangaben.

**Kommentare in der Statusleiste**

Endpunkt wählen, bis zum Startpunkt ziehen, um Tangentialbogen zu erstellen

| -27,732 mm, -9,742 mm | Länge=24,314 mm | Winkel=270,00 grd |

Weitere Systemrückmeldungen sind so genannte gepunktete Leitlinien. Sie erleichtern das Zeichnen durch den Bezug auf eine bestehende Geometrie. Angezeigt werden bestehende Linienvektoren, normale, horizontale, vertikale und tangentiale Linien, sowie Mittellinien.

Um eine *Leitlinie* zu aktivieren ist es manchmal nötig mit dem Cursor über eine bestehende Geometrie (z. B. einen Linienendpunkt) zu fahren.
Damit wird die Leitlinie „gefangen" und kann somit zum Zeichnen genutzt werden.
Somit lassen sich zum Beispiel sehr einfach Halbkreise aus einem gezogenen Bogen zeichnen.

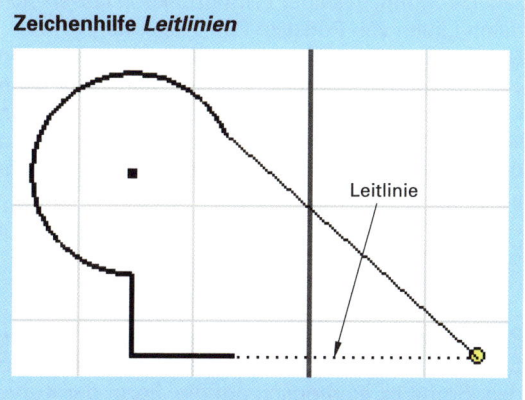

Zeichenhilfe *Leitlinien*

Beim Zeichnen aller Geometrieelemente ist zu beachten, dass einige Elemente beim Skizzieren geometrische Abhängigkeiten aufnehmen. Andere Elemente können dagegen nur Hilfsgeometrie oder Referenzlinie sein.

Im nebenstehenden Beispiel werden die geometrischen Abhängigkeiten parallel und tangential automatisch während des Skizzierens vergeben.

Die zu vergebende Abhängigkeit wird als Vorschau am Cursor hängend dargestellt. Sollte eine so vergebene Abhängigkeit den Konstruktionsabsichten widersprechen, so muss die betreffende Abhängigkeit manuell gelöscht werden.

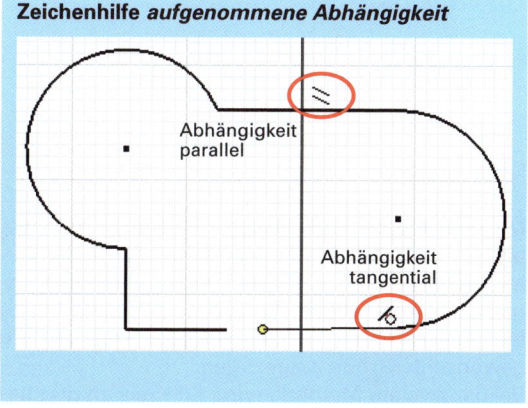

Zeichenhilfe *aufgenommene Abhängigkeit*

## 3.8 Skizzierwerkzeuge

Die Schaltflächenleiste des Skizziermodus enthält alle notwendigen Skizzierwerkzeuge. Dies sind die Befehle *Linie, Spline, Kreis, Ellipse, Bogen, Rechteck, Punkt* und *Polygon*.

### 3.8.1 Skizzierwerkzeuge *Linie* und *Spline*

Der Befehl *Linie*

Der Befehl *Linie* ist der wichtigste Befehl der Skizzenerzeugung. In seiner Primärfunktion lassen sich damit Linien von Punkt zu Punkt zeichnen.
Die Sekundärfunktion ermöglicht das Zeichnen von Bögen. Bei gedrückter linker Maustaste kann ein tangentialer oder lotrechter Bogen gezogen werden. Die Zugrichtung – Bewegungsrichtung der Maus – ist ausschlaggebend für die Bogenrichtung.

Der Befehl *Spline* (siehe Fly Out → Linie)

Der Befehl Spline erzeugt eine Kurve die mehrere Punkte miteinander verbindet. Die Punkte können bemaßt und mit Abhängigkeiten versehen werden. Somit ist es möglich auf die Form der Kurve Einfluss zu nehmen.

### 3.8.2 Skizzierwerkzeuge *Kreis* und *Ellipse*

Der Befehl *Kreis*

Mit dem Befehl *Kreis* lassen sich Kreise mit zwei unterschiedlichen Methoden zeichnen. Mit der ersten Methode wird zuerst der Kreismittelpunkt angeklickt, ein beliebiger Punkt oder ein Punkt bestehender Geometrie, danach wird der Kreis auf die gewünschte Größe aufgezogen.
Bei der zweiten Methode wird ein Kreis an drei bestehende Tangenten (Linien) gezeichnet.

Der Befehl *Ellipse* (siehe Fly Out → Kreis)

Bei dem Befehl Ellipse wird analog zum Kreis zuerst der Ellipsenmittelpunkt festgelegt. Im zweiten Schritt wird dann die große Halbachse aufgezogen, danach die kleine Halbachse.

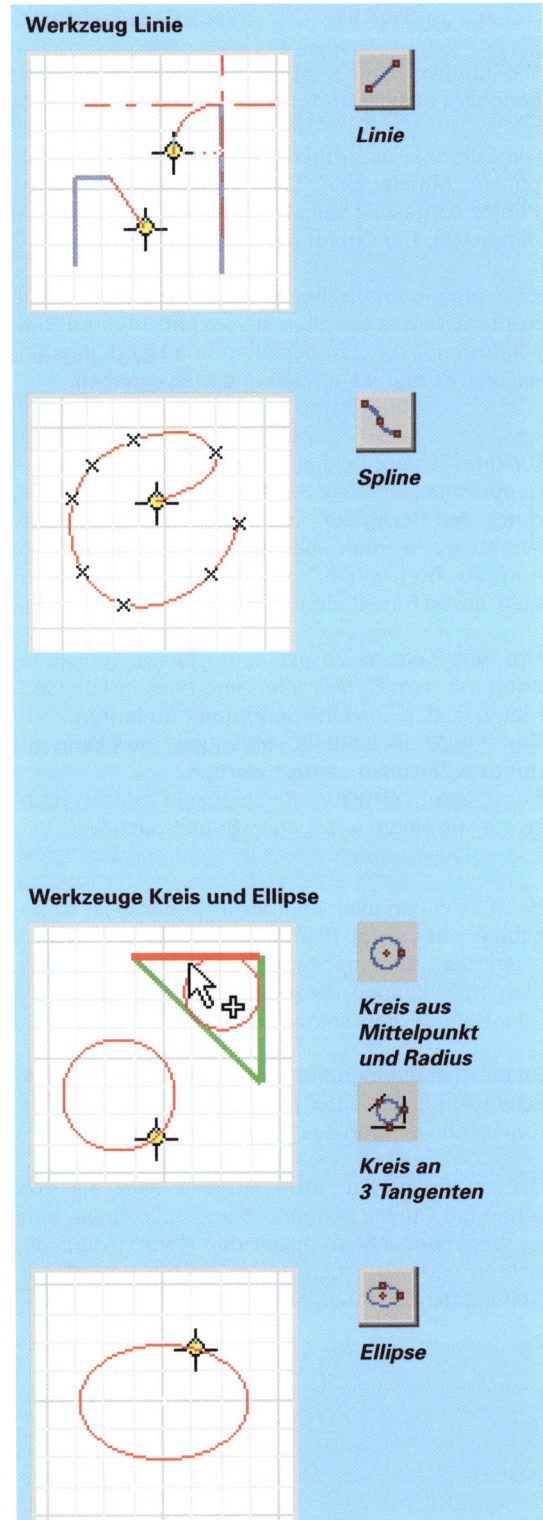

### 3.8.3 Skizzierwerkzeug *Bogen*

Der Befehl: *Bogen durch 3 Punkte*

Mit dem ersten Mausklick bestimmen Sie den ersten Endpunkt, mit dem zweiten den zweiten Endpunkt und mit dem dritten Punkt legen Sie die Bogenrichtung und den Radius fest.

Der Befehl: *Bogen aus Mittelpunkt, Startpunkt und Endpunkt.*

Mit dem ersten Mausklick bestimmen Sie den Mittelpunkt, mit dem zweiten den Radius und den Startpunkt, der dritte Punkt schließt den Bogen ab.

Der Befehl: *Bogen tangential an 2 Kurven*

Mit dem ersten Mausklick legen Sie den Endpunkt der Tangente fest. Der zweite Punkt bestimmt das Ende des tangentialen Bogens.

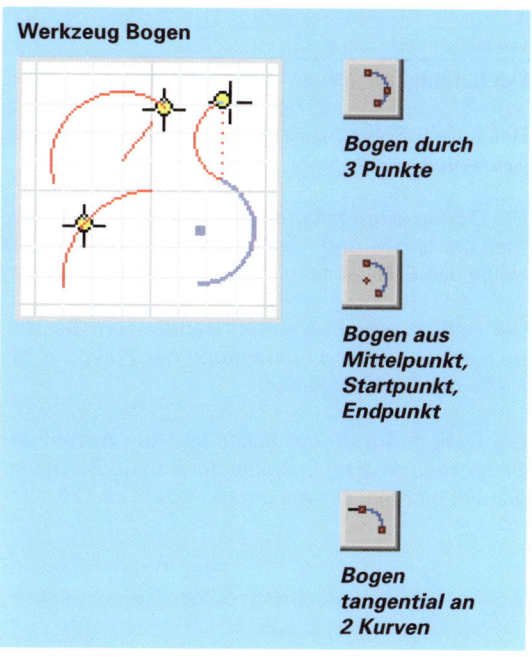

### 3.8.4 Skizzierwerkzeug *Rechteck*

Der Befehl: *Rechteck durch 2 diagonale Eckpunkte*

Mit dem ersten Mausklick wird der erste diagonale Eckpunkt festgelegt mit dem zweiten Mausklick der zweite Eckpunkt.

Der Befehl: *Rechteck durch Eckpunkt und Länge und Breite*

Der erste Mausklick legt die Ecke fest, dann folgen die Klicks für Länge und Breite.

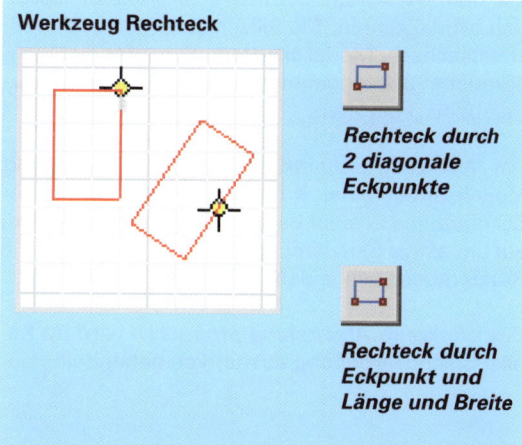

### 3.8.5 Skizzierwerkzeug *Punkt*

Der Befehl: *Punkt*

Der Punkt kann als Konstruktionspunkt beliebig oder präzise auf bestehender Geometrie platziert werden. Dies geschieht entweder durch Bewegen des Cursors über die bestehende Geometrie bis das Symbol für die Abhängigkeit *koinzident* angezeigt wird und dann der Punkt durch einen Mausklick auf der bestehenden Geometrie fixiert wird, oder durch das Öffnen eines Kontextmenüs (klicken mit der rechten Maustaste in das Grafikfenster). Um einen Punkt präzise zu platzieren wählen Sie Mittelpunkt, Mitte oder Schnittpunkt aus, und klicken Sie auf die Geometrie, auf die der Punkt platziert werden soll.

Des weiteren kann der Befehl zur Definition von Bohrungsmittelpunkten dienen. Das Werkzeug Bohrung erkennt diese Punkte automatisch.

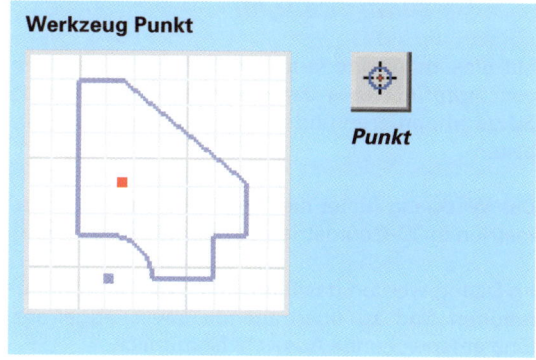

## 3.8.6 Skizzierwerkzeug *Polygon*

Der Befehl: *Polygon*

Der Befehl Polygon erstellt ein Vieleck mit bis zu 120 Seiten.

Die Option *eingezeichnet* verwendet zum Bestimmen der Größe und Ausrichtung des Polygons die Hälfte des Eckmaßes.

Die Option *umschrieben* verwendet zum Bestimmen der Größe und Ausrichtung des Polygons die Hälfte der Schlüsselweite.

Die Option *Anzahl der Ecken* legt die Anzahl der Seiten fest, die zum Erstellen der Polygonform verwendet werden. Die maximale Anzahl ist 120.

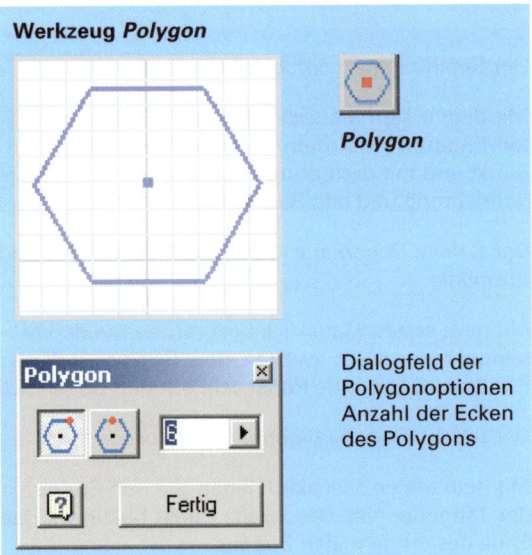

Werkzeug *Polygon*

*Polygon*

Dialogfeld der Polygonoptionen Anzahl der Ecken des Polygons

## 3.8.7 Skizzierwerkzeug *Geometrie projizieren*

Mit dem Werkzeug *Geometrie projizieren* lassen sich Modellkanten, Modellscheitelpunkte, Modellarbeitsachsen, Modellarbeitspunkte oder nicht einbezogene Skizzengeometrie in die aktuelle Skizzierebene projizieren.

Das Werkzeug *Schnittkanten projizieren* projiziert Modellkanten einer Komponente, die von einer Schnittebene in einer Baugruppe geschnitten wird, auf die aktive Skizzierebene, sofern die Kanten die Skizzierebene schneiden.

Das Werkzeug *Abwicklung projizieren* wird im Kapitel Blechbearbeitung ausführlich behandelt.

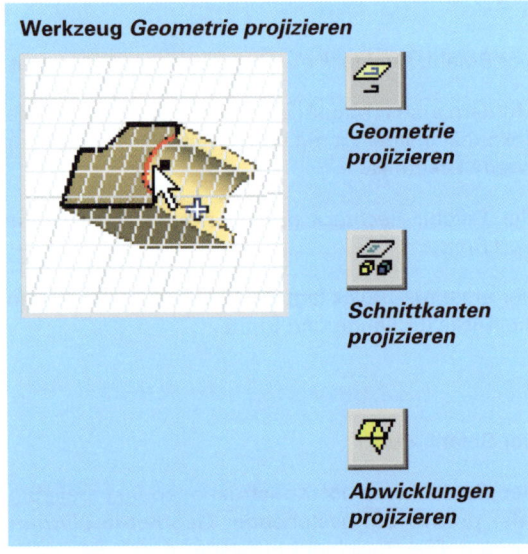

Werkzeug *Geometrie projizieren*

*Geometrie projizieren*

*Schnittkanten projizieren*

*Abwicklungen projizieren*

## 3.8.8 Skizzierwerkzeug *AutoCAD-Datei einfügen*

Mit diesem Werkzeug lassen sich 2D-Geometrien von *AutoCAD dwg-Dateien* in eine bestehende Skizze importieren und anschließend weiter bearbeiten.

Das Werkzeug bietet die Möglichkeit alte 2D-Geometrien in 3D-Geometrien zu übertragen.

Im Dialog werden das Einheiten-System, Konfigurationen und zu übertragende Layer abgefragt. Eine entsprechende Auswahl ist möglich.

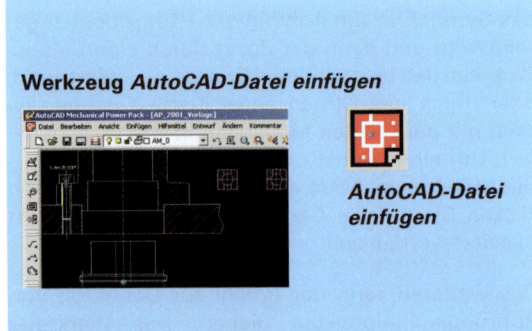

Werkzeug *AutoCAD-Datei einfügen*

*AutoCAD-Datei einfügen*

## 3.8.9 Skizzierwerkzeug *Text erstellen*

Die Skizzierumgebung bietet auch die Möglichkeit Text als Informationsquelle oder als verwertbares Skizzierelement einzusetzen. Die Texteingabe erfolgt in einem Standardfenster in dem alle Text relevanten Einstellungen, von der Schriftart bis zum Schriftstil, gemacht werden können. Neben der Information kann der Text auch von den Funktionen *Aufkleber* oder Prägung genutzt werden.

## 3.8.10 Skizzierwerkzeug *Bild einfügen*

Neben Texten lassen sich auch Bilder in eine Skizze einfügen. Das Dateiformat des Bildes muss ein Windows-Bitmap-Format (*.bmp) sein.
Andere Formate müssen entsprechend umgewandelt werden (z. B. mit einem Bildbearbeitungsprogramm).
Die Einsatzmöglichkeiten eines eingefügten Bildes entsprechen weitgehend denen eines Skizzentextes. Das Bild kann informativ sein oder für einen Aufkleber oder eine Prägung genutzt werden.

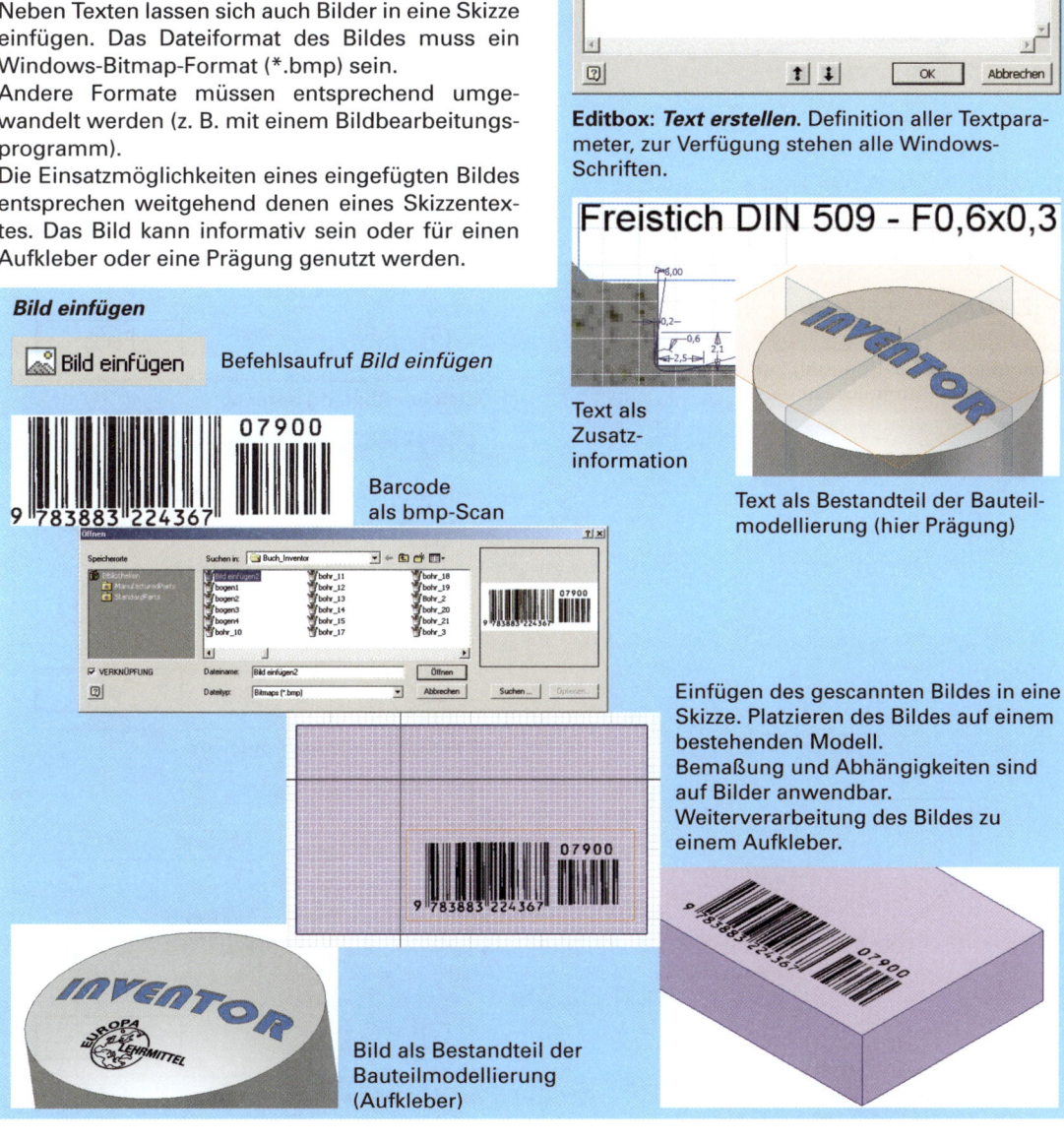

**Text erstellen**

Befehlsaufruf *Text erstellen*

**Editbox: *Text erstellen*.** Definition aller Textparameter, zur Verfügung stehen alle Windows-Schriften.

Text als Zusatzinformation

Text als Bestandteil der Bauteilmodellierung (hier Prägung)

*Bild einfügen*

Befehlsaufruf *Bild einfügen*

Barcode als bmp-Scan

Einfügen des gescannten Bildes in eine Skizze. Platzieren des Bildes auf einem bestehenden Modell.
Bemaßung und Abhängigkeiten sind auf Bilder anwendbar.
Weiterverarbeitung des Bildes zu einem Aufkleber.

Bild als Bestandteil der Bauteilmodellierung (Aufkleber)

## 3.9 Bestehende Skizzen bearbeiten und verändern

Eine weitere Werkzeugpalette dient der Bearbeitung und Veränderung bestehender Skizzengeometrie. Dies sind die Werkzeuge *2D-Abrunden* und *2D-Fase, Spiegeln, runde Anordnung* und *rechteckige Anordnung, Versatz, Dehnen, Stutzen, Verschieben* und *Drehen*.

### 3.9.1 2D-Abrunden und 2D-Fase

Der Befehl rundet bestehende Skizzengeometrien ab oder bringt eine Fase an. Die Geometrie wird je nach Bedarf gestutzt oder gedehnt.

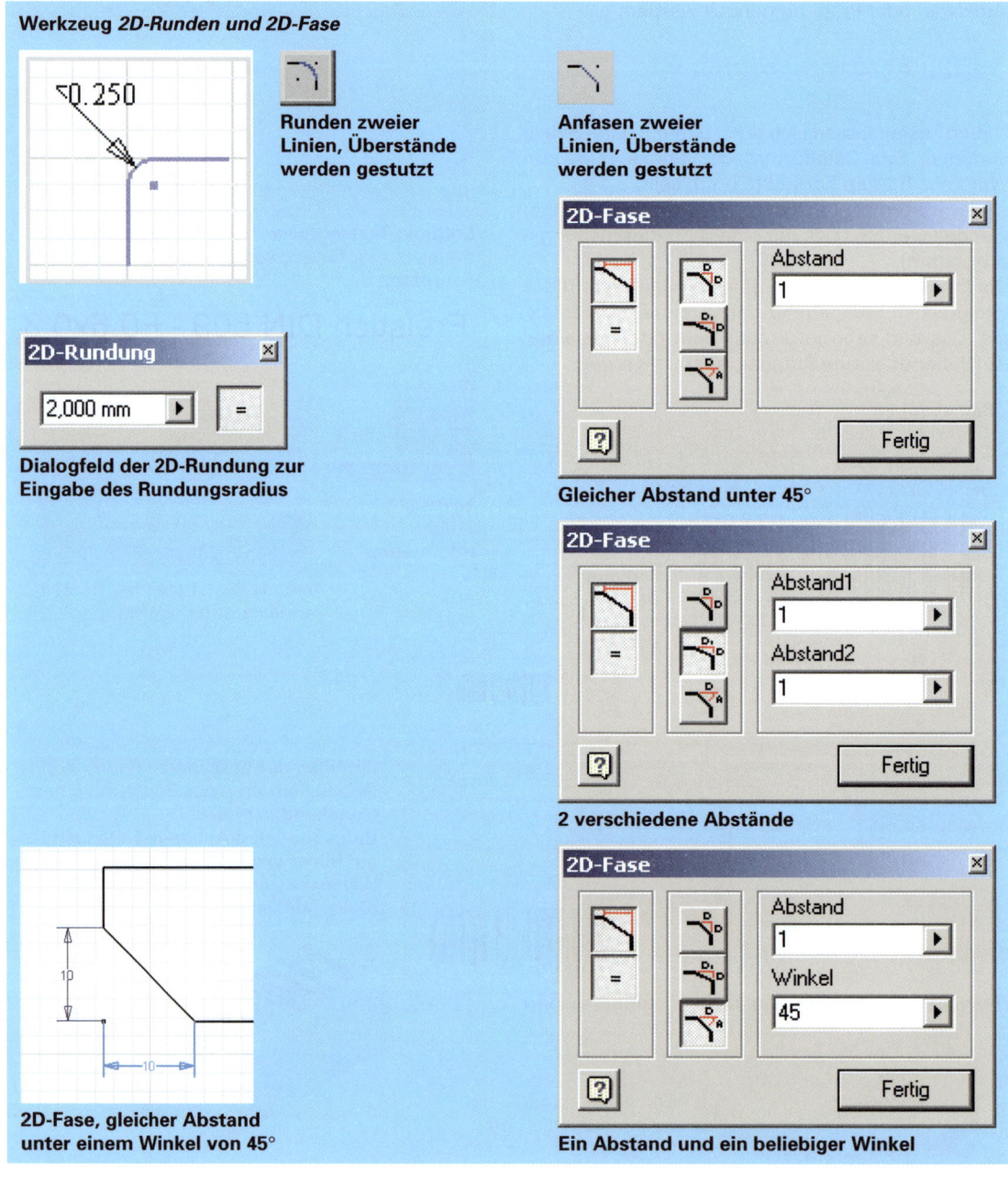

# 3 Bauteilmodellierung – Skizzenerstellung

**Übungsbeispiel:**
Zeichnen Sie die scharfkantige Außenkontur des Werkstücks und bestimmen Sie die Geometrie durch Maße.
Setzen Sie den Mittelpunkt des Koordinatensystems und die linke untere Ecke des Werkstücks koinzident.
Erzeugen Sie die Fasen und Rundungen mittels des Befehls Rundung bzw. Fase.
Geben Sie immer zuerst den Abrundungsradius bzw. die Fasenbreite ein.

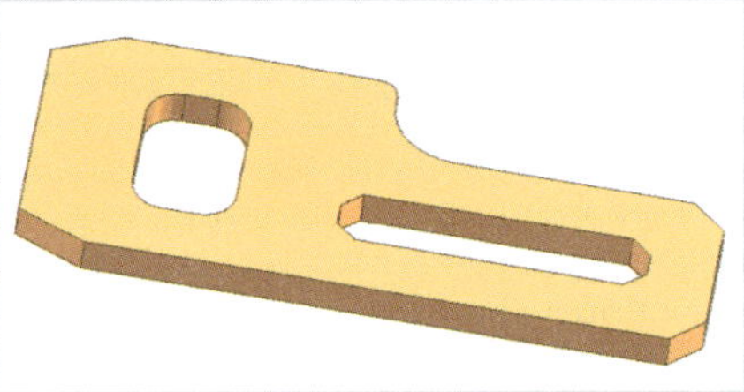

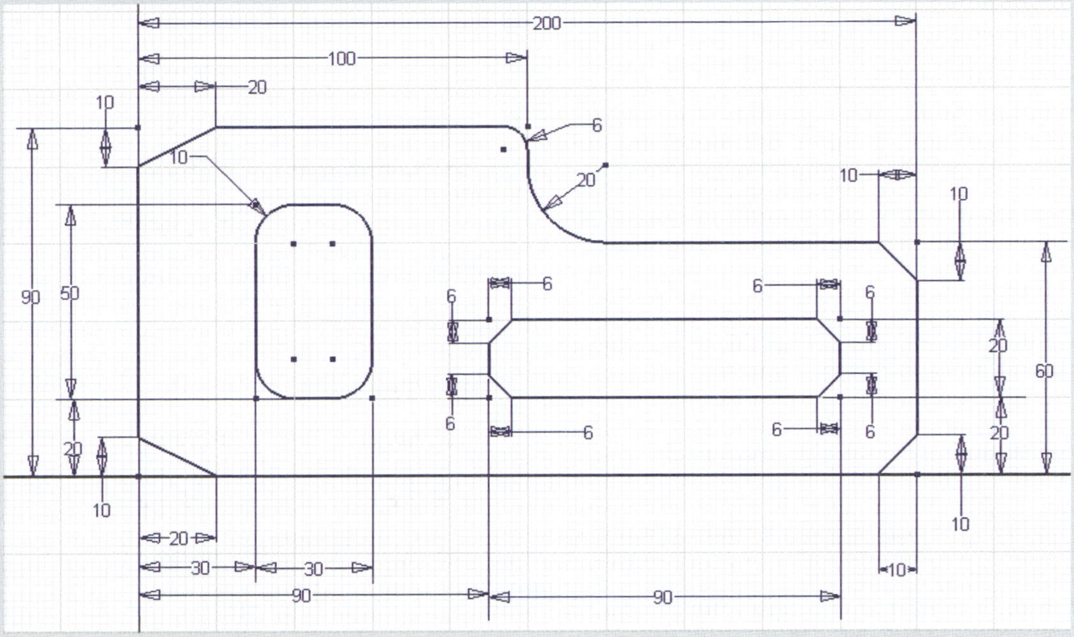

## 3.9.2 Rechteckige Anordnung und runde Anordnung

Mit diesem Werkzeug lassen sich rechteckige Anordnungen und runde Anordnungen von Skizzengeometrien erstellen.

Die Schaltflächen starten den gewünschten Befehl und in einem Fenster werden nun die Spezifikationen der Anordnung abgefragt.

Hinweis: Die Verwendung dieses Befehls bedarf oftmals der grundlegenden Entscheidung, wie kompliziert die Skizze sein soll. Prinzipiell sind einfache Skizzen anzustreben. Da der Befehl rechteckige und runde Anordnung auch im Elementmodus zur Verfügung steht, sollte der Befehl im Skizziermodus nur ganz gezielt eingesetzt werden.

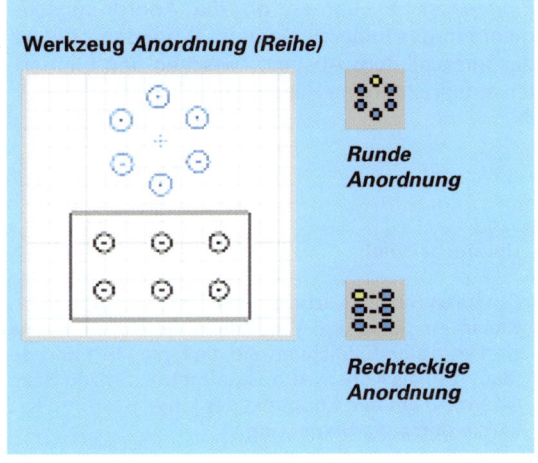

Werkzeug *Anordnung (Reihe)*

*Runde Anordnung*

*Rechteckige Anordnung*

Spezifikationen: *Runde Anordnung*

*Geometrie* → wählt die anzuordnende Skizzengeometrie.

*Achse* → Wählt die Achse um die die Anordnung erfolgen soll. Die Umkehrschaltfläche ändert die Erzeugungsrichtung der Anordnung.

*Anzahl* → Anzahl der zu erzeugenden Skizzenelemente.

*Winkel* → Winkel zwischen dem ersten und letzten Anordnungselement.

*Unterdrücken* → Das ausgewählte Element wird damit nicht mehr Element der Anordnung. Die Geometrie wird zur Konstruktionsgeometrie.

*Assoziativ* → Gibt an ob die Anordnung assoziativ ist. Ohne Häkchen ist die Assoziativität deaktiviert.

*Eingepasst* → Gleichmäßige Einpassung der Anordnungselemente innerhalb des angegebenen Winkels. Ohne Häkchen gilt der Winkel als Intervall zwischen den Anordnungselementen.

Spezifikationen der *runden Anordnung*

Spezifikationen: *Rechteckige Anordnung*

Viele Spezifikationen sind analog zu der runden Anordnung. Die rechteckige Anordnung ähnelt der Anordnung von Zeilen und Spalten einer Tabelle.

*Richtung 1 und 2* → Erzeugungsrichtungen der Anordnungselemente. Ein Umschalten der Erzeugungsrichtung ist auch hier möglich.

*Intervall* → Abstand zwischen den zu erzeugenden Anordnungselementen. Die Eingabe verschiedener Intervalle ist ebenfalls möglich (bei der abgebildeten Einstellung, siehe Option Eingepasst).

*Eingepasst* → Gibt an ob die Anordnungselemente in das Intervall eingepasst werden oder ob das Intervall dem Abstand zwischen den Elementen entspricht (ohne Häkchen).

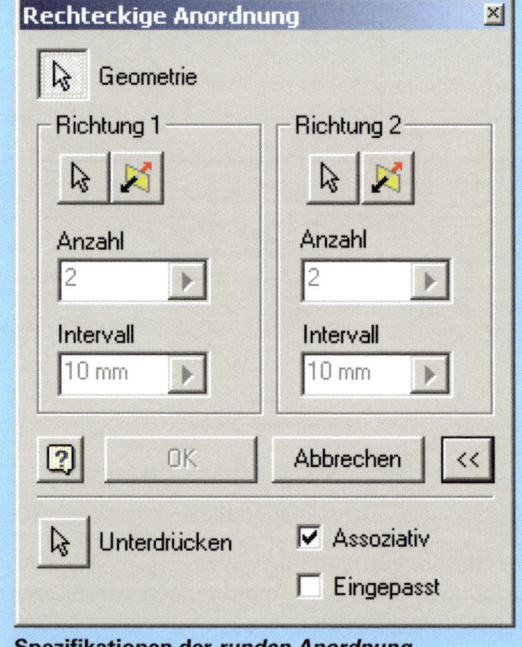

Spezifikationen der *runden Anordnung*

---

**Übungsbeispiel:**

Zeichnen Sie die skizzierte Dichtung mit dem ø100 mm. Kreismittelpunkt und Mittelpunkt des Koordinatensystems sind koinzident. Zeichnen Sie die Linie (45°) und den Teilkreis (ø80 mm) als Konstruktionsgeometrie. Setzen Sie den Kreis (ø11 mm) auf den Endpunkt der Linie. Bestimmen Sie die Skizze durch die Bemaßung.

# 3 Bauteilmodellierung – Skizzenerstellung

Starten Sie den Befehl runde Anordnung.
Geometrie: Kreis ø11 mm,
Achse: Projizierte Z-Achse (ein Punkt in dieser Ansicht), Anzahl: 6,
Winkel: 360°.
Die Option Eingepasst ist aktiv.

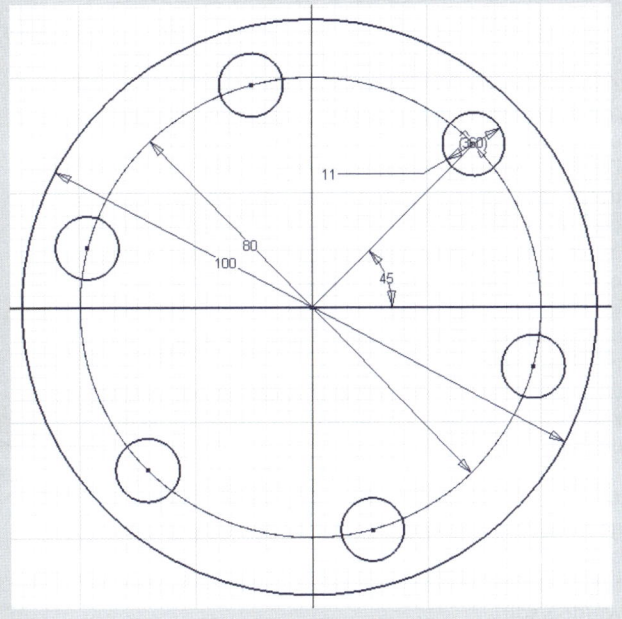

**Übungsbeispiel:**

Zeichnen Sie das skizzierte Lochblech (200 x 100) mit einem quadratischen Durchbruch (5 mm).
Geometrie: Wählen Sie die 4 Seiten des Quadrats
Anzahl 1 : 20, Intervall 1 : 10, Anzahl 2 : 10,
Intervall 2 : 10, Option Eingepasst ohne Häkchen.

### 3.9.3 Skizzierte Geometrie spiegeln

Mit dem Werkzeug Spiegeln können zuerst erzeugte Geometrieelemente gespiegelt und dadurch dupliziert werden. Der Spiegelungsvorgang entspricht einer Spiegelung an einer Geraden.
Die beiden entstehenden Hälften sind symmetrisch und es wird automatisch die Abhängigkeit gleich zwischen den Elementen vergeben. Die durch die Spiegelung entstandenen Elemente können allerdings bearbeitet und gelöscht werden. Eine Spiegelung ohne Duplikation ist nicht möglich, es sei denn die Ausgangsgeometrie wird manuell gelöscht.
Lässt sich der Befehl Spiegeln nicht anwenden so kann es oft an widersprüchlichen Abhängigkeiten liegen.

Auswahl → Die bestehende Geometrie, die gespiegelt werden soll, wird mit dieser Schaltfläche ausgewählt.
Spiegelachse → Wählt die Achse, an der gespiegelt werden soll.
Anwenden → Wendet den Befehl auf die ausgewählte Geometrie an.
Fertig → Beendet den Befehl Spiegeln.

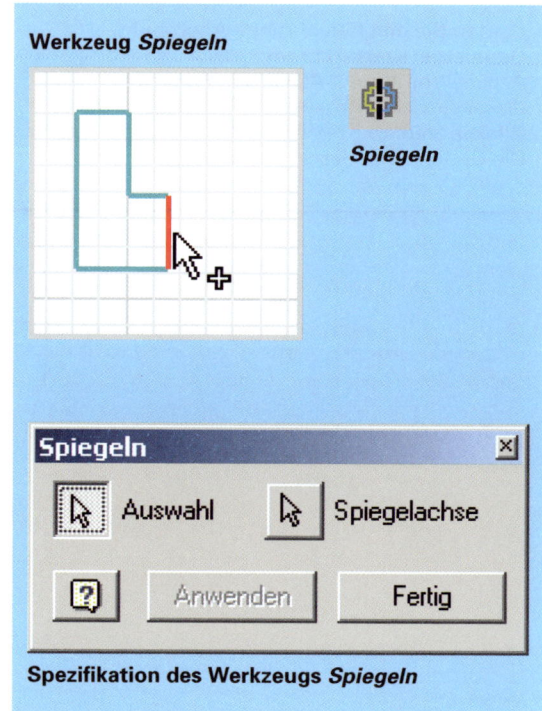

**Werkzeug** *Spiegeln*

*Spiegeln*

**Spezifikation des Werkzeugs** *Spiegeln*

**Übungsbeispiel:**

Zeichnen Sie die halbe Kontur des Bauteils mit der Spiegelachse in der Mitte. Erzeugen Sie die Gesamtkontur des Bauteils durch eine Spiegelung an der mittleren Achse.

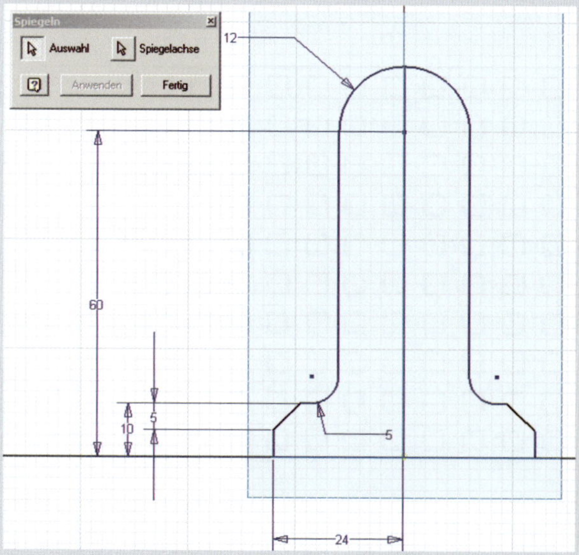

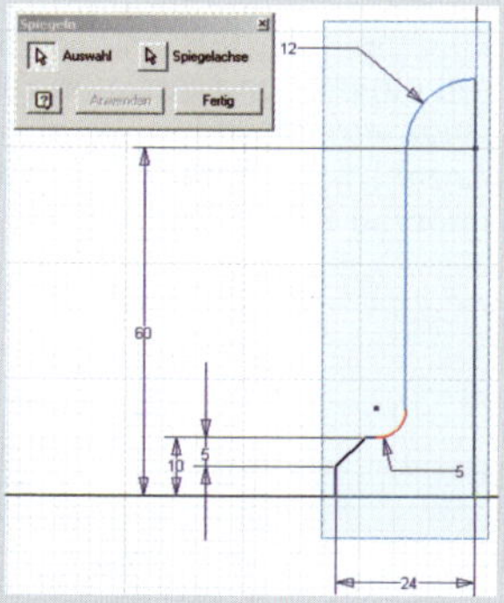

Auswahl der zu spiegelnden Kontur. Einzelne Elemente oder Fensterauswahl.

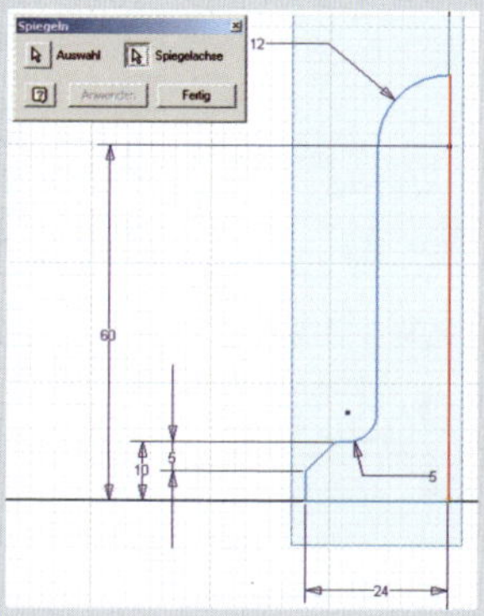

Auswahl der Spiegelachse. Anwenden des Befehls.

# 3 Bauteilmodellierung – Skizzenerstellung

## 3.9.4 Dehnen und Stutzen

Mit dem Werkzeug *Dehnen* können bestehende Geometrieelemente gedehnt, d.h. bis zu einem weiteren bestehenden Geometrieelement verlängert werden. Der Befehl kann auf Kurven, Linien, Bögen und Kreise angewandt werden. Fährt man mit dem Mauszeiger über das zu dehnende Element so wird eine Vorschau der Dehnung angezeigt.

Mit dem Werkzeug *Stutzen* können bestehende Geometrieelemente gestutzt, d.h. an einem bestehenden Geometrieelement abgeschnitten werden. Fährt man mit dem Mauszeiger über das zu stutzende Element so wird eine Vorschau des Stutzens angezeigt.

**Werkzeuge *Dehnen und Stutzen***

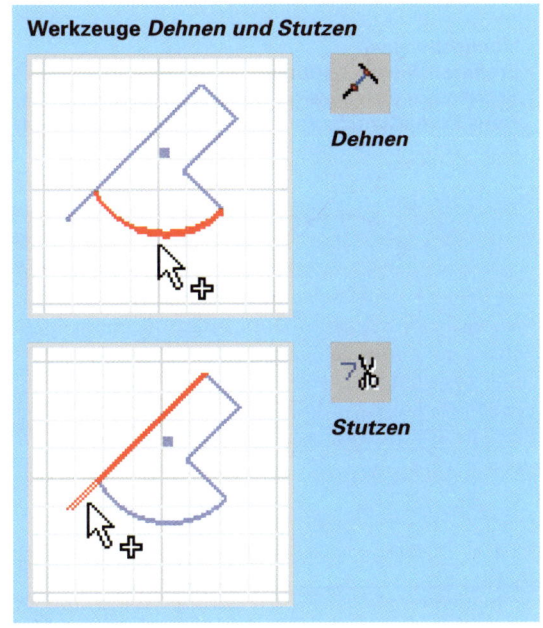

*Dehnen*

*Stutzen*

**Übungsbeispiel:**
Erzeugen Sie die Kontur durch die Verwendung der Befehle *Dehnen und Stutzen* der mittleren Achse. Hinweis: Setzen Sie den großen Kreis auf den Sytemmittelpunkt (koinzident). Die beiden Kreismittelpunkte sind Vertikal.

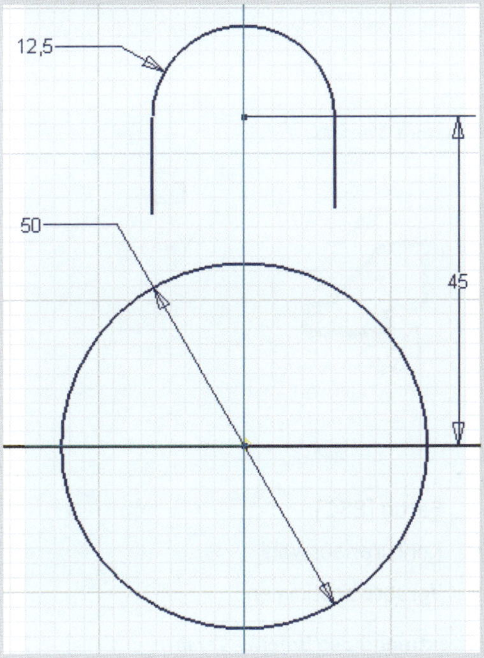

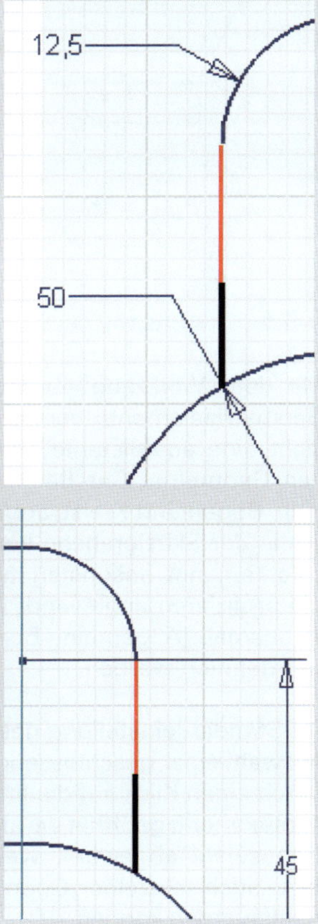

Auswahl der zu dehnenden Elemente (rot). Die Vorschau wird schwarz dargestellt.

**Übungsbeispiel:**
Ergänzen Sie die begonnene Kontur zu der unten stehenden Form. Stutzen Sie überflüssige Geometrie. Beachten Sie, dass der Kreis ø50 seine Bemaßung beim Stutzen in 2 Bögen verliert.
Ergänzen Sie die Radiusbemaßung.

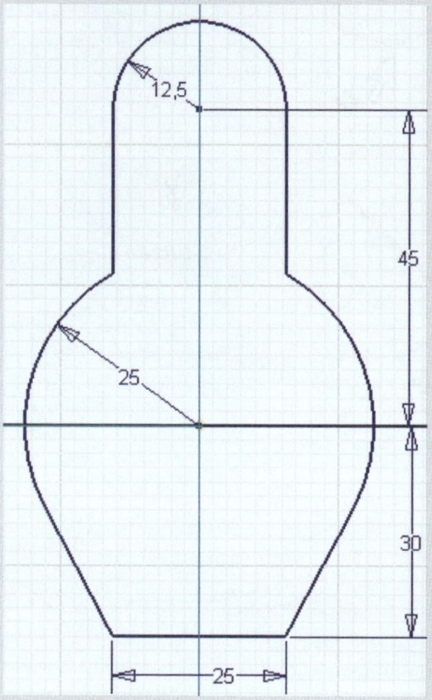


Stutzen des Kreises zwischen den beiden oberen Linien.

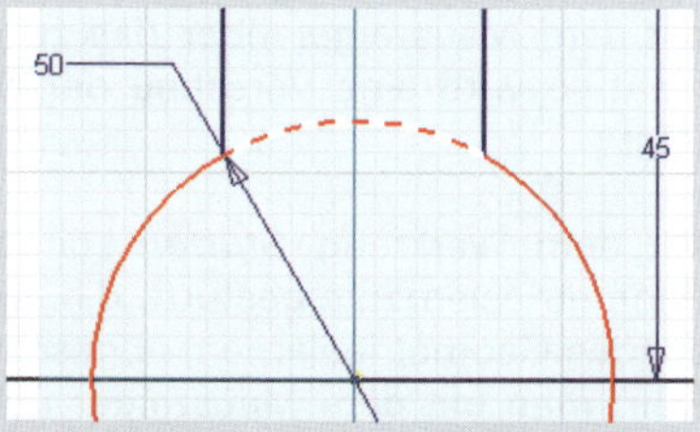


Stutzen der unteren Linien. Abhängigkeit zwischen Linie und Kreis: Tangential.

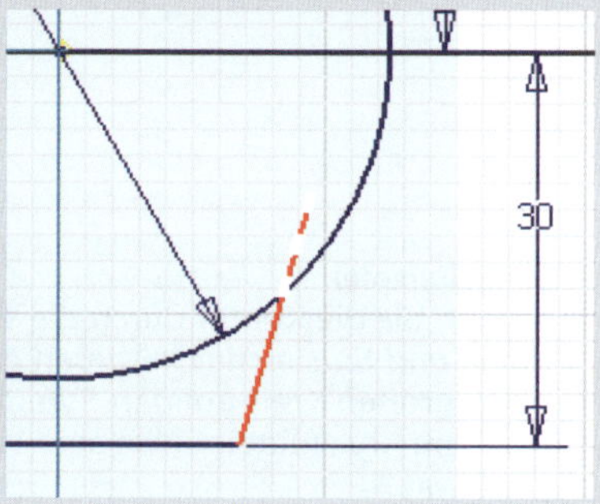


## 3.9.5 Versatz

Mit dem Werkzeug *Versatz* können bestehende Geometrieelemente versetzt werden, d.h. es entsteht eine äquidistante Geometrie zur bestehenden Geometrie. Der Befehl kann auf Kurven, Linien, Bögen und Kreise angewandt werden.
Die in der Skizzierebene liegende Geometrie wird sofort erkannt, ansonsten muss der Befehl Geometrie proijzieren angewandt werden. Durch ein Abstandsmaß (Allgemeine Bemaßung) kann der Versatz definiert werden.

Die Standardeinstellung des Befehls *Versatz* ist die Auswahl einer geschlossenen Kontur.
Durch einen Klick auf die linke Maustaste kann ein Kontextmenü geöffnet werden, mit dem die Konturenauswahl abgewählt werden kann und somit jetzt auch einzelne Geometrieelemente ausgewählt werden können.

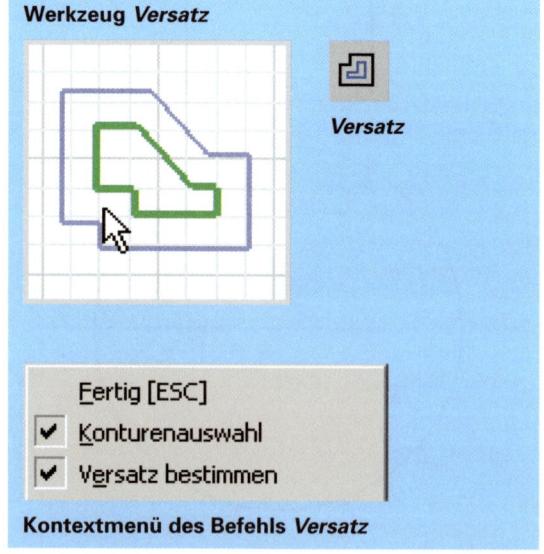

**Werkzeug *Versatz***

***Versatz***

Fertig [ESC]
✔ Konturenauswahl
✔ Versatz bestimmen

**Kontextmenü des Befehls *Versatz***

# 3 Bauteilmodellierung – Skizzenerstellung

**Übungsbeispiel:**
Ergänzen Sie den begonnenen Deckel (Quader 120 x 80 x 50, Ecken verrundet R10, Wandstärke 3 mm) um einen 12 mm breiten Flansch.

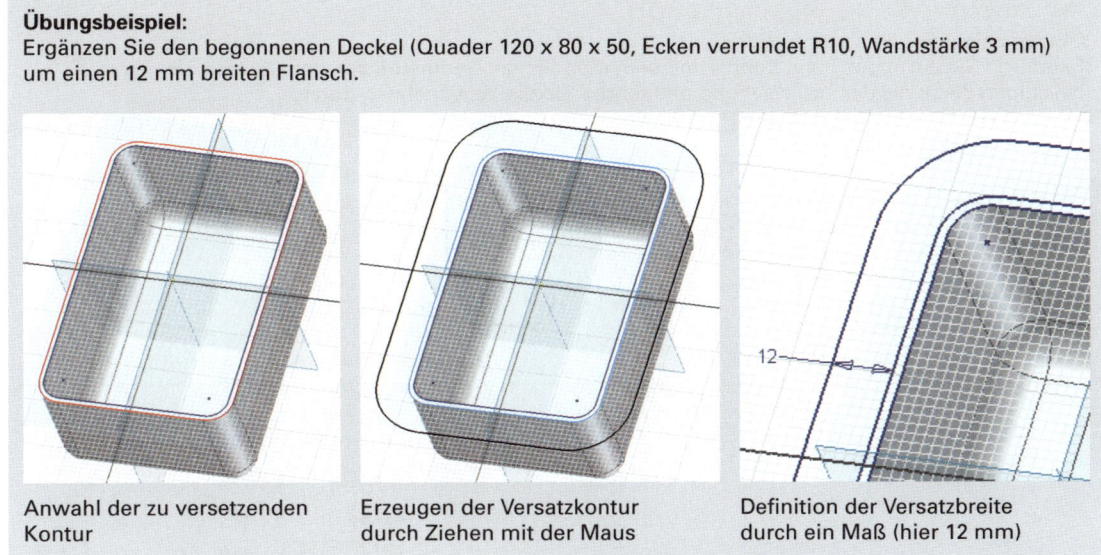

| Anwahl der zu versetzenden Kontur | Erzeugen der Versatzkontur durch Ziehen mit der Maus | Definition der Versatzbreite durch ein Maß (hier 12 mm) |

## 3.9.6 Schieben

Mit dem Werkzeug *Schieben* können bestehende Geometrieelemente verschoben und kopiert werden. Beide Funktionen können über einen Schalter (Häkchen) aktiviert werden.

Die zu verschiebenden Geometrieelemente werden einzeln oder im Fenster selektiert[1] (ausgewählt). Danach werden die Geometrieelemente von Punkt zu Punkt verschoben. Hier können Fangpunkte (z. B. Geradenendpunkte), gezeichnete Punkte oder die Funktion präzise Eingabe verwendet werden.

Durch die Schaltfläche *Anwenden* wird die Verschiebung durchgeführt. Der Befehl *Fertig* beendet den Befehl *Schieben*.

Die einfachste Art der Verschiebung, allerdings ohne maßgenaue Platzierung, ist das Markieren der zu verschiebenden Geometrieelemente und das Verschieben bei gedrückte rechter Maus-Taste, analog zu anderen Windowsapplikationen.

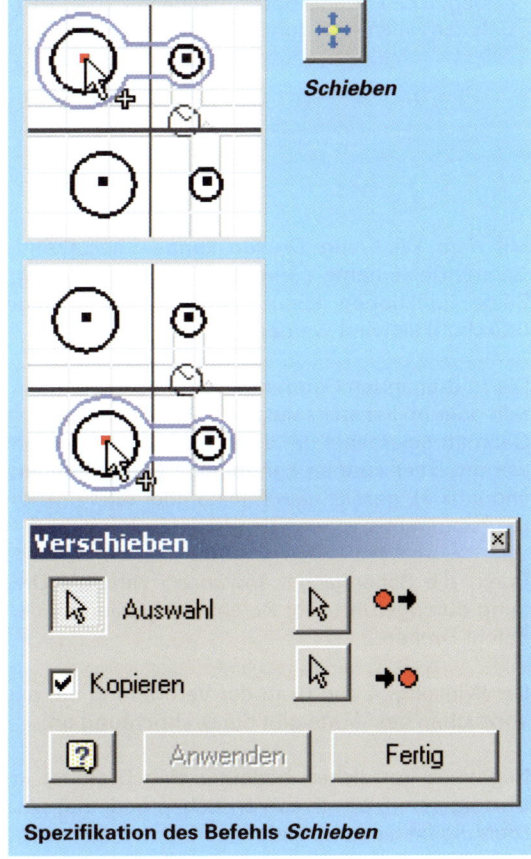

---

[1] selektieren von lat. selectio = das Auslesen, die Aussonderung

**Übungsbeispiel:**
Skizzieren Sie die abgebildete Kontur und bemaßen Sie die Geometrieelemente. Setzen Sie einen beliebigen Zielpunkt der Verschiebung und führen Sie die Verschiebung durch.

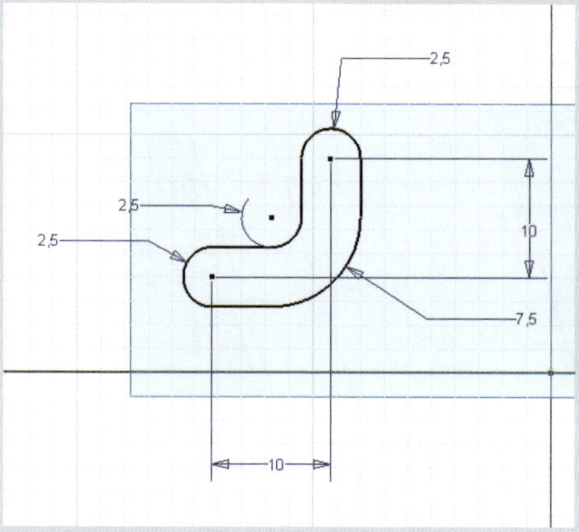

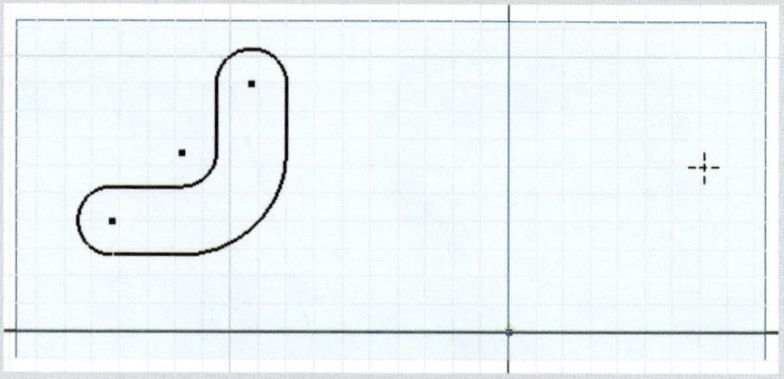

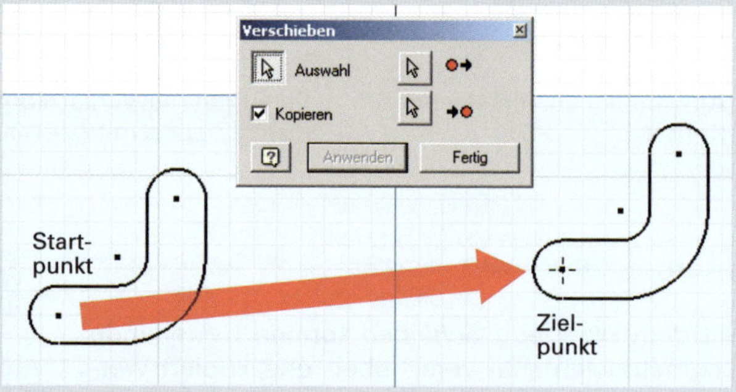

Erzeugen einer Kopie der vorhandenen Geometrieelemente durch den Befehl Schieben.

## 3.9.7 Drehen

Mit dem Werkzeug *Drehen* können bestehende Geometrieelemente gedreht und kopiert werden. Beide Funktionen können über einen Schalter (Häkchen) aktiviert werden.

Die zu drehenden Geometrieelemente werden einzeln oder im Fenster selektiert. Danach können die Geometrieelemente um einen Mittelpunkt gedreht werden. Hier können Fangpunkte (z. B. Geradenendpunkte), gezeichnete Punkte oder die Funktion präzise Eingabe verwendet werden.

Durch die Schaltfläche *Anwenden* wird die Drehung durchgeführt. Der Befehl *Fertig* beendet den Befehl *Drehen*.

Der Winkel gibt den Grad der Verdrehung an, das Vorzeichen des Werts gibt die Drehrichtung an.

Negatives Vorzeichen bedeutet eine Drehung im Uhrzeigersinn, positives Vorzeichen bedeutet eine Drehung im Gegenuhrzeigersinn.

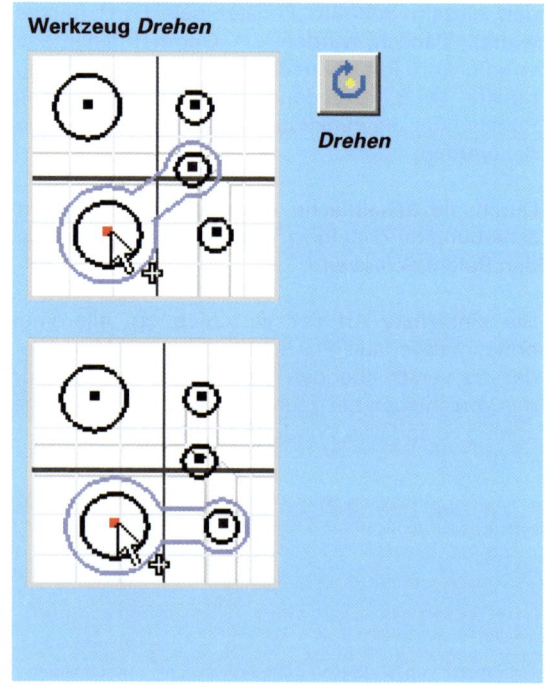

**Werkzeug *Drehen***

*Drehen*

3 Bauteilmodellierung – Skizzenerstellung

Die Befehle *Schieben* und *Drehen* bewirken eine Lageveränderung einer Skizze. Vorhandene Abhängigkeiten bleiben erhalten bzw. werden an die Kopie vererbt.

*Verschieben* und *Drehen* sind allerdings nicht gleichzusetzen mit der Fixierung und Positionierung einer Skizze durch Abhängigkeiten.

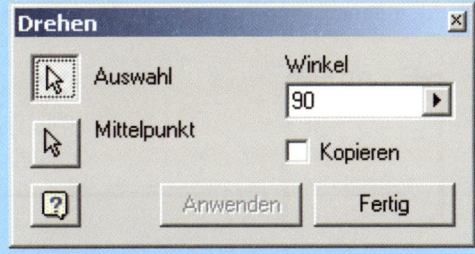

**Spezifikationen des Befehls Drehen**

**Übungsbeispiel:**
Setzen Sie bei der Skizze des Beispiels *Schieben* einen Verdrehpunkt (Abhängigkeit Vertikal, Abstandsmaß 10 mm). Drehen Sie die Kontur um 50° im Uhrzeigersinn und erzeugen Sie eine Kopie der Kontur.

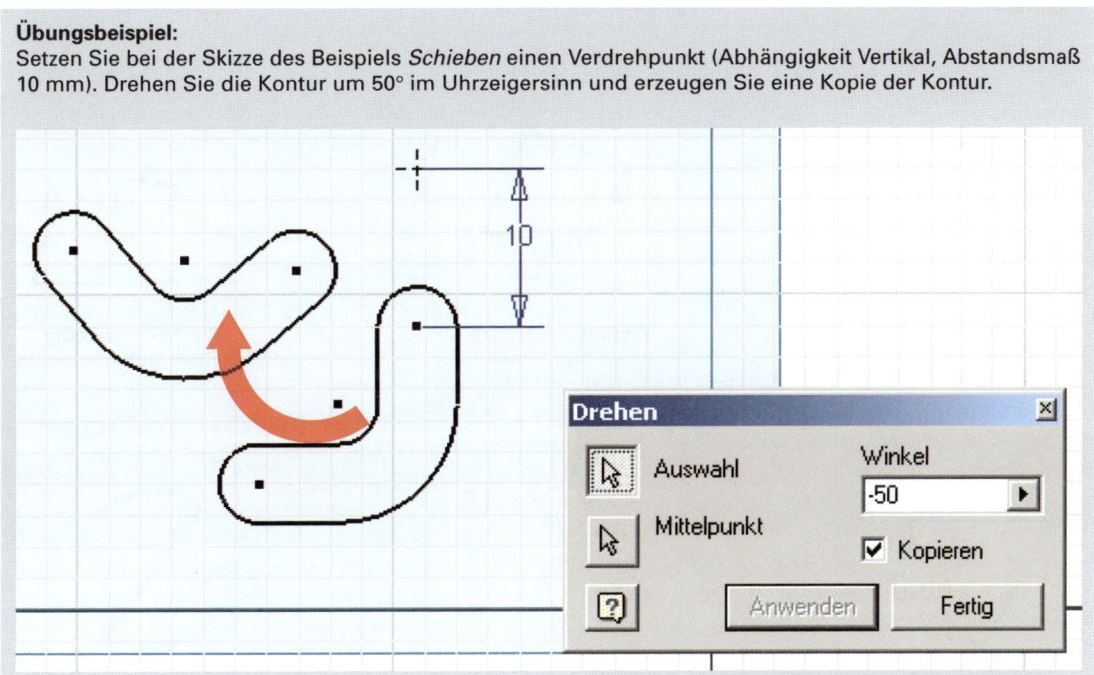

## 3.9.8  Allgemeine Bemaßung

Durch den Befehl *Allgemeine Bemaßung* wird das Bemaßungswerkzeug des Skizziermodus aufgerufen. Mit diesem Werkzeug kann eine Skizze in ihren Abmessungen festgelegt werden. Dies erfolgt durch die Eingabe von Zahlenwerten während des Bemaßungsvorgangs.

Parallel dazu werden die Maße in einer Parameterliste protokolliert und einem Variablennamen zugewiesen.

Der Standardname eines Bemaßungselements kann z. B. d5 sein, wobei d für das englische dimension = Abmessung steht.

**Werkzeug *Allgemeine Bemaßung***

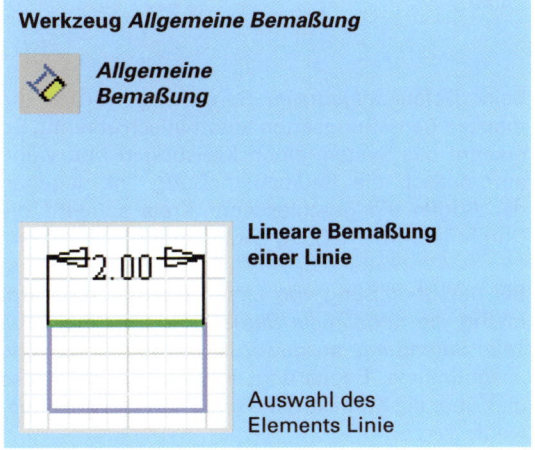

**Lineare Bemaßung einer Linie**

**Auswahl des Elements Linie**

## Weitere Bemaßungsarten und ihre Platzierungsmöglichkeiten

| | | |
|---|---|---|
| Lineare Bemaßung zwischen zwei Elementen. | Ausgerichtete Bemaßung zwischen zwei Elementen. | Winkelbemaßung zwischen 2 Kanten (Linien). |
| Winkelbemaßung zwischen drei Punkten. | Winkelbemaßung eines Innenwinkels. | Winkelbemaßung eines Außenwinkels. |
| Winkelbemaßung von einer Bezugslinie. | Radiusbemaßung | Durchmesserbemaßung |

Beim Befehl *allgemeine Bemaßung* werden die meisten Bemaßungsarten automatisch erkannt. So erkennt das System einen Kreisbogen und wählt automatisch die Radiusbemaßung. Ist dagegen der Bogen ein geschlossener Kreis so wird die Durchmesserbemaßung angewandt.

Bei der Bemaßung von Linien werden standardmäßig die *horizontale Bemaßung* oder die *vertikale Bemaßung* ausgewählt. Ist allerdings eine ausgerichtete Bemaßung erforderlich so muss dies über ein Kontextmenü (linke Maustaste) angewählt werden.

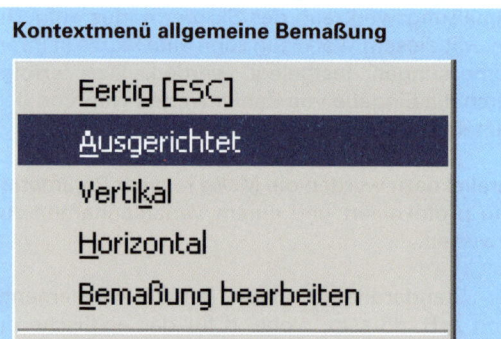

Kontextmenü allgemeine Bemaßung

# 3 Bauteilmodellierung – Skizzenerstellung

Eine weitere Bemaßungsart ist die *Durchmesserbemaßung* in einer Seitenansicht. Die Voraussetzung für diese Bemaßungsart ist das Vorhandensein einer Mittellinie. Durch das Zeichnen (oder Geometrie projizieren) einer Linie und die anschließende Umwandlung in eine Mittellinienmarkierung können nun Durchmesserbemaßungen eingetragen werden. Bemaßt wird immer von der Durchmesseraußenkante zur Mittellinie.

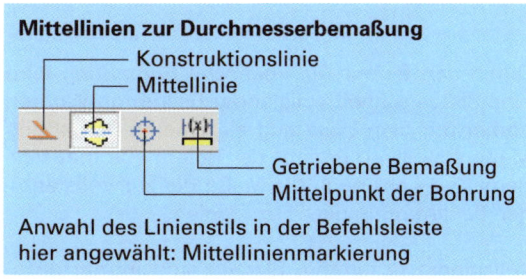

**Mittellinien zur Durchmesserbemaßung**
- Konstruktionslinie
- Mittellinie
- Getriebene Bemaßung
- Mittelpunkt der Bohrung

Anwahl des Linienstils in der Befehlsleiste hier angewählt: Mittellinienmarkierung

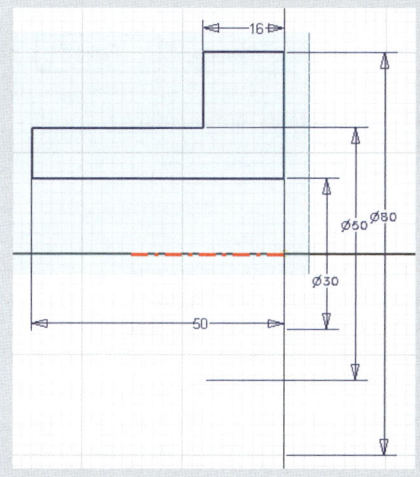

**Übungsbeispiel:**
Skizzieren Sie die Kontur des abgebildeten Rotationskörpers. Zeichnen Sie die Mittellinie, zuerst als normale Linie, markieren Sie die Linie und wandeln Sie sie in eine Mittelpunktsbemaßung um. Tragen Sie danach die Maße ein.

Hinweis: Vorteilhaft ist, zuerst die Außenabmessungen maßlich festzulegen.

**Übungsbeispiel:**
Skizzieren Sie die Kontur mit allen ihren Maßen. Wenden Sie die verschiedenen Bemaßungsarten an.

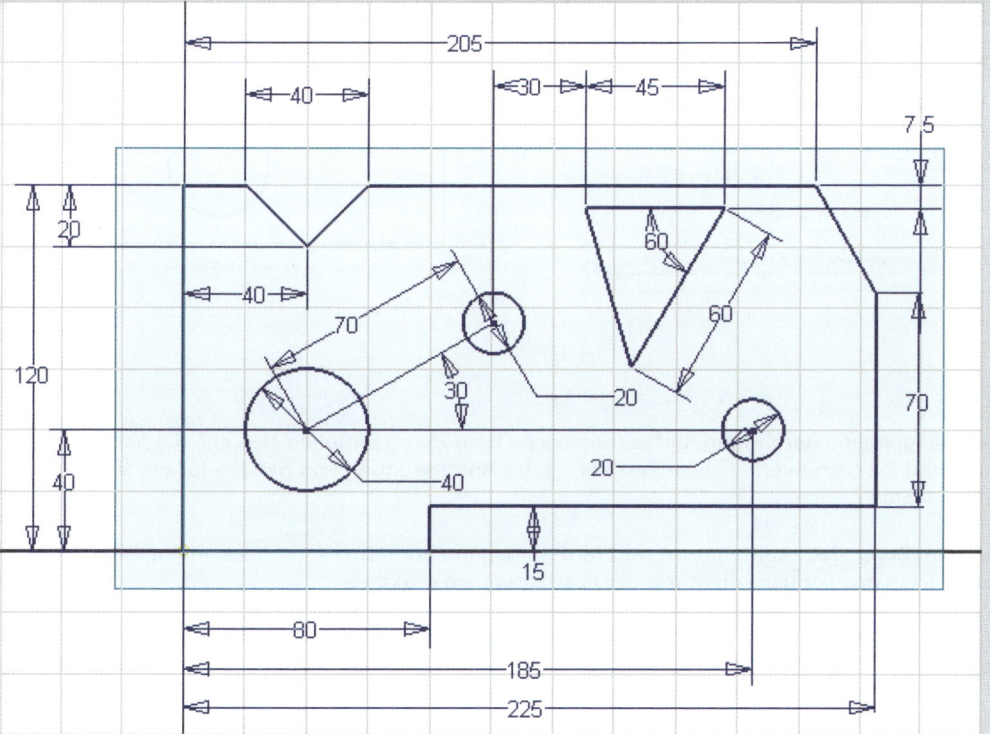

## 3.9.9 Automatische Bemaßung

Durch den Befehl *Automatische Bemaßung* wird eine Skizze schnell vollständig bestimmt. Wurden vorher mit dem Werkzeug allgemeine Bemaßung Maße erstellt, so ergänzt der Befehl automatische Bemaßung nur noch die Maße die zur vollständigen Bestimmung der Skizze fehlen.

Vollständig bestimmte Skizzen sind immer anzustreben, da sie bei Konstruktionsänderungen vorhersehbar reagieren.

Die Auswahl der automatisch zu bemaßenden Geometrieelemente kann einzeln oder im Fenster erfolgen. Dann werden automatisch Bemaßung und Abhängigkeiten vergeben.

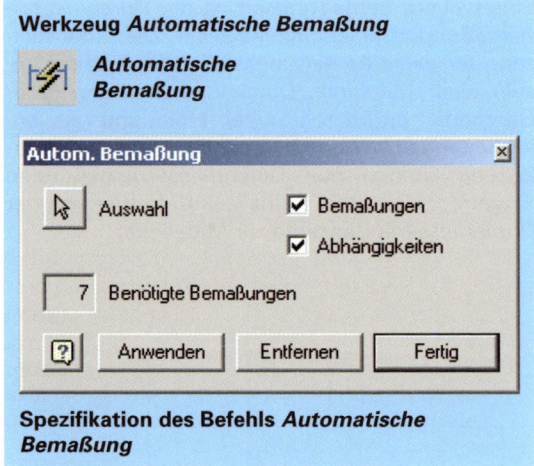

**Werkzeug *Automatische Bemaßung***

**Spezifikation des Befehls *Automatische Bemaßung***

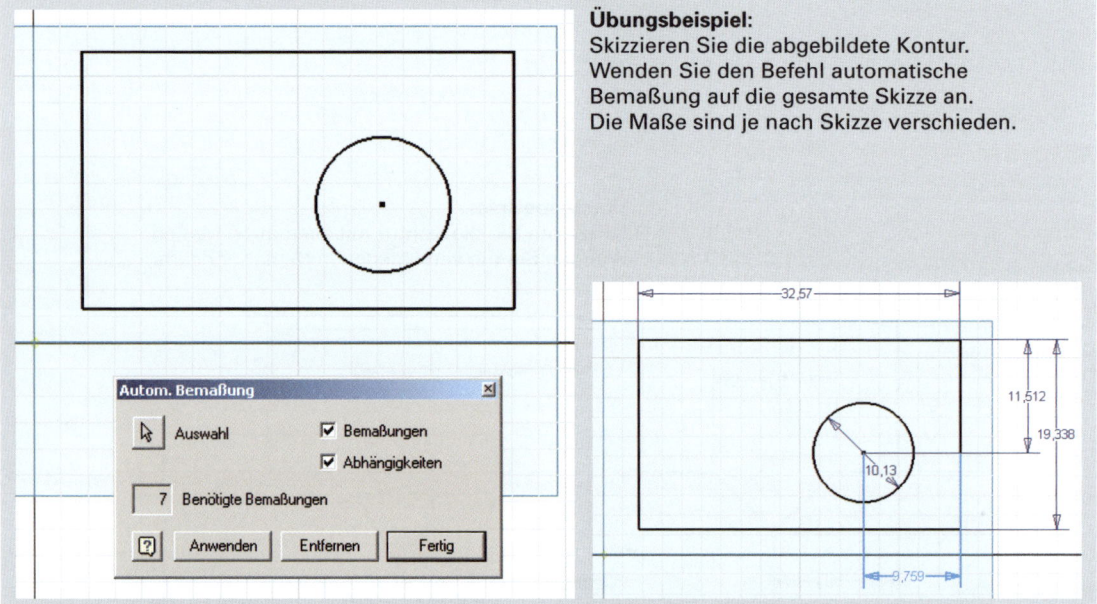

**Übungsbeispiel:**
Skizzieren Sie die abgebildete Kontur.
Wenden Sie den Befehl automatische Bemaßung auf die gesamte Skizze an.
Die Maße sind je nach Skizze verschieden.

**Bemerkungen:**
Die Begriffe allgemeine Bemaßung und automatische Bemaßung beziehen sich auf die parametrische Bemaßung und die damit verbundene Festlegung der Abmessungen von Skizzen für die 3D-Modellierung von Bauteilen.

- **Diese Bemaßung stellt keine norm- und fertigungsgerechte Bemaßung nach irgendeiner internationalen Norm dar, sondern dient nur der Festlegung einer Skizze.**

Allerdings kann es hilfreich und zeitsparend sein die Skizzenbemaßung weitgehend so wie die spätere fertigungs- und normgerechte Bemaßung der Zeichnungsableitung anzugeben (Anordung und Abstände spielen keine Rolle). Dann liefert der Befehl *Modellbemaßung einblenden* bei der Zeichnungsableitung verwendbare Maße.

# 3 Bauteilmodellierung – Skizzenerstellung

## 3.9.10 Parametrische Bemaßung

Eine wichtiges Werkzeug zur Definition der Bauteilgeometrie und zur Dokumentation von Konstruktionsabsichten ist die *Parametrische Bemaßung*. Die Befehle allgemeine Bemaßung und automatische Bemaßung erzeugen automatisch parametrische Maße die in einer Parameterliste in ihrer Erzeugungsreihenfolge aufgelistet werden. Die angezeigte Bemaßung zeigt den aktuellen Wert an und kann einfach durch einen Doppelklick auf den angezeigten Wert geändert werden.

> Die Bemaßung kann im Inventor allerdings auf verschiedene Arten ausgedrückt werden:
> - als Zahlenwerte, direkt bei der Erzeugung der Bemaßung
> - als Parameter, d.h. der neu erzeugten Bemaßung wird ein schon vorhandener Parameter zugewiesen.
> - als mathematische Gleichungen die einfache Zahlen oder auch komplexe algebraische, trigonometrische Ausdrücke und auch Parameter als Variablen enthalten können.

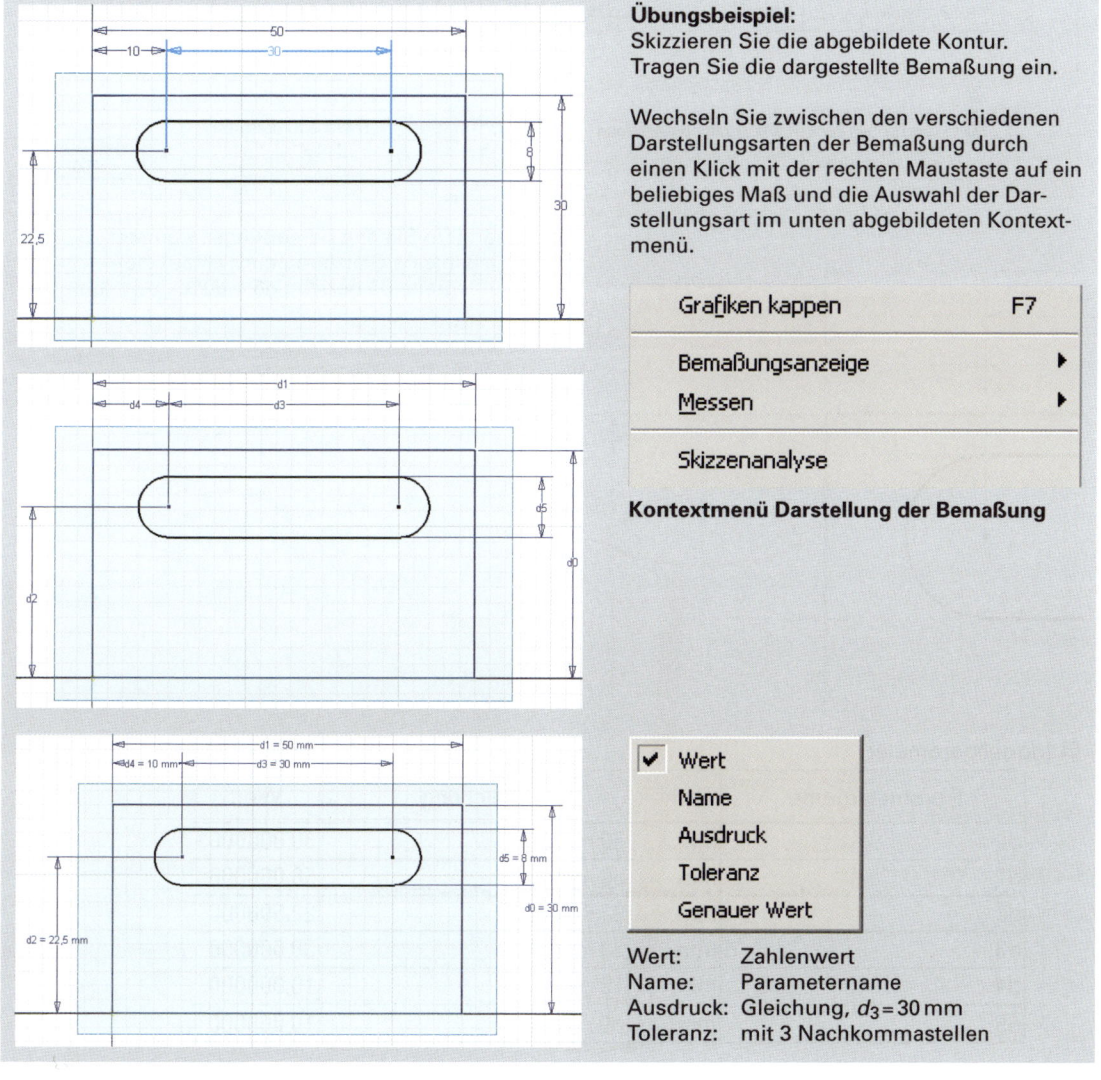

**Übungsbeispiel:**
Skizzieren Sie die abgebildete Kontur.
Tragen Sie die dargestellte Bemaßung ein.

Wechseln Sie zwischen den verschiedenen Darstellungsarten der Bemaßung durch einen Klick mit der rechten Maustaste auf ein beliebiges Maß und die Auswahl der Darstellungsart im unten abgebildeten Kontextmenü.

**Kontextmenü Darstellung der Bemaßung**

Wert: Zahlenwert
Name: Parametername
Ausdruck: Gleichung, $d_3 = 30$ mm
Toleranz: mit 3 Nachkommastellen

## Übungsbeispiel (Fortsetzung):
Rufen Sie die Parameterliste in der Schaltflächenleiste auf und vergleichen Sie die Einträge mit Ihrer Bemaßung.

**Aufruf Parameterliste** $f_x$ Parameter

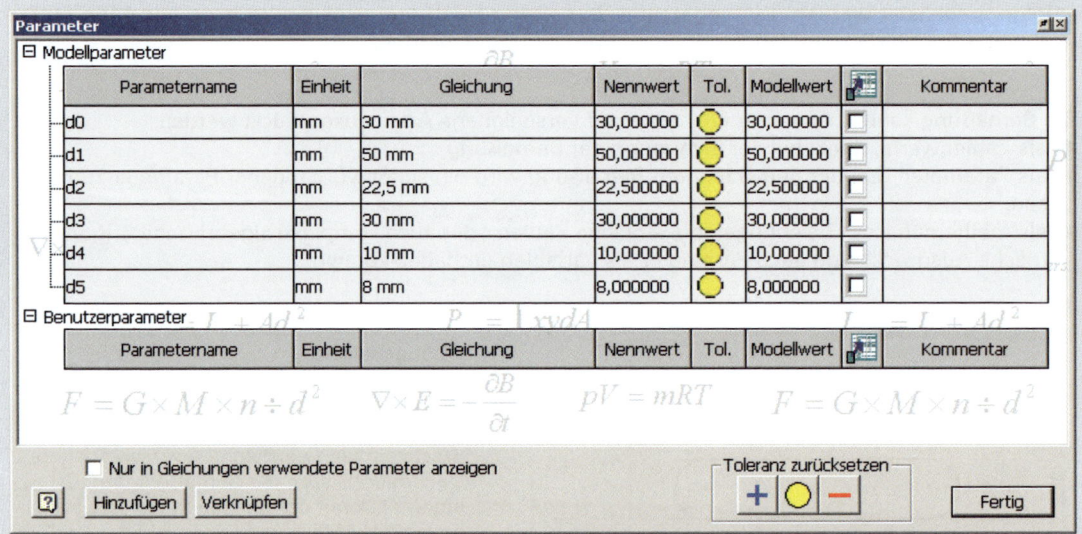

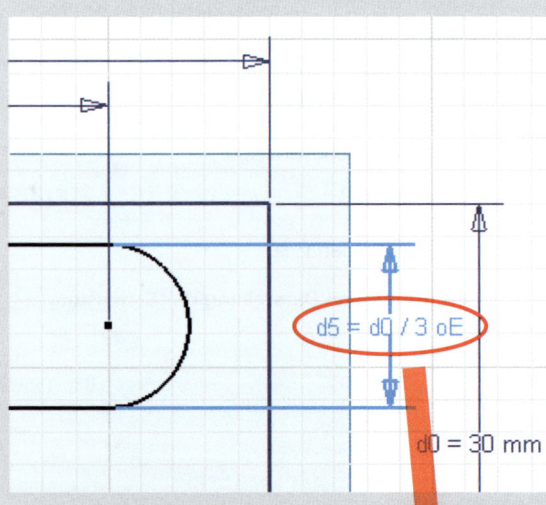

Verändern Sie den Bemaßungsparameter d5 = 8 in eine Gleichung die sich auf die Bauteilbreite d0 bezieht: d5 = d0/3.

# 3 Bauteilmodellierung – Skizzenerstellung

## 3.9.11 Bemaßung bearbeiten und löschen

Schon beim Erstellen der Bemaßung ist es sinnvoll, den vom System vorgegebenen, real skizzierten Bemaßungswert in den vom Konstrukteur gewünschten Wert abzuändern (sofern dieses zu diesem Zeitpunkt möglich ist).

Eine große Erleichterung stellt die Voreinstellung unter Extras → *Anwendungsoptionen* → *Register Skizze* : Bemaßung nach (beim) Erstellen bearbeiten, dar.

Die Editbox *Bemaßung bearbeiten* öffnet sich und das gewünschte Maß kann sofort, ohne weitere Mausklicks eingegeben werden.

Soll ein bestehendes Maß abgeändert werden, so wird die Editbox, solange der Befehl *allgemeine Bemaßung* noch aktiv ist, mit einem einfachen Klick geöffnet. Wurde der Befehl *allgemeine Bemaßung* schon im Kontextmenü mit Fertig beendet, so ist ein Doppelklick auf das Maß erforderlich um es zu bearbeiten.

Zu löschende Bemaßung wird markiert und durch die *Entf-Taste* oder durch den Befehl *Löschen* im Kontextmenü gelöscht.

## 3.9.12 Getriebene Bemaßung

Eine Skizze kann nicht überbestimmt werden. Sie können jedoch Bemaßungen bloß als Referenz hinzufügen. Normalerweise legt eine Bemaßung für die Skizziergeometrie eine bestimmte Größe fest. Sie können Bemaßungen hinzufügen, bis eine Skizze vollständig definiert ist.

Manchmal möchten Sie weitere Bemaßungen platzieren. Diese *getriebenen Bemaßungen* bestimmen die Skizze nicht. Sie spiegeln den aktuellen Wert der Geometrie wider. Diese Bemaßungen stehen in Klammern, damit sie von den normalen (parametrischen) Bemaßungen unterschieden werden können.

Eine getriebene *Bemaßung* in eine *normale Bemaßung* zu ändern ist nur dann möglich, wenn eine andere nicht *getriebene Bemaßung* gelöscht wird.

Der Wechsel zwischen einer *getriebenen Bemaßung* und einer *normalen Bemaßung* erfolgt durch das Fenster *Stil*. So kann eine *normale Bemaßung* in eine *getriebene Bemaßung* oder umgekehrt, umgewandelt werden.

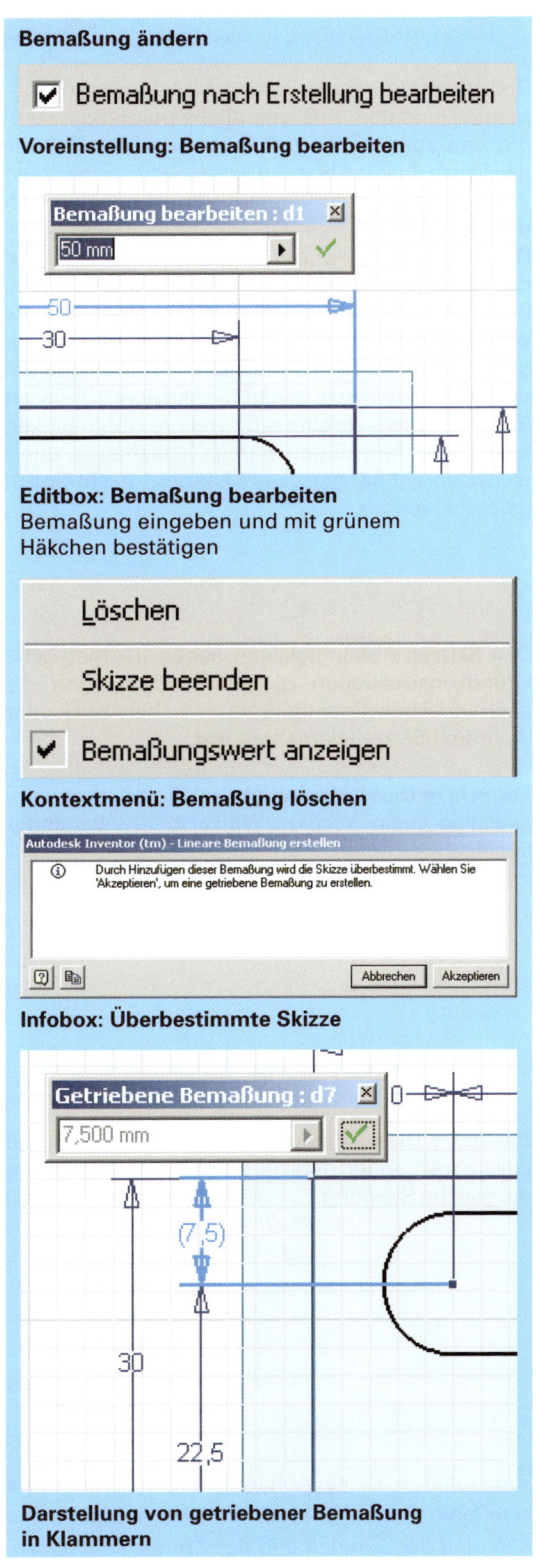

**Bemaßung ändern**

**Voreinstellung: Bemaßung bearbeiten**

**Editbox: Bemaßung bearbeiten**
Bemaßung eingeben und mit grünem Häkchen bestätigen

**Kontextmenü: Bemaßung löschen**

**Infobox: Überbestimmte Skizze**

**Darstellung von getriebener Bemaßung in Klammern**

# 3.10 Abhängigkeiten in Skizzen

Die *Abhängigkeiten* zwischen den skizzierten Geometrieelementen, z. B. „parallel-verlaufend", steuern und stabilisieren die *Form* oder die *Position* der Skizze. Ebenso werden Konstruktionsabsichten durch die bewusste Vergabe von Abhängigkeiten dokumentiert.
Die meisten Abhängigkeiten werden aber während des Skizziervorgangs automatisch angewendet. Beim Erzeugen eines neuen Geometrieelements wird neben dem Cursor, eine Vorschau der Abhängigkeit, die automatisch vergeben wird eingeblendet. Je nachdem, wie genau Sie skizzieren, müssen Sie gegebenenfalls eine oder weitere Abhängigkeiten manuell hinzufügen. Bereits bestehende, unerwünschte Abhängigkeiten können nachträglich gelöscht werden.

**Abhängigkeiten in der Schaltflächenleiste**

- Lotrecht / Parallel
- Tangential / Koinzident
- Konzentrisch / Kollinear
- Horizontal / Vertikal
- Gleich / Festgelegt
- Symmetrisch

**Abhängigkeiten**
die zu verbleibende Abhängigkeit wird in der Schaltflächenleiste selektiert. Die Auswahl bleibt bis zur Anwahl einer neuen Abhängigkeit erhalten.

## 3.10.1 Abhängigkeitsarten

Den Skizzen-Abhängigkeiten liegen geometrische Grundkonstruktionen zu Grunde. Sie legen die geometrischen Bedingungen zwischen zwei oder mehreren Skizzenelementen fest.

*Lotrecht* → Diese Abhängigkeit definiert, dass zwei Linien in einem rechten Winkel (90°) zueinander liegen.

**Skizzen-Abhängigkeiten**

*Lotrecht*

*Parallel* → Diese Abhängigkeit definiert, dass zwei Linien zueinander parallel sind. Die Linien haben die gleiche Steigung.

*Parallel*

*Tangential*

*Tangential* → Diese Abhängigkeit definiert, dass eine Linie tangential in einen Kreis übergeht. Die Steigung der Geraden und des Kreises sind gleich.

# 3 Bauteilmodellierung – Skizzenerstellung

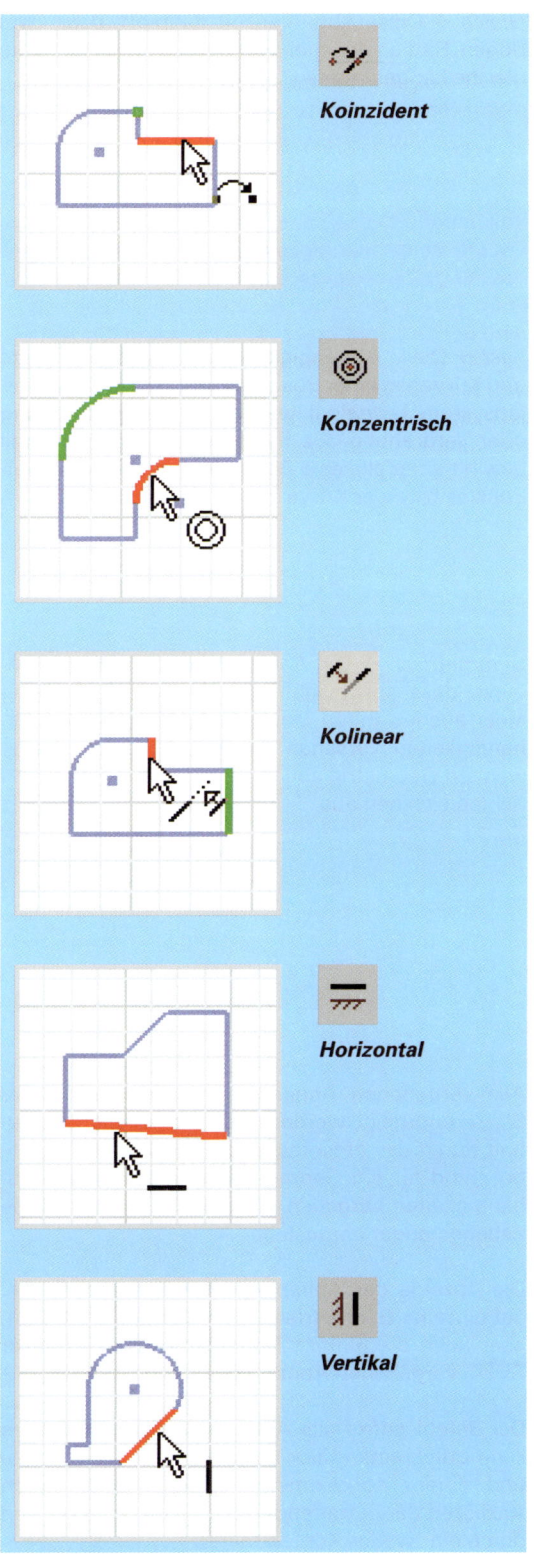

*Koinzident* → Diese Abhängigkeit definiert, dass zwei Punkte deckungsgleich übereinander liegen. Diese Abhängigkeit wird bei der Erstellung eines Linienzuges (auch mit Bögen) automatisch an den Endpunkten zweier Geometrieelementen vergeben.

*Konzentrisch* → Diese Abhängigkeit definiert, dass die Mittelpunkte zweier Kreise, Bögen, Ellipsen deckungsgleich übereinander liegen. Die Mittelpunkte sind koinzident (alternative Abhängigkeit zur Konzentrizität).

*Kolinear* → Diese Abhängigkeit definiert, dass ausgewählte Linien und Ellipsenachsen auf derselben Linie (Flucht) liegen.

*Horizontal* → Diese Abhängigkeit definiert, dass Linien, Punktpaare oder Ellipsenachsen horizontal (waagrecht) verlaufen. Sie sind parallel zur X-Achse des Skizzierkoordinatensystems.

*Vertikal* → Diese Abhängigkeit definiert, dass Linien, Punktpaare oder Ellipsenachsen vertikal (senkrecht) verlaufen. Sie sind parallel zur Y-Achse des Skizzierkoordinatensystems.

*Gleich* → Diese Abhängigkeit definiert, dass zwei Bögen, Radien den gleichen Radius oder Linien die gleiche Länge erhalten.

*Fest* → Diese Abhängigkeit definiert, dass Punkte und Kurven in einer Position zum Skizzierkoordinatensystem festgelegt werden. Eine Verschiebung oder Verdrehung des Systemkoordinatensystems bewirkt ebenfalls eine Bewegung des festgelegten Punktes bzw. der Kurve.

*Symmetrisch* → Die Abhängigkeit Symmetrie bewirkt, dass ausgewählte Linien oder Kurven an einer ausgewählten Linie mit symmetrischen Abhängigkeiten versehen werden. Von der ausgewählten Geometrie abhängig gemachte Segmente richten sich neu aus.

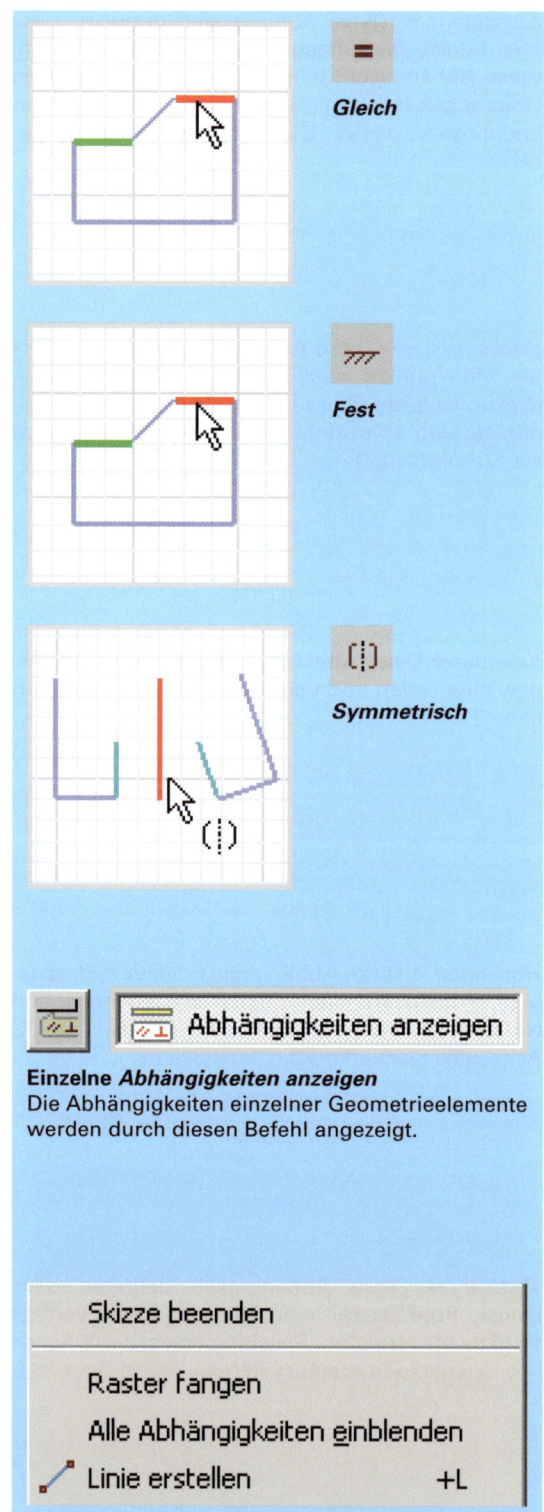

## 3.10.2 Abhängigkeiten anzeigen und löschen

Alle vergebenen Abhängigkeiten können in der Skizze angezeigt werden. Dies geschieht symbolhaft durch das entsprechende Abhängigkeitssymbol. Sind für ein Geometrieelement mehrere Abhängigkeiten vergeben worden, so werden diese nebeneinander dargestellt.

Die Anzeige der Abhängigkeiten kann lokal, d.h. auf einzelne Geometrieelemente angewandt, sein, aber auch die globale Darstellung aller in dieser Skizze vergebenen Abhängigkeiten ist möglich.

Der Befehlsaufruf alle Abhängigkeiten einblenden kann durch einen Klick mit der rechten Maustaste und einem Kontextmenü erfolgen oder durch Anklicken der betreffenden Skizze im Browser und durch ein zweites Kontextmenü.

**Einzelne *Abhängigkeiten anzeigen***
Die Abhängigkeiten einzelner Geometrieelemente werden durch diesen Befehl angezeigt.

**Global alle *Abhängigkeiten einblenden***

# 3 Bauteilmodellierung – Skizzenerstellung

Auswahl der *Skizze 1* im Browser und Klick mit der rechten Maustaste öffnet das Kontextmenü zum Anzeigen alle Skizzenabhängigkeiten ➔ alle Abhängigkeiten einblenden.

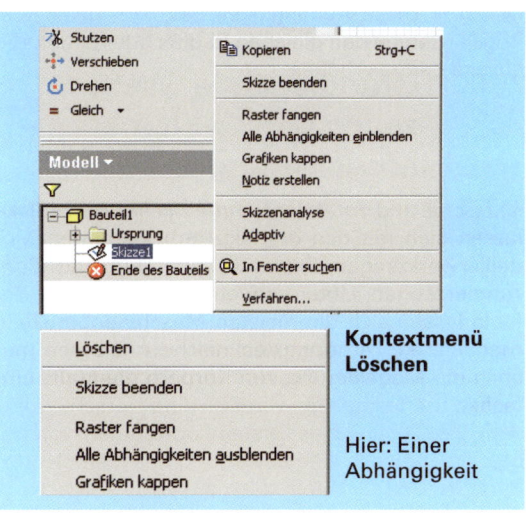

**Kontextmenü Löschen**

Eine Abhängigkeit wird zum Löschen markiert und dann über die *Entf-Taste* oder den Ausruf (Klick mit der rechten Maustaste) eines Kontextmenüs gelöscht.

**Hier: Einer Abhängigkeit**

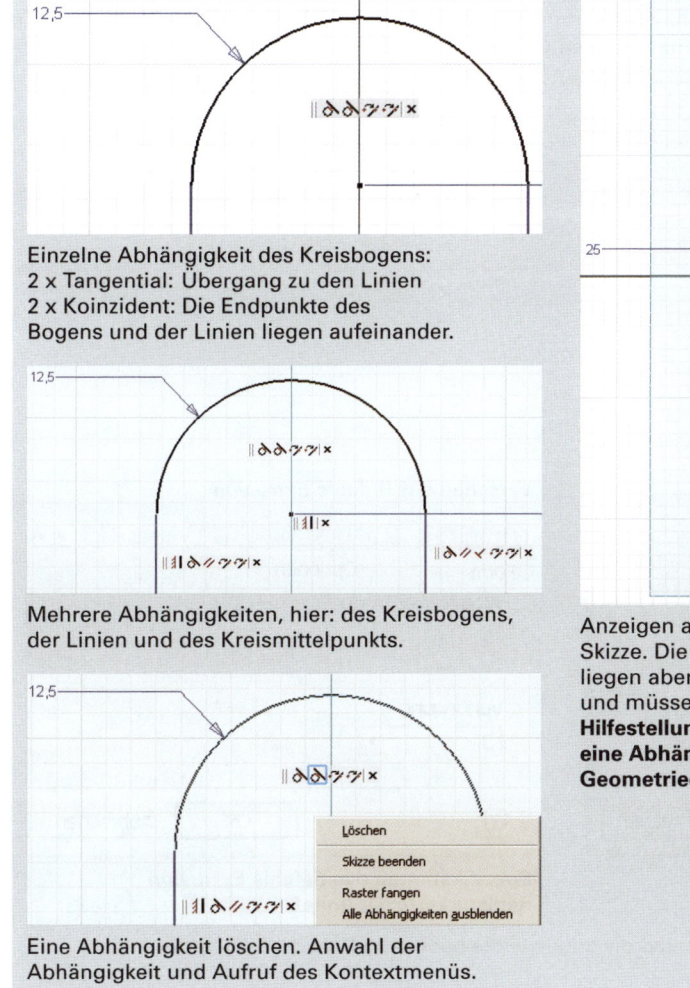

Einzelne Abhängigkeit des Kreisbogens:
2 x Tangential: Übergang zu den Linien
2 x Koinzident: Die Endpunkte des Bogens und der Linien liegen aufeinander.

Mehrere Abhängigkeiten, hier: des Kreisbogens, der Linien und des Kreismittelpunkts.

Eine Abhängigkeit löschen. Anwahl der Abhängigkeit und Aufruf des Kontextmenüs.

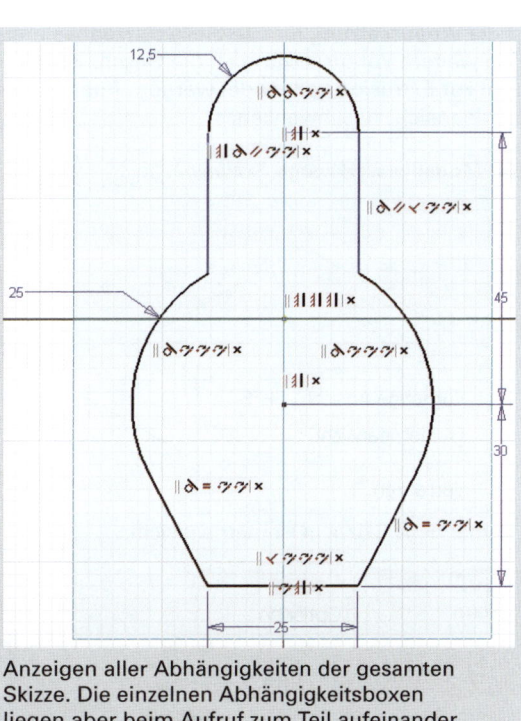

Anzeigen aller Abhängigkeiten der gesamten Skizze. Die einzelnen Abhängigkeitsboxen liegen aber beim Aufruf zum Teil aufeinander und müssen von Hand sortiert werden.
**Hilfestellung: Fährt man mit der Maus auf eine Abhängigkeit, so wird das betroffene Geometrieelement optisch hervorgehoben.**

# 4 Bauteilmodellierung

## 4.1 Grundlegende Werkzeuge der 3D-Elemente – Modellierung

Kubische und rotationssymmetrische Werkstücke lassen sich mit den drei skizzenbasierenden Modellierwerkzeugen *Extrusion, Drehung* und *Bohrung* erzeugen. Unter Verwendung dieser drei Befehle lassen sich die meisten Maschinenbau-Teile modellieren. Fertigungstechnische Analogien machen die Modellierung von Körpern ebenfalls einfacher.

**Basis-Werkzeuge der 3D-Modellierung**

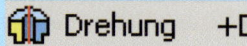 +E

Extrudiert Körper aus einem skizzierten Profil.

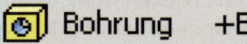 +D

Erzeugt Körper durch Rotation eines skizzierten Profils um eine Achse.

🕐 Bohrung +B

Erzeugt analog zur Fertigungstechnik Bohrungen, Senkungen und Gewindebohrungen.

### 4.1.1 Extrusion

Der Befehl *Extrusion* weist einer vorher zu erzeugenden Skizze eine Dicke zu. Eine unverbrauchte Skizze ist die Voraussetzung für alle diese skizzenbasierenden 3D-Modellierwerkzeuge.
Eine weitere Voraussetzung ist die Geschlossenheit des Konturzuges einer Skizze. Offene Profile können nicht zur Extrusion verwendet werden. Aus visuellen Gründen ist es günstig die Skizzenansicht in die Isometrieansicht zu schwenken.

**3D-Modellierwerkzeuge *Extrusion***

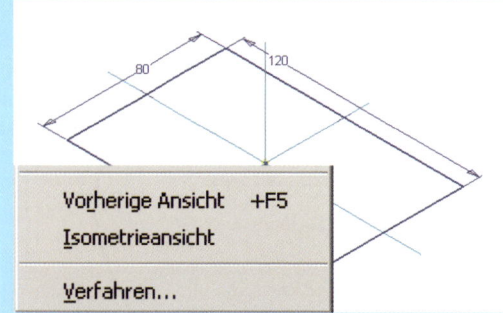

Vorhandene Skizze in Isometrieansicht

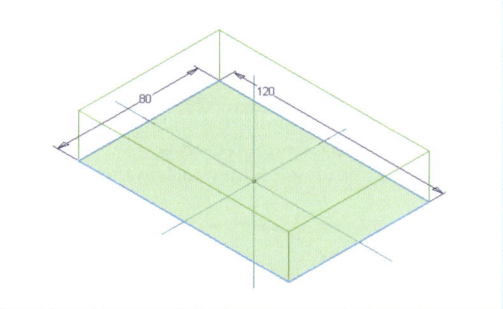

Vorschau des Befehls *Extrusion*

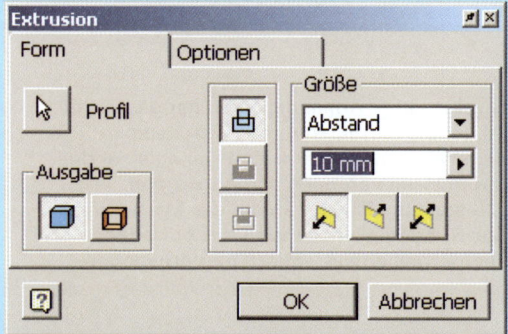

**Spezifikation des Befehls *Extrusion*
Registerkarte: Form**

**Spezifikationen des Befehls *Extrusion*
Registerkarte: Optionen**

In diesen Fenstern wird die Form, Größe und die angewandte boolesche Operation des extrudierten Körpers festgelegt.

# 4 Bauteilmodellierung

Bei der ersten Skizze in einem neuen Bauteil erkennt der Befehl Extrusion das unverbrauchte Profil der Skizze und die Selektion des Profils kann entfallen.
Ist die Auswahl des zu extrudierenden Profils allerdings nicht eindeutig, dann muss das Profil angewählt werden. Besteht ein Extrusionsprofil aus mehreren geschlossenen Konturen, so können alle diese Konturen gemeinsam zur Extrusion ausgewählt werden.
Die Option Verjüngung erzeugt beim Extrudieren geneigte Seitenwände des 3D-Körpers[1]. Die Eingabe erfolgt in Form eines Winkels, das Vorzeichen steuert die Neigungsrichtung. Die Voreinstellung der Verjüngung ist 0°.

[1] Damit das Teil nach der Herstellung ausgeformt werden kann

**Form der Extrusion**

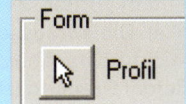
Extrudiert Körper aus einem skizzierten Profil.

Die Ausgabe legt fest, ob ein Volumenkörper oder eine Fläche erzeugt wird. Die Fläche kann auch aus offenen Profilen erzeugt werden.

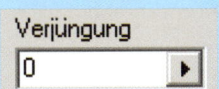
Verjüngungswinkel eines zu extrudierenden Körpers (Registerkarte Optionen).

**Boolesche Operationen**
Da ein Bauteil meistens aus mehreren 3D-Elementen besteht, müssen jene durch boolesche Operationen miteinander verknüpft werden. Beim Erzeugen des ersten Elementes steht nur ein Teil der Operationen zur Verfügung.

**Vereinigung:** Addition zweier 3D-Elemente (Die Körper verschmelzen zu einem Körper).

**Differenz:** Subtraktion zweier 3D-Elemente (Durchbrüche, Aussparungen, Bohrungen).

**Schnittmenge:** Bildet einen neuen Körper als Schnittmenge der Ausgangskörper.

**Festlegung der Extrusionsgröße (Dicke)**

Die Option Abstand legt eine durch ein Maß fixierte Extrusionsdicke fest.

Die Option Zur Nächsten erzeugt eine Extrusion bis zur nächsten Begrenzungsfläche.

Die Option Zu erzeugt eine Extrusion bis zu einer zu wählenden Begrenzungsfläche.

Die Option Von bis erzeugt eine Extrusion zwischen zwei Begrenzugsflächen.

Die Option Alle erzeugt eine Extrusion durch alle Elemente.

**Extrusionsrichtung**

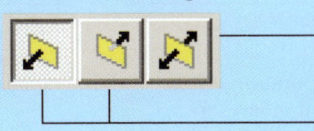

Die Extrusion erfolgt gleichmäßig in beide Richtungen.

Die Extrusion erfolgt in eine Richtung. Die Schaltflächen dienen dem Richtungswechsel.

## 4.1.2 Drehung

Der Befehl *Drehung* erzeugt aus einem vorher skizzierten Profil einen Rotationskörper mit 360° oder einen anderen beliebigen Rotationswinkel. Die Voraussetzung ist eine unverbrauchte Skizze, ein geschlossenes Profil und die Rotation darf sich nicht überschneiden. Mehrere Profile lassen sich zu einer gemeinsamen Drehung zusammenfassen. Der Befehl Drehung ist oftmals günstig um fertigungstechnische Elemente für Drehteile im 3D-Modell umzusetzen. Zum Beispiel lassen sich so auf einfache Weise Freistich und Einstiche, unter der Verwendung der booleschen Operation Differenz, erzeugen.

**3D-Modellierwerkzeug *Drehung***

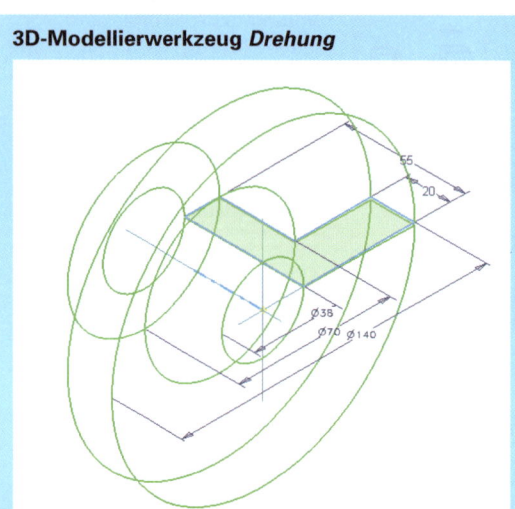

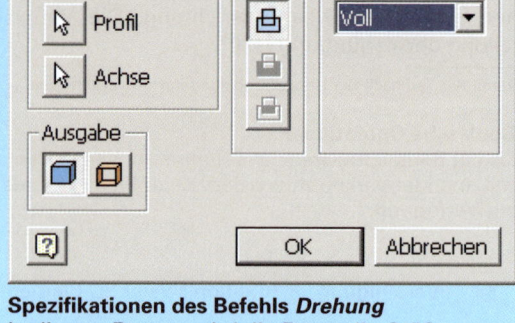

**Spezifikationen des Befehls *Drehung***
In diesem Fenster wird die Form, die Größe und die angewandte boolesche Operation des Rotationskörpers festgelegt.

Vorhandene Skizze in isometrischer Vorschau des Befehls *Drehung*.

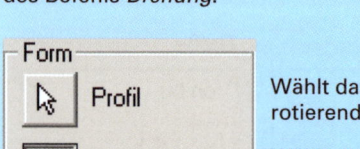

Wählt das zu rotierende Profil.

Wählt die Rotationsachse.

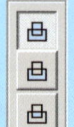

Die Ausgabe legt fest, ob ein Volumenkörper oder eine Fläche erzeugt wird.

**Boolesche Operationen**
Analog zum Befehl *Extrusion*.

    Vereinigung
    Differenz
    Schnittmenge

**Festlegung des Drehungsbereiches**

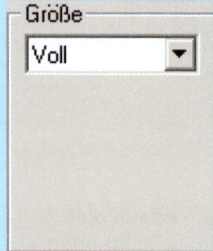

Die Option *Voll* erzeugt einen vollständigen Rotationskörper (360°).

Die Operation *Winkel* erzeugt einen Teilrotationskörper über einen beliebig wählbaren Winkel.

**Drehrichtung**

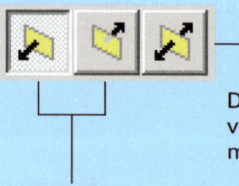

Die Drehung erfolgt um den vorgegebenen Winkel symmetrisch in beide Richtungen.

Die Drehung erfolgt um den vorgegebenen Winkel in eine Richtung. Die Schaltflächen dienen dem Richtungswechsel.

# 4 Bauteilmodellierung

## 4.1.3 Bohrung

Der Befehl *Bohrung* orientiert sich sehr stark an dem Fertigungsverfahren Bohren, Senken und Gewindebohren. Generell wird die boolesche Operation *Differenz* angewandt, da analog zu diesen Fertigungsverfahren immer ein Materialabtrag stattfindet. Die Voraussetzung zur Erzeugung einer Bohrung sind entweder eine unverbrauchte Skizze oder ein modelliertes 3D-Element mit den entsprechenden Flächen um eine Bohrung zu platzieren. Sind in der Skizze die Bohrungsmittelpunkte eingezeichnet so werden diese beim Befehlsaufruf Bohrung automatisch erkannt (jeder andere fangbare Punkt ist aber auch möglich, muss aber dann manuell ausgewählt werden). Bohrungen ohne Skizze können linear oder konzentrisch auf eine Fläche oder auf einen Punkt auf einer Fläche platziert werden.

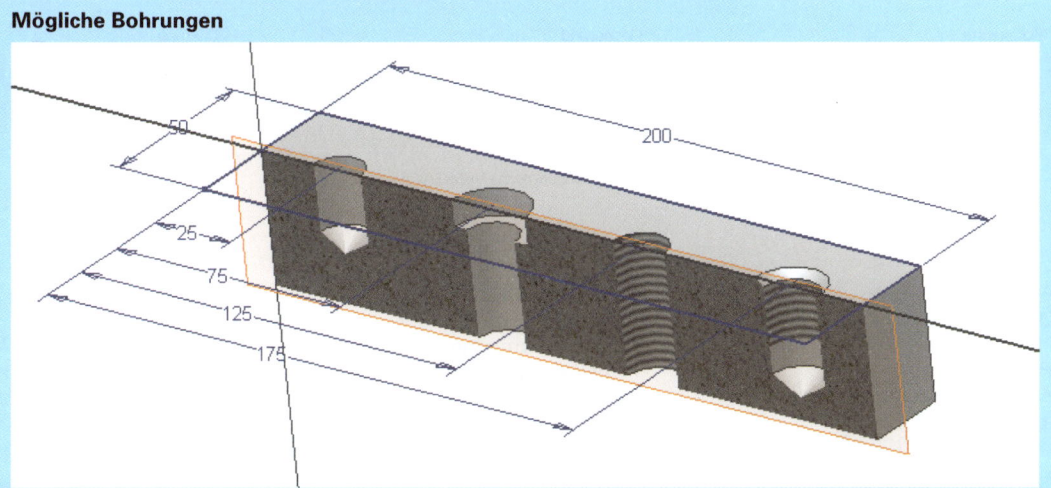

**Mögliche Bohrungen**

Die ganze Bandbreite von Bohrungen ist möglich: *Grundlochbohrung, Durchgangsbohrung* mit zylindrischer Senkung, *Durchgangsregelgewinde* und Grundlochgewindebohrung mit 90° Senkung. (Die Skizze für die Bohrungsmittelpunkte ist sichtbar geschaltet, eine Skizze mit allen Punkten wurde mehrfach wieder verwendet).

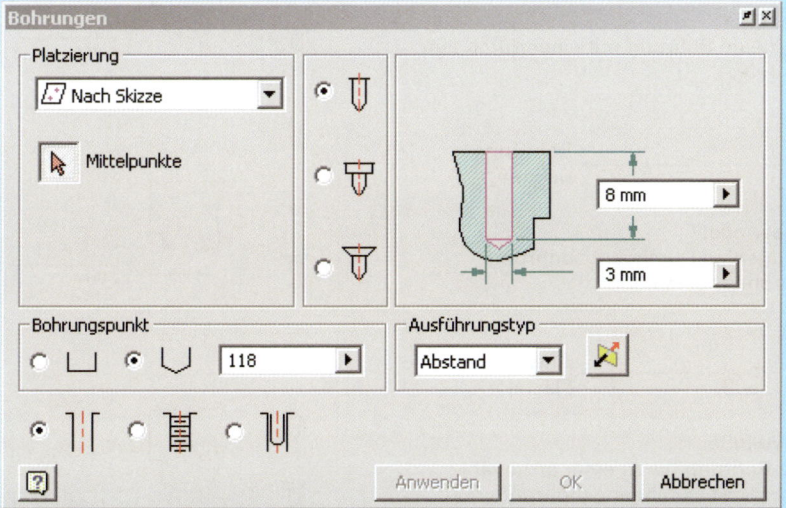

**Spezifikationen des Befehls *Bohrungen***
Im Gegensatz zu den Fenstern *Drehung* und *Extrusion* ist das Fenster für die *Bohrungen*, bedingt durch die vielen verschiedenen Bohrungsvarianten, wesentlich komplexer. Die Analogien zur Fertigungstechnik und die gute Visualisierung machen viele Optionen selbsterklärend.

## Anwahl der Bohrungspositionen

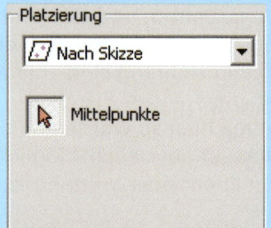

**Skizzenbasierende Bohrung:**
Skizzierte Mittelpunkte von Bohrungen werden automatisch erkannt. Sonstige Punkte werden durch Anklicken angewählt. Sollte ein Punkt abgewählt werden (es soll an dieser Stelle keine Bohrung platziert werden), so geschieht dies durch einen Mausklick bei betätigter Shift-Taste.

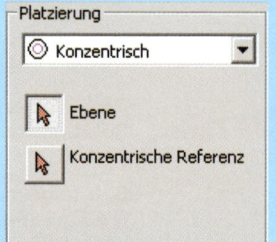

**Platzierte Bohrung:**
**Linear**
Platzierung auf einer Fläche bezogen auf zwei Referenzelemente (Flächen, Kanten).

**Platzierte Bohrung:**
**Konzentrisch**
Platzierung auf einer Fläche bezogen auf eine Kreiskante als Referenz.

**Platzierte Bohrung:**
**Linear**
Platzierung auf einem anwählbaren Punkt, Festlegen der Bohrungsrichtung.

## Festlegen des Ausführungstyps der Bohrung

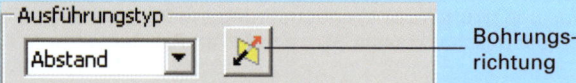

Bohrungsrichtung

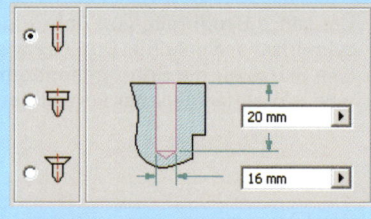

**Grundlochbohrungen / Gewinde:**
Die Option Abstand erzeugt eine Bohrung mit einer durch ein Maß definierten Bohrungstiefe.

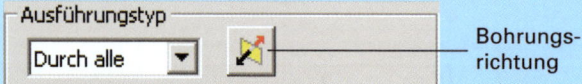

Bohrungsrichtung

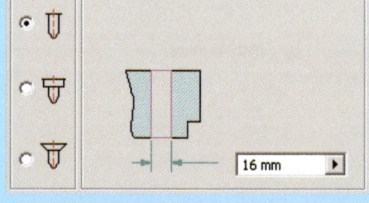

**Durchgangsbohrungen / Gewinde:**
Die Option Durch alle erzeugt eine Durchgangsbohrung durch alle vorhandenen Geometrieelemente.

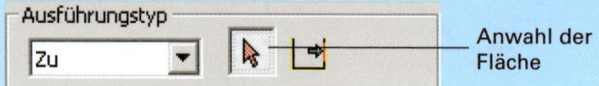

Anwahl der Fläche

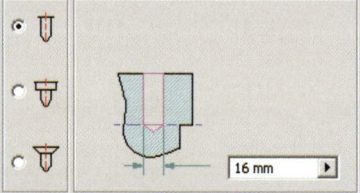

**Durchgangsbohrungen / Gewinde:**
Die Option Zu erzeugt eine Bohrung bis zu einer anzuwählenden Fläche. Es entstehen meist Durchgangsbohrungen.

**Bohrungsvorschau und Maßangabe (hier bei einer Bohrung ohne Senkung)**
Die Maße werden angewählt und in diesem Fenster je nach Ausführungstyp zahlenmäßig eingegeben. Eingabe des Bohrungsdurchmessers und gegebenenfalls der Bohrungstiefe (Abstand).

## Bohrung mit konischer Senkung

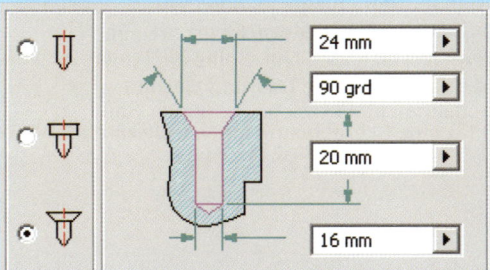

Diese Option erzeugt eine konisch angesenkte Bohrung.

**Bohrungsvorschau und Maßeingabe**
Die Maße werden angewählt und in diesem Fenster zahlenmäßig eingegeben.

Eingabe des Bohrungsdurchmessers, der Bohrungstiefe (Abstand), des Senkungsdurchmessers und des Senkungswinkels.

## Bohrung mit zylindrischer Senkung

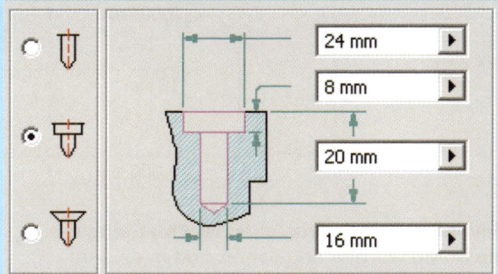

Diese Option erzeugt eine zylindrisch angesenkte Bohrung.

**Bohrungsvorschau und Maßeingabe**
Die Maße werden angewählt und in diesem Fenster zahlenmäßig eingegeben.

Eingabe des Bohrungsdurchmessers, der Bohrungstiefe (Abstand), des Senkungsdurchmessers und der Senkungstiefe.

## Auswahl genormter Senkungen (DIN66, DIN 74, DIN 974)

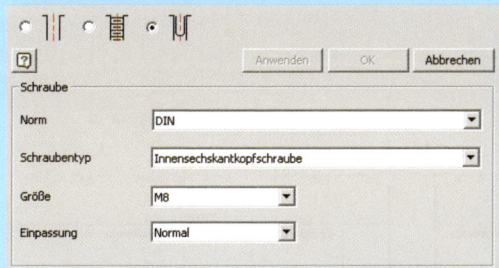

Diese Option erzeugt eine normgerechte Senkung, ähnlich den Normen DIN 66, DIN 74 und DIN 974.

**Bohrungsvorschau und Maßeingabe**
Die Maße werden aus einer EXCEL-Tabelle ausgelesen, eine weitere Maßeingabe ist nicht erforderlich wenn der Nenndurchmesser und die gewünschte Art der Senkung angewählt wurden.

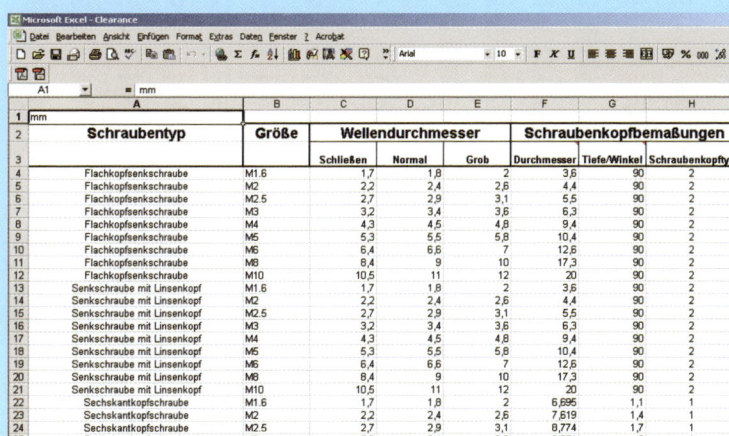

**Hinterlegte EXCEL-Datei mit Senkungsabmessungen**
Die in dieser Tabelle, im Ordner Design Data hinterlegten Abmessungen verschiedener Senkungstypen kann je nach Bedarf ergänzt werden.

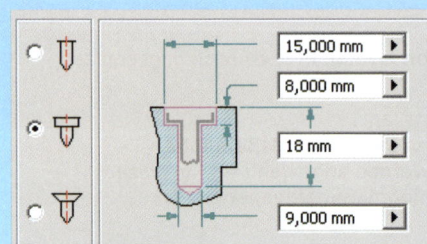

**Bohrungsvorschau einer Senkung nach DIN**
Die Maße werden aus der entsprechenden EXCEL-Tabelle entnommen und automatisch eingetragen.

Hier: Senkung für eine Schraube mit Innensechskant ISO 4762

## Gewindebohrungen

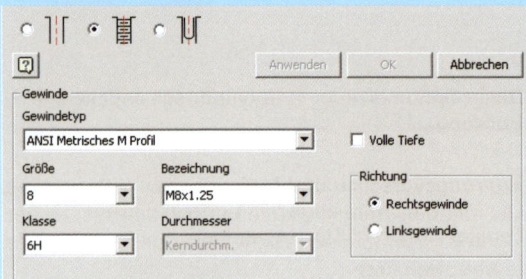

Diese Option erzeugt Gewindebohrungen verschiedener **Gewindetypen**.
Auswahl von: Gewindetyp, Größe (Nenndurchmesser) mit Gewindesteigung, Links- oder Rechtsgewinde, Schnitttiefe.

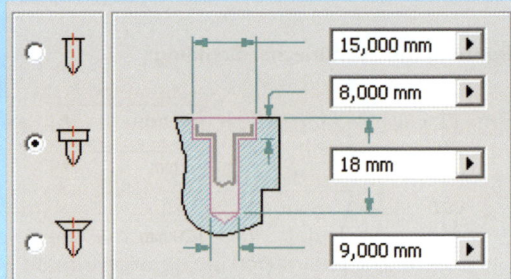

**Gewindebohrungsvorschau und Maßeingabe**
Die Maße werden angewählt und in diesem Fenster zahlenmäßig eingegeben.

Eingabe der Bohrungstiefe und der Gewindetiefe.

**Hinterlegte EXCEL-Datei mit den Gewindeabmessungen**

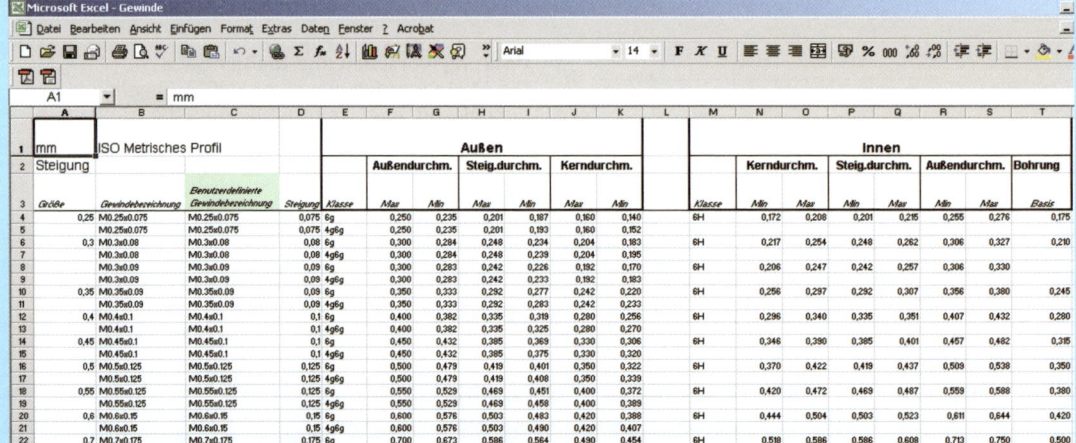

EXCEL-Tabelle definiert die möglichen normgerechten Gewindearten bei der Option Gewindebohrung. Fehlende Gewinde können in der Tabelle ergänzt werden. Voraussetzung: Microsoft EXCEL muss auf dem Arbeitsplatzrechner installiert sein.

**Weitere Bohrungsspezifikationen**

Diese Option erzeugt Bohrungen mit einem wählbaren Spitzwinkel (Bohrer Typ N = 118°, metallische Werkstoffe, normale Härte und Festigkeit).
Alternativ: Bohrer mit einem Spitzwinkel von 0° (Fräser über die Mitte schneidend).

4 Bauteilmodellierung

Das 3D-Modellierwerkzeug Bohrung ist ein universell einsetzbares Werkzeug. Einige Voraussetzungen bzw. Rahmenbedingungen sind zu beachten:

- Da generell die boolesche Operation *Differenz* angewandt wird, muss vor dem Bohren ein Volumenkörper modelliert sein. Bohren kann also niemals an erster Stelle einer Bauteilmodellierung stehen.

- Die dargestellten Gewinde sind so genannte „kosmetische" Gewinde und werden nicht in ihrer Profilierung ausmodelliert. Dies spart Speicherplatz und Rechenzeit, zumal der Bereich des Gewindes mit einer Textur, optisch sehr Gewinde ähnlich belegt wird. Die abgeleitete Gewindedarstellung ist aber trotzdem normgerecht.

## 4.2 Modellierte 3D-Elemente ändern

Die Bearbeitung von bereits erstellten 3D-Geometrieelementen ist jederzeit möglich. Durch den direkten Zugriff auf alle skizzierten und modellierten Geometrien im Browser lassen sich sehr schnell Änderungen herbeiführen. Durch Anklicken des zu ändernden 3D-Geometrieelements (*Extrusion, Drehung, Bohrung,* …) oder der dazugehörigen untergeordneten Skizze und Aufruf des Kontextmenüs mit der rechten Maustaste wird das dazugehörige Spezifikationenfenster oder die betreffende Skizze geöffnet und kann bearbeitet werden. Analog können 3D-Geometrieelemente unterdrückt (ausgeblendet) oder gelöscht werden. Beim Löschen ist es möglich die untergeordnete Skizze beizubehalten.

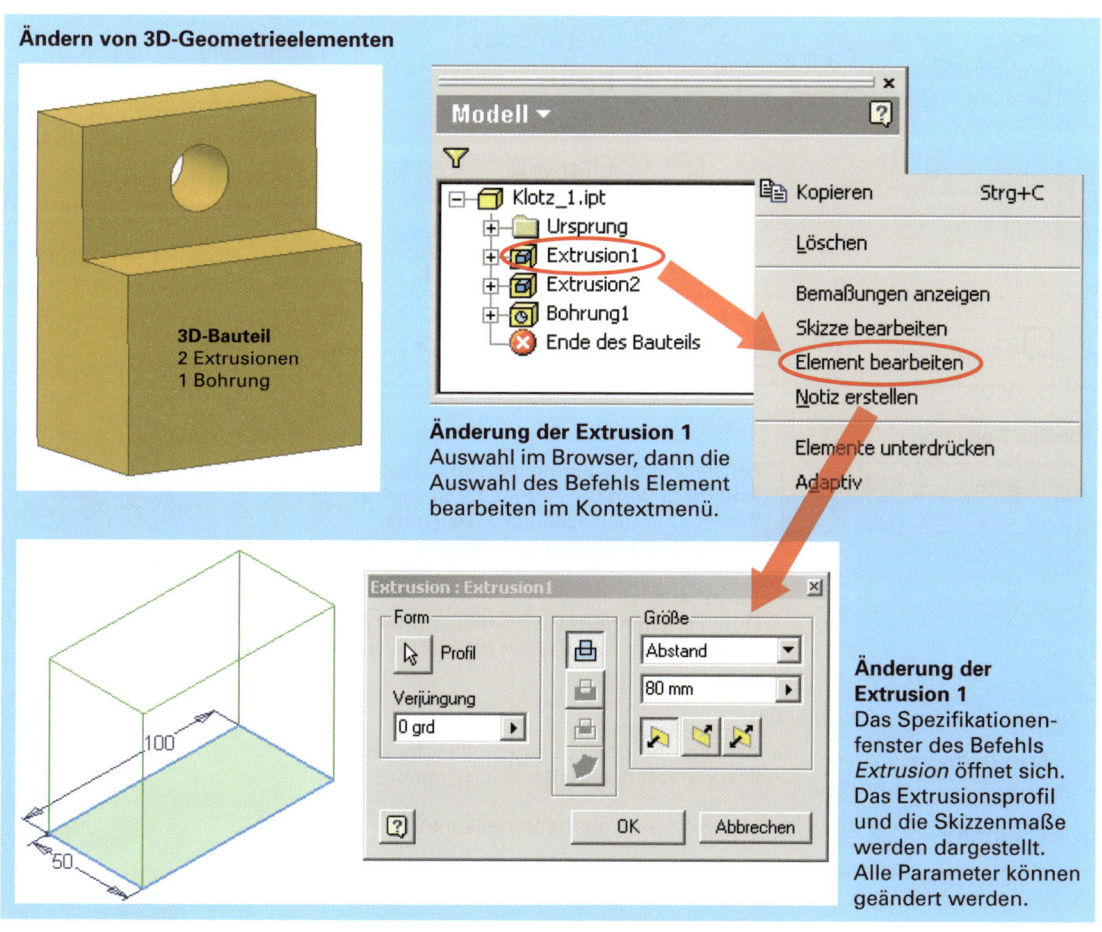

**Ändern von 3D-Geometrieelementen**

3D-Bauteil
2 Extrusionen
1 Bohrung

**Änderung der Extrusion 1**
Auswahl im Browser, dann die Auswahl des Befehls Element bearbeiten im Kontextmenü.

**Änderung der Extrusion 1**
Das Spezifikationenfenster des Befehls *Extrusion* öffnet sich. Das Extrusionsprofil und die Skizzenmaße werden dargestellt. Alle Parameter können geändert werden.

## 4.3 Grundlegende platzierte 3D-Elemente modellieren

Im Gegensatz zu den skizzenbasierenden Elementen setzen die platzierten Elemente keine Skizze bei ihrer Erzeugung voraus. Es muss allerdings schon ein modelliertes Volumen vorhanden sein. Die Modellierung eines Bauteils kann somit nicht mit einem platzierten Element beginnen.

Die elementarsten platzierten Elemente sind die *Rundung*, die *Fase* und das *Gewinde*.

**Platzierte Elemente der 3D-Modellierung**

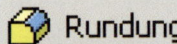

Verrundet eine vorhandene Körperkante.

Fast eine vorhandene Körperkante an.

Erzeugt ein kosmetisches Gewinde auf einen vorhandenen Zylinder.

### 4.3.1 3D-Modellierung von Rundungen

Der Befehl *Rundung* ermöglicht das Verrunden von Kanten oder Konturen mit den verschiedensten Optionen. Die Voraussetzung für die Anwendung des Befehls ist ein vorher modelliertes Volumen.

**3D-Modellierwerkzeug *Rundung***

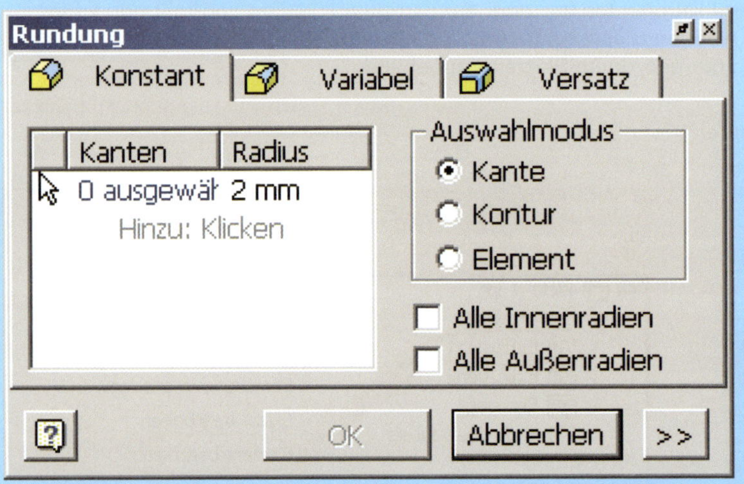

**Standardfenster *Rundung***

Geöffnet wird als Standard die Registerkarte Konstant.

Eingabe mehrerer Radien an verschiedenen Kanten des Modells ist möglich.

Kanten, Konturen oder ganze Geometrieelemente können angewählt werden.

Optional ist ein Verrunden aller Innen- oder Außenkanten möglich.

**Radius Definition**

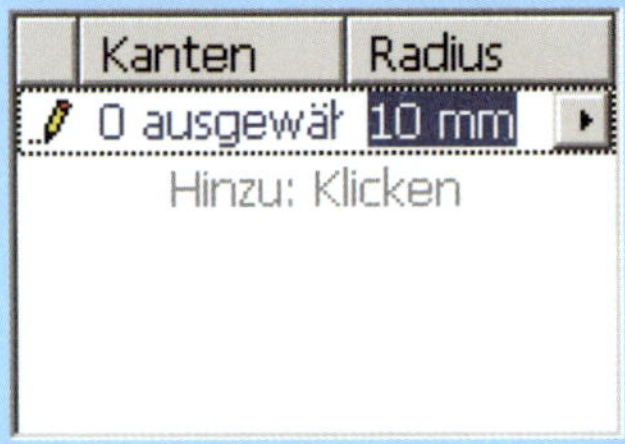

Fenster zur Festlegung der Rundungsradien. Angezeigt wird die Anzahl der ausgewählten Kanten, mit gleichzeitiger Anzeige der Rundungsvorschau im 3D-Modell.

Hinzu: Klicken
Durch einen Mausklick können immer neue Radien für andere Kanten definiert werden.

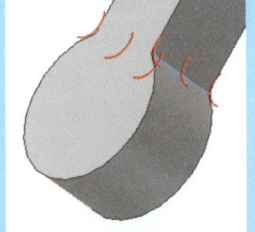

Vorschau der *Rundung*

**Auswahl der Verrundungskanten**

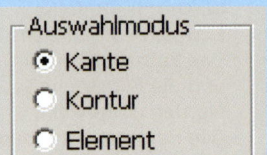

Kante wählt mindestens eine Linie oder einen Linienzug mit tangentialen Übergängen.

Kontur wählt eine ganze Modellkontur.

Element verrundet alle Kanten eines Geometrieelementes.

## 3D-Modellierwerkzeug *Rundung*, Fortsetzung

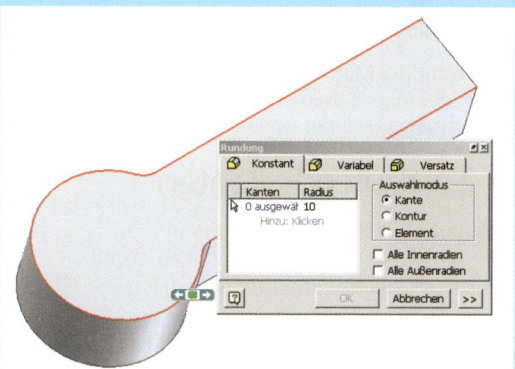

Verrundung eines Linienzuges mit tangentialen Übergängen.

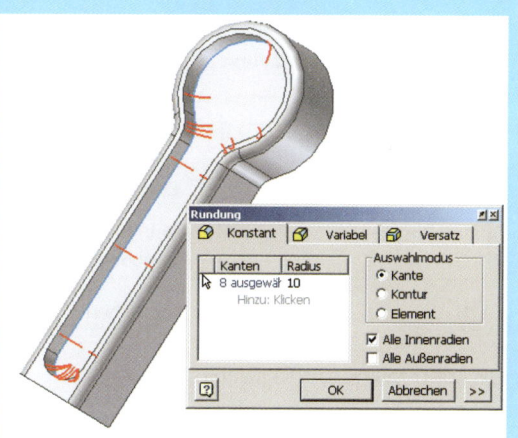

Verrundung aller Innenradien

**Hinweis:** Manchmal erweist es sich nicht als günstig, alle Radien in einem Rundungsfenster zu definieren. Gerade tangentiale Übergänge entstehen oft erst beim Verrunden der Ecken (1.Schritt). Der tangentiale Linienzug wird nun als Gesamtheit erkannt und ist so leicht auszuwählen (2.Schritt). Dies führt im Browser wohl zu 2 Rundungen. Das tut der Übersichtlichkeit aber oft keinen Abbruch.

## Übungsbeispiel:

Modellieren Sie die quadratische Säule mit a = 40 mm und setzen Sie einen Zylinder ø75 mm mittig bei gleicher Dicke an.
Verrunden Sie die Übergänge zwischen der quadratischen Säule und dem Zylinder mit R10.
Verrunden Sie den oberen, tangentialen Linienzug mit R5.

Erzeugen Sie die Vertiefung durch eine Extrusion als Differenz. Das Profil erzeugen Sie durch den Befehl Versatz (8 mm). Die zu versetzende Geometrie muss von der Unterkante projiziert werden.

Verrunden Sie die Ecken der neuen Innenform mit R10 und die Oberkante mit R2,5.

Verrunden Sie alle Innenkanten mit R5.

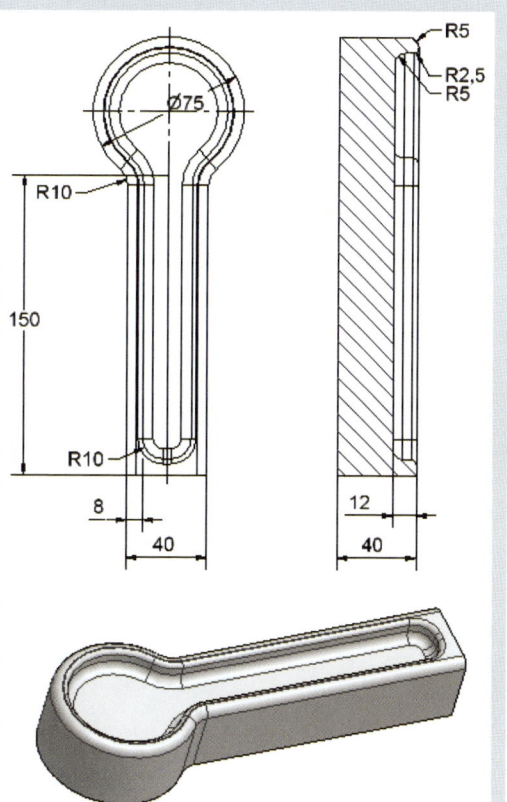

## Weitere Optionen des 3D-Modellierwerkzeugs *Rundung*

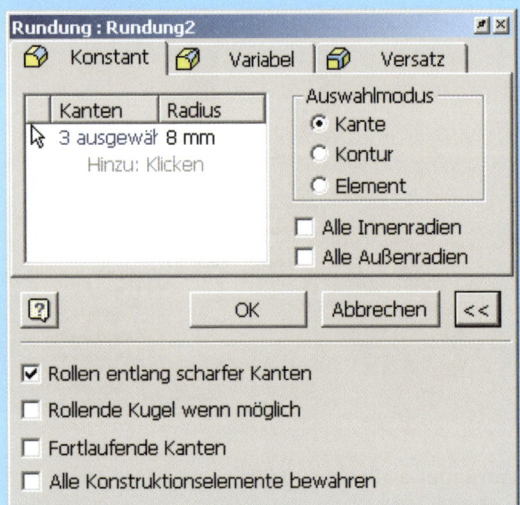

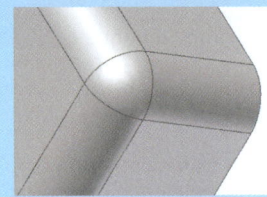

Bestimmt die Methode für Rundungen, wenn der angegebene Radius benachbarte Flächen erweitern würde.

☑ **Fortlaufende Kanten**

Aktiviert oder deaktiviert die Erkennung aller tangentialen Kanten bei der Auswahl der zu verrundenden Kanten.

☑ **Rollende Kugel wenn möglich**

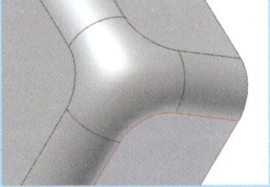

Aktiviert oder deaktiviert die Erkennung aller tangentialen Kanten bei der Auswahl der zu verrundenden Kanten.

☐ **Alle Konstruktionselemente bewahren**

Wenn das Kontrollkästchen aktiviert ist, werden alle Elemente, die sich mit der Rundung schneiden, überprüft, und ihre Schnittpunkte werden bei der Rundungsoperation berechnet. Wenn das Kontrollkästchen deaktiviert ist, werden nur die Kanten berechnet, die Teil der Rundungsoperation sind.

**Registerkarte Variabel:** Erzeugt variable Radien entlang einer Kante. Definition des Startpunktes und Startradius und des Endpunktes und Endradius. Ein geglätteter Radiusübergang ist allmählich und tangential. Ohne diese Option ist der Übergang linear.

Mit dem Befehl Position können weitere Punkte auf der Kante platziert werden, ihnen können ebenfalls Radien zugewiesen werden.
Eingegeben wird die Position in Werten 0 bis 1, wobei, z.b. 0,7 bei 70% der Kantenlänge bedeutet.

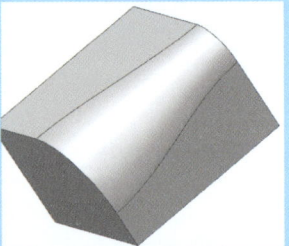

Definition Startpunkt und erster Radius

Definition Endpunkt und zweiter Radius

Variabler Radius mit geglättetem Übergang

# 4 Bauteilmodellierung

Definiert werden tangentiale kontinuierliche Übergänge zwischen Rundungen auf sich schneidenden Kanten. Man kann für jede Kante einer Schnittfläche einen anderen Scheitelpunktversatz eingeben.

**Registerkarte Versatz**

## 4.3.2 3D-Modellierung von Fasen

Der *Befehl Fase* ermöglicht das *Anfasen* von Kanten mit den verschiedensten Optionen. Die Voraussetzung für die Anwendung des Befehls ist ein vorher modelliertes Volumen.

**3D-Modellierwerkzeug *Fase***

**Abstand x 45° Fase**

Anwahl der anzufasenden Kante und Eingabe des Abstandes (Fasenbreite).
Es wird der gleiche Abstand für beide Seiten verwendet. Das Ergebnis ist eine 45°-Fase.

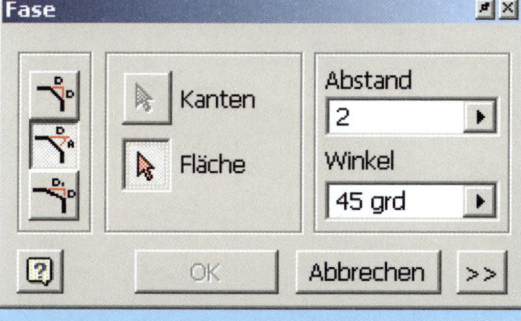

**Fase aus Abstand und Winkel**

Anwahl der anzufasenden Kante und Eingabe des Abstandes (Fasenbreite). Anwahl der Fläche auf die der Abstand angewandt wird.
Eingabe des Fasenwinkels in Grad.

**Fase aus zwei Abständen**

Anwahl der anzufasenden Kante und Eingabe der Abstände eins und zwei. Die Abstände können bezogen auf ihre Bezugsfläche vertauscht werden.

**Erweiterte Optionen des 3D-Modellierwerkzeugs Fase**

**Fortlaufende Kanten:** Wählt alle Kanten, die einen gemeinsamen Tangentialpunkt haben.

**Scheitelpunktversatz:** Definiert die Eckenausführung der Fase, wenn sich drei gefaste Kanten schneiden.

Die Ecke kann flach ausgeführt werden oder analog zur Fräsbearbeitung mit einem Schnittpunkt als Eckpunkt.

Die Option Alle Konstruktionselemente bewahren ist analog zur Option beim Befehl Rundung.

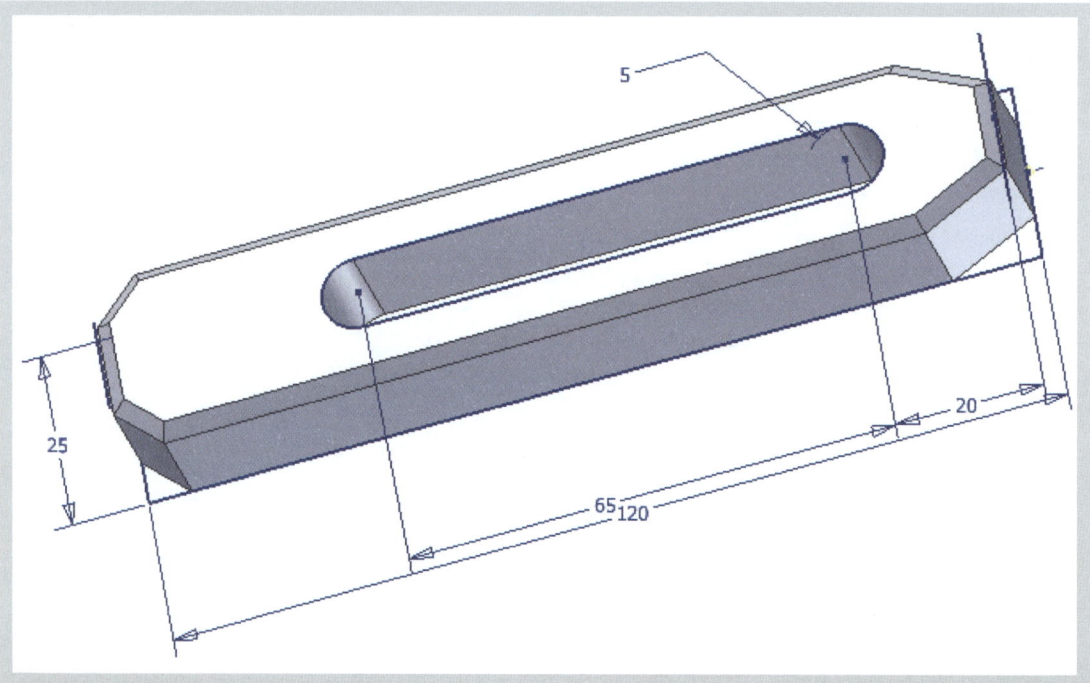

**Übungsbeispiel:**

Modellieren Sie die Pratze als Quader 120 x 25 x 20. Fasen Sie eine Seite mit 2 Fasen 10 x 45° an.
Die andere Seite wird mit 2 Fasen mit Abstand 1 = 10 und Abstand 2 = 15 angefast.
Die Oberkante erhält umlaufend eine Fase 3 x 45°.

# 4 Bauteilmodellierung

## 4.3.3 3D-Modellierung von Gewinden

Durch den Befehl Gewinde lassen sich zuvor modellierte zylindrische Zapfen mit einem Außengewinde versehen. Innengewinde werden mit dem Befehl Bohrung erzeugt.

Das gewünscht Gewinde wird auf einer *Mantelfläche eines Zylinders* platziert. Die Gewindelänge kann die volle Länge des Zylinders oder ein Teilstück davon sein. Ebenso ist die Eingabe eines Versatzes und die Richtungsänderung möglich.

In der Registerkarte *Spezifikation* wird der *Gewindetyp*, die *Nenngröße*, die *Gewindesteigung* und die *Klasse* festgelegt. Die Auswahl, ob ein *Linksgewinde* oder ein *Rechtsgewinde* zu fertigen ist, kann ebenfalls in dieser Registerkarte getroffen werden.

Das im Modell dargestellte Gewinde ist ein so genanntes *kosmetisches Gewinde*. Auf die Mantelfläche des Zylinders wird eine *Textur in Gewindeoptik* gelegt. Die Darstellung in der Zeichnungsableitung ist normgerecht.

**3D-Modellierwerkzeug *Gewinde***

**Registerkarte Gewindespezifikation**

**Wählbare Gewindearten**

ANSI Metric M Profile
ISO Metrisches Profil
ISO Metrisches Trapezgewinde
Zoll-Blechschraubgewinde
Metrisch geform. Schraubgewinde
NVAG
JIS Taper

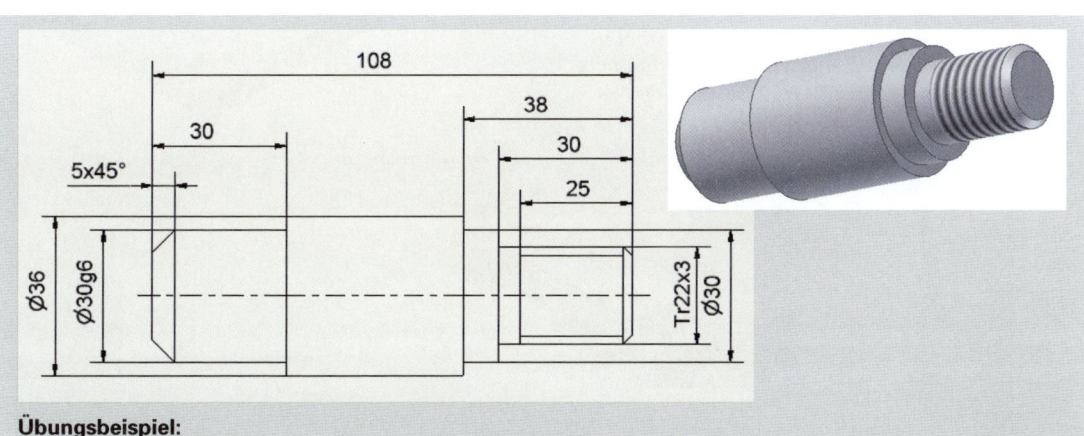

**Übungsbeispiel:**

Modellieren Sie den Bolzen als Extrusion mehrerer Scheiben oder als Drehung des Profils (die Fasen werden erst danach als 3D-Fasen anmodelliert). Platzieren Sie auf dem Zapfen ø22 ein Trapezgewinde Tr 22 x 3, Länge 25 mm.

## Projekt 1: Konstruktion einer Grundplatte für eine Spannvorrichtung

Es soll eine Grundplatte für eine Spannvorrichtung mit folgenden Anforderungen konstruiert werden: Die Außenabmessungen Länge (180 mm), Breite (120 mm) und Dicke (16 mm) sollen durch Maße festgelegt werden. Mittig zur Längsachse soll eine Aufnahmenut (20H7, 6 mm tief) gefräst werden. Unabhängig von den Außenabmessungen soll die Nut immer in der Mitte sein. Die 4 Ecken der Grundplatte sollen angefast sein (Fase: Plattendicke x 45°). An einer Längsaußenfläche soll eine weitere Nut (zum genauen Ausrichten der Grundplatte auf der Maschine) gefräst werden. Die Nuttiefe soll 20% der Plattendicke betragen. Die Nutbreite soll 80% der Plattendicke betragen.
Mittig zur Aufspannnut sollen zwei, nach außen offene Langlöcher für M12 Spannschrauben gefräst werden (Breite: Schraubennennmaß + 0,5 mm, Länge: 1,5 x Schraubennennmaß).
Speichern Sie die fertige Platte als *Grundplatte_Spannvorrichtung*.

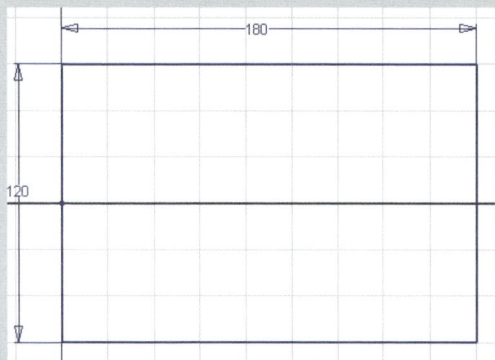

Schritt 1: Skizze Rechteck, allgemeine Bemaßung (180/120 mm). Punkt auf den Mittelpunkt der linken Seitenlinie des Rechtecks setzen. Geometrie projizieren, Mittelpunkt des Koordinatensystems.

Schritt 2: Skizze beenden, Extrusion (erstes Profil wird automatisch erkannt) als Vereinigung, Extrusionsmaß 16 mm (Plattendicke).

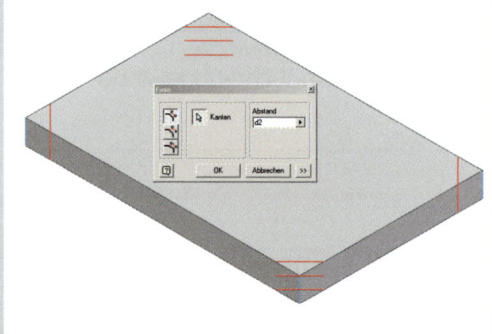

Schritt 3: Öffnen und Überprüfen der Parameterliste. Der Parameter d2 entspricht der Plattendicke. Anstelle eines Zahlenwerts wird für die Fasenbreite diese Variable (d2) eingesetzt.

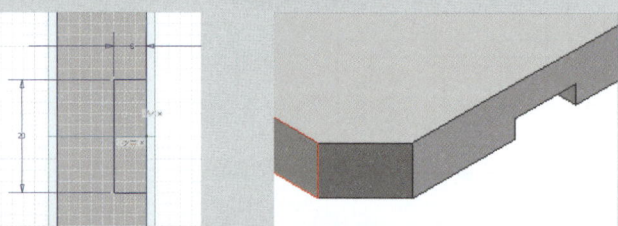

Schritt 4: Skizze der Nut (20/6 mm) als Rechteck, Mittelpunkt der linken Seitenlinie des Rechtecks setzen. Geometrie projizieren, Mittelpunkt des Koordinatensystems. Rechte Seitenlinie des Rechtecks kolinear zur Unterkante der Grundplatte. Extrusion der Nut als Differenz durch alles. Extrusionsprofil ist das skizzierte Rechteck.

4 Bauteilmodellierung

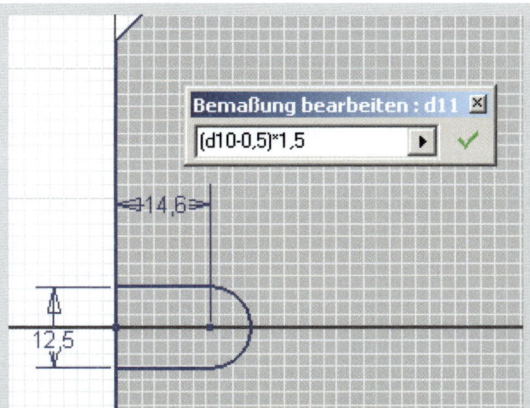

Schritt 5: Skizze Linienzug mit Bogen, Bemaßung (Breite: 12 + 0,5 mm, Länge: (Breite – 0,5 mm)*1,5. Die Breite entspricht der Variablen d10), Bogenmittelpunkt horizontal zu Mittelpunkt des Ursprungs.

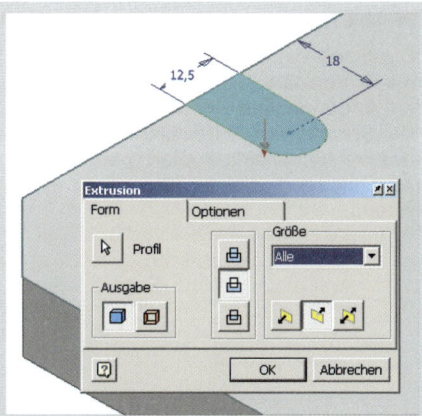

Schritt 6: Extrusion als Differenz, durch alles.

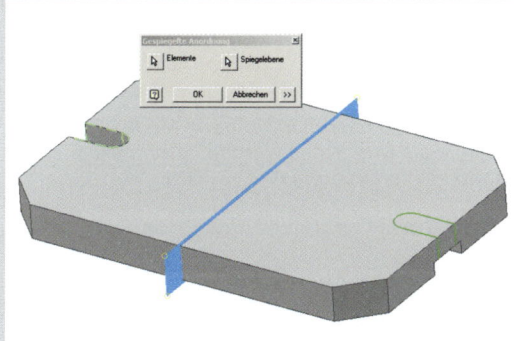

Schritt 7: Erzeugen einer neuen Arbeitsebene als Versatz zur YZ-Ebene. Abstand Variable d0 (Länge 180 mm)/2. Spiegeln der Befestigungsnut an der neuen Arbeitsebene.

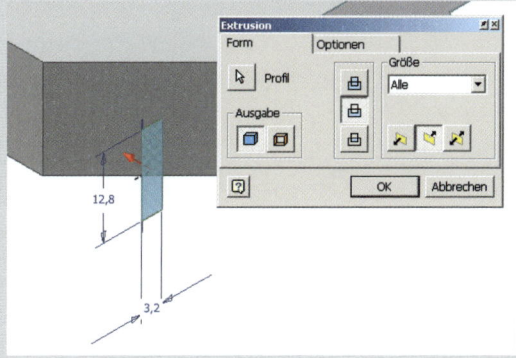

Schritt 8: Skizze der Ausrichtungsnut, Extrusion als Differenz. Nutabmessungen parametrisch nach Aufgabenstellung.

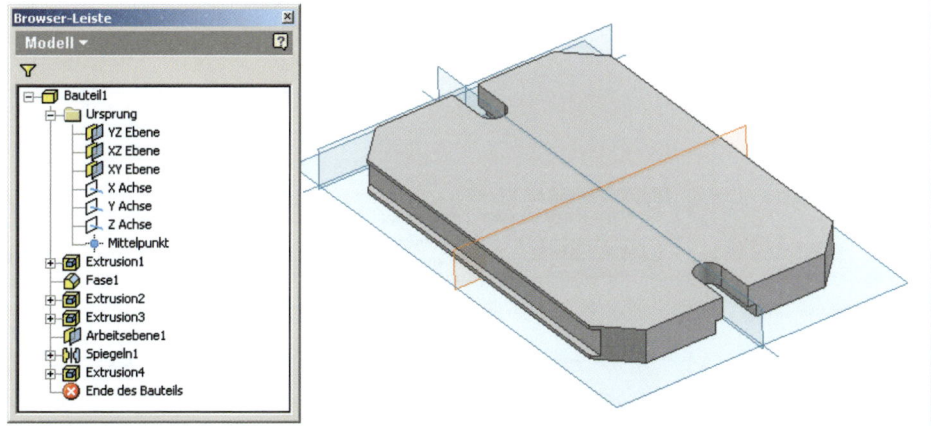

Fertige Grundplatte mit sichtbaren Arbeitsebenen und Arbeitsachsen.
Browser mit allen erzeugten 3D-Elementen.

**Projekt 2: Konstruktion einer Achse für einen Keilriementrieb**

Die Achse repräsentiert ein typisches Drehteil mit den meisten an Drehteilen vorkommenden Geometrieelementen. Die Grundform wird als Profil für eine Drehung skizziert. Hinzu kommen Fasen, Radien und ein Außengewinde. Eine Schlüsselfläche SW 19,9 wird als Differenz extrudiert.
Der Schleiffreistich DIN 509-F 0,6 x 0,3 wird aus einem separaten Modell, bestehend nur aus der Skizze des Freistichprofils, kopiert, platziert und dann als Drehung (Differenz) im Modell der Achse erzeugt. Abschließend wird der Einstich für einen Sicherungsring DIN 471-25 x 1,2 durch eine Drehung (Differenz) erzeugt.

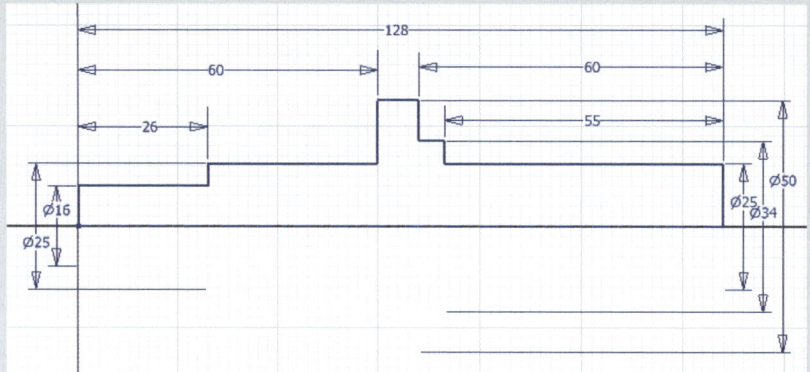

Schritt 1: Skizze der Grundform der Achse. Definition einer Mittellinie zum Zweck der Durchmesserbemaßung.

Koinzidenz zwischen dem Mittelpunkt des Koordinatensystems und einem Mittelpunkt einer Achsenplanfläche.

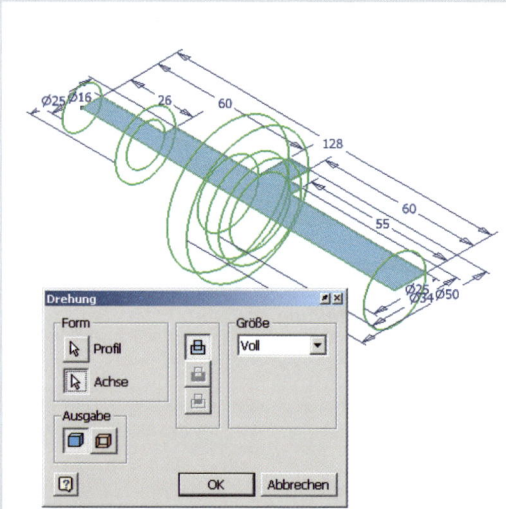

Schritt 2: Skizze beenden, Drehung (erstes Profil und Mittellinie als Drehachse werden automatisch erkannt) als Vereinigung (voll = 360°).

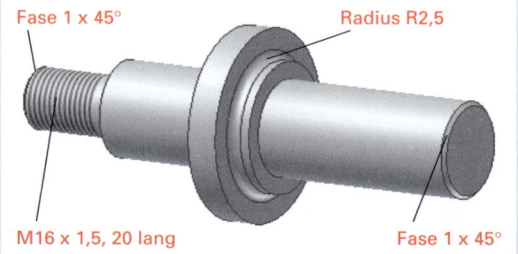

Fase 1 x 45°   Radius R2,5

M16 x 1,5, 20 lang   Fase 1 x 45°

Schritt 3: Platzieren von 2 Fasen 1 x 45°, einem Radius R2,5 und einem metrischen Gewinde M16 x 1,5 an den gewünschten Kanten bzw. Flächen des bisherigen Achsen-Modells.

# 4 Bauteilmodellierung

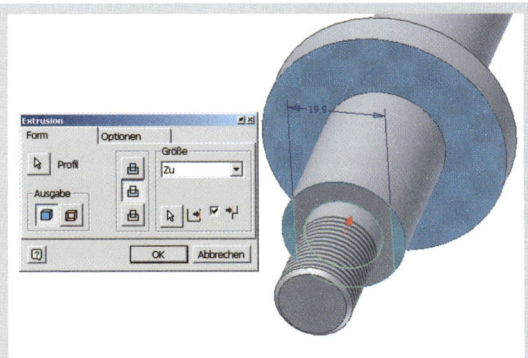

Schritt 4: Schlüsselfläche SW 19,9. Skizzieren zweier Linien, vertikal und gleich, bemaßen des Abstandes. Extrusion als Differenz bis zu der Fläche des Bundes ø50 mm.

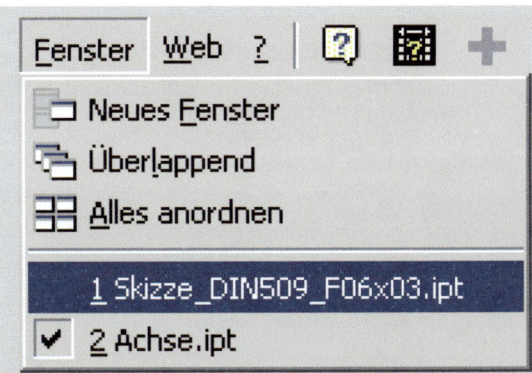

Schritt 5: Aufruf des vorhandenen Modells mit der Skizze eines Freistichs DIN 509-F0,6 x 0,3 über die Funktion Fenster.

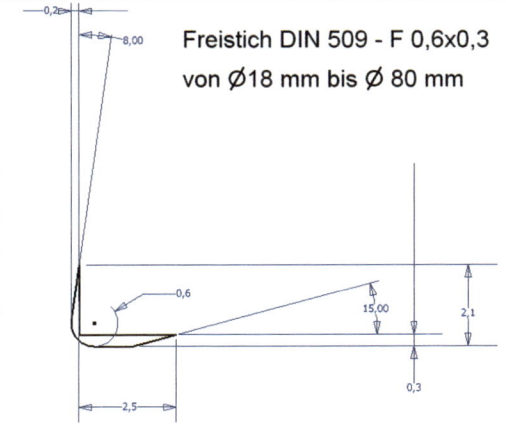

Schritt 6: Skizze eines Freistichs DIN 509-F0,6 x 0,3 nach Norm, mit einem Text zur Erläuterung.

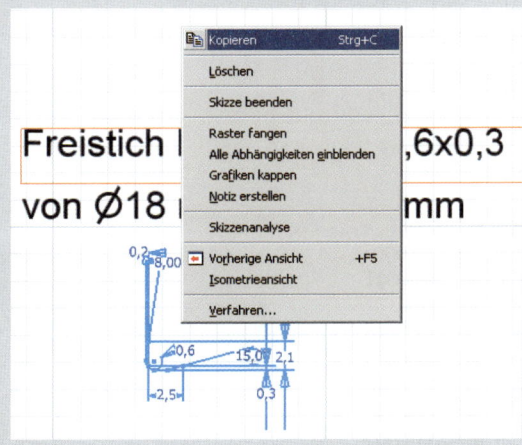

Schritt 7: Markieren der Skizze (ohne Text) durch ein diagonales Fenster, Aufruf des Kontextmenüs und kopieren der Skizze.

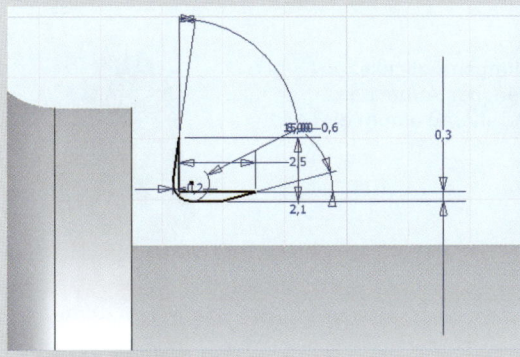

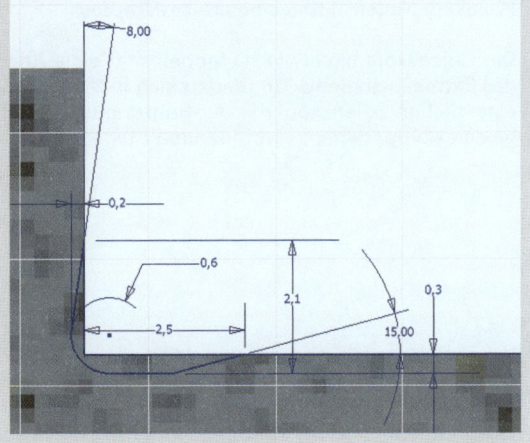

Schritt 8: Einfügen der Skizze in der Nähe der endgültigen Stelle, ggf. in die richtie Lage drehen. Grafiken kappen und die Durchmesserkante projizieren. Platzieren der Skizze in der Werkstückecke durch Koizidenz.

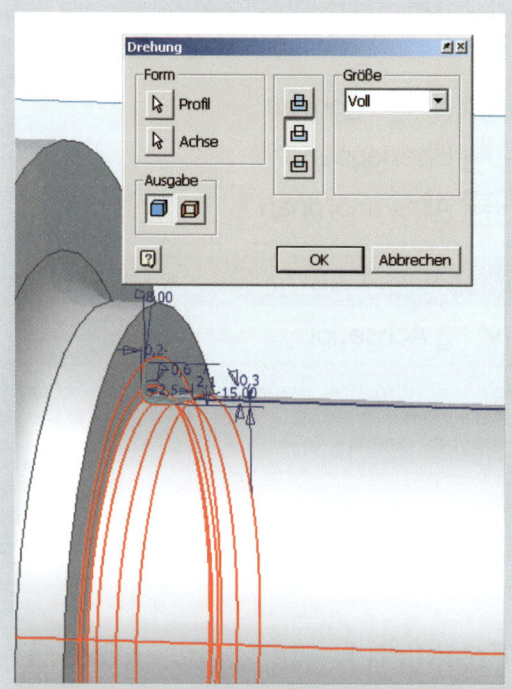

*Schritt 9: Drehung des Freistichs DIN 509 als Differenz. Vorschau des Geometrieelements.*

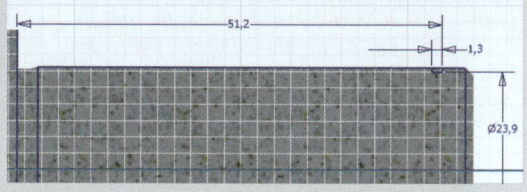

*Schritt 10: Skizze des Einstichs für einen Sicherungsring DIN 471 auf der XY-Ebene als Skizzierebene, anschließende Drehung als Differenz.*

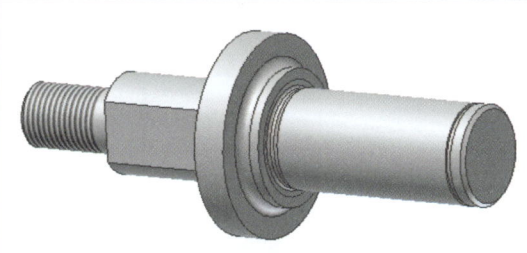

*Fertiges 3D-Modell der Achse.*

*Im Browser werden alle erzeugten Geometrieelemente in ihrer Entstehungsreihenfolge aufgelistet.*

**Projekt 3: Konstruktion eines Gelenkkopfes**

Der Gelenkkopf bietet als 3D-Modell sehr viele Anwendungsmöglichkeiten des Extrusionsbefehls. Er gliedert sich in 3 Komponenten, das Auge, den eigentlichen Gelenkkopf mit der Bohrung und Passfedernut und einem die beiden Komponenten verbindenden Steg.

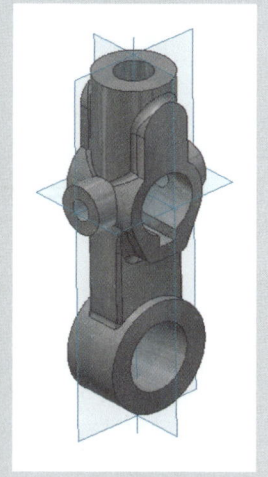

Voraussetzung für ein einfaches Modellieren ist die Lage des Koordinatenmittelpunktes im Zentrum der Bohrung ø36. Ausgehend von den Standardebenen XY, YZ und XZ können die meisten Elemente erzeugt werden. Verrundungen und Bohrungen sind günstigerweise erst nach der Modellierung des Grundkörpers anzubringen.

# 4 Bauteilmodellierung

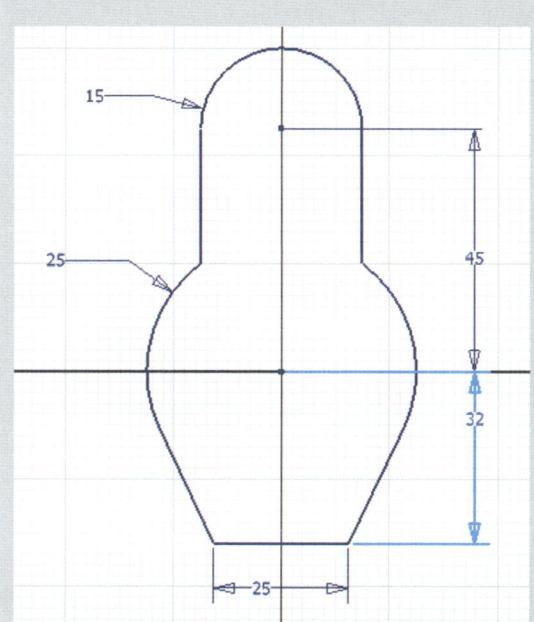

Schritt 1: Skizze des ersten Extrusionsprofils auf der XY-Ebene. Mittelpunkt der beiden R25 koinzident auf dem Koordinatensystem-Mittelpunkt.

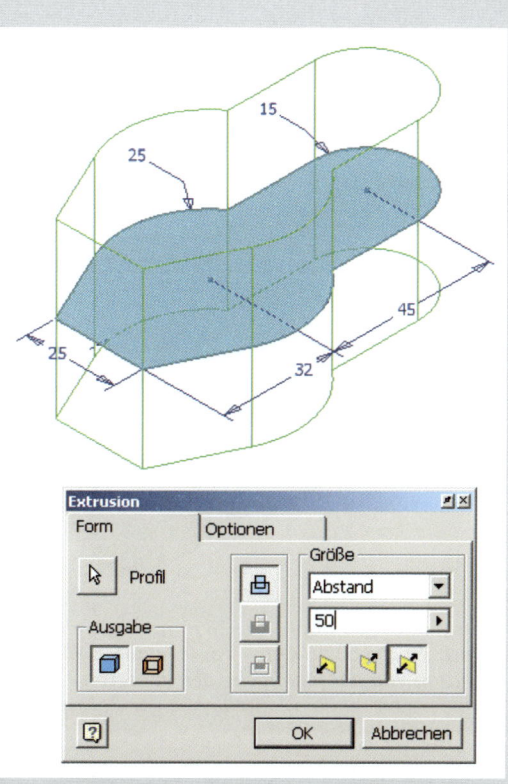

Schritt 2: Extrusion des Profils in beide Richtungen, Extrusionsdicke 50 mm.

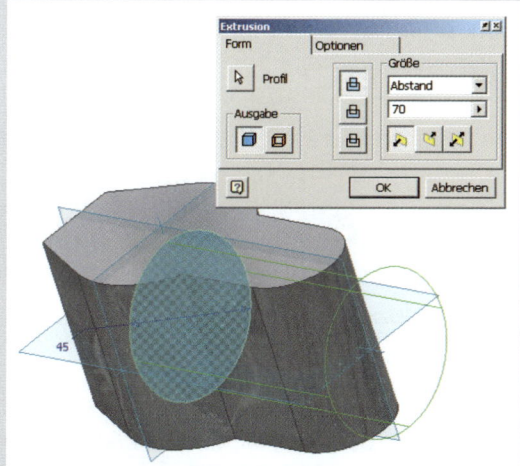

Schritt 3: Skizze des Kreises für den vorderen Zylinder auf der XZ-Ebene, ø45 mm.
Zum Skizzieren wird der Befehl Grafiken kappen angewandt. Einseitige Extrusion, 70 mm lang.

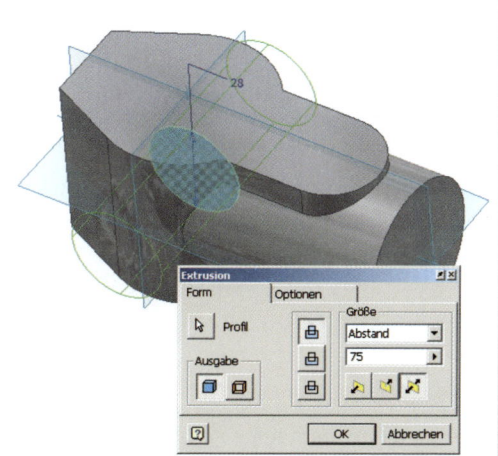

Schritt 4: Skizze des Kreises für den querliegenden Zylinder auf der YZ-Ebene, ø28 mm.
Zum Skizzieren wird der Befehl Grafiken kappen angewandt. Beidseitige Extrusion, 75 mm lang.

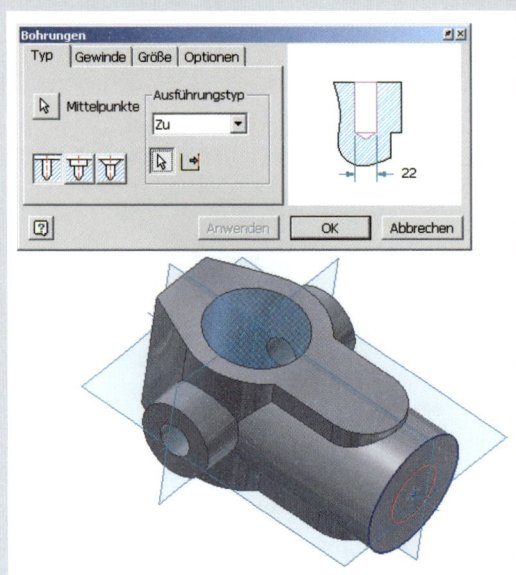

Schritt 5: Große Bohrung ø36 mm, durch alle und Querbohrung ø12,5 mm, ebenfalls durch alle. Bohrung von der Planfläche des vorderen Zylinders bis zu der Mantelfläche der Bohrung mit dem Durchmesser 36 mm.

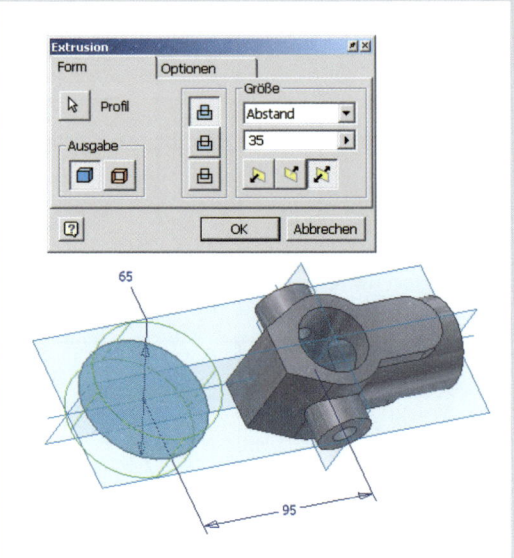

Schritt 6: Skizze des Kreises für das Auge auf der XY-Ebene und anschließende Extrusion in beide Richtungen mit der Dicke 35 mm.

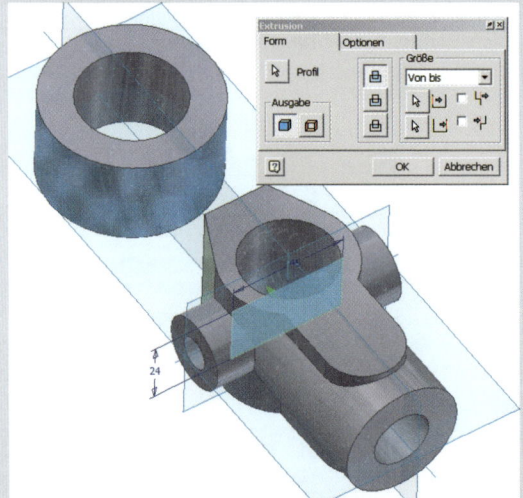

Schritt 7: Skizze des Rechteckquerschnitts der den Gelenkkopf mit dem Auge verbindet (45 mm x 24 mm). Die Skizzierebene ist die XZ-Ebene, eventuell Grafiken kappen zum leichteren Skizzieren. Extrusion des Stegs mit der Option von ... bis. Angewählt werden die Mantelfläche des Auges und die Schräge am Gelenkkopf.

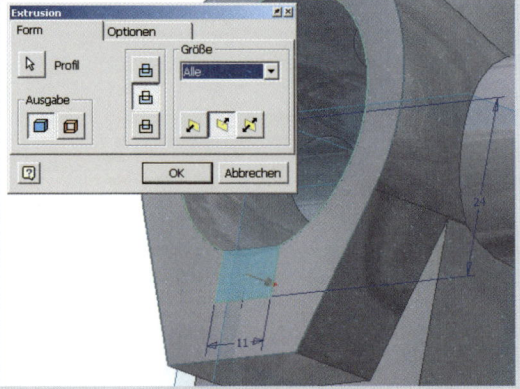

Schritt 8: Skizze des Rechtecks für die Extrusion (Differenz) der Passfedernut.
Das Rechteck wird durch die Vergabe von Abhängigkeiten mittig zur X-Achse gesetzt. Die unbemaßten Ecken des Rechtecks werden mit der Abhängigkeit koinzident auf dem Kreis mit dem Durchmesser 36 mm fixiert.

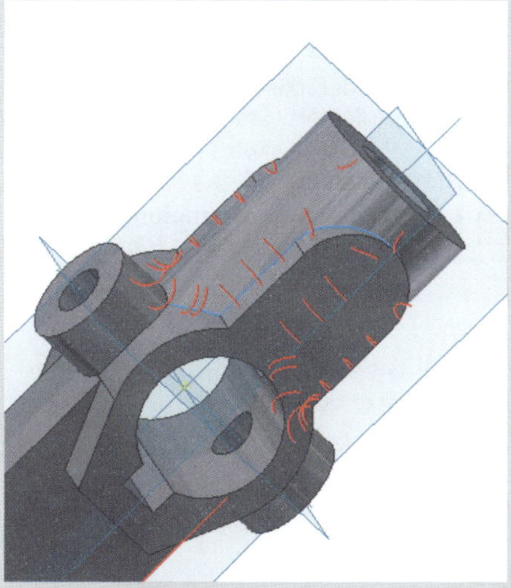

# 4 Bauteilmodellierung

*Schritt 9: Alle Verrundungen werden mit dem Radius R5 vorgenommen. Zuerst den vorderen Teil des Gelenkkopfs, die Ecken am hinteren Teil und der gesamte hintere Teil auf beiden Seiten. Als nächstes die Radien vom Steg zum Auge und zum Schluss mit R2 die Längskanten des Stegs.*

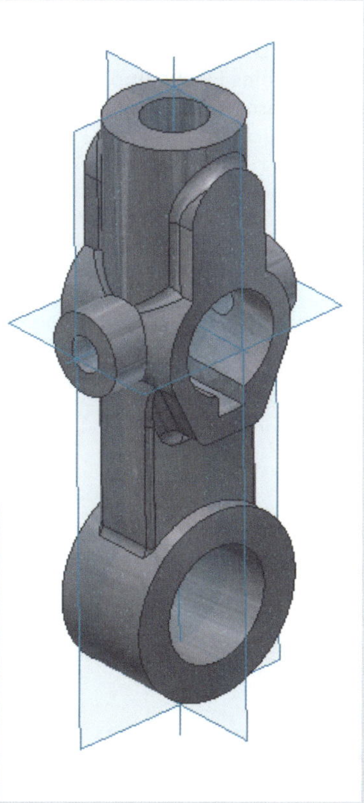

Der komplette Gelenkkopf mit allen Verrundungen und der Entstehungshistorie dargestellt im Browser.

## 4.4 3D-Modellierung von Wandstärken

Durch den Befehl *Wandstärke* lassen sich Volumenkörper *aushöhlen*. Der Befehl *Wandstärke* entspricht einem platzierten Geometrieelement. Zu seiner Anwendung ist ein bestehendes, modelliertes Volumen erforderlich.

Eine Fläche des Volumenkörpers wird zum Entfernen angewählt. Der restliche Volumenkörper besteht nur noch aus den übriggebliebenen Mantelflächen. Diesen Mantelflächen wird nun eine Stärke zugewiesen. Die Stärke kann nach innen, nach außen und gleichmäßig in beide Richtungen zugewiesen werden.

Den einzelnen Mantelflächen des ehemaligen Volumenkörpers können auch jeweils verschiedene Wandstärken zugewiesen werden.

Am Volumenkörper angebrachte Verrundungen können diese Funktion einschränken. Tipp: Die Ver-

**3D Modellierwerkzeug** *Wandstärke*

Befehlsaufruf *Wandstärke*

**Spezifikationen des Befehls** *Wandstärke*

Der Befehl *Wandstärke* kann ebenfalls als die Anwendung mehrerer Flächenbefehle verstanden werden. Der Befehl *Flächen löschen* entfernt ebenfalls eine Fläche und lässt von restlichen Volumenkörpern nur die Hüllflächen übrig. Durch den Befehl *Verdickung/Versatz* kann den Flächen nun eine Dicke – d.h. Wandstärke – zugewiesen werden. Diese Vorgehensweise empfiehlt sich allerdings nur wenn die Befehlsfunktionen des Befehls Wandstärke nicht ausreichen.

**Zuweisung der *Wandstärke***

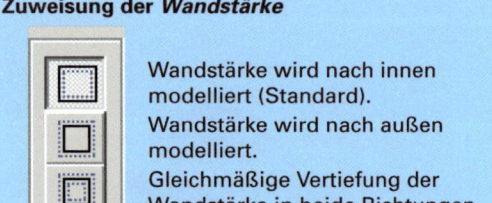

Wandstärke wird nach innen modelliert (Standard).
Wandstärke wird nach außen modelliert.
Gleichmäßige Vertiefung der Wandstärke in beide Richtungen

**Übungsbeispiel:** Extrudieren Sie die unten stehende Skizze und verrunden Sie die Außenkanten mit R8. Entfernen Sie die Bodenfläche und weisen Sie dem Körper eine Wandstärke von 0,75 mm zu.

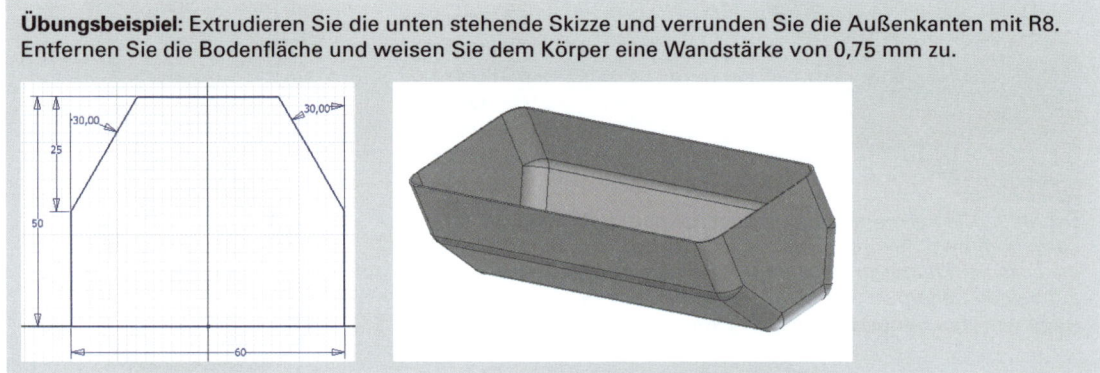

## 4.5  3D-Modellierung von Rippen

Der 3D-Modellierbefehl *Rippe* basiert auf einer Skizze. Die Skizze kann unter Umständen sehr einfach gehalten sein (nur eine Linie), da bei der Befehlsausführung die angrenzenden Werkstückflächen erkannt weden. Die Rippendicke/Rippenstärke und die Erzeugungsrichtung wird analog zum Befehl Extrusion nach dem Befehlsaufruf eingegeben.

**3D-Modellierwerkzeug *Rippe***

Befehlsaufruf *Rippe*

**Spezifikationen des Befehls *Rippe***

*Profil:* Anwahl des Profils (kann auch offen sein) aus dem die Rippe erzeugt werden soll.

*Richtung:* Steuert die Richtung der Rippe. Positionieren Sie den Curser über dem Profil, um anzugeben, ob die Rippe sich parallel oder lotrecht zur Skizziergeometrie erstreckt.

*Stärke:* Steuert die Breite der Rippe. Die drei Richtungsschaltflächen wenden die Stärke auf eine der beiden Seiten oder auf beide Seiten des Profils an.

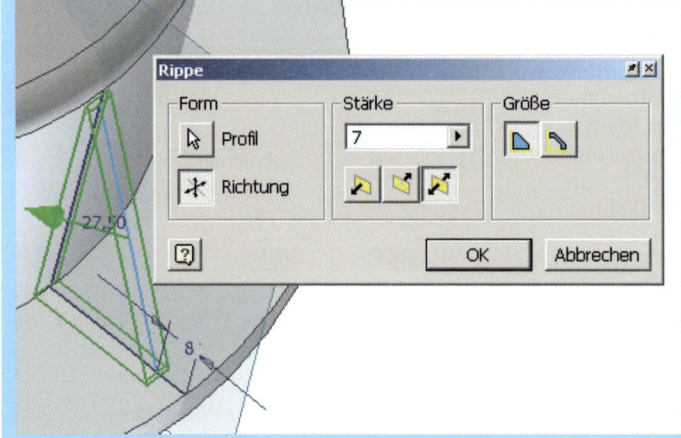

# 4 Bauteilmodellierung

Neben Rippen (dünnwandige geschlossene Stützformen) können auch *Stege* (dünnwandige offene Stützformen) unter Verwendung eines offenen Profils erstellt werden. Bei Rippen wird das Profil auf die nächste Fläche projiziert. Bei Stegen wird das Profil zum Definieren der Tiefe um einen angegebenen Abstand projiziert. Das Profil kann bei Bedarf erweitert werden, bis es die Geometrie schneidet.

**Auswahl geschlossene oder offene Stützform**

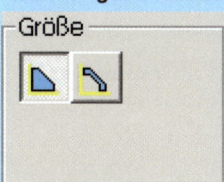

Erzeugt wird eine geschlossene Rippe bzw. Steg bis zur nächsten Begrenzungsfläche.

Erzeugt wird eine offene Rippe bzw. Steg in einem zu definierenden Abstand.

**Übungsbeispiel:** Skizzieren Sie einen Winkel mit den Schenkellängen 120/70 mm und einer Dicke beider Schenkel von 12 mm. Verrunden Sie den Winkel beliebig (Vorschlag: R16/R8/R6). Skizzieren Sie in der Werkzeugmitte (Achtung beim Extrudieren des Winkels – beidseitig).

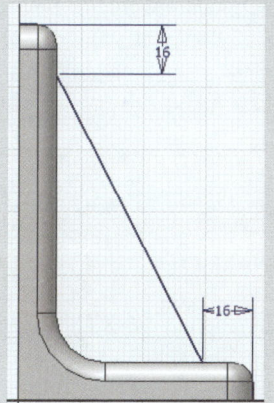

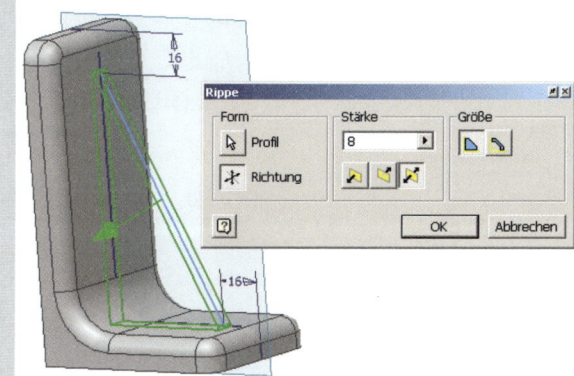

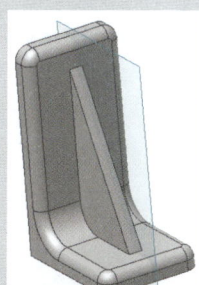

**Fertig geschlossene Rippe**

Ändern Sie das obige Beispiel dahingehend ab, so dass keine geschlossene Rippe, sondern ein offener Steg mit einer Stegbreite (Abstand) von 8 mm entsteht.

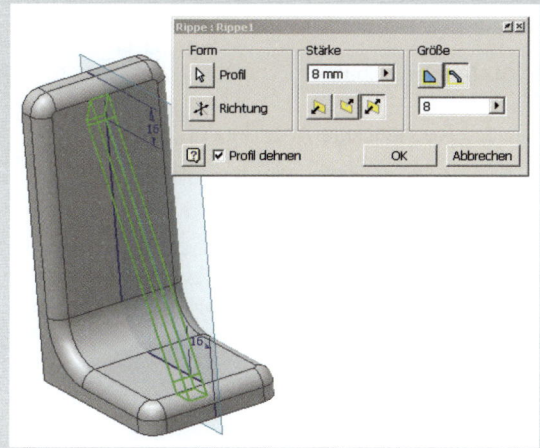

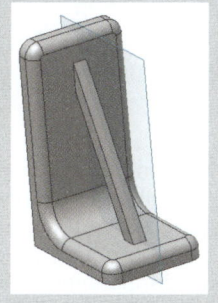

**Fertiger offener Steg**

Definition des Erzeugungsabstandes.

## 4.6 3D-Modellierung einer Flächenverjüngung

Der Befehl *Flächenverjüngung* wendet eine Verjüngung auf eine bestimmte Fläche eines schon vorhandenene Elements an. Sind mehrere Flächen tangential verbunden wird der Befehl auf alle diese Flächen angewandt.
Bauteile mit sich verjüngenden Flächen sind oft Gussteile, bei denen die Ausformung (z. B. des Gussmodells) eine wesentliche Rolle spielt. Die Zugrichtung entspricht der Richtung in der eine Gussform vom Bauteil abgezogen wird.
Die Option *Flächen* legt die Flächen fest, auf die die Verjüngung angewandt werden soll. Der Verjüngungswinkel legt den Grad der Verjüngung fest. Eine Voransicht der Verjüngung wird dargestellt.

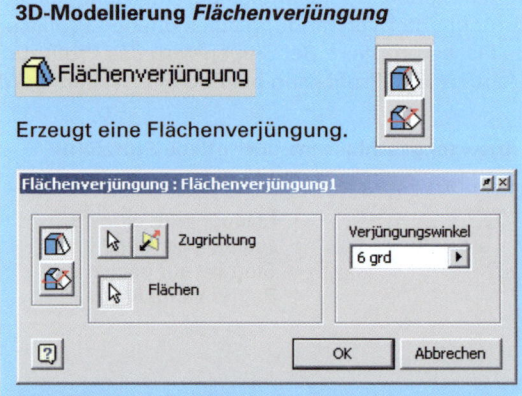

**3D-Modellierung *Flächenverjüngung***

Erzeugt eine Flächenverjüngung.

**Spezifikation der *Flächenverjüngung***

**Anwendung des Befehls *Flächenverjüngung* bei einer Rippe**

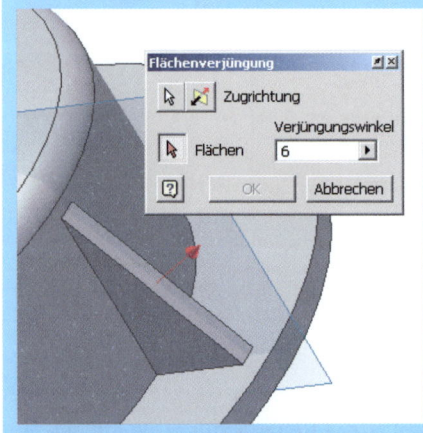

Festlegung der Zugrichtung bei der Erzeugung der Flächenverjüngung.

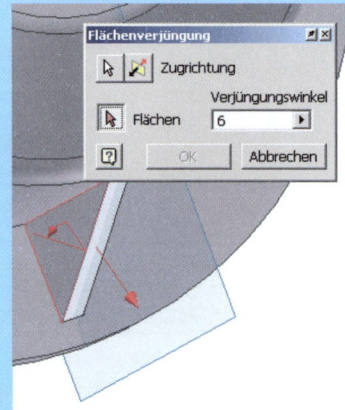

Festlegung der Flächen und des Verjüngungswinkels bei der Erzeugung der Flächenverjüngung.

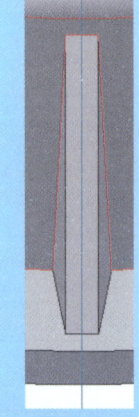

Fertige, verjüngte Rippe.

## 4.7 3D-Manipulationen von 3D-Elementen

Analog zu den bekannten 2D-Manipulationsfunktionen in der Skizze stehen dieselben Funktionen auch bei der Bauteilmodellierung zur Verfügung.
Die *rechteckige und die runde Anordnung* erzeugen ein Muster aus vorhandenen Elementen. Bezugsgeometrie sind vorhandene Achsen und Bauteilkanten.
Die *Spiegelung* erzeugt eine Kopie eines Elementes an einer Ebene. Die Bezugsebene kann sowohl eine Standardebene (z. B. XY-Ebene) als auch einen Bauteilfläche (eben) sein.

**3D-Manipulationen**

**Rechteckige Anordnung**

Erzeugt rechteckig angeordnete Kopien von Elementen.

**Runde Anordnung**

Erzeugt kreisförmig angeordnete Kopien von Elementen.

**Element spiegeln**

Erzeugt durch Spiegeln eine Kopie von Elementen.

# 4 Bauteilmodellierung

## 4.7.1 Rechteckige Anordnung

Der Befehl *rechteckige Anordnung* erzeugt ein Elementemuster vorhandener Elemente in Reihen und Spalten. Angegeben werden eine oder zwei Erzeugungsrichtungen und ein oder zwei Anstandsintervalle. Das Ausgangselement wird kopiert und bleibt erhalten.

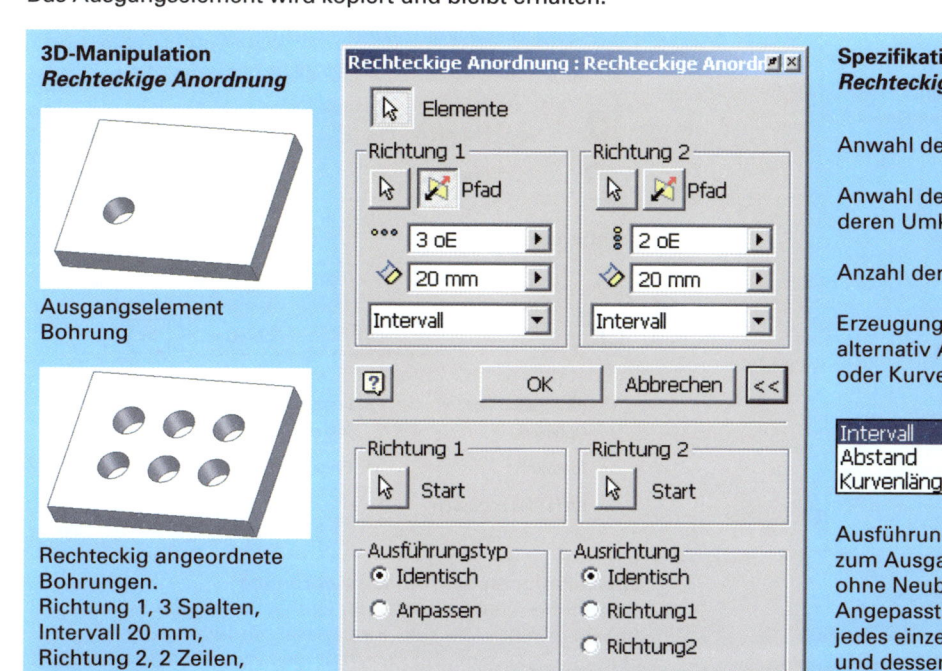

**3D-Manipulation Rechteckige Anordnung**

Ausgangselement Bohrung

Rechteckig angeordnete Bohrungen.
Richtung 1, 3 Spalten, Intervall 20 mm,
Richtung 2, 2 Zeilen, Intervall 20 mm.

**Spezifikationen der Rechteckigen Anordnung**

Anwahl der Elemente

Anwahl der Richtung und deren Umkehrung

Anzahl der Zeilen/Spalten

Erzeugungsintervall, alternativ Abstand oder Kurvenlänge

Ausführungstyp: Identisch zum Ausgangselement ohne Neuberechnung. Angepasst: Berechnung jedes einzelnen Elements und dessen neuen Verschneidungen.

**Übungsbeispiel:** Skizzieren Sie die Platte ohne Bohrungen und Durchbrüchen. Modellieren Sie jeweils ein erforderliches Element und wenden Sie die Befehle rechteckige – oder runde Anordnung so oft wie möglich an. *Tipp*: Eine Achse für die runde Anordnung erhält man auch durch die Anwahl einer Zylindermantelfläche.

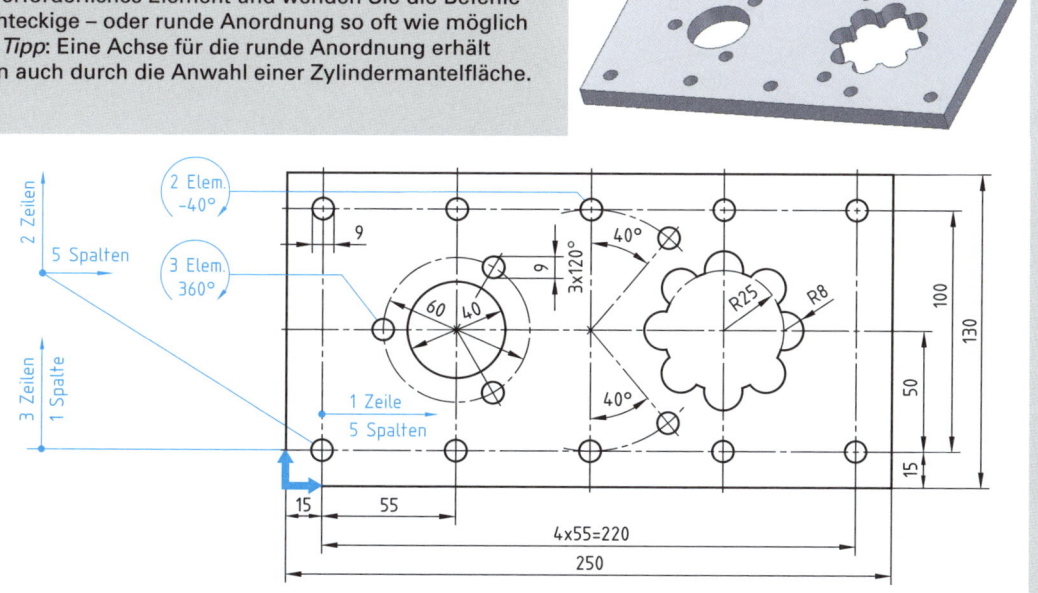

## 4.7.2 Runde Anordnung

Der Befehl *runde Anordnung* erzeugt ein Elementemuster vorhandener Elemente als kreisförmiges Muster. Angegeben wird eine Drehachse um die die Anordnung erfolgt, die Anzahl der zu erzeugenden Elemente und der Winkel zwischen den Elementen (oder der, der die Elemente einschließt).

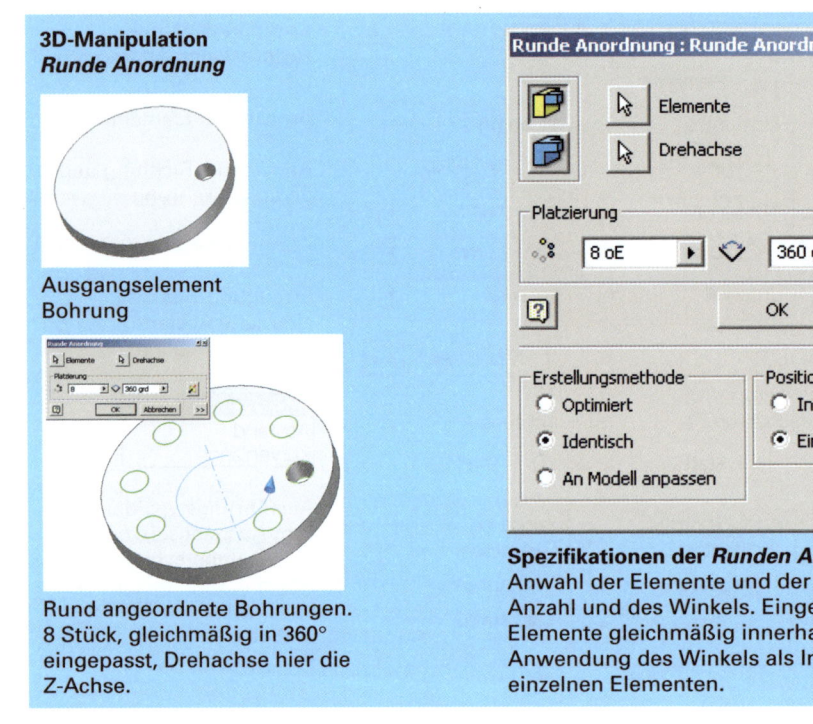

**3D-Manipulation**
*Runde Anordnung*

Ausgangselement Bohrung

Rund angeordnete Bohrungen. 8 Stück, gleichmäßig in 360° eingepasst, Drehachse hier die Z-Achse.

**Spezifikationen der *Runden Anordnung***
Anwahl der Elemente und der Drehachse, Definition der Anzahl und des Winkels. Eingepasst: Verteilung der Elemente gleichmäßig innerhalb des Winkels, Inkremental: Anwendung des Winkels als Inkrement zwischen den einzelnen Elementen.

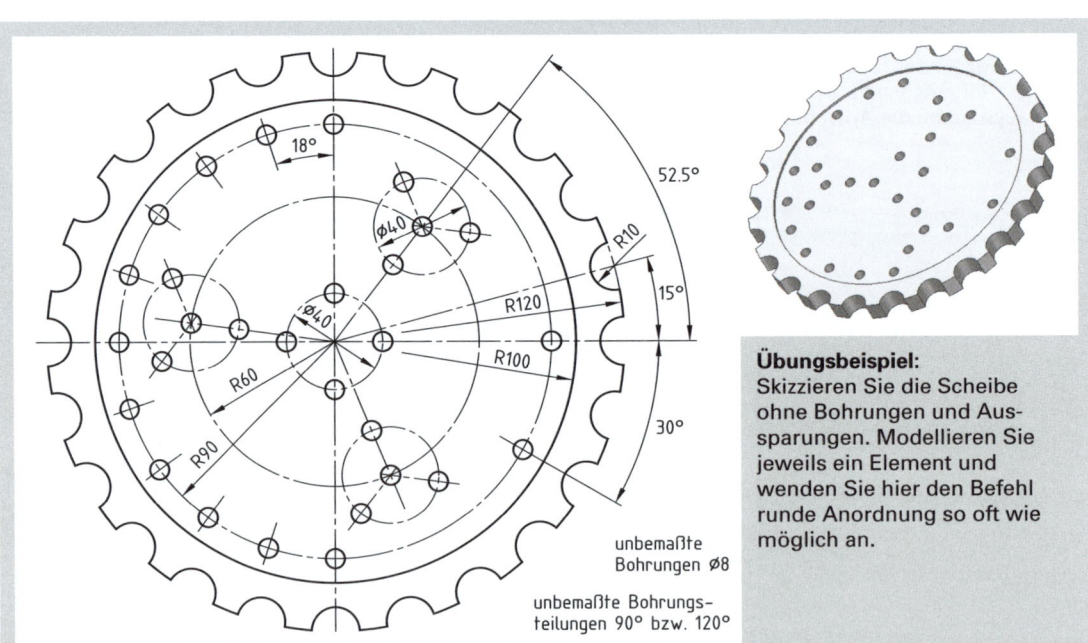

unbemaßte Bohrungen ø8

unbemaßte Bohrungsteilungen 90° bzw. 120°

**Übungsbeispiel:**
Skizzieren Sie die Scheibe ohne Bohrungen und Aussparungen. Modellieren Sie jeweils ein Element und wenden Sie hier den Befehl runde Anordnung so oft wie möglich an.

# 4 Bauteilmodellierung

## 4.7.3 Spiegeln von Elementen

Der Befehl *Elemente spiegeln* führt eine Spiegelung an einer ausgewählten Ebene durch, wobei die Ausgangselemente, die gespiegelt werden sollen, erhalten bleiben.

**3D-Manipulation *Elemente spiegeln*** (Gespiegelte Anordnung)

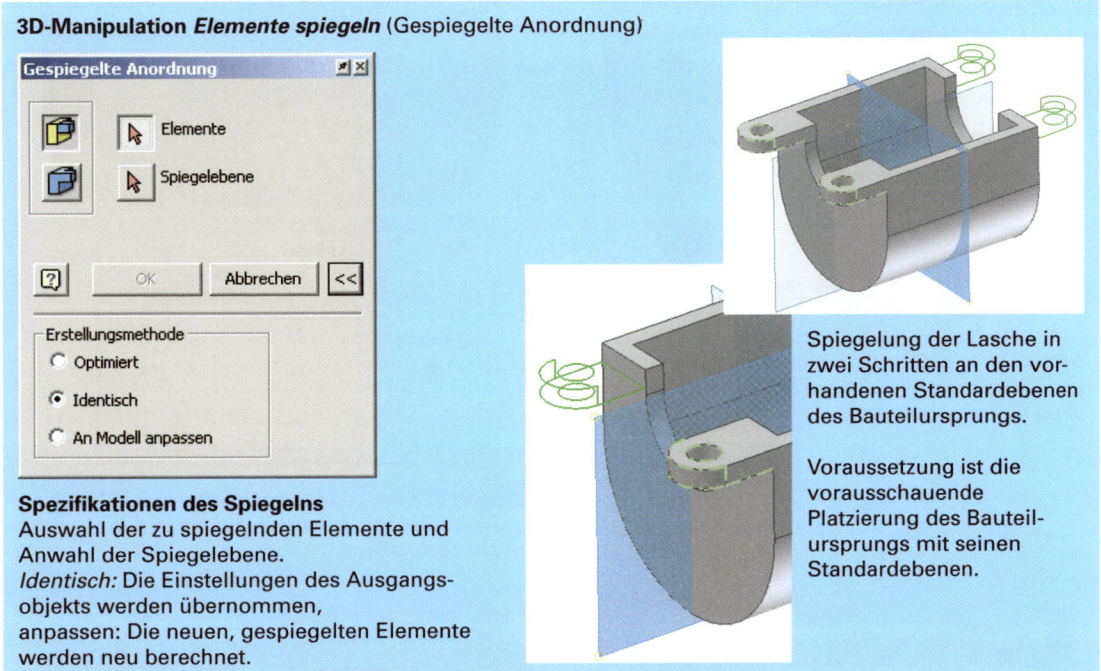

Spiegelung der Lasche in zwei Schritten an den vorhandenen Standardebenen des Bauteilursprungs.

Voraussetzung ist die vorausschauende Platzierung des Bauteilursprungs mit seinen Standardebenen.

**Spezifikationen des Spiegelns**
Auswahl der zu spiegelnden Elemente und Anwahl der Spiegelebene.
*Identisch:* Die Einstellungen des Ausgangsobjekts werden übernommen,
anpassen: Die neuen, gespiegelten Elemente werden neu berechnet.

**Projekt 4: Konstruktion einer Haube**

Die Haube stellt eine Abdeckung an einem Gerät dar. Dem Extrusions-Grundkörper wird eine Wandstärke von 7,5 mm zugewiesen.
Eine weitere Extrusion als Differenz schafft eine halbrunde Aussparung. Abschließend werden 4 Laschen mit Anschraubbohrungen anmodelliert und das Bauteil verrundet.

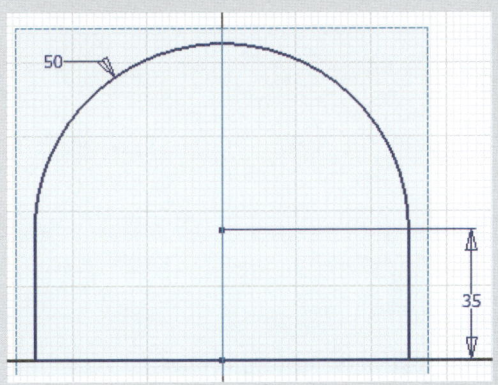

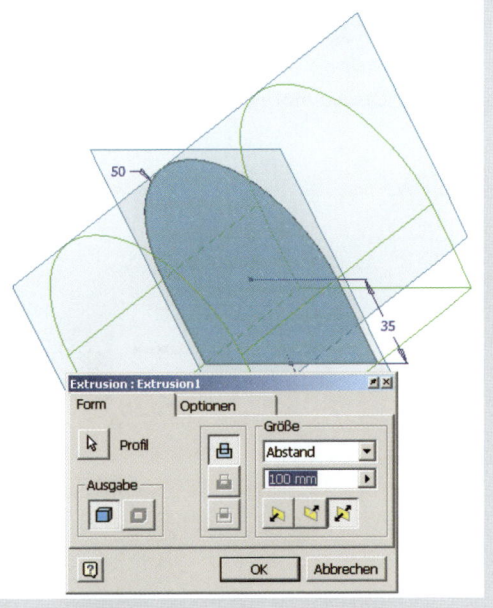

*Schritt 1:* Skizzieren Sie das Extrusionsprofil des Grundkörpers und extrudieren Sie beidseitig mit dem Maß 100 mm.

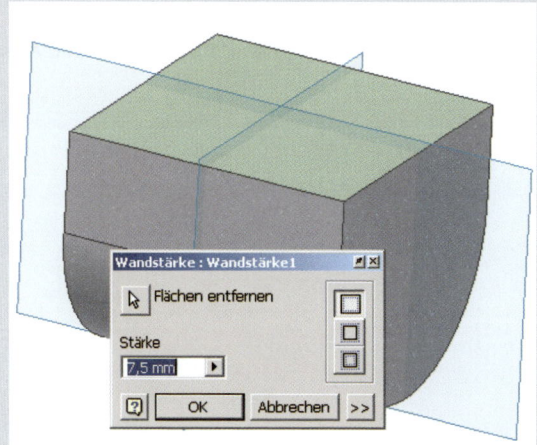

*Schritt 2: Definition der Wandstärke. Entfernen der Bodenfläche des Grundkörpers und Zuweisen einer einheitlichen Wandstärke von 7,5 mm.*

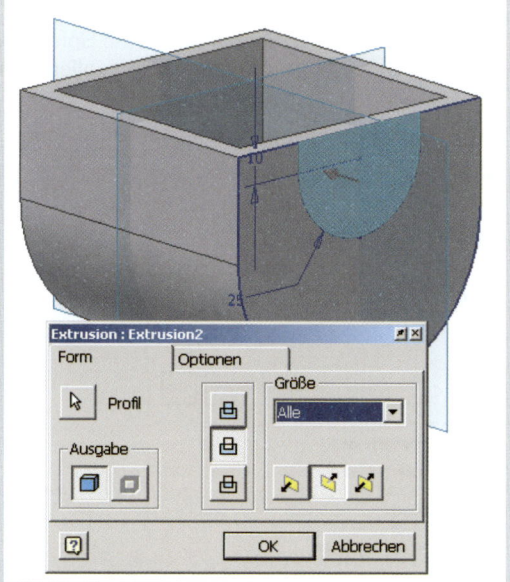

*Schritt 3: Skizze der zweiten Extrusion (Abstand 10 mm, R25) als Differenz durch den ganzen bisher modellierten Körper.*

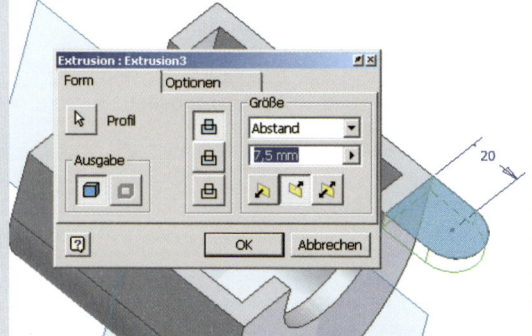

*Schritt 4: Lasche modellieren (Abstand 20 mm) und bohren (Bohrungsdurchmesser 12,5 mm).*

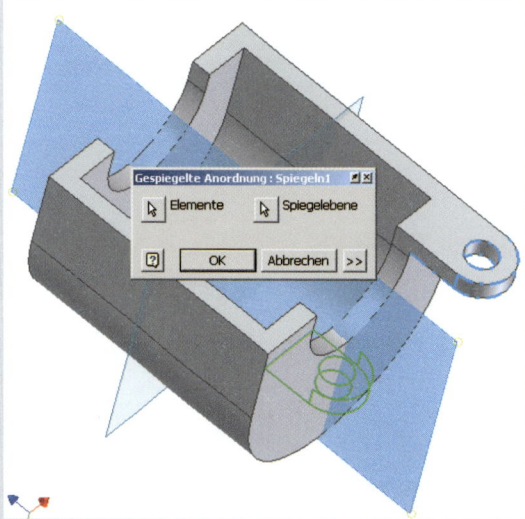

*Schritt 5: Erste Spiegelung der Lasche mit der dazugehörigen Bohrung (Anwahl der Elemente im Browser zweckmäßig). Spiegelebene ist die Standardebene YZ.*

# 4 Bauteilmodellierung

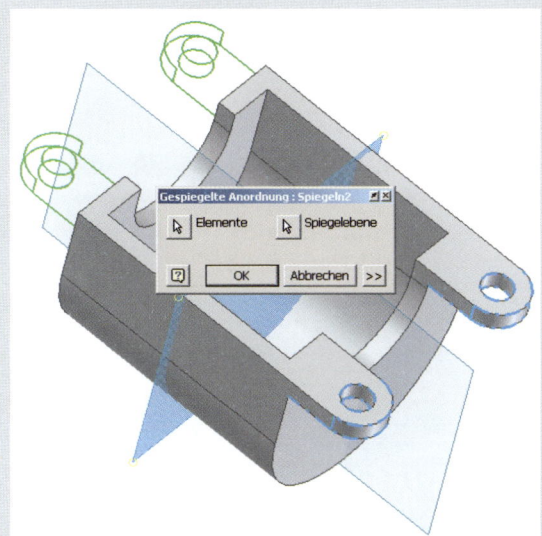

Schritt 6: Zweite Spiegelung der Lasche mit der dazugehörigen Bohrung und der ersten Spiegelung. Spiegelebene ist die Standardebene XY.

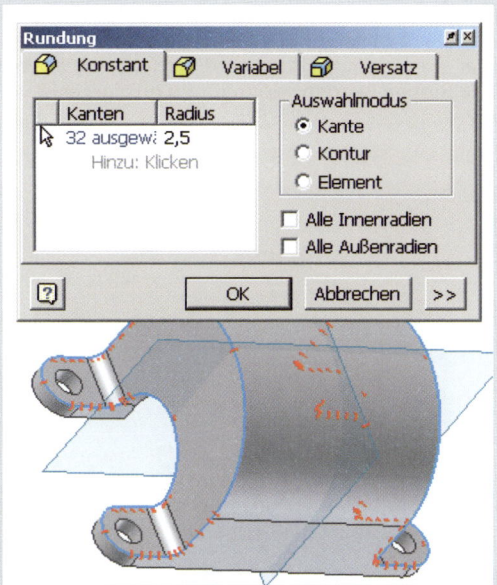

Schritt 7: Verrundung zwischen Laschen und Grundkörper mit Radius 6.

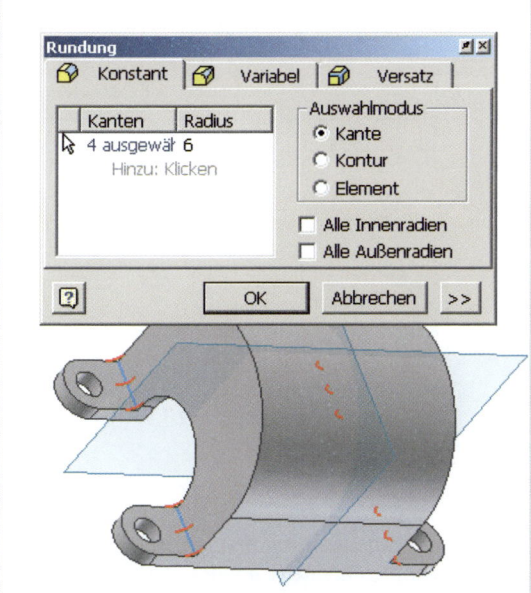

Schritt 8: Verrundung der beiden tangentialen Außenkanten mit Radius 2,5 mm.

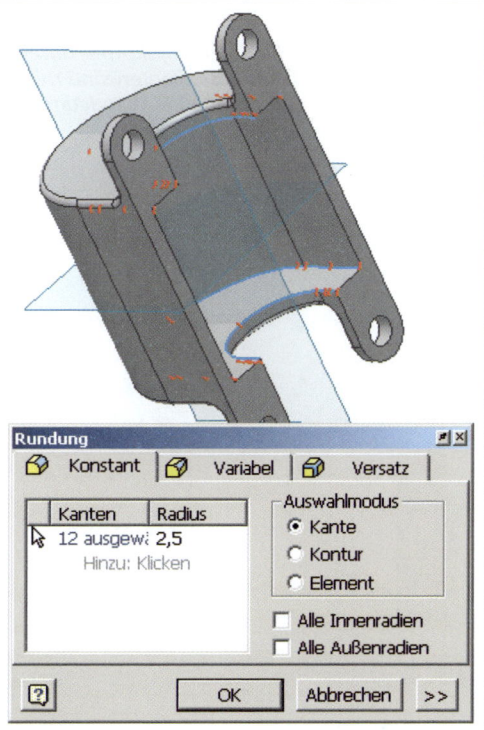

Schritt 9: Verrundung der vier Innenbögen mit dem Radius 2,5 mm.

**Projekt 5: Konstruktion eines verrippten Gehäusedeckels aus Guss.**
Der Deckel besteht aus einem Rotationskörper, dem eine Wandstärke zugewiesen wurde.
Der anmodellierte Rand wird verrippt und es werden Anschraublaschen modelliert.
Die Rippen werden verjüngt und gussgerecht verrundet.

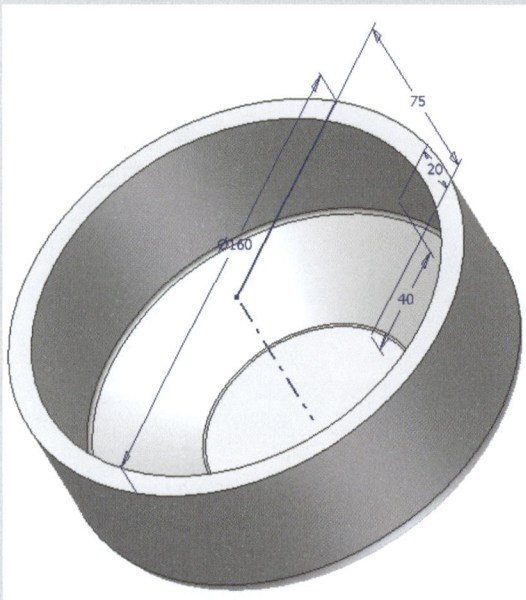

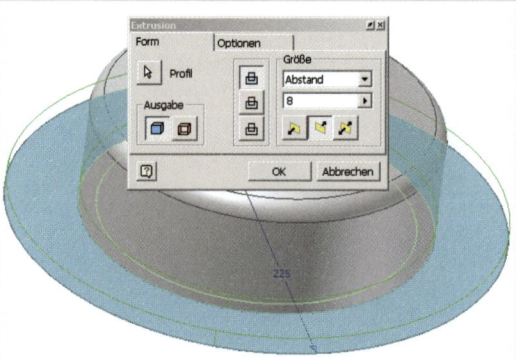

Schritt 2: Modellierung des Randes mit dem Durchmesser 225 mm und einer Dicke von 8 mm konzentrisch zu dem Grundkörper.

Schritt 1: Erzeugen Sie den Grundkörper durch die skizzierte Drehung. Die Außenkanten sind mit R10 verrundet. Der Körper erhält eine Wandstärke von 8 mm.

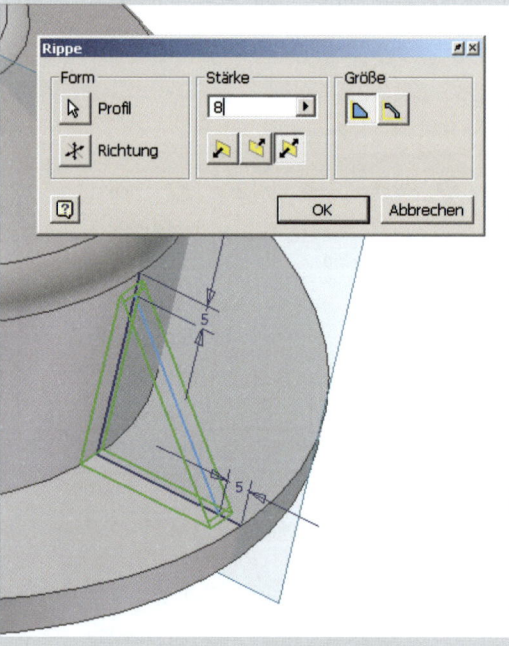

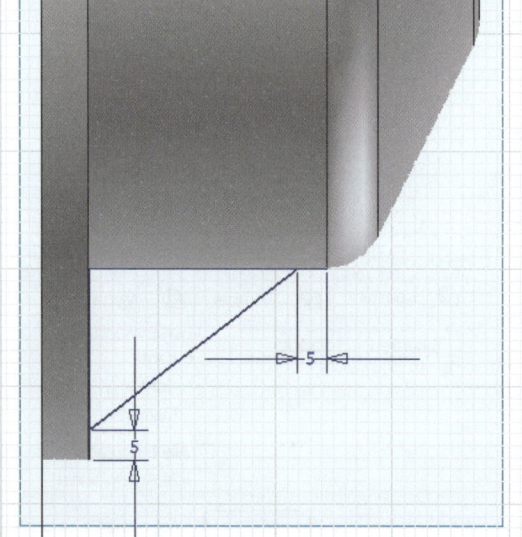

Schritt 4: Erzeugen der Rippe. Auswahl des Rippenprofils und Festlegen der Erzeugungsrichtung. Rippendicke 8 mm gleichmäßig in beide Richtungen. Erzeugung einer vollständig ausgefüllten Rippe.

Schritt 3: Definition des Rippenprofils durch eine Linie und 2 projizierte Kanten.
Eingabe der Abstandsmaße: 5 mm.

# 4 Bauteilmodellierung

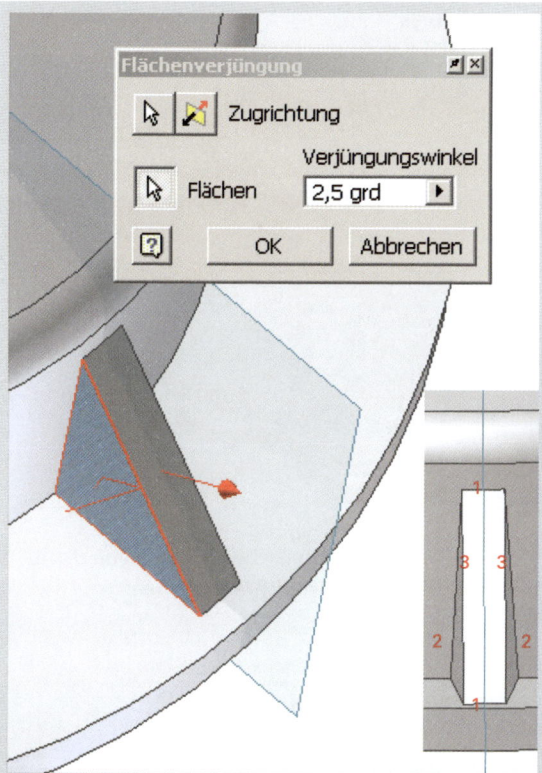

Schritt 5: Erzeugen Sie eine Flächenverjüngung an beiden Seitenflächen der Rippe. Verjüngungswinkel 6°, Ausformrichtung (Zugrichtung) siehe Vorschaupfeil.

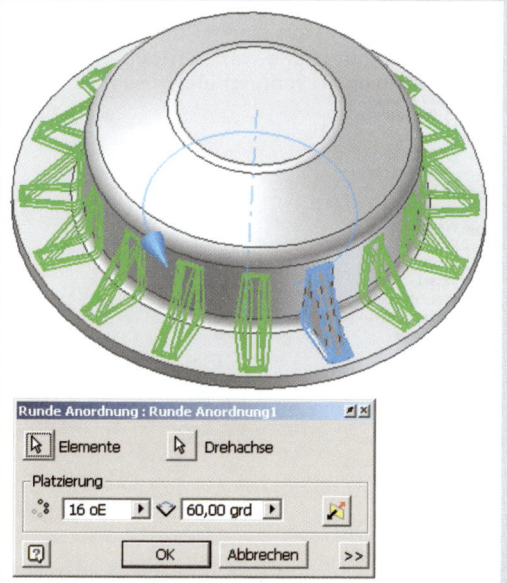

Schritt 6 + 7: Verrunden Sie die Rippe in der angegebenen Reihenfolge (1,2,3).
Ordnen Sie 16 Rippen am Umfang des Deckels durch eine runde Anordnung an.

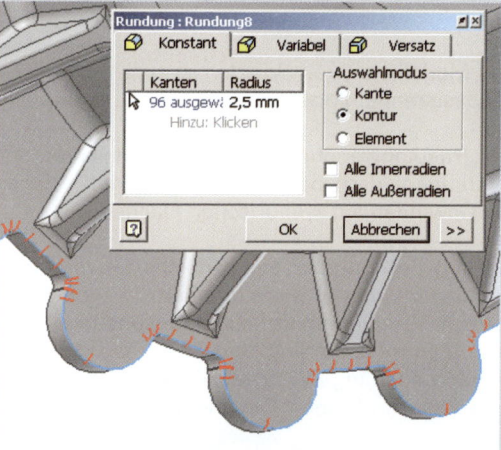

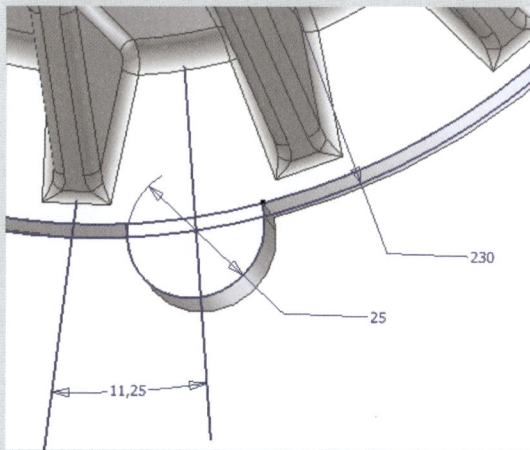

Schritt 8: Definition der anmodellierten Anschraublasche, Durchmesser 25 mm, Extrusionsdicke 8 mm.

Schritt 9: Runde Anordnung der Lasche (16x) und Verrundung der entstandenen Kontur.

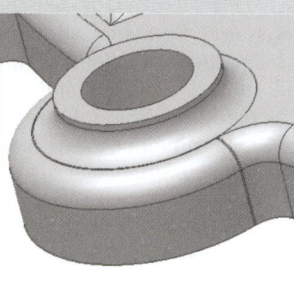

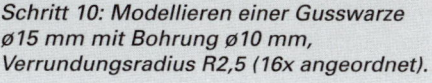

Schritt 10: Modellieren einer Gusswarze ø15 mm mit Bohrung ø10 mm, Verrundungsradius R2,5 (16x angeordnet).

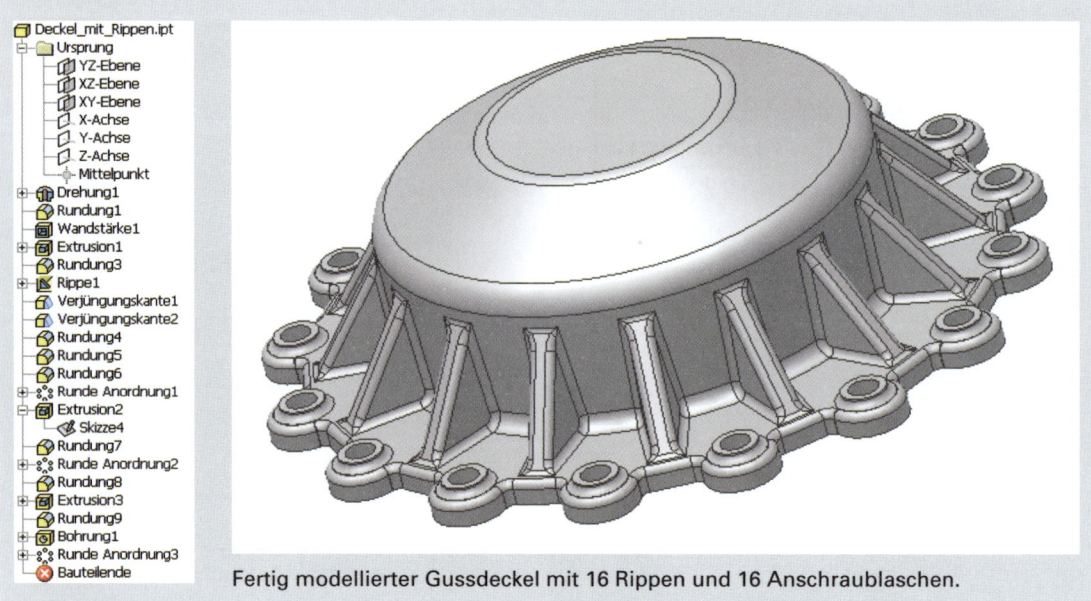

Fertig modellierter Gussdeckel mit 16 Rippen und 16 Anschraublaschen.

## 4.8 3D-Modellierung von Spiralen

Das Modellieren von *Spiralen* ist eine weitere skizzenbasierende Modellierfunktion.

Die Hauptanwendung sind das Modellieren von Schraubenfedern oder das Modellieren von realen Gewinden auf zylindrischen Flächen.

Bei den Gewinden ist das wirkliche *Gewindeprofil* zu skizzieren um es dann in einem zweiten Schritt als eine Vereinigung um einen bestehenden Zylinder zu formen. Anfang und Ende des Gewindes müssen allerdings auch wirklichkeitsgetreu durch eine Fase und einen Gewindeauslauf modelliert werden.

Bei der Erzeugung von Schraubenfedern (z. B. nach DIN 2098) stellt sich das Problem der Anfangs- und Endwindungen dem mit den Optionen der *Registerkarte Spiralendungen* begegnet werden kann. Da die meisten Federn in Wirklichkeit aber plangeschliffene Enden haben, muss an dieser Stelle mit einer Extrusion als Differenz Abhilfe geschaffen werden.

Reale, normgerechte Schraubendruckfedern sind allerdings einfacher aus einer Normteilbilbliothek in einen Zusammenbau einzufügen.

**3D-Modellierung von *Spiralen***

Erzeugt ein spiralförmiges Bauteil

**Spezifikationen des Befehls *Spirale***

In drei Registerkarten wird die Spiralengeometrie festgelegt.

Der Querschnitt und die Achse, um die sich die Spirale windet, und die Windungsrichtung werden in der ersten Registerkarte definiert.

# 4 Bauteilmodellierung

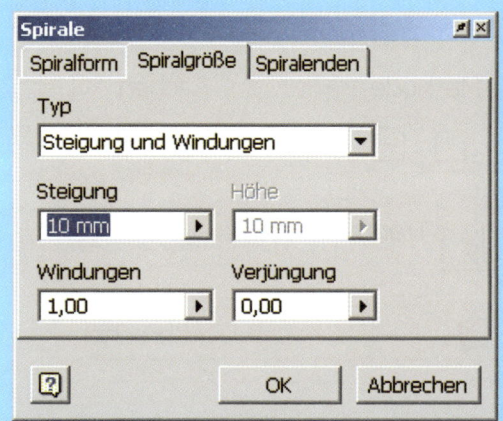

Registerkarte: Spiralgröße
Festlegung der verschiedenen Abmessungen je nach dem ob ein Gewinde oder eine Schraubenfeder oder ein spiralförmiges Bauteil (z.B. Kühlspirale) modelliert werden soll.

Registerkarte: Spiralenden
Festlegung der Spiralenden. Diese Option ist vor allem zur Modellierung von Schraubenfedern unbedingt nötig.

**Übungsbeispiel:** Skizzieren Sie den unten abgebildeten Spiralquerschnitt. Die daraus entstehende Schraubenfeder soll einen mittleren Durchmesser von 50 mm haben. Anzahl der Windungen: 5, Höhe der Feder: 99 mm. Beide Spiralenden flach, Übergangswinkel 180°, flacher Verlauf 180°.

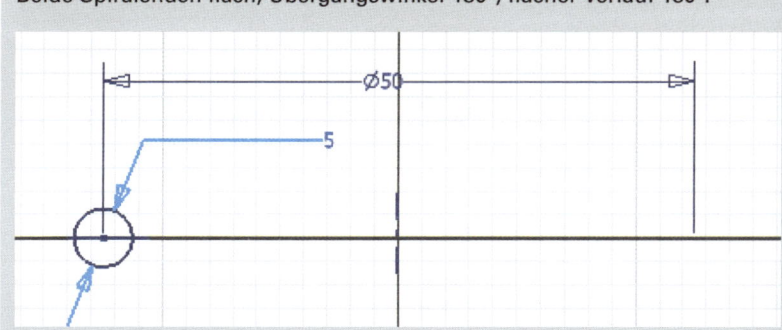

## 4.9    3D-Modellierfunktion Trennen

Das *Trennen* von Bauteilen oder Flächen ist eine skizzenbasierende Funktion des Inventors.

Auf einer Skizzierfläche wird das so genannte Trennwerkzeug skizziert. Dies ist ein Linienzug (auch Bögen und Splines sind möglich) entlang dem die Trennung des Bauteils in zwei Teile erfolgt.

**3D-Modellierfunktion *Trennen***

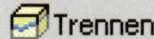

Trennt ein Bauteil oder Flächen in zwei Teile.

Durch geschicktes Anwenden des Befehls Kopie speichern nach der Skizzenerstellung, aber vor der Ausführung des Befehls *Trennen*, können beide Bauteilhälften erzeugt werden. Bei beiden Teilen wird nun der Befehl *Trennen* angewandt, allerdings muss der zu entfernende Teil bei den beiden Teilen auf den jeweils anderen Bereich angewandt werden.

Registerkarte: *Trennen Methode 1*
Trennt ein Bauteil entlang eines skizzierten Profils (kann auch offen sein, z.B. 1 Linie). Der zu entfernende Teil kann ausgewählt werden. *Tipp:* Sollen beide Teile erhalten bleiben, vor dem Trennen Kopie speichern anwenden und den Trennbefehl auf Kopie und Orginal anwenden.

Registerkarte: *Trennen Methode 2*
Trennt die Bauteilflächen entlang eines skizzierten Profils. Es können alle Bauteilflächen oder einzelne Flächen zum Trennen ausgewählt werden. Die Trennebene entsteht als neue Fläche.

**Übungsbeispiel: Trennen**
1. Extrudieren Sie einen Quader mit den Abmessungen 120 x 80 x 75. Skizzieren Sie auf eine Außenfläche (120 x 75) das Trennwerkzeug. Führen Sie die Trennung des Bauteils durch.

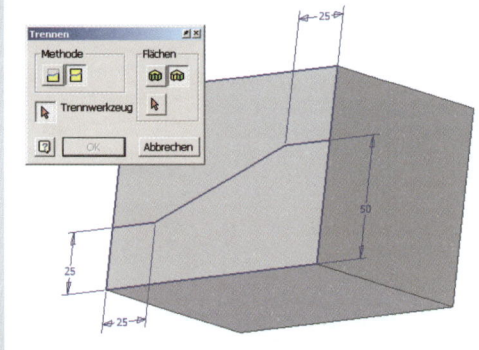

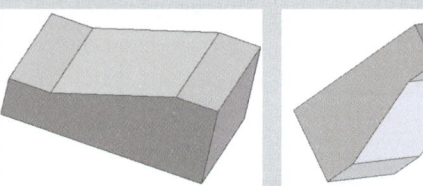

*2. Speichern Sie vor dem Trennen eine Kopie des Bauteils mit der Skizze des Trennwerkzeugs ab. Wenden Sie den Befehl Trennen nun auf die jeweils andere Seite des Bauteils in Kopie und Original an.*

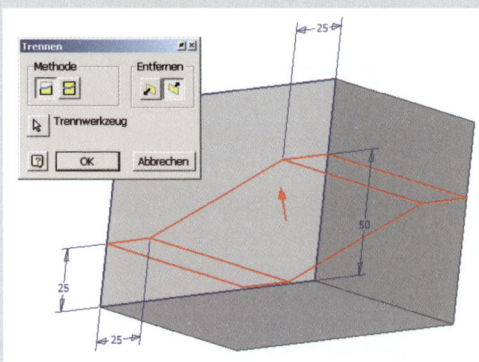

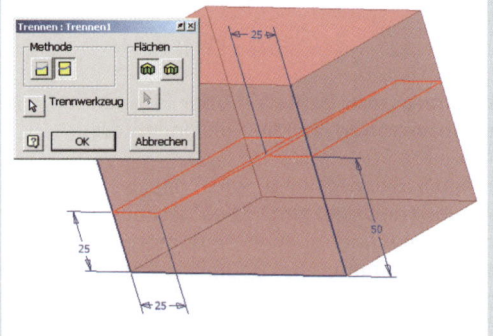

*3. Beobachten Sie die Veränderung der Trennung bei der Methodenänderung. Der Körper bleibt erhalten. Es entsteht eine Trennfläche.*

# 4 Bauteilmodellierung

## 4.10 3D-Arbeitselemente

Bei *Arbeitselementen* handelt es sich um eine abstrakte Konstruktionsgeometrie, die verwendet wird, wenn die Geometrie nicht zum Erstellen und Positionieren neuer Elemente ausreicht. Bestimmen Sie Elemente als von Arbeitselementen abhängig, um deren Position und Form festzulegen. Zu Arbeitselementen zählen *Arbeitsebenen*, *Arbeitsachsen* und *Arbeitspunkte*. Die Werkzeuge für Arbeitselemente bieten Bildschirmmeldungen, um Sie bei der Auswahl und Platzierung zu unterstützen. Die korrekten Ausrichtungs- und Abhängigkeitsbedingungen werden aus der ausgewählten Geometrie und der Auswahlreihenfolge abgeleitet.

**3D-Arbeitselemente**

Erzeugt eine Arbeitsebene

Erzeugt eine Arbeitsachse

Erzeugt einen Arbeitspunkt

### 4.10.1 Arbeitsebene

Die *Arbeitsebene* ist eine unendliche Konstruktionsebene, die einem Element parametrisch zugeordnet ist. Die Möglichkeiten eine Arbeitsebene zu erzeugen sind sehr vielfältig. Sehr häufig verwendet werden allerdings Arbeitsebenen im Versatz, im Winkel oder tangential zu anderen Ebenen.

**Arbeitsebene: 1 Arbeitselement mit elf Platzierungsmöglichkeiten**

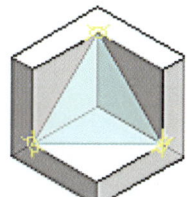 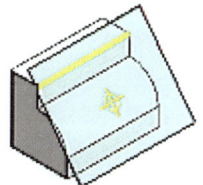 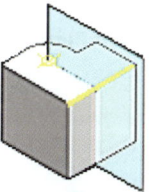 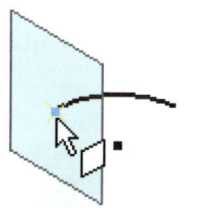

| Auswahl: Drei beliebige Punkte. | Auswahl: Gekrümmte Fläche und lineare Kante. Beliebige Reihenfolge. | Auswahl: Lineare Kante oder Achse und Punkt. Beliebige Reihenfolge. | Auswahl: Nicht lineare Kante oder Skizzierkurve und Scheitelpunkt, Kantenmittelpunkt oder Skizzierpunkt. |

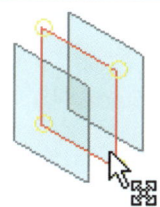 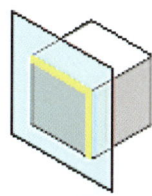 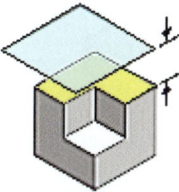 

| Auswahl: Zwei parallele planare Ebenen oder Bauteilebenen. | Auswahl: Zwei koplanare Kanten. | Auswahl: Planare Bauteilfläche anklicken und in Versatzrichtung mit der Maus ziehen. Betrag des Versatz eingeben. Vorzeichen definiert die Versatzrichtung. | Auswahl: Bauteilfläche bzw. Ebene und beliebige Kante. Winkel in der Eingabebox eingeben. |

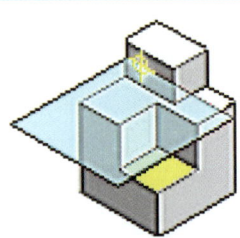 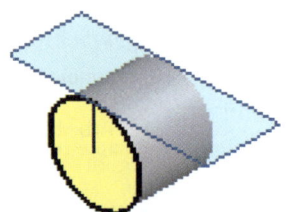 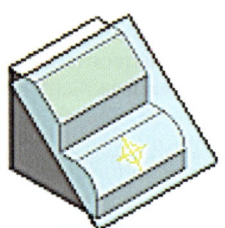

Auswahl:
Planare Bauteilfläche
oder Arbeitsebene und
beliebiger Punkt.
Beliebige Reihenfolge.

Auswahl:
Planare Bauteilfläche
oder Arbeitsebene und
gekrümmte Fläche.
Beliebige Reihenfolge.

Auswahl:
Zylindrische
Mantelfläche und
planare Bauteilfläche.

## 4.10.2 Arbeitsachse

Eine Arbeitsachse ist eine Konstruktionslinie unendlicher Länge, die einem Bauteil parametrisch zugeordnet ist. Analog zur Arbeitsebene ist die Erzeugung ebenfalls sehr vielseitig.

**Arbeitsachse: 1 Arbeitselement mit acht Platzierungsmöglichkeiten**

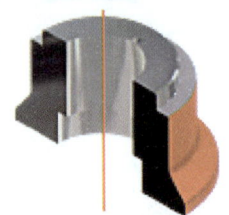 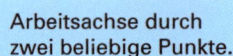 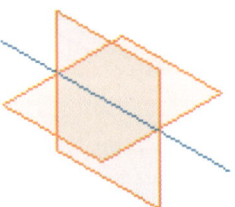 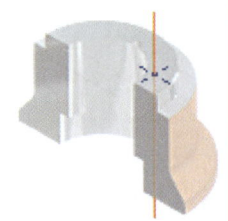

Arbeitsachse durch zwei beliebige Punkte.

Arbeitsachse als Schnittlinie zweier Arbeitsebenen oder planarer Bauteilflächen.

Arbeitsachse lotrecht durch einen Punkt zu einer planaren Ebene.

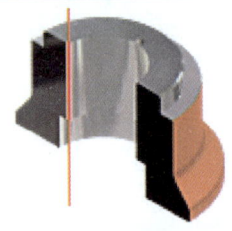 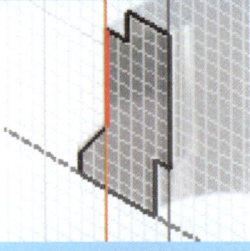 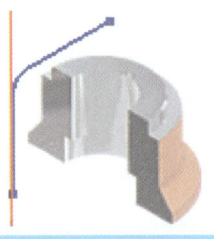 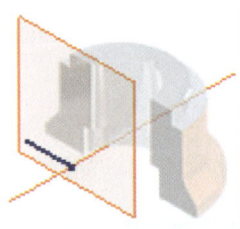

Arbeitsachse auf einer beliebigen Kante.

Arbeitsachse auf einer Skizzenkante, Skizzenlinie.

Arbeitsachse auf einer 3D-Skizzenlinie.

Arbeitsachse koinzident mit dem Linienendpunkt, der auf die Ebene entlang der Normalen projiziert ist.

# 4 Bauteilmodellierung

## 4.10.3 Arbeitspunkte

Ein Arbeitspunkt ist ein parametrischer Konstruktionspunkt, der an einer beliebigen Position auf der Bauteilgeometrie, der Konstruktionsgeometrie oder im dreidimensionalen Raum platziert werden kann. In einer Baugruppe kann ein Arbeitspunkt nicht auf dem Mittelpunkt einer Linie erstellt werden.

**Arbeitspunkt: 1 Arbeitselement mit neun Platzierungsmöglichkeiten**

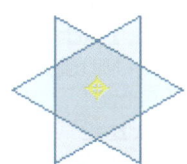   

Arbeitspunkt als Schnittpunkt dreier Arbeitsebenen oder planarer Bauteilflächen.

Arbeitspunkt am Schnittpunkt zweier Linien.

Arbeitspunkt als Scheitelpunkt oder Scheitelpunkt einer Linie.

Arbeitspunkt als Mittelpunkt einer Linie.

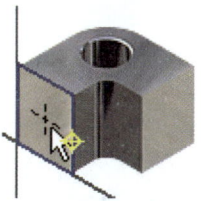 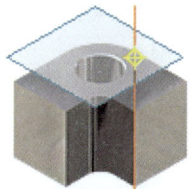 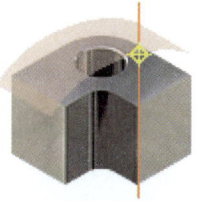 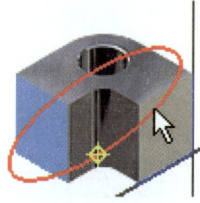

Arbeitspunkt auf einem Punkt einer 2D- oder 3D-Skizze.

Arbeitspunkt am Schnittpunkt einer Ebene mit einer Arbeitsachse oder Linie.

Arbeitspunkt am Schnittpunkt einer Fläche mit einer Linie.

Arbeitspunkt am Schnittpunkt einer Ebene und einer Kurve.

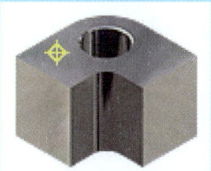

Arbeitspunkt an einem fixierten Arbeitspunkt.

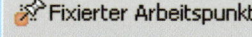

**Option Fixierter Arbeitspunkt**

Beim fixierten Arbeitspunkt sind im Gegensatz zum normalen Arbeitspunkt alle Freiheitsgrade eliminiert. Weder Bemaßungen noch Abhängigkeiten verändern seine Position im Raum.

## 4.11 3D-Modellierung *Sweeping*

Eine weitere Methode der 3D-Modellierung stellt das *Sweeping* dar. Im Gegensatz zu den bisherigen Verfahren setzt das Sweeping allerdings zwei unverbrauchte Skizzen voraus. Übersetzt bedeutet Sweeping – *ausgedehnt*, ein Profil dehnt sich entlang eines Pfades zu einem 3D-Volumenkörper aus. Eine weitere Option ist die Möglichkeit als Pfad nicht nur 2D-Skizzen sonder auch 3D-Skizzen zu verwenden.

**3D-Modellierung *Sweeping***

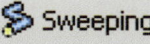

Erzeugt einen Volumenkörper durch Sweeping eines Profils entlang eines Pfades.

**Arbeitspunkt: 1 Arbeitselement mit neun Platzierungsmöglichkeiten**

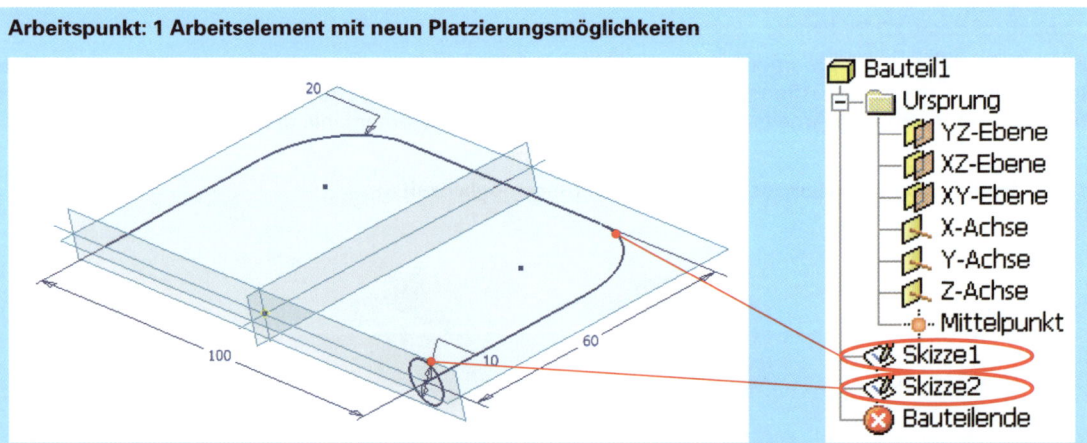

Skizze 1 als 2D-Pfad und Skizze 2 als Profil, das sich durch Sweeping entlang eines Pfades ausdehnt.

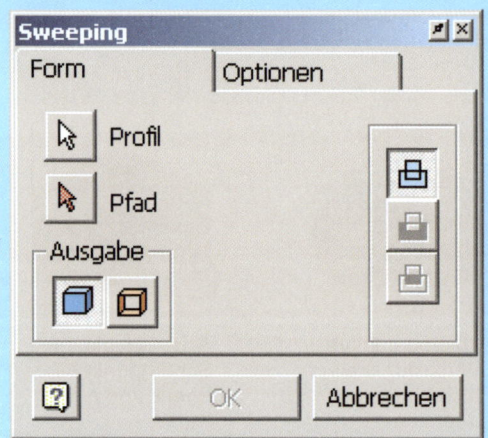 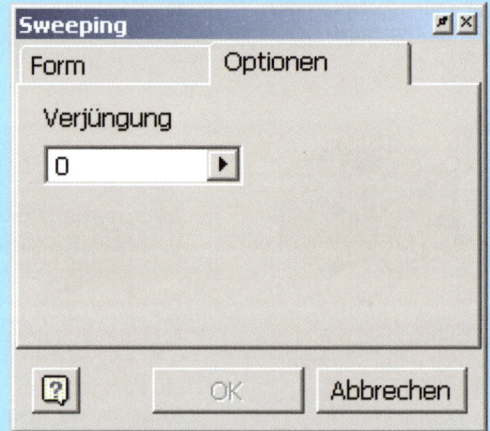

**Spezifikation des Befehls *Sweeping***
Registerkarte Form: Auswahl des Profils und des Pfades, Festlegen, ob ein Sweeping Volumenkörper oder eine Sweepingfläche entstehen soll und die booleschen Standardoperationen.
Registerkarte Optionen: Definition, ob eine Verjüngung angewandt werden soll (Winkelangabe).

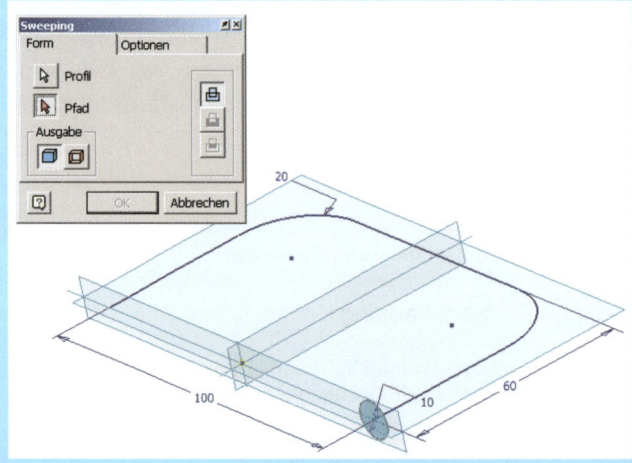

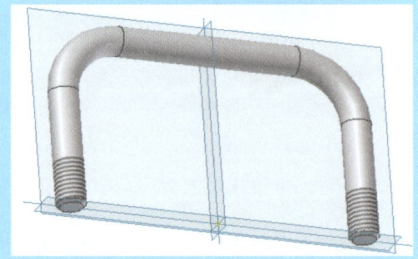

Sweeping eines Bügels, Endstücke angefast und mit Befestigungsgewinde versehen.

# 4 Bauteilmodellierung

**Übungsbeispiel: 2D-Sweeping – Splint, ähnlich DIN 94**
Skizzieren Sie in der ersten Skizze Form des Pfades auf der XY-Ebene. Die zweite Skizze, das Profil des Splintquerschnitts, erstellen Sie auf der XY-Ebene. Danach führen Sie den Befehl Sweeping aus und fasen die vorderen Splintkanten mit 1 x 45° an.

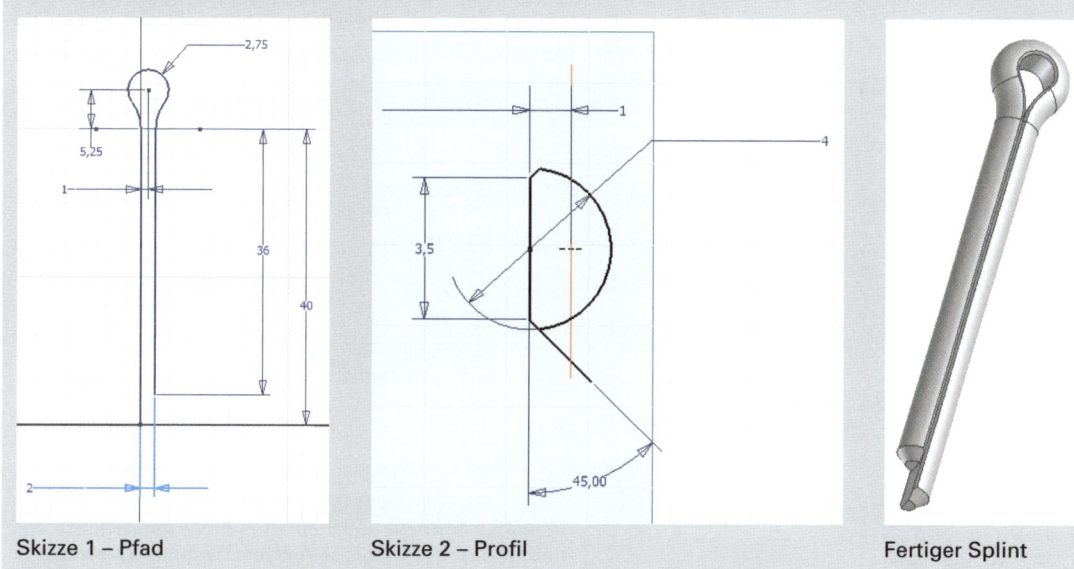

Skizze 1 – Pfad    Skizze 2 – Profil    Fertiger Splint

Die zweite Möglichkeit 3D-Bauteile mit dem Sweeping-Befehl zu erstellen stellt die Verwendung von 3D-Skizzen dar. Vor allem bei der Top-Down-Konstruktion von Einzelteilen aus dem Zusammenbau heraus, ist dies eine einfache Methode 3D-Verbindungen, z. B. durch Rohrleitungen, zu modellieren.

**Befehle der 3D-Skizze**

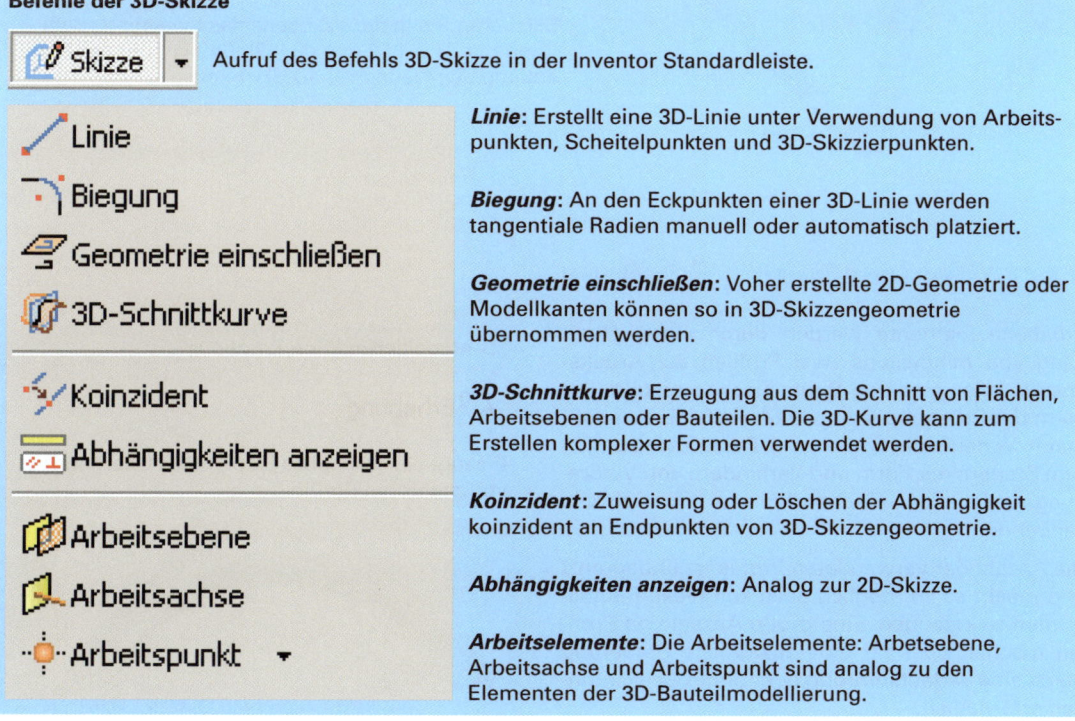

Aufruf des Befehls 3D-Skizze in der Inventor Standardleiste.

**Linie**: Erstellt eine 3D-Linie unter Verwendung von Arbeitspunkten, Scheitelpunkten und 3D-Skizzierpunkten.

**Biegung**: An den Eckpunkten einer 3D-Linie werden tangentiale Radien manuell oder automatisch platziert.

**Geometrie einschließen**: Voher erstellte 2D-Geometrie oder Modellkanten können so in 3D-Skizzengeometrie übernommen werden.

**3D-Schnittkurve**: Erzeugung aus dem Schnitt von Flächen, Arbeitsebenen oder Bauteilen. Die 3D-Kurve kann zum Erstellen komplexer Formen verwendet werden.

**Koinzident**: Zuweisung oder Löschen der Abhängigkeit koinzident an Endpunkten von 3D-Skizzengeometrie.

**Abhängigkeiten anzeigen**: Analog zur 2D-Skizze.

**Arbeitselemente**: Die Arbeitselemente: Arbetsebene, Arbeitsachse und Arbeitspunkt sind analog zu den Elementen der 3D-Bauteilmodellierung.

**Übungsbeispiel: 3D-Sweeping – Hydraulikrohr**

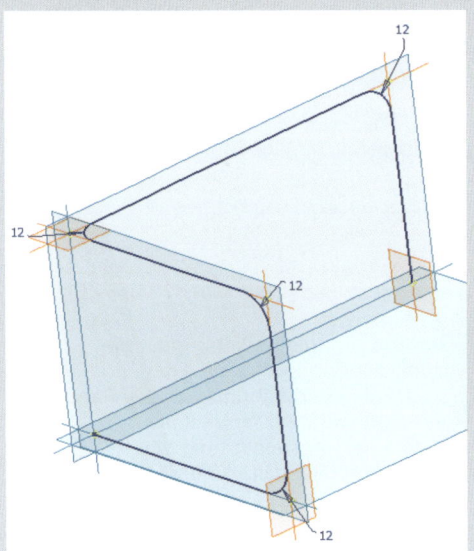

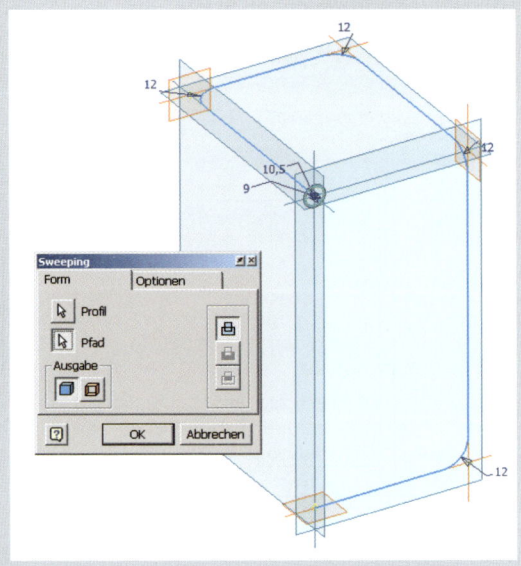

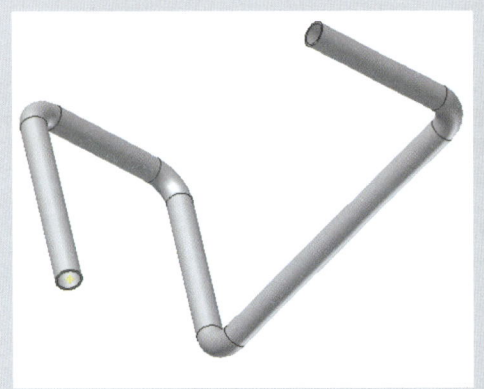

Erzeugen Sie sich unter Zuhilfenahme der Arbeitsgeometrie drei versetzte Arbeitsebenen: 100 mm zur YZ-Ebene, 75 mm zur XZ-Ebene und –150 mm zur XY-Ebene.
Definieren Sie durch Arbeitsachsen und Arbeitspunkte eine Grenzgeometrie. Verbinden Sie die projizierten Arbeitspunkte in einer 3D-Skizze und erzeugen so den Sweeping-Pfad.
Skizzieren Sie in der YZ-Ebene das Sweeping-Profil (Ring mit d1 = 10,5 und d2 = 9). Dehnen Sie das Profil entlang des Pfades der 3D-Skizze aus.

## 4.12 3D-Modellierung *Erhebung*

*Erhabene* Elemente werden durch einen Übergang von mindestens zwei Profilen auf Arbeitsebenen oder planaren Bauteilflächen erstellt. Die Form der Erhebung kann weiter verfeinert werden durch Verlaufsführungen und Punktzuweisungen zum Steuern der Form und Verhindern von Verdrehungen. Erhabene Flächen können offene Profile verwenden.

Die Anzahl der verwendeten Profile ist unbegrenzt und macht es so möglich auch komplexe Bauteilformen zu erzeugen. Eine große Anzahl von Profilen machen aber oft eine zusätzliche Steuerung durch eine Verlaufsführung oder durch Gewichtungen erforderlich.

**3D-Modellierfunktion *Erhebung***

Erzeugt ein erhabenes Element als Übergang von mehreren Profilen.

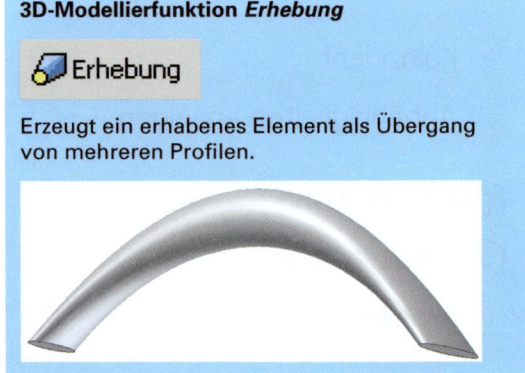

## Spezifikationen des Befehls *Erhebung*

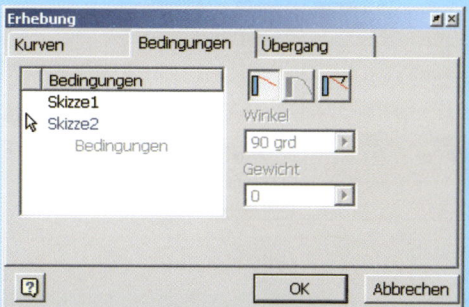

**Schnitte:** Legt die in der Erhebung die Übergangsprofile fest.

**Verlaufsführung:** Definiert eine zusätzliche Kurve, die den Verlauf der Erhebung steuert. Diese Funktion ist optional.

**Ausgabe:** Als Volumenkörper oder Fläche.

**Operation:** Boolesche Standardoperationen.

**Bedingungen:** Legt die Bedingung für die Begrenzung der Endprofile fest. Freie Bedingung, keine Bedingungen für den Rand. Tangentenbedingung für tangentiale Übergänge. Richtungsbedingung durch Winkel und Gewicht wird die Art des Übergangs gesteuert.

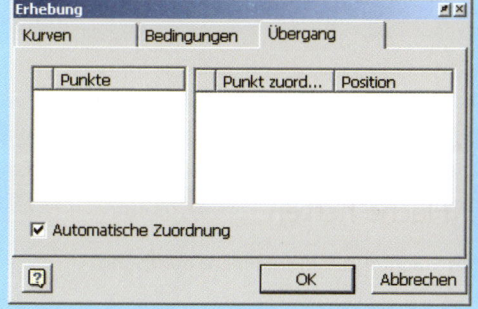

**Übergang:** Durch Zuordnen von Punkten, Verlaufsführungen und Abschnittsscheitelpunkten wird definiert, wie Segmente eines Abschnitts den Segmenten des Abschnitts davor und danach zugewiesen werden. Wenn die automatische Zuweisung deaktiviert ist, werden automatisch berechnete Sätze von Punkten aufgeführt, und Punkte werden den Anforderungen entsprechend hinzugefügt bzw. entfernt.

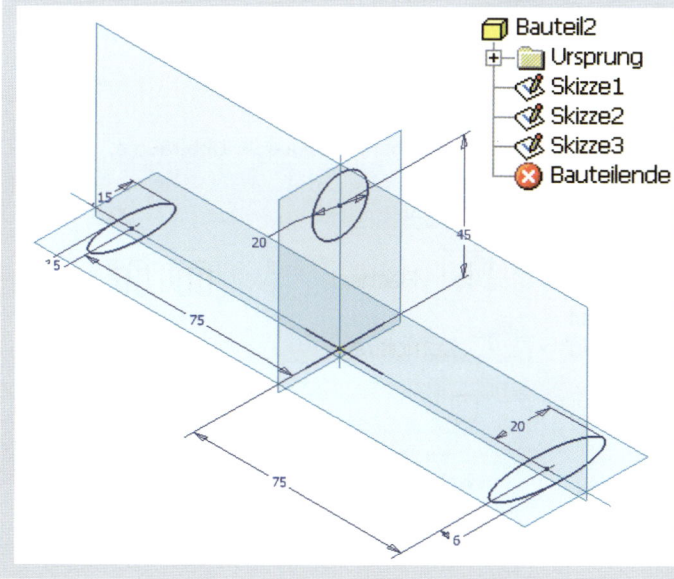

**Übungsbeispiel: Erhebung**

Skizzieren Sie in drei Skizzen die Profile, die mit der Erhebung verbunden werden sollen.

Wenden Sie den Befehl aus die drei Profile, ohne besondere Übergänge und Verlaufsführungen an.

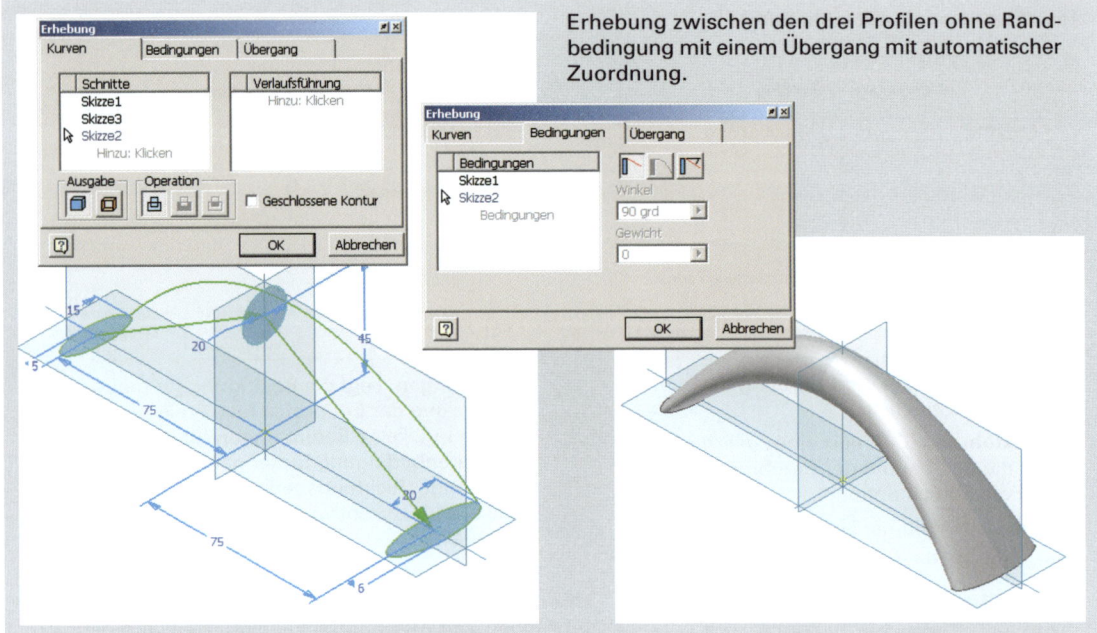

Erhebung zwischen den drei Profilen ohne Randbedingung mit einem Übergang mit automatischer Zuordnung.

## 4.13 3D-Modellierung mit Flächen

Die meisten Befehle zur 3D- Modellierung beinhalten meist auch die Option zur Erzeugung einer Fläche anstatt eines Volumenkörpers. Darüber hinaus gibt es allerdings noch spezielle Flächenbefehle.

### 4.13.1 Fläche heften

Dieser Befehl *heftet* Flächen zu einem Flächenverbund zusammen. Die Voraussetzung sind allerdings gleichlange Flächenkanten, an denen geheftet werden soll.

### 4.13.2 Flächen ersetzen

Der Befehl *ersetzt* eine oder mehrere Bauteilflächen durch eine andere Fläche. Das Bauteil muss die neue Fläche allerdings vollständig schneiden.

### 4.13.3 Flächen löschen

Der Befehl *löscht* eine oder mehrere Bauteilflächen, Stücke oder Hohlräume. Der Restvolumenkörper wird in seine Hüllflächen umgewandelt.

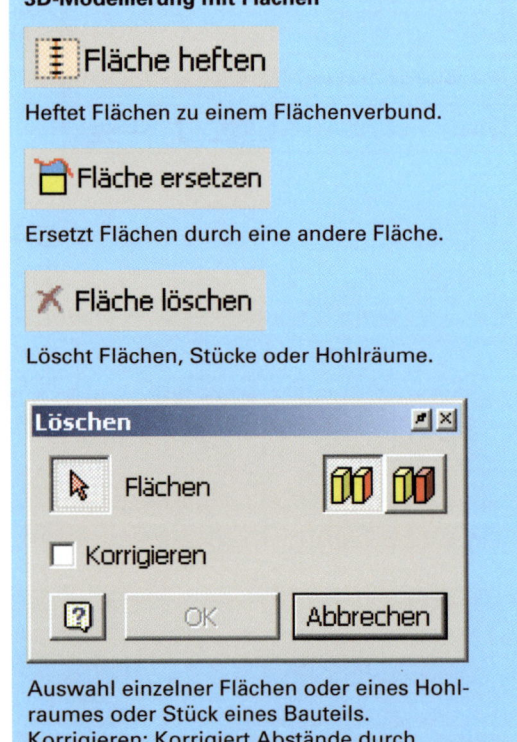

**3D-Modellierung mit Flächen**

Fläche heften
Heftet Flächen zu einem Flächenverbund.

Fläche ersetzen
Ersetzt Flächen durch eine andere Fläche.

Fläche löschen
Löscht Flächen, Stücke oder Hohlräume.

Auswahl einzelner Flächen oder eines Hohlraumes oder Stück eines Bauteils.
Korrigieren: Korrigiert Abstände durch Erweiterung nebeneinander liegender Flächen.

## 4.13.4 3D-Modellierung *Verdickung/Versatz*

Der Befehl Verdickung erzeugt einen Materialauftrag auf eine oder mehrere Flächen oder einen Flächenverbund. Es entsteht ein Volumenkörper. Die Befehlsoption Versatz erzeugt im Gegensatz dazu eine Versatzfläche zu der angewählten Fläche oder Flächenverbund.

**Spezifikationen des Befehls *Verdickung / Versatz***

Erzeugt als Verdickung einen Materialauftrag auf eine Fläche.
Erzeugt als Versatz eine Versatzfläche.

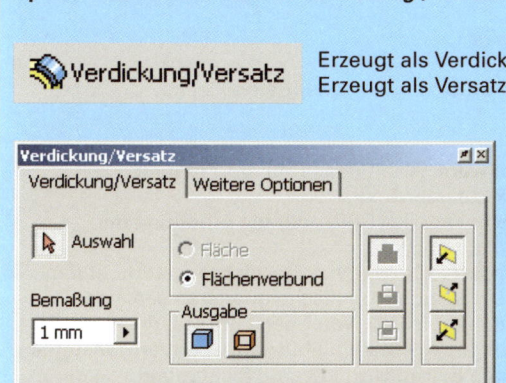

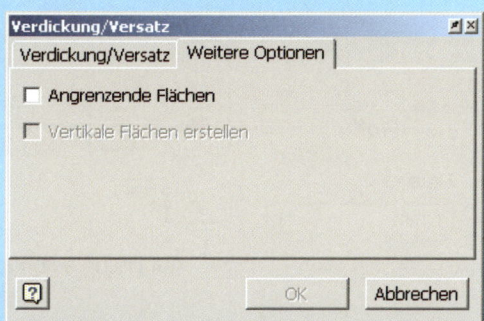

Auswahl einer Fläche oder eines Flächenverbundes, Bemaßung der Dicke / des Versatzes. Ausgabe als Verdickung oder Flächenversatz. Boolesche Standardoperationen und Auswahl der Auftrags-/ Versatzrichtung.

Angrenzende Flächen wendet die Verdickung auch auf angrenzende Flächen mit tangentialem Übergang an.

**Übungsbeispiel: Kantenschutz**
Extrudieren Sie einen Würfel mit der Kantenlänge a = 50 mm und verrunden Sie drei Kanten so, dass eine Kofferecke entsteht. Löschen Sie die drei der Verrundung gegenüber liegenden Flächen und verdicken Sie den restlichen Flächenverbund auf 1 mm. Alle Rundungsradien R16, Bohrungen im Zentrum der Verrundung ø4,5 mm.

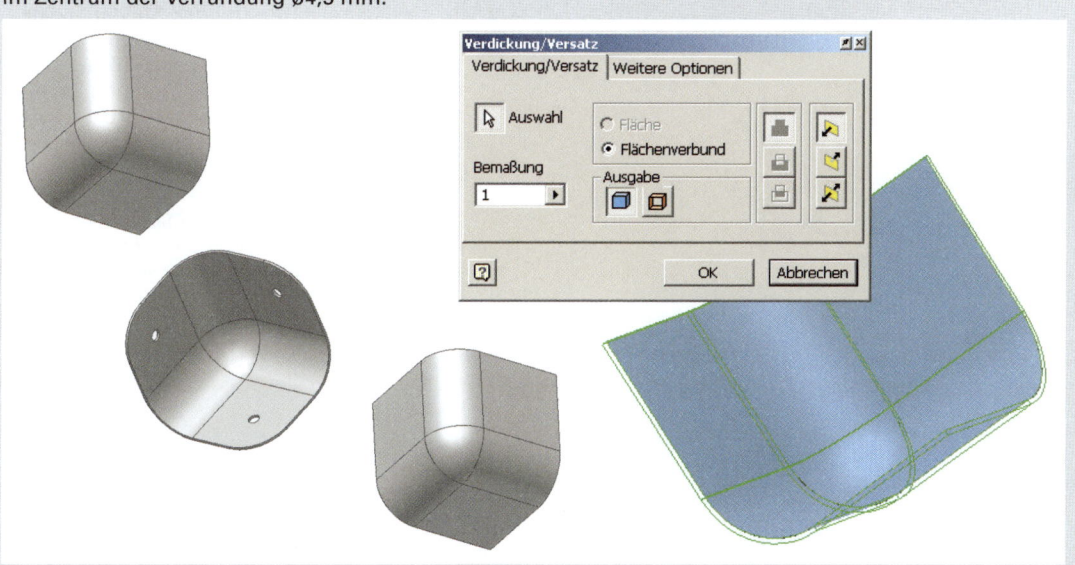

## 4.13.5 3D-Modellierung *Prägung*

Eine Prägung wird durch Erhöhen bzw. Absenken eines Profils relativ zur Modellfläche um eine bestimmte Tiefe und in einer bestimmten Richtung erzeugt. Das Profil kann ein Bild oder ein Text, aber auch ein normales skizziertes Profil sein.

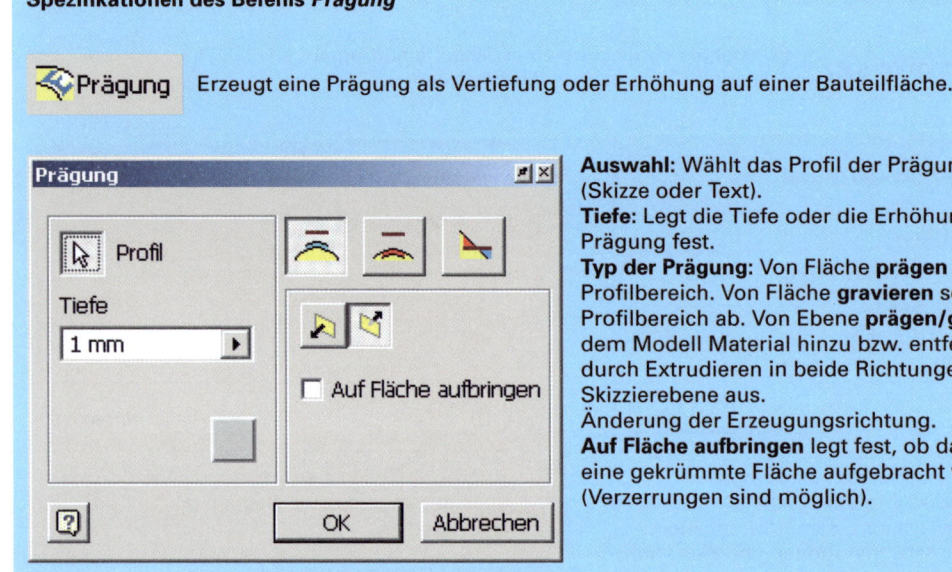

**Spezifikationen des Befehls *Prägung***

**Prägung** Erzeugt eine Prägung als Vertiefung oder Erhöhung auf einer Bauteilfläche.

**Auswahl:** Wählt das Profil der Prägung (Skizze oder Text).
**Tiefe:** Legt die Tiefe oder die Erhöhung der Prägung fest.
**Typ der Prägung:** Von Fläche **prägen** erhöht den Profilbereich. Von Fläche **gravieren** senkt den Profilbereich ab. Von Ebene **prägen/gravieren** fügt dem Modell Material hinzu bzw. entfernt Material durch Extrudieren in beide Richtungen von der Skizzierebene aus.
Änderung der Erzeugungsrichtung.
**Auf Fläche aufbringen** legt fest, ob das Profil auf eine gekrümmte Fläche aufgebracht werden soll (Verzerrungen sind möglich).

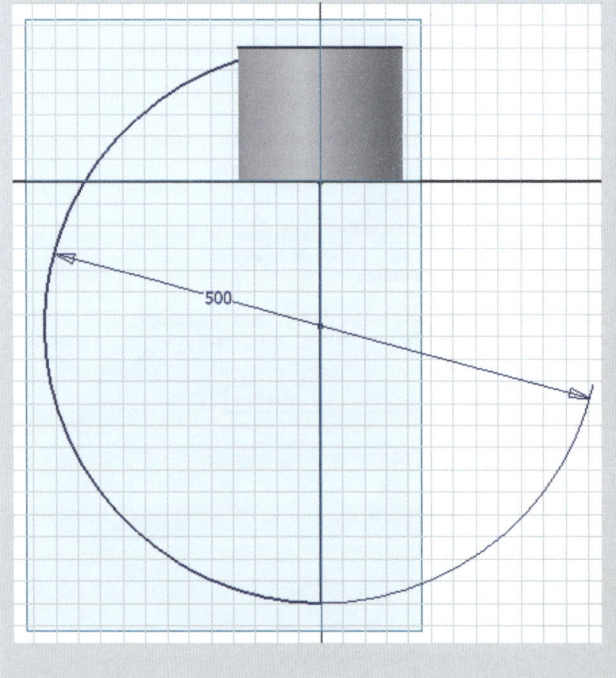

**Übungsbeispiel: Prägung**

Extrudieren Sie einen Zylinder mit dem Durchmesser von 150 mm und einer Höhe von 120 mm.
Im nächsten Schritt erzeugen Sie durch eine Drehung eine Kugel mit dem Durchmesser 500 mm wie nebenstehend abgebildet. Wenden Sie die boolesche Operation Schnittmenge auf die beiden Volumenkörper an. Erzeugen Sie eine Arbeitsebene parallel zur XY-Ebene mit einem Versatz von 130 mm.

Dieser so entstandene Körper, Zylinder mit ø150 mm, 120 mm lang mit Kugelkopf ø500 mm soll als Basis für die weiteren Übungen zu den Befehlen Prägung und Aufkleber dienen.

## Übungsbeispiel: Prägung-Skizze

Skizzieren Sie die Taschen (Spiegelung).
Erzeugen Sie die beiden Varianten der Prägung,
einmal vier vertiefte Taschen und einmal vier
erhabene Rechtecke.

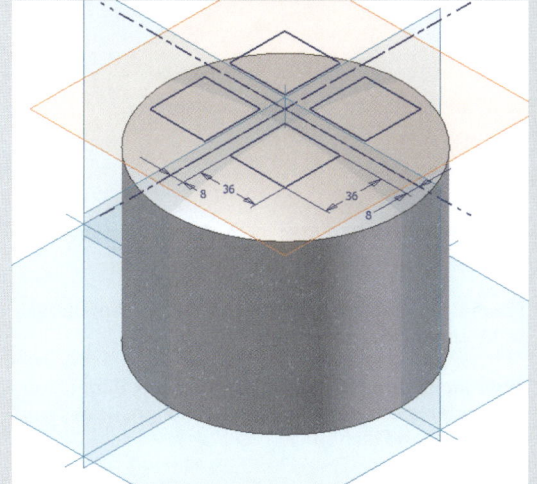

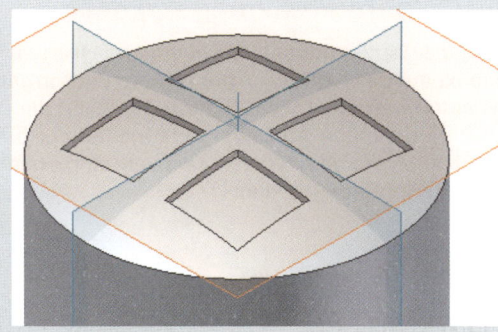

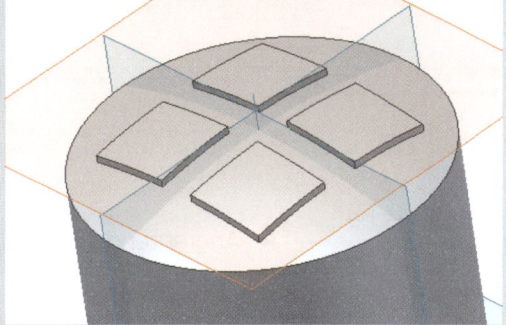

## Übungsbeispiel: Prägung-Text

Skizzieren Sie mit dem Textwerkzeug in der
Skizzierumgebung einen Schriftzug – mit allen zur
Verfügung stehenden Windows Schriftfonts.
Prägen Sie den Schriftzug sowohl erhaben als
auch vertieft.

Verwenden Sie die Option Farbe für obere Fläche
um den Schriftzug andersfarbig einzufärben.

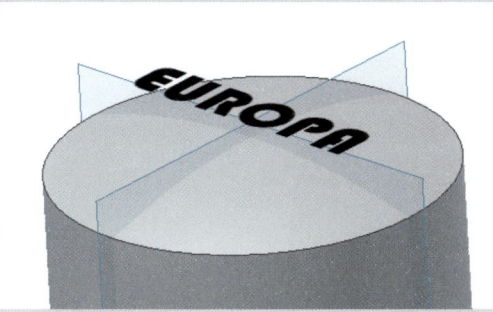

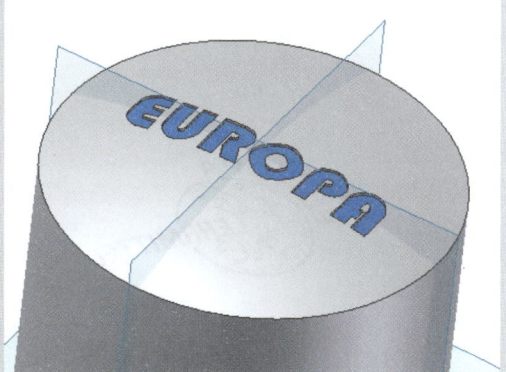

## 4.13.6  3D-Modellierung *Aufkleber*

Durch die Skizzieroption *Bild einfügen* lassen sich in jede beliebige Skizze Bitmap-Bilder einfügen (Beschränkt auf das *.bmp Format, andere Bildformat müssen mit geeigneter Bildbearbeitungssoftware umgewandelt werden). Dieses Bild kann nun auf die Oberfläche eines Inventor 3D-Modells appliziert werden. Dieser so genannte Aufkleber entspricht einer partiellen Textur und ist nicht erhaben. Analog zu Bilder können auch mit dem Skizzen-Textwerkzeug erstellte Elemente, Worddokumente und EXCEL-Tabellen als Aufkleber appliziert werden.

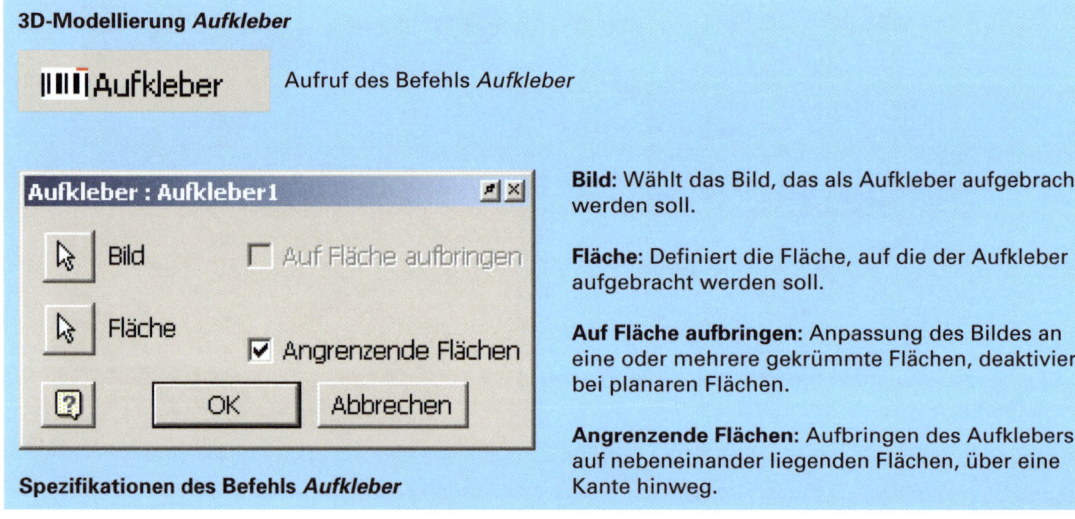

# 5 Blechteilmodellierung

Neben der Arbeitsumgebung zur Modellierung „normaler", kubischer oder rotationssymmetrischer Bauteile steht zusätzlich eine Arbeitsumgebung zum Modellieren von Blechteilen zur Verfügung.
In dieser Umgebung lassen sich einfache, fertigungsorientierte Blechbiegeteile mit Ausklinkungen und mit Stanzungen darstellen. Die Grenzen liegen bei allen Umformprozessen bei denen es, durch plastische Verformung, zu Änderungen der Blechdicke kommt. Tiefziehteile und Fließpressteile lassen sich somit nur bedingt modellieren und müssen wie Standardbauteile behandelt werden. Der Wechsel zwischen der Oberfläche Standardmodellierung und der Oberfläche Blechteile ist kein Problem und alle Modellierwerkzeuge können in beiden Umgebungen eingesetzt werden.

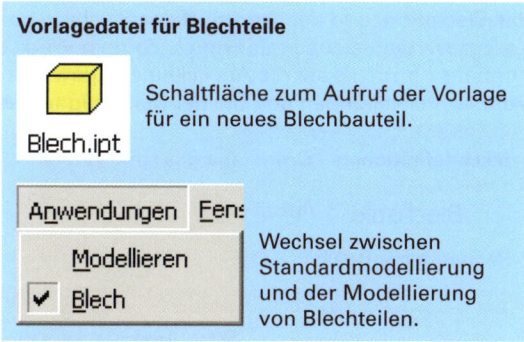

**Vorlagedatei für Blechteile**

Schaltfläche zum Aufruf der Vorlage für ein neues Blechbauteil.

Wechsel zwischen Standardmodellierung und der Modellierung von Blechteilen.

## 5.1 Grundlagen der Blechteilmodellierung

Der Unterschied zwischen der Vorlagendatei *Norm.ipt* und der Vorlagendatei *blech.ipt* besteht hauptsächlich darin, dass in der Blechvorlage mehrere Modellparameter schon vordefiniert sind. Diese Parameter werden von der globalen Blechteildefinition genutzt und sind somit Voraussetzung für ein effektives Modellieren.

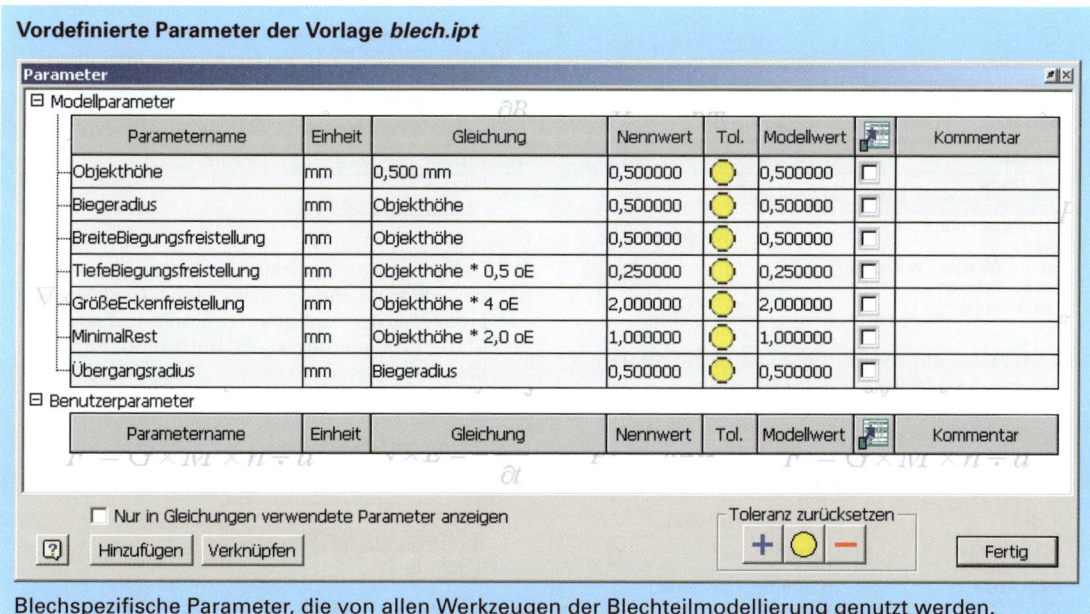

Blechspezifische Parameter, die von allen Werkzeugen der Blechteilmodellierung genutzt werden. Allerdings ist bei den meisten Werkzeugen eine lokale Veränderung der globalen Vorgabe möglich.

Aufruf der Parameterliste erfolgt standardmäßig über den Menüpunkt *Extras, Parameter*.
Das neue Blechteil präsentiert sich nach dem Öffnen analog zum Standardbauteil in der Skizzierumgebung. Die Skizzierumgebung entspricht in allen Bereichen dem Standard und wird in diesem Kapitel als bekannt vorausgesetzt.
Im Gegensatz dazu präsentiert sich die 3D-Modellierumgebung für Blechteile mit einer Vielzahl neuer, aber auch schon bekannter Befehle. Speziell wird in diesem Kapitel auf die neuen blechspezifischen Befehle eingegangen.

## 5.1.1 Blechdefinitionen

In den Blechdefinitionen werden globale Kennwerte für das Blechbauteil festgelegt. Dies ist zu allererst die Blechdicke und der Werkstoff des Blechs. Ist das Material nicht vorhanden, so muss es zuerst neu angelegt werden (siehe Einführung). Zu dem Werkstoff kommen fertigungstechnische Kennwerte des Umformens hinzu, die auf die Abwicklung angewandt werden. Der optimale Biegeradius wird ebenso wie die Art der Freistellungen und die der Behandlung des Materialrestes festgelegt.

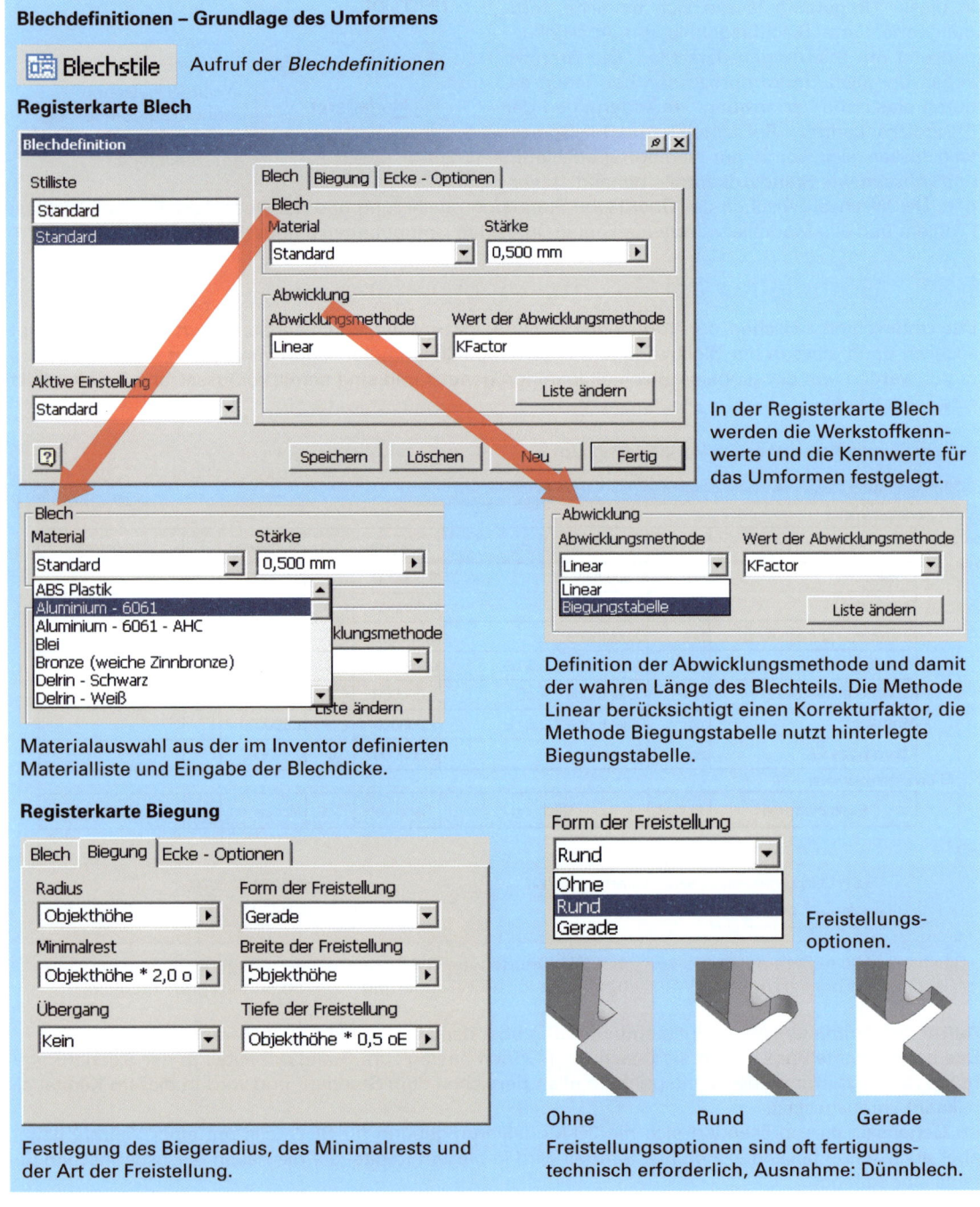

# 5 Blechteilmodellierung

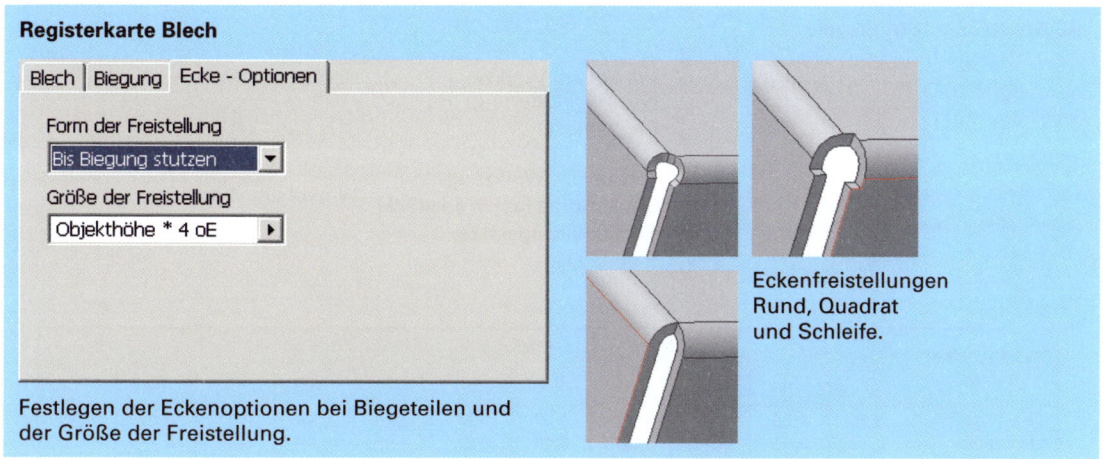

**Registerkarte Blech**

Festlegen der Eckenoptionen bei Biegeteilen und der Größe der Freistellung.

Eckenfreistellungen Rund, Quadrat und Schleife.

## 5.1.2 Grundlagen der Biegeumformung und Biegungstabellen

Durch das Umformen ist die Berechnung der wahren Länge des Zuschnitts, sprich der Abwicklung, unbedingt erforderlich. Zuschnitte werden nach DIN 6935 mit fogenden Formeln ermittelt. Oftmals sind auch fertige Biegungstabellen von Herstellern von Biegemaschinen erhältlich.

**Grundlagen der Zuschnittsermittlung für Teile mit beliebigem Biegewinkel.**

- $L$    gestreckte Länge
- $a, b$   Länge der Schenkel
- $v$    Ausgleichswert
- $s$    Blechdicke
- $r$    Biegeradius
- $\beta$    Öffnungswinkel

**Gestreckte Länge**   $L = a + b - v$

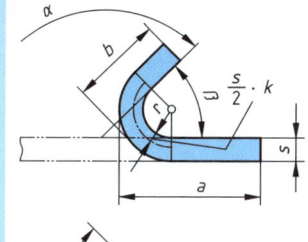

**Ausgleichswert** für $\beta = 0°\ldots90°$

$$v = 2(r+s) - \pi \cdot \left(\frac{180° - \beta}{180°}\right) \cdot \left(r + \frac{s}{2} \cdot k\right)$$

**Ausgleichswert** für $\beta$ über $90°\ldots165°$

$$v = 2(r+s) \cdot \tan\frac{180° - \beta}{2} - \pi \cdot \left(\frac{180° - \beta}{180°}\right) \cdot \left(r + \frac{s}{2} \cdot k\right)$$

für $\beta$ über $165°\ldots180°$; $v \approx 0$ (vernachlässigbar klein)

$$k = 0{,}65 + 0{,}5 \cdot \log\frac{r}{s}$$

**Beispiel:** Biegeteil mit Öffnungswinkel $\beta = 60°$; $k = ?$; $v = ?$; $L = ?$;

$$\frac{r}{s} = \frac{6\ \text{mm}}{5\ \text{mm}} = 1{,}2; \quad k = 0{,}7 \text{ (aus Diagramm)}$$

$$v = 2(r+s) - \pi \cdot \left(\frac{180° - \beta}{180°}\right) \cdot \left(r + \frac{s}{2} \cdot k\right)$$

$$= 2(6+5)\ \text{mm} - \pi \cdot \left(\frac{180° - 60°}{180°}\right) \cdot \left(6 + \frac{5}{2} \cdot 0{,}7\right)\ \text{mm}$$

$$= \mathbf{5{,}77\ mm}$$

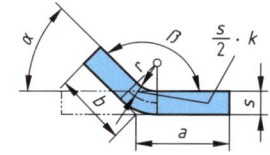

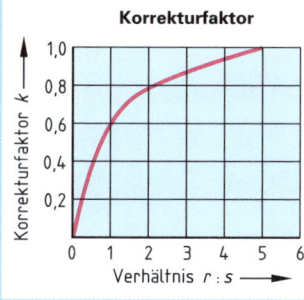

**Korrekturfaktor** $k$ — Verhältnis $r:s$

$$L = a + b - v = 16\ \text{mm} + 21\ \text{mm} - 5{,}77\ \text{mm}$$
$$\approx \mathbf{32\ mm}$$

## Rückfederung beim Biegen

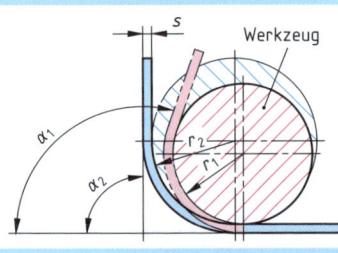

$\alpha_1$ Winkel am Werkzeug (vor Rückfederung)
$\alpha_2$ Biegewinkel (Winkel am Werkstück)
$r_1$ Radius am Werkzeug
$r_2$ Biegeradius (am Werkstück)
$k_R$ Rückfederungsfaktor
$s$ Blechdicke

**Radius am Werkstück**

$$r_1 = k_R \cdot (r_2 + 0{,}5 \cdot s) - 0{,}5 \cdot s$$

**Winkel am Werkzeug**

$$\alpha_1 = \frac{\alpha_2}{k_R}$$

| Werkstoff der Biegeteile | Rückfederungsfaktor $k_R$ für das Verhältnis $r_2 : s$ | | | | | | | | | | |
|---|---|---|---|---|---|---|---|---|---|---|---|
| | 1 | 1,6 | 2,5 | 4 | 6,3 | 10 | 16 | 25 | 40 | 63 | 100 |
| USt 1404 | 0,99 | 0,99 | 0,99 | 0,98 | 0,97 | 0,97 | 0,96 | 0,94 | 0,91 | 0,87 | 0,83 |
| USt 1203 | 0,99 | 0,99 | 0,99 | 0,97 | 0,96 | 0,96 | 0,93 | 0,90 | 0,85 | 0,77 | 0,66 |
| X12 CrNi 18 8 | 0,99 | 0,98 | 0,97 | 0,95 | 0,93 | 0,89 | 0,84 | 0,76 | 0,63 | — | — |
| E-Cu F 20 | 0,98 | 0,97 | 0,97 | 0,96 | 0,95 | 0,93 | 0,90 | 0,85 | 0,79 | 0,72 | 0,60 |
| CuZn 33 F 29 | 0,97 | 0,97 | 0,96 | 0,95 | 0,94 | 0,93 | 0,89 | 0,86 | 0,83 | 0,77 | 0,73 |
| CuNi 18 Zn 20 | — | — | — | 0,97 | 0,96 | 0,95 | 0,92 | 0,87 | 0,82 | 0,72 | — |
| Al 99 W | 0,99 | 0,99 | 0,99 | 0,99 | 0,98 | 0,98 | 0,97 | 0,97 | 0,96 | 0,95 | 0,93 |
| AlCuMg 1 | 0,98 | 0,98 | 0,98 | 0,98 | 0,97 | 0,97 | 0,96 | 0,95 | 0,93 | 0,91 | 0,87 |
| AlMgSi 1 W | 0,98 | 0,98 | 0,97 | 0,96 | 0,95 | 0,93 | 0,90 | 0,86 | 0,82 | 0,76 | 0,72 |

Biegungstabellen sind eine weitere Möglichkeit die erforderlich Materialzugaben beim Biegen für den Biegeradius oder den Biegewinkel zu ermitteln. Beispielhafte Biegungstabellen sind im Verzeichnis \Autodesk\Inventor\Samples\bend tables hinterlegt. Die Berechnungen sind in einer Microsoft EXCEL-Tabelle oft sehr einfach durchzuführen. Allerdings müssen Biegungstabellen, die vom Inventor benutzt werden sollen als ASCII-Datei mit einem bestimmten Syntax vorliegen. Detail zum Syntax und Aufbau der Tabellen entnehmen Sie den Beispieldateien.

Bend Table (in)  Bend Table (in)  Bend Table (mm)  Bend Table (mm)

Beispiel Biegungstabellen als EXCEL- oder ASCII-Datei metrisch oder in Inch.

### Biegungstabelle als ASCII-Datei

```
*** TABLE 1
;
;sheet thickness
/S      0.500000
;
;bending radii
/R              0.500000        1.000000        1.500000        2.000000        3.000000        4.00000
;opening angle: ----------------------- correction value x ----------
/A      1.000000        -0.069742       -0.749369       -1.380206       -1.991066       -3.183972
/A      5.000000        -0.023491       -0.665585       -1.259978       -1.834841       -2.956398
/A      10.000000       0.034323        -0.560854       -1.109693       -1.639560       -2.671929
/A      15.000000       0.092137        -0.456123       -0.959408       -1.444279       -2.387461
/A      20.000000       0.149951        -0.351392       -0.809123       -1.248998       -2.102992
/A      25.000000       0.207765        -0.246661       -0.658837       -1.053717       -1.818524
/A      30.000000       0.265579        -0.141930       -0.508552       -0.858435       -1.534055
/A      35.000000       0.323393        -0.037199       -0.358267       -0.663154       -1.249587
/A      40.000000       0.381207        0.067532        -0.207982       -0.467873       -0.965118
/A      45.000000       0.439021        0.172263        -0.057697       -0.272592       -0.680650
/A      50.000000       0.496835        0.276994        0.092588        -0.077311       -0.396181
/A      55.000000       0.554649        0.381725        0.242873        0.117970        -0.111713
/A      60.000000       0.612463        0.486456        0.393158        0.313252        0.172756
/A      65.000000       0.670277        0.591187        0.543443        0.508533        0.457224
/A      70.000000       0.728091        0.695918        0.693728        0.703814        0.741693
/A      75.000000       0.785905        0.800649        0.844013        0.899095        1.026161
/A      80.000000       0.843719        0.905380        0.994298        1.094376        1.310630
/A      85.000000       0.901533        1.010111        1.144583        1.289658        1.595098
```

# 5 Blechteilmodellierung

**Biegungstabelle als EXCEL-Datei**

```
*** TABLE 1
;
;sheet thickness
/S         0,500000
;
;bending radii
/R         0,500000   1,000000   1,500000   2,000000   3,000000   4,000000   5,000000   6,000000
;opening angle: ---------- correction value x ----------
/A         1,000000  -0,069742  -0,749369  -1,380206  -1,991066  -3,183972  -4,356902  -5,518887  -6,673948
/A         5,000000  -0,023491  -0,665585  -1,259978  -1,834841  -2,956398  -4,058424  -5,149750  -6,234307
/A        10,000000   0,034323  -0,560854  -1,109693  -1,639560  -2,671929  -3,685326  -4,688328  -5,684755
/A        15,000000   0,092137  -0,456123  -0,959408  -1,444279  -2,387461  -3,312229  -4,226907  -5,135203
/A        20,000000   0,149951  -0,351392  -0,809123  -1,248998  -2,102992  -2,939131  -3,765485  -4,585652
/A        25,000000   0,207765  -0,246661  -0,658837  -1,053717  -1,818524  -2,566033  -3,304064  -4,036100
/A        30,000000   0,265579  -0,141930  -0,508552  -0,858494  -1,534055  -2,192935  -2,842643  -3,486549
/A        35,000000   0,323393  -0,037199  -0,358267  -0,663154  -1,249587  -1,819837  -2,381221  -2,936997
/A        40,000000   0,381207   0,067532  -0,207982  -0,467873  -0,965118  -1,446739  -1,919800  -2,387445
/A        45,000000   0,439021   0,172263  -0,057697  -0,272592  -0,680650  -1,073642  -1,458378  -1,837894
/A        50,000000   0,496835   0,276994   0,092588  -0,077311  -0,396181  -0,700544  -0,996957  -1,288342
/A        55,000000   0,554649   0,381725   0,242873   0,117970  -0,111713  -0,327446  -0,535536  -0,738790
/A        60,000000   0,612463   0,486456   0,393158   0,313252   0,172756   0,045652  -0,074114  -0,189239
/A        65,000000   0,670277   0,591187   0,543443   0,508533   0,457224   0,418750   0,387307   0,360313
/A        70,000000   0,728091   0,695918   0,693728   0,703814   0,741693   0,791848   0,848729   0,909864
/A        75,000000   0,785905   0,800649   0,844013   0,899095   1,026161   1,164945   1,310150   1,459416
/A        80,000000   0,843719   0,905380   0,994298   1,094376   1,310630   1,538043   1,771572   2,008968
/A        85,000000   0,901533   1,010111   1,144583   1,289658   1,595098   1,911141   2,232993   2,558519
/A        90,000000   0,959287   1,114842   1,294869   1,484939   1,879567   2,284239   2,694414   3,108071
```

## 5.2 Fläche

Das Modellierwerkzeug Fläche erzeugt eine Blechfläche durch Hinzufügen der Blechdicke zu einem skizzierten Profil. Es können zusätzlich beliebige Biegungen als Verbindungen zu vorhandenen Blechflächen definiert werden.

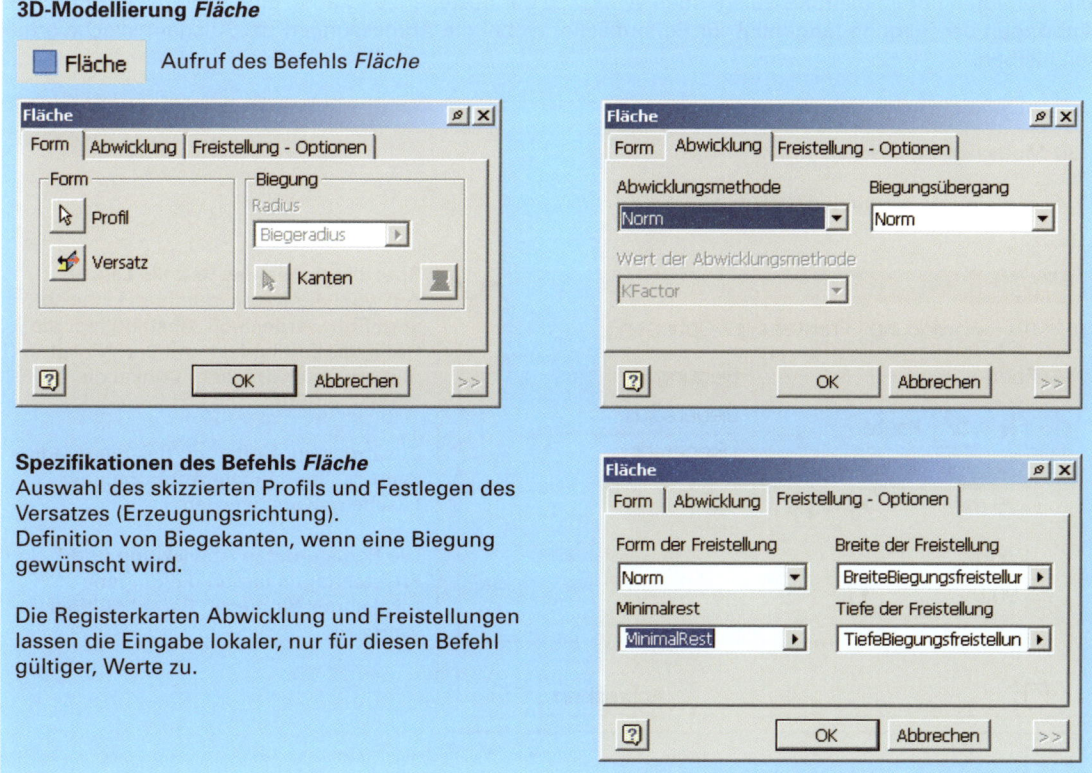

**3D-Modellierung Fläche**

Fläche — Aufruf des Befehls Fläche

**Spezifikationen des Befehls Fläche**
Auswahl des skizzierten Profils und Festlegen des Versatzes (Erzeugungsrichtung).
Definition von Biegekanten, wenn eine Biegung gewünscht wird.

Die Registerkarten Abwicklung und Freistellungen lassen die Eingabe lokaler, nur für diesen Befehl gültiger, Werte zu.

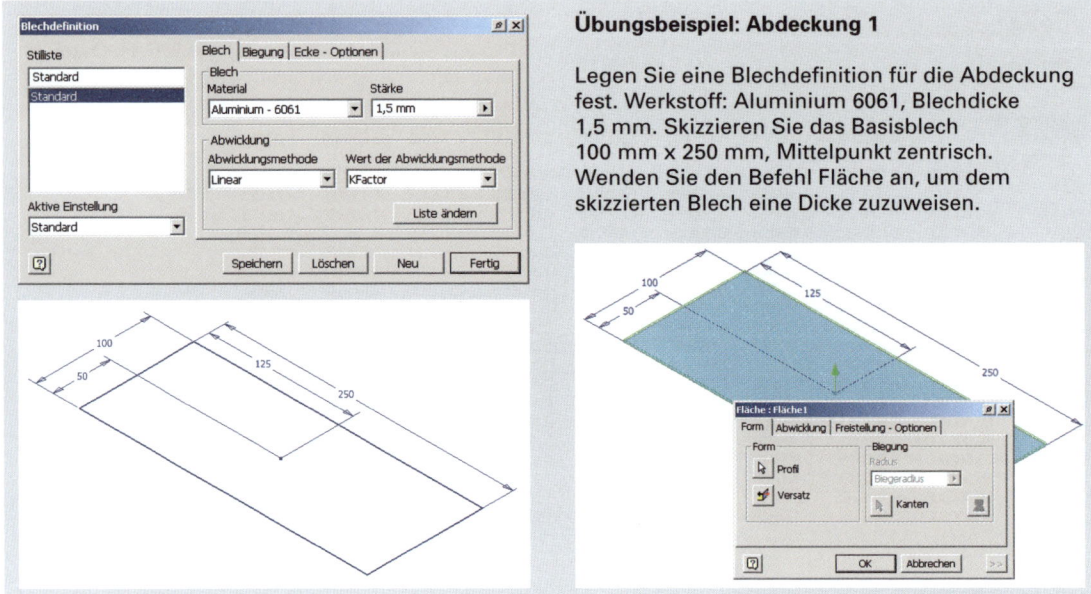

**Übungsbeispiel: Abdeckung 1**

Legen Sie eine Blechdefinition für die Abdeckung fest. Werkstoff: Aluminium 6061, Blechdicke 1,5 mm. Skizzieren Sie das Basisblech 100 mm x 250 mm, Mittelpunkt zentrisch. Wenden Sie den Befehl Fläche an, um dem skizzierten Blech eine Dicke zuzuweisen.

## 5.3 Lasche

Mit dem Modellierwerkzeug *Lasche* lassen sich an bestehende Modellkanten Laschen anbringen. Die Laschen haben die in den Blechdefinitionen festgelegte Blechdicke, haben einen Abstand (Laschenhöhe) und verlaufen unter einem festzulegenden Winkel zu der bestehenden Kante. Eine weitere Option ist das Anbringen der Biegung tangential zur Seitenfläche, wobei die Abmessungen der Ausgangsfläche erhalten bleiben.

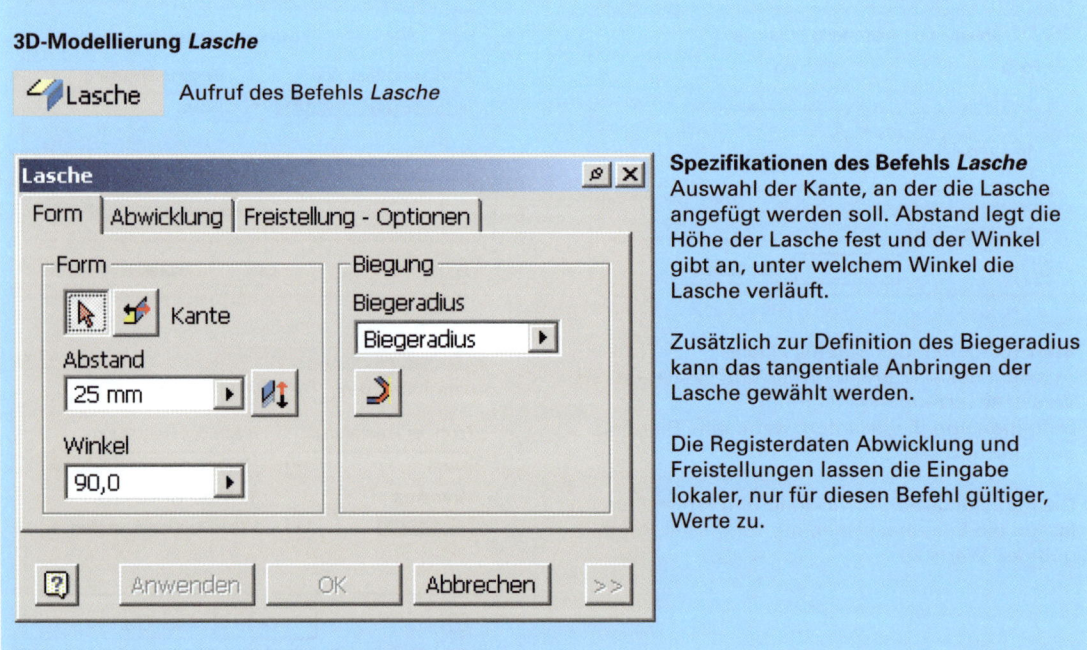

**3D-Modellierung *Lasche***

Aufruf des Befehls *Lasche*

**Spezifikationen des Befehls *Lasche***
Auswahl der Kante, an der die Lasche angefügt werden soll. Abstand legt die Höhe der Lasche fest und der Winkel gibt an, unter welchem Winkel die Lasche verläuft.

Zusätzlich zur Definition des Biegeradius kann das tangentiale Anbringen der Lasche gewählt werden.

Die Registerdaten Abwicklung und Freistellungen lassen die Eingabe lokaler, nur für diesen Befehl gültiger, Werte zu.

# 5 Blechteilmodellierung

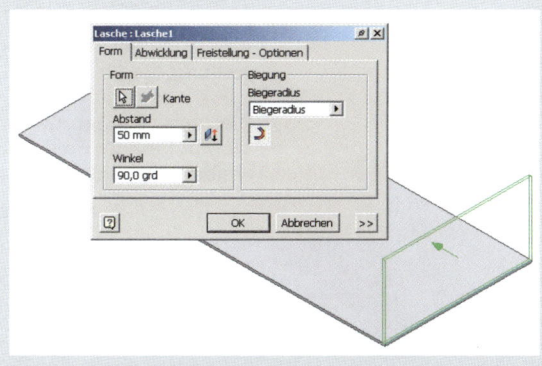

**Übungsbeispiel: Abdeckung 2**
Bringen Sie an einer Stirnseite und an den zwei Längsseiten des Basisblechs jeweils eine Lasche an. Abstand 50 mm, Winkel 90°.
Wählen Sie die Option für tangentiale Anbringung der Lasche.

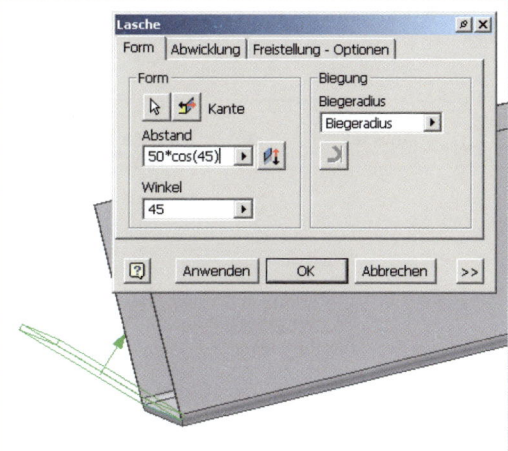

Bringen Sie die vierte Lasche an der zweiten Stirnseite an. Der Winkel der Lasche soll 45° sein. Der Abstand soll bis zur gleichen Ebene wie die anderen Laschen reichen. Dazu ist die Verwendung von Winkelfunktionen erforderlich.
Abstand: 50*cos(45).
**Winkelfunktionen:** sin(winkel), cos(winkel) und tan(winkel).

## 5.4 Eckverbindungen

Mit dem Modellierwerkzeug *Eckverbindung* können Ecken von Blechteilen gestaltet werden. Fertigungstechnisch bestimmt ist der Eckenstoß offen, da der Teilezuschnitt im abgewickelten Zustand erfolgt. In der Ecke bleibt daher beim Biegen immer ein Spalt, die Größe des Spaltes kann man allerdings beeinflussen. Die Art des Eckstoßes kann ebenfalls gewählt werden und zwar zwei überlappende Stöße und ein Gehrungsstoß. Die Option Eckenauftrennung wird bei der Umwandlung eines Standard-Volumenkörpers in einen 3D-Blechkörper benötigt.

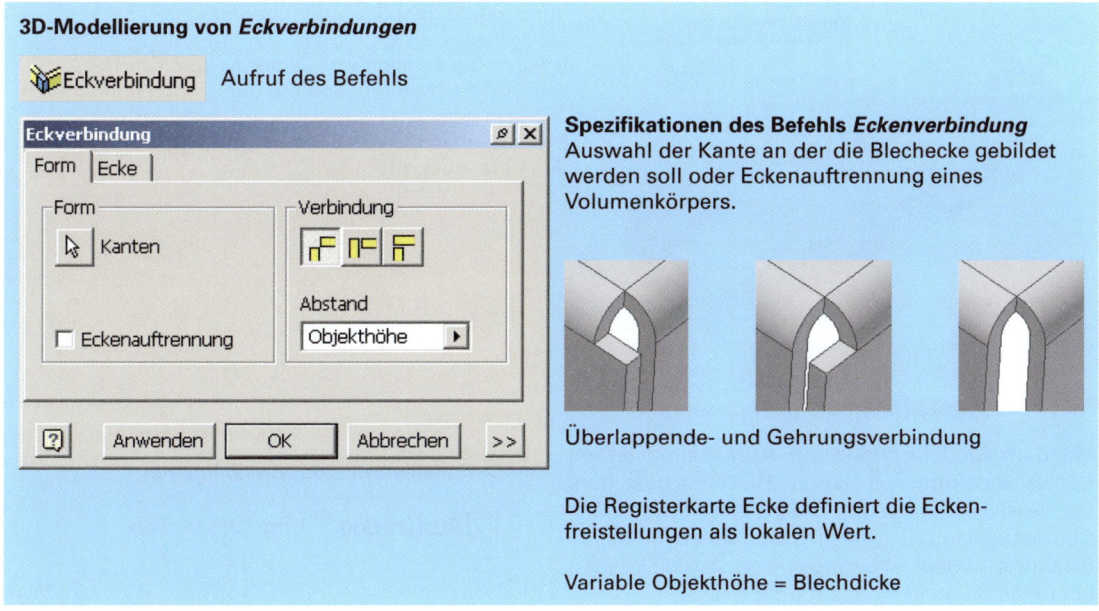

**3D-Modellierung von *Eckverbindungen***

Eckverbindung   Aufruf des Befehls

**Spezifikationen des Befehls *Eckenverbindung***
Auswahl der Kante an der die Blechecke gebildet werden soll oder Eckenauftrennung eines Volumenkörpers.

Überlappende- und Gehrungsverbindung

Die Registerkarte Ecke definiert die Eckenfreistellungen als lokalen Wert.

Variable Objekthöhe = Blechdicke

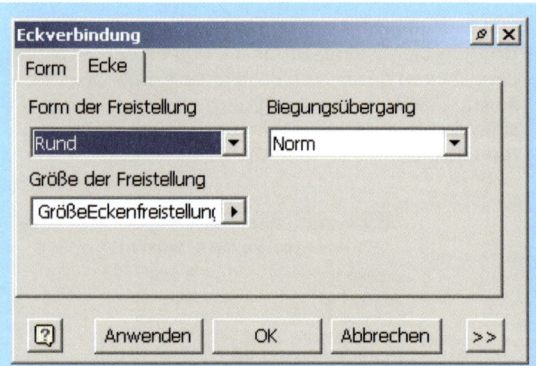 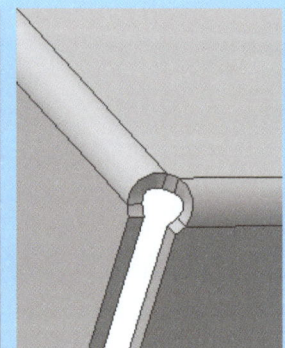

Definition der Form und der Größe der Eckenfreistellung.

Blechecke als Gehrungsstoß mit runder Freistellung.

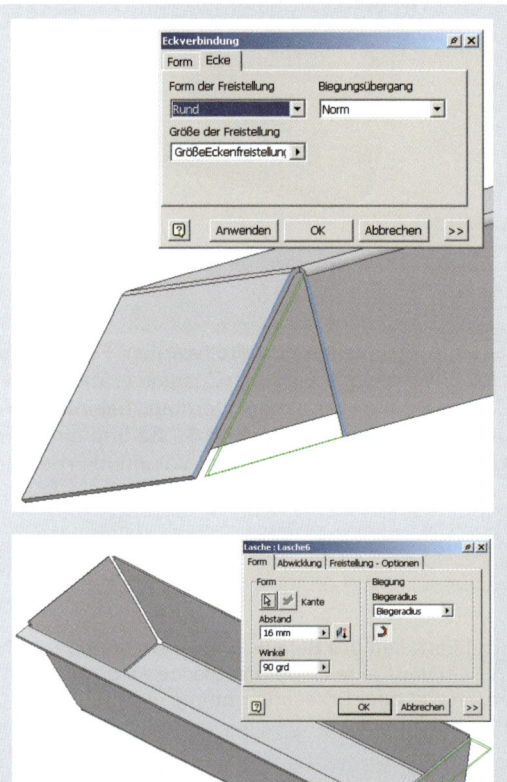

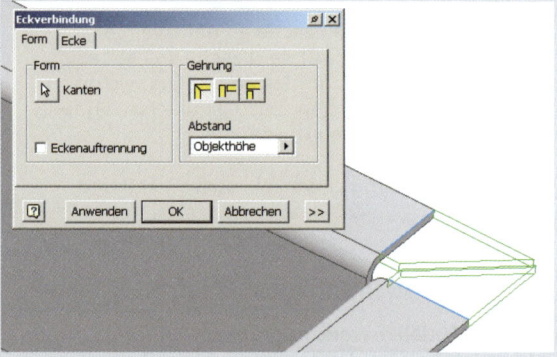

**Übungsbeispiel: Abdeckung 3**

Wenden Sie den Befehl Eckverbindung mit runder Eckenfreistellung auf die beiden senkrechten Ecken an. Schließen Sie die dreieckige Lücke zu der 45° Lasche durch den Befehl Eckenverbindung.

Bringen Sie an allen vier Seiten weitere Laschen, Abstand 16, dreimal unter 90° und einmal unter 45° an.

Schließen Sie die vier Eckstöße auf Gehrung durch den Befehl Eckverbindung.

## 5.5  Ausklinkung

Mit dem Modellierwerkzeug *Ausklinkung* lassen sich Aussparungen in einem Blechteil gestalten. Die Ausklinkung ist ein skizzenbasierendes 3D-Geometrieelement. Die Form wird durch die Skizze bestimmt, wobei allerdings auch Ausklinkungen über eine Biegung hinaus möglich sind.

**3D-Modellierung von Ausklinkungen**

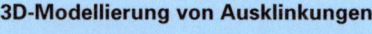  Aufruf des Befehls

# 5 Blechteilmodellierung

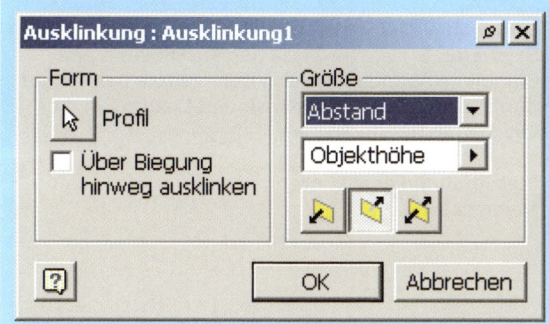

**Spezifikationen des Befehls *Ausklinkung***

Auswahl des skizzierten Profils der Ausklinkung. Die Größe der Ausklinkung wird analog zur Extrusion (hier immer als Differenz) angeben. Optionen: Eingabe eines Abstandes, bis zur nächsten Fläche, von einer Fläche bis zu einer anderen Fläche oder durch alle Elemente.

**Übungsbeispiel: Abdeckung 4**
Skizzieren Sie den Lüftungsschlitz und erzeugen Sie eine Ausklinkung. Erstellen Sie acht weitere Schlitze durch eine rechteckige Anordnung (Abstand 10 mm). Erzeugen Sie die zweite Ausklinkung für die nebenstehende freie Lasche.

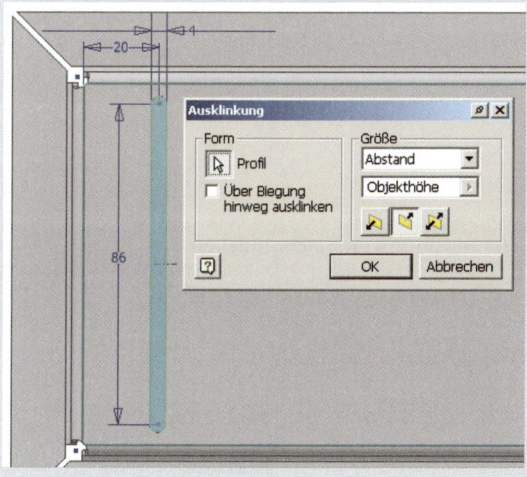

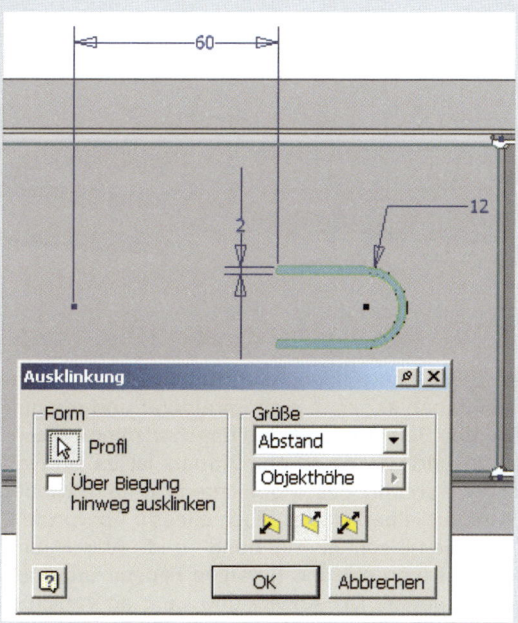

## 5.6 Freie Lasche

Mit dem Modellierwerkzeug *freie Lasche* lassen sich Laschen an einer Biegeline ausformen. Der Befehl freie Lasche ist auch bei vorher ausgeklinkten Laschen anwendbar.

Die Position der Biegelinie ist in drei Optionen wählbar. Der Biegewinkel kann angegeben werden.

Die Optionen Abwicklung und die Freistellungsoptionen erlauben die Definition lokal gültiger Werte, abweichend von den Blechdefinitionen.

**3D-Modellierung *Freie Lasche***

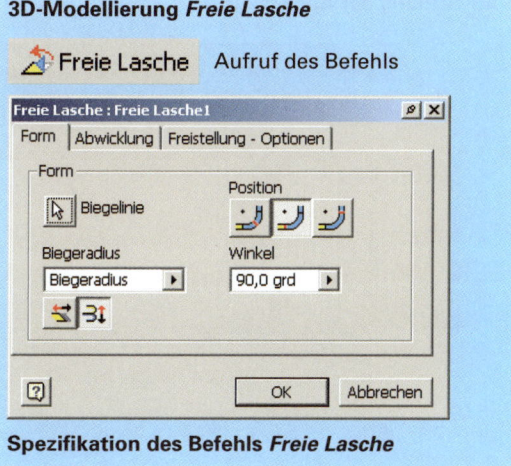

**Spezifikation des Befehls *Freie Lasche***

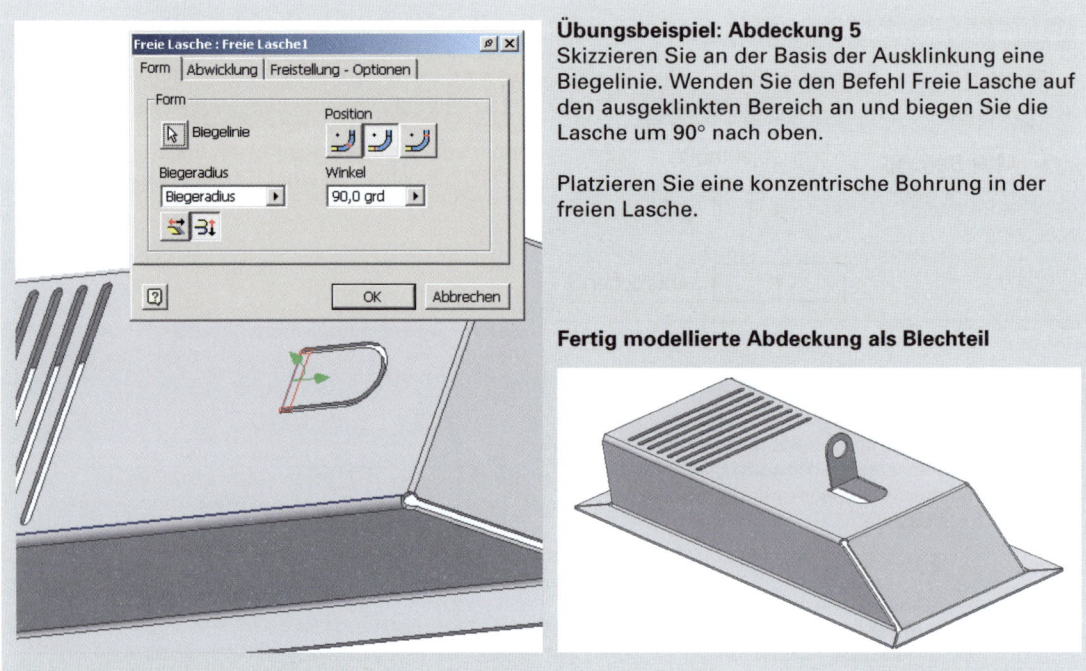

**Übungsbeispiel: Abdeckung 5**
Skizzieren Sie an der Basis der Ausklinkung eine Biegelinie. Wenden Sie den Befehl Freie Lasche auf den ausgeklinkten Bereich an und biegen Sie die Lasche um 90° nach oben.

Platzieren Sie eine konzentrische Bohrung in der freien Lasche.

**Fertig modellierte Abdeckung als Blechteil**

## 5.7 Abwicklung von Blechmodellen

Der Befehl *Abwicklung* wendet die in den Blechdefinitionen angegebenen Parameter und die hinterlegten Berechnungen auf das modellierte Blechteil an und wickelt es ab. Oftmals ist es sinnvoll schon während des Modellierens immer wieder die Abwickelbarkeit des Blechteiles zu überprüfen. Zwischen Blechteilumgebung und Abwicklung wechselt man mit den Befehlen Fenster anzeigen und schließen. Die Abwicklung kann an verschiedenen Kanten ausgerichtet werden.

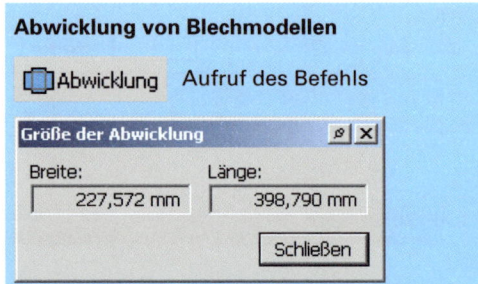

**Abwicklung von Blechmodellen**

Aufruf des Befehls

Information für den Blechzuschnitt

**Abwicklung der Abdeckung**

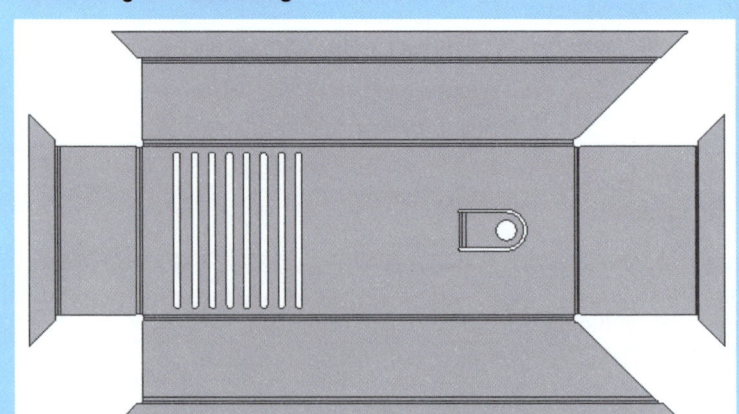

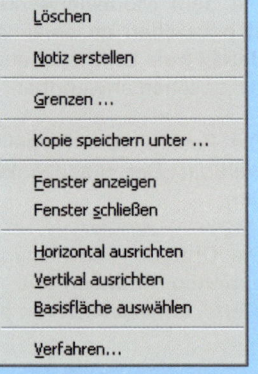

Kontextmenü *Abwicklung*

# 5 Blechteilmodellierung

## 5.8 Konturlasche

Mit dem Befehl *Konturlasche* lassen sich komplexe, skizzenbasierende Laschen erzeugen. Ausgehend von einem skizzierten Profil (Linienzug) entsteht durch Zuweisung einer Blechdicke und eines Abstandes (Laschenhöhe) eine Blechlasche. Blechdicke und Biegeradius werden standardmäßig von den Blechdefinitionen übernommen.

### 3D-Modellierung *Konturlasche*

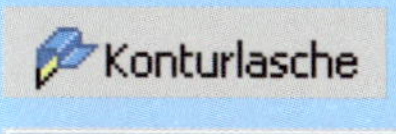

**Konturlasche** Aufruf des Befehls

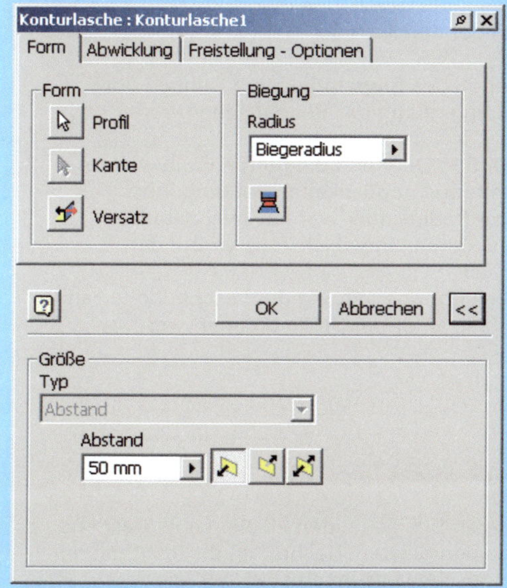

Auswahl des skizzierten Profils und Festlegen des Versatzes (Erzeugungsrichtung).
Definition des Biegeradius und Dehnen der Biegung entlang der Seitenflächen.

Definition der Laschenhöhe durch einen Abstand, oder durch Definition eines Versatzes und einer Breite, oder durch die Definition eines Anfangs- und eines Endpunktversatzes.
Die Erzeugungsrichtung der Laschenhöhe kann ebenfalls an dieser Stelle definiert werden.

Die Registerkarten Abwicklung und Freistellungen lassen die Eingabe lokaler, nur für diesen Befehl gültiger Werte zu.

**Spezifikation des Befehls *Konturlasche***

### Übungsbeispiel: Bügel 1

Skizzieren Sie das abgebildete Profil und erzeugen Sie aus dem Profil eine Konturlasche mit dem Abstand von 50 mm.

Blechdefinitionen: Aluminium 6061, Blechdicke 1,5 mm

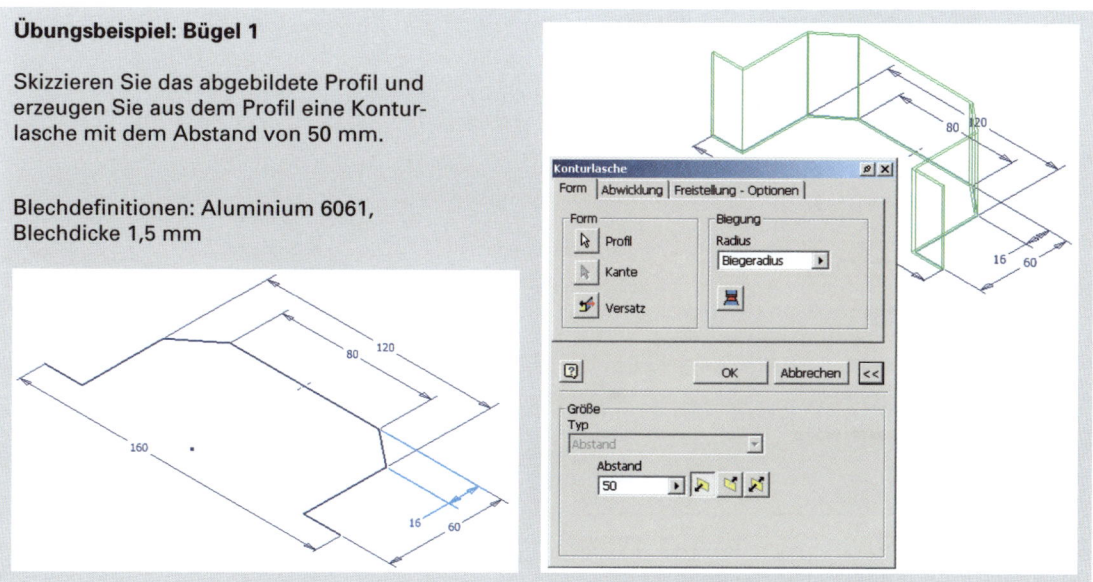

## 5.9 Biegung

Mit dem Befehl *Biegung* lassen sich einzeln modellierte Flächen zu einem gesamten Biegeteil verbinden. Die Blechflächen können winklig zueinander oder parallel zueinander stehen. Blechdicke und Biegeradius werden standardmäßig von den Blechdefinitionen übernommen.

### 3D-Modellierung *Biegung*

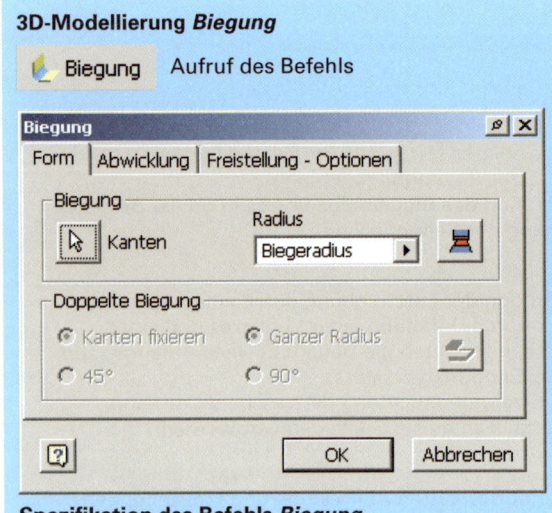

Aufruf des Befehls

Auswahl der durch eine Biegung zu verbindenden Kanten.

Definiton des Biegeradius und Dehnen der Biegung entlang der Seitenflächen.

Die Option Doppelte Biegung enthält weitere Gestaltungsmöglichkeiten bei Biegungen, z.B. Ganzer Radius: hier werden zwei parallele Bleche durch einen Halbkreis verbunden.

Die Erzeugungsrichtung der Laschenhöhe kann ebenfalls an dieser Stelle definiert werden.

**Spezifikation des Befehls *Biegung***

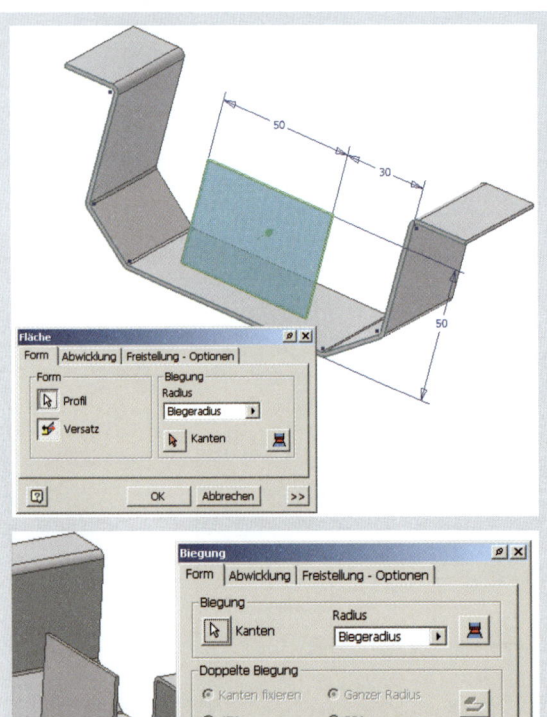

**Übungsbeispiel: Bügel 2**

Skizzieren Sie die beiden Flächen entsprechend den beiden Skizzen. Rechtecke, die nicht mit der Konturlasche verbunden sind, genügen als Flächenskizze. Verbunden werden die beiden Flächen durch eine Biegung. Wählen Sie die zu verbindenden Kanten, an denen die Biegung ausgeführt werden soll.

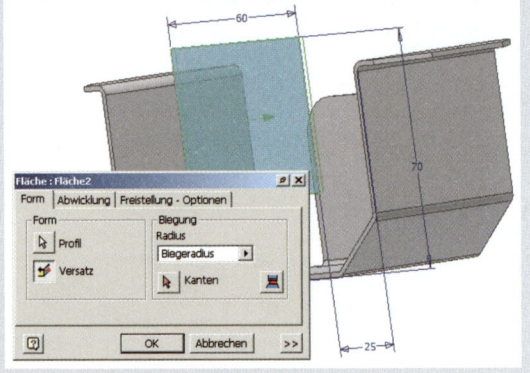

5 Blechteilmodellierung

## 5.10 Falz

Mit dem Befehl *Falz* lassen sich an Blechkanten verschiedene Falze modellieren. Dies kann ein einfacher Falz oder ein doppelter Falz sein, wobei der Abstand allerdings nicht Null sein darf (0,01 mm sind möglich). Dazu kommen die Optionen *Schleife* und *Auge*. Auch hierbei ist darauf zu achten, dass Materialdurchdringungen nicht erlaubt sind.

**3D-Modellierung *Falz***

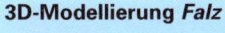 Aufruf des Befehls

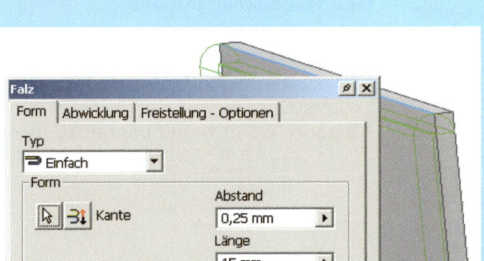

**Spezifikation des Befehls *Falz – Einfach***
Einfacher Falz an einer Blechkante
Abstand: Luft zwischen den gefalzten Blechen.
Länge: Maß der Überlappung.

**Spezifikation des Befehls *Falz – Doppelt***
Doppelter Falz an einer Blechkante
Abstand: Luft zwischen den gefalzten Blechen.
Länge: Maß der Überlappung.

**Spezifikation des Befehls *Falz – Auge***
Gefalztes Auge an einer Blechkante
Radius: Biegeradius des Auges
Winkel: Biegelänge des Auges

**Spezifikation des Befehls *Falz – Schleife***
Gefalzte Schleife an einer Blechkante
Radius: Biegeradius der Schleife
Winkel: max. bis zum Ausgangsblech

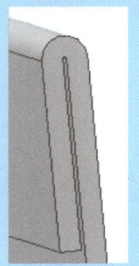 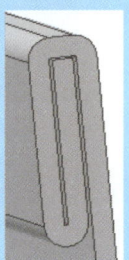 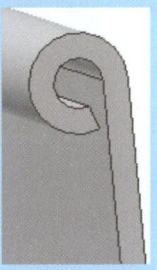 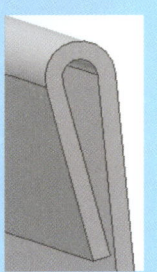

Einfacher Falz　　　Doppelter Falz　　　Gefalztes Auge　　　Gefalzte Schleife

## 5.11 Bohrungen, Eckenrundungen und Eckenfasen

Diese drei Befehle sind fast identisch mit den Befehlen in der Standard-Modellierumgebung. Die Funktionen des Befehls Eckenrundungen sind allerdings, im Vergleich zum Standardbefehl Verrundung, eingeschränkt.

**3D-Modellierung von Bohrungen, Eckenrundungen und Eckenfasen**

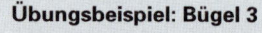

Aufruf der Befehle:
*Bohrung*
*Eckenrundung*
*Eckenfase*

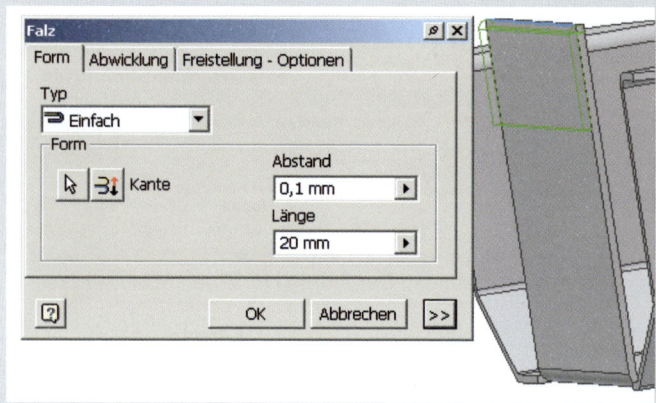

**Übungsbeispiel: Bügel 3**

Modellieren Sie einen einfachen Falz an der Blechkante der längeren Lasche.
Abstand: 0,1 mm und Länge: 20 mm

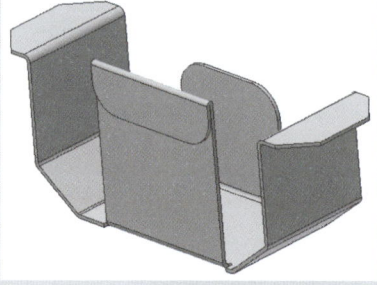

**Übungsbeispiel: Bügel 4**

Verrunden Sie die entsprechenden Ecken mit dem Befehl Eckenrundungen (R16). Wenden Sie den Befehl Eckenfasen auf die vier Ecken der seitlichen Laschen an (16 x 45°).

Wickeln Sie den fertigen Bügel ab.

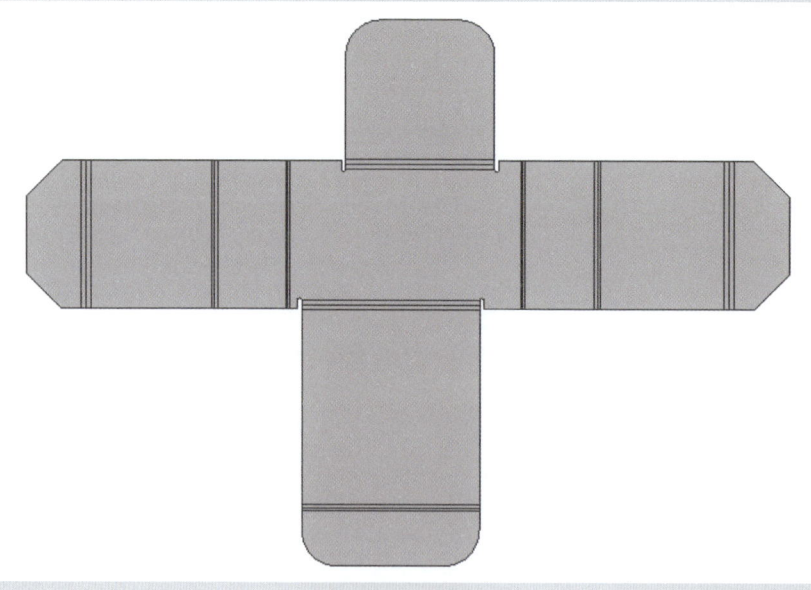

# 5 Blechteilmodellierung

## 5.12 Stanzwerkzeug

Der Befehl *Stanzwerkzeug* stanzt eine beliebige Form aus einem Blech aus. Voraussetzung ist eine Skizze des Stanzmittelpunktes.
Die Form der Ausstanzung kann beliebig sein, muss aber als *iFeature* abgelegt worden sein. Dies zeigt dass die Verwendung und das Anlegen eines Stanzwerkzeuges nur bei häufig wiederkehrenden Formen sinnvoll ist. Das Stanzwerkzeug ist vom Einfügen her identisch dem Einfügen eines *iFeatures*. Der Speicherort der Stanzwerkzeuge ist das Verzeichnis Autodesk\Inventor\catalog\punches. (Anlegen eines Stanzwerkzeugs siehe Kapitel Variantenkonstruktion.)

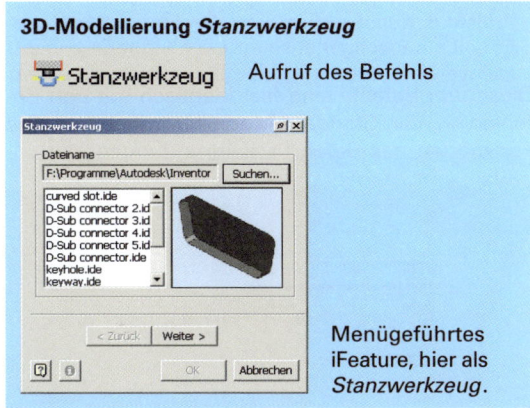

**3D-Modellierung** *Stanzwerkzeug*

Aufruf des Befehls

Menügeführtes iFeature, hier als *Stanzwerkzeug*.

### Übungsbeispiel: Stanzwerkzeug

Skizzieren Sie ein Rechteck 80 mm x 50 mm und erzeugen Sie eine Fläche (beliebige Blechdefinitionen). Skizzieren Sie den Mittelpunkt der Stanzung und stanzen Sie einen Durchbruch für einen SubD-Stecker.

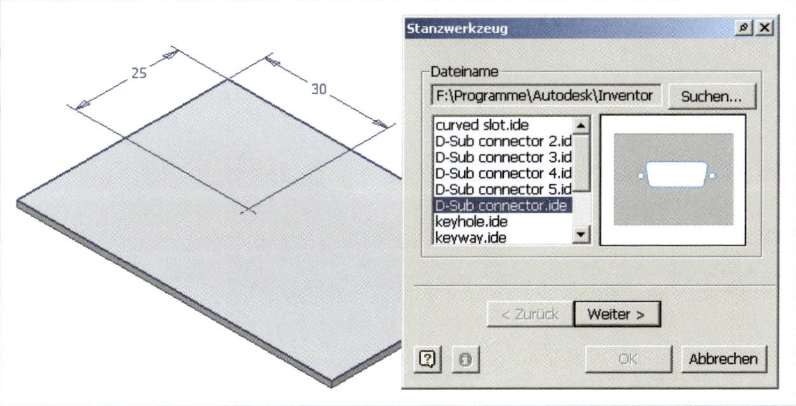

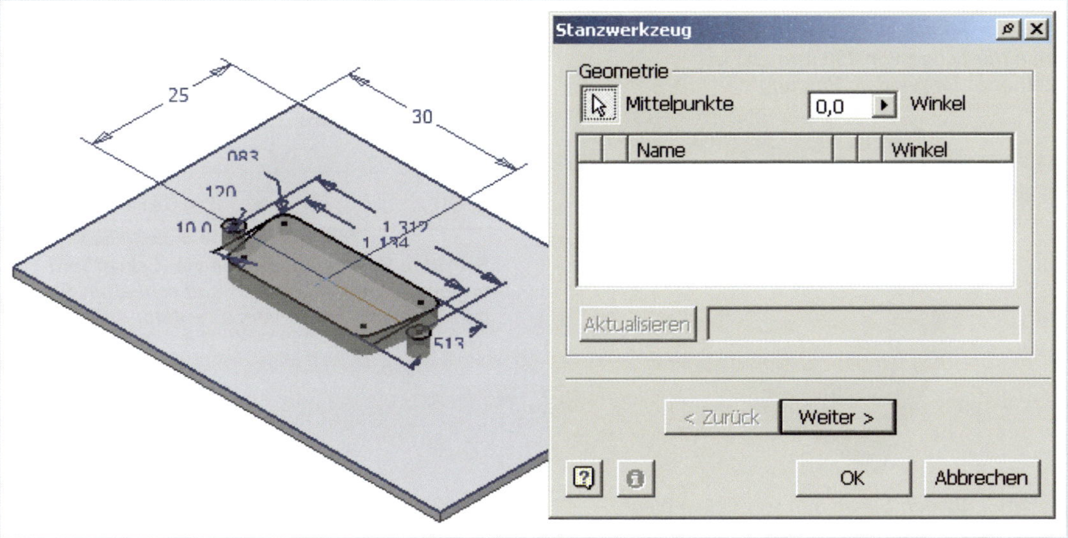

## Projekt 6: Konstruktion eines Gerätegehäuses aus Stahlblech

Es soll ein Blechgehäuse für ein Kleingerät konstruiert werden. Das Gehäuse soll aus 1 mm Stahlblech (schweißbar) sein und soll mit der Methode *Linear* abgewickelt werden.

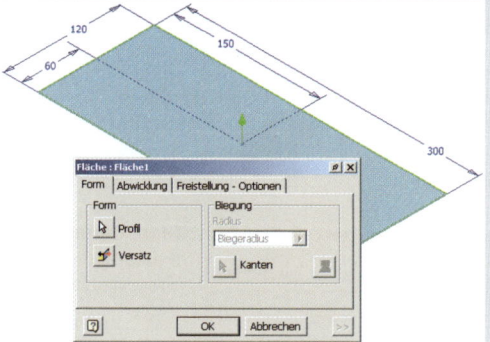

Schritt 1: Erzeugen Sie eine Blechfläche 120 mm breit und 300 mm lang. Gültig sind die Blechdefinitionen.

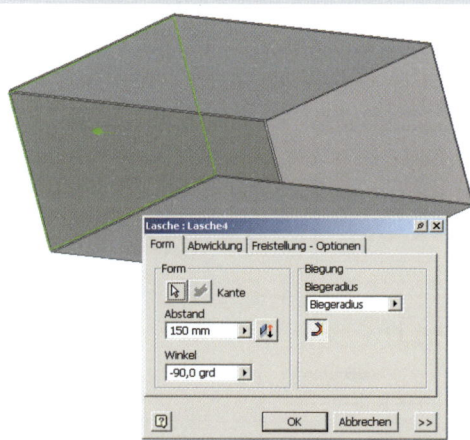

Schritt 2: Fügen Sie an das Blech vier Laschen mit einer Länge von 150 mm an. Methode: Tangentiale Biegung.

Schritt 3: Stellen Sie an den vier Ecken blechgerechte Eckenverbindungen her.

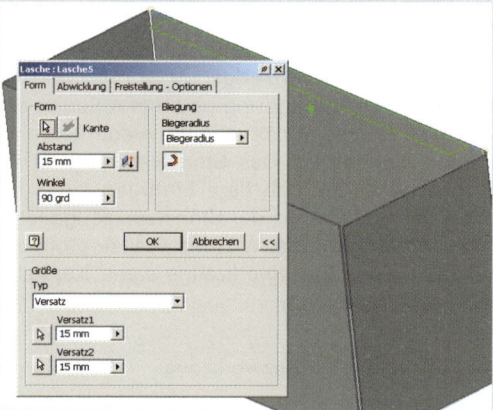

Schritt 4: Fügen Sie an den vier Seitenwänden vier weitere Laschen der Breite 15 mm an. Definieren Sie einen beidseitigen Laschenversatz von 15 mm. Tangentiale Biegung.

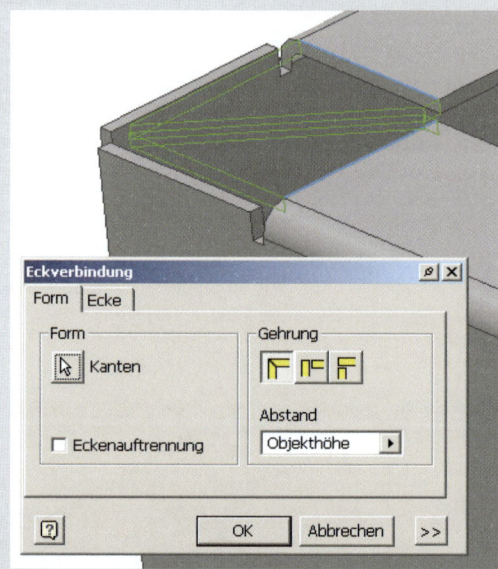

Schritt 5: Bearbeiten Sie die vier Eckverbindungen der neuen Laschen und schließen Sie damit die durch den Versatz entstandene Lücke (Gehrungsstoß).

# 5 Blechteilmodellierung

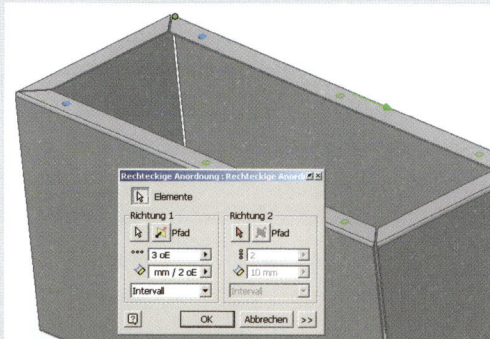

*Schritt 6: Stellen Sie die sechs Bohrungen unter Verwendung des Befehls rechteckige Anordnung her. Bohrungsabstände von außen: 35 mm, 9 mm.*

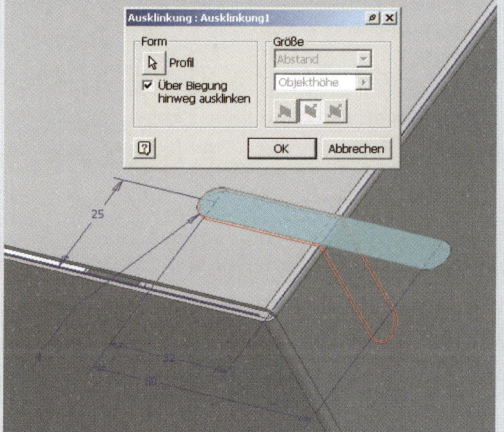

*Schritt 7: Erzeugen Sie die skizzierte Ausklinkung mit der Option: Über Biegung hinweg ausklinken.*

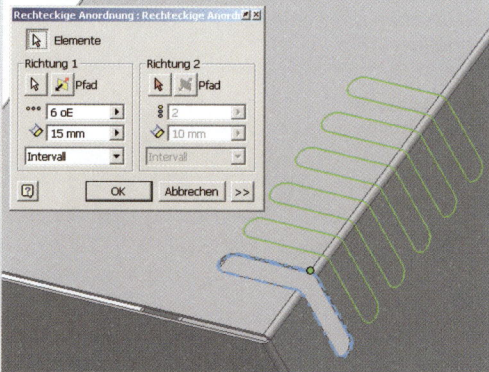

*Schritt 8: Vervielfältigen Sie die Ausklinkung. Sechs Ausklinkungen im Abstand von 15 mm.*

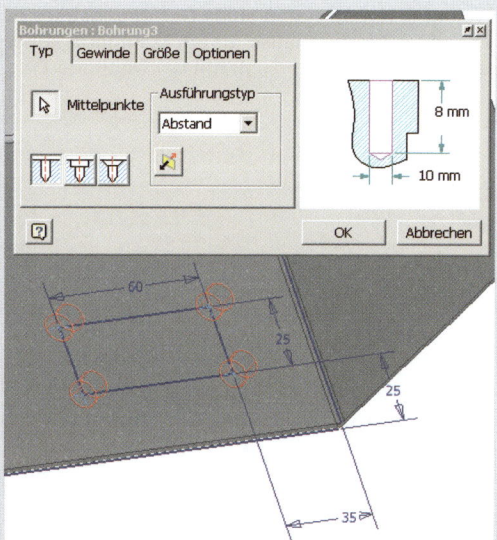

*Schritt 9: Platzieren Sie die vier Bohrungen entsprechend der Skizze (ø10 mm).*

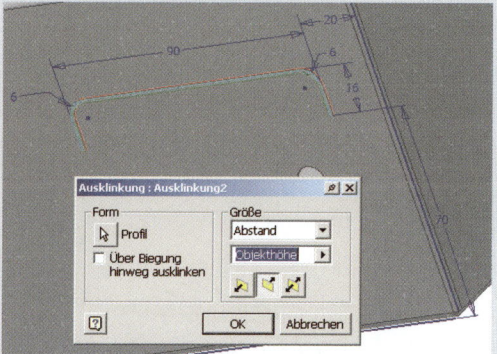

*Schritt 10: Stellen Sie die obige Ausklinkung als spätere Voraussetzung für eine freie Lasche her.*

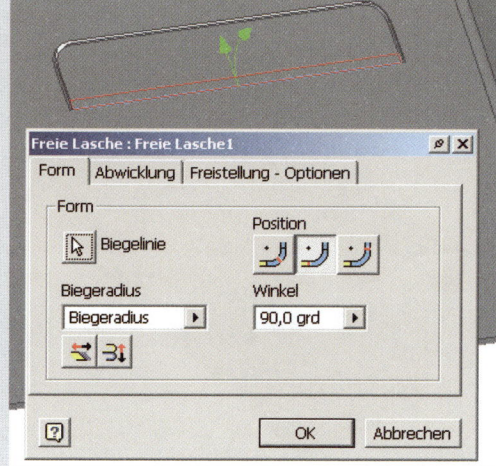

*Schritt 11: Skizzieren Sie die Biegelinie und erzeugen Sie eine nach innen gebogene Lasche.*

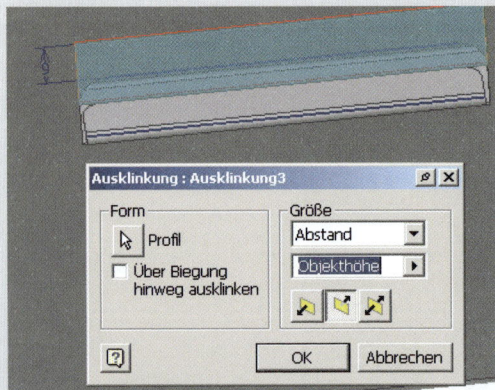

Schritt 12: Erweitern Sie die Ausklinkung um den skizzierten Betrag.

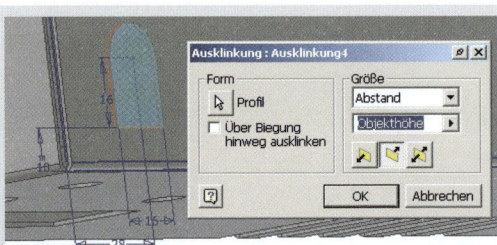

Schritt 13: Erzeugen Sie die skizzierte Ausklinkung.

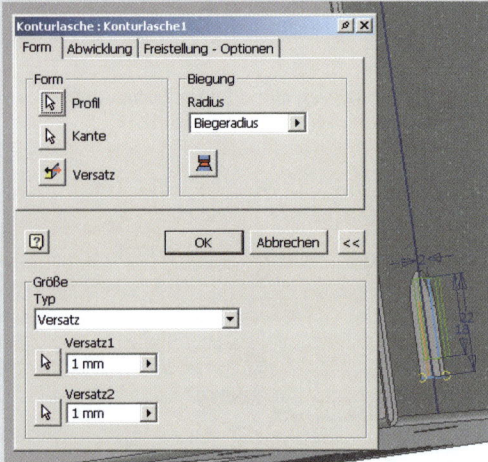

Schritt 14: Erzeugen Sie eine mittige Arbeitsebene und erzeugen Sie die skizzierte Konturlasche, beidseitiger Versatz: 1 mm

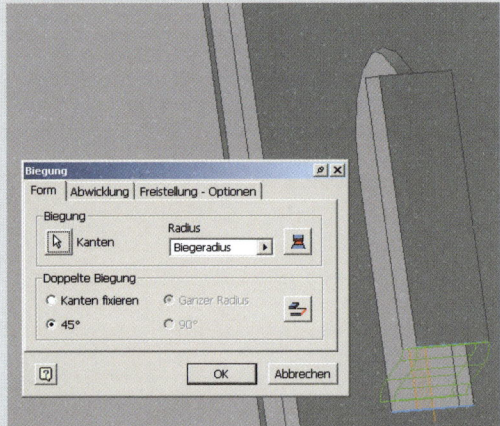

Schritt 15: Erzeugen Sie eine Biegung zwischen Konturlasche und Gehäuseboden. Platieren Sie die Bohrung ø8 mm. Verrunden Sie die Vorderseite der Lasche mit einem Eckenradius R7.
Achtung: Die vier Bodenlaschen lassen sich nicht mit dem Befehl rechteckige Anordnung erzeugen. Die Laschen müssen einzeln modelliert werden.

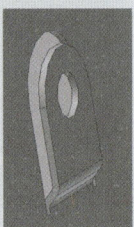

**Fertiges Blechgehäuse in Vorder- und Rückansicht.**

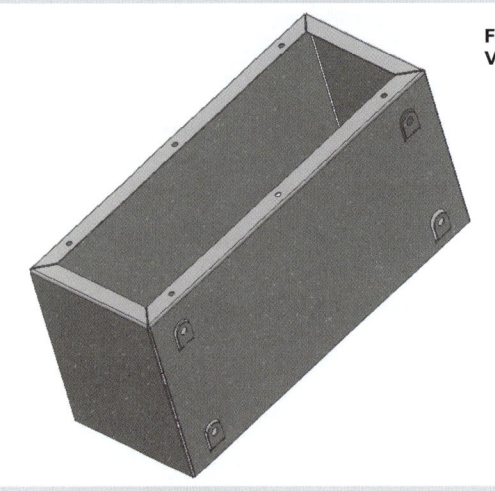
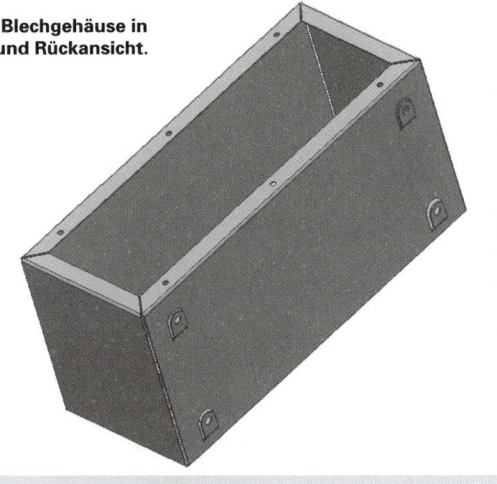

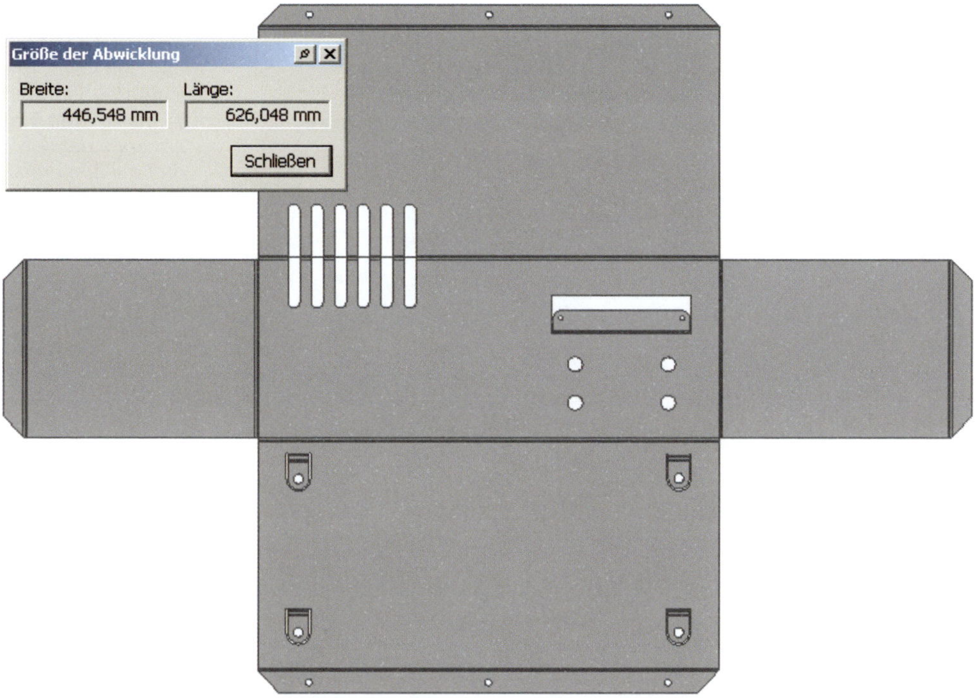

# 5 Blechteilmodellierung

*Schritt 16: Wickeln Sie das Blechgehäuse ab.*

## Projekt 7: Konstruktion eines Deckels auf das Blechgehäuse

Konstruieren Sie den Deckel aus dem gleichen Werkstoff wie das Gehäuse, mit den selben Blechdefinitionen. Konstruieren Sie im Zusammenbau und erzeugen Sie den Deckel als neue Komponente.

*Schritt 1: Erzeugen Sie die Skizze des Deckels durch Linienprojektionen und definieren Sie eine Blechfläche. Eckenverrundung mit R6. Bohrungspositionen durch Projektion der Bohrungen im Blechgehäuse.*

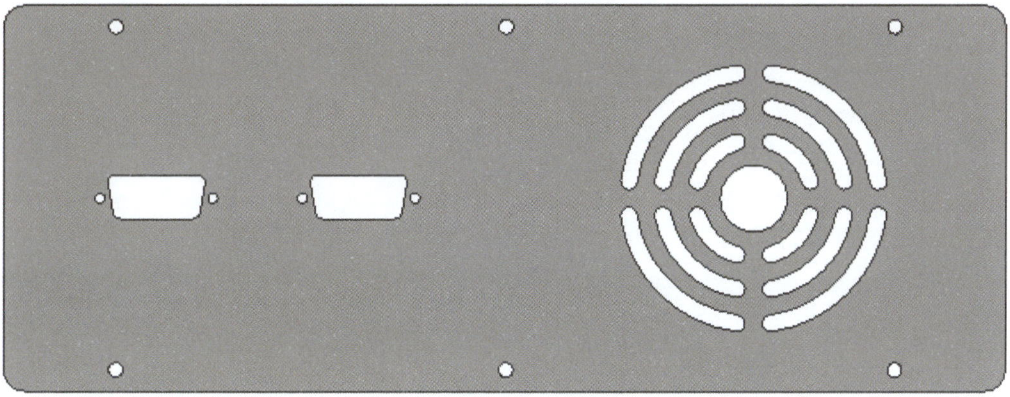

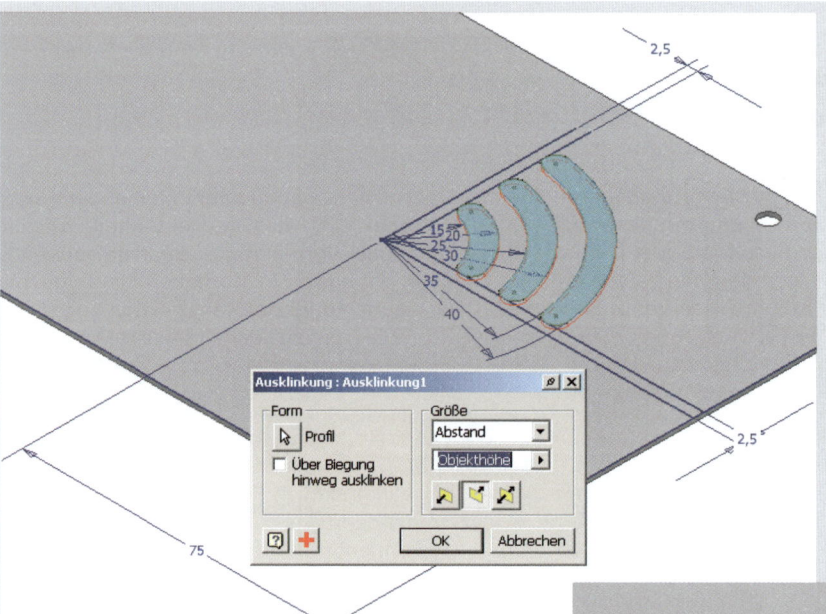

*Schritt 2: Skizzieren Sie ein Viertel der Ausklinkung für die Belüftung des Gehäuses. (Radien in Fünfer-Schritten von 15 bis 40 mm. Bögen am Ende der Schlitze dreimal tangential – an den beiden Bögen und an der versetzten Linie.*

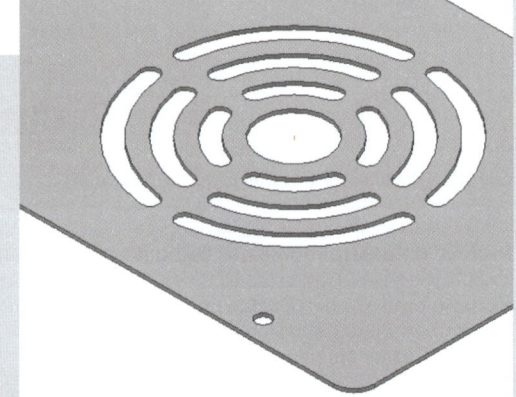

*Schritt 3: Komplettieren der Ausklinkung für die Belüftung durch eine runde Anordnung des erzeugten Viertels. Platzieren einer Bohrung im Zentrum der Anordnung, ø18 mm.*

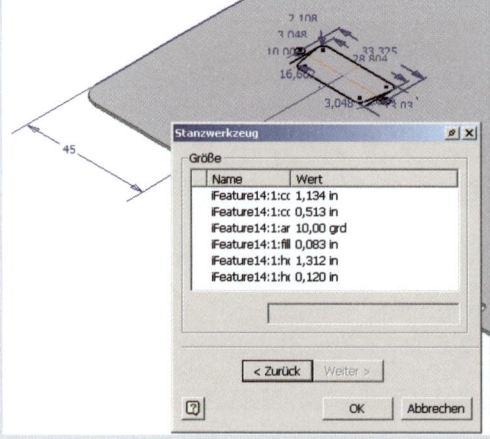

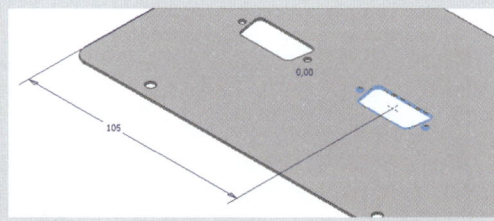

*Schritt 4: Stellen Sie mit dem Stanzwerkzeug für den D-Sub-Stecker zwei Ausstanzungen her. skizzieren Sie jeweils zuerst den Mittelpunkt der Ausstanzung.*

# 6 Zusammenbau von Baugruppen

## 6.1 Konstruktionsstrategien im Zusammenbau

**Bottom-Up-Konstruktion**

Ausgehend davon, dass alle Bauteile (hier Komponenten) schon im Voraus modelliert sind, werden bei der *Bottom-Up-Konstruktion* diese vorhandenen Bauteile in der Zusammenbaudatei miteinander gefügt. Zwischen den Bauteilen werden Baugruppenabhängigkeiten vergeben, die die Lage der Bauteile zueinander definieren. Sinnvoll ist diese Methode, wenn ein Baukasten voller vorgefertigter Bauteile verwendet werden kann. Die Teile werden dem Baukasten entnommen und, am besten in Montagereihenfolge, miteinander verbaut. Bei der Konstruktion von z. B. Spritzgießwerkzeugen oder der Konstruktion von modularen Spannsystemen unter Verwendung von 70 % bis 90 % Normalien ist dies der einfachste Weg. Da die einzeln modellierten Bauteile oft nicht zueinander adaptiv (passend) sind, ist die Vergabe der Adaptivität, sofern erforderlich, im Baugruppenkontext nachträglich möglich.

**Top-Down-Konstruktion**

Ausgehend von der klassischen Konstruktion wird bei der *Top-Down-Konstruktion* im Zusammenbau konstruiert. Die Zusammenbaudatei enthält somit Skizzen von konstruktiven Rahmenbedingungen, Anschlusskanten, Wände oder Zuführeinrichtungen in deren Kontext dann aus dem Zusammenbau heraus die einzelnen Bauteile (Komponenten) erstellt werden. Ebenso können im Vorfeld allgemein gültige Baugruppenparameter definiert werden, auf die während des gesamten Konstruktionsprozesses zugegriffen werden kann. Oftmals wird auch unter Verwendung von Arbeitsgeometrie ein *konstruktives Skelett* entworfen, an dem entlang die Baugruppe dann entwickelt wird. Durch Kantenprojektion an bestehenden Bauteilkanten können, wenn gewünscht, adaptive Bauteile entstehen. Ist dies nicht erwünscht so empfiehlt es sich, die Adaptivität aus den Voreinstellungen weitgehend heraus zunehmen, und nur ganz bewusst (und nicht als Automatismus) manuell als konstruktives Mittel einzusetzen. Standardbauteile wie Schrauben, Stifte oder Bolzen werden nicht konstruiert sondern, wie bei der Bottom-Up-Konstruktion, platziert.

**Middle-Out-Konstruktion**

Die *Middle-Out-Konstruktion* ist die Kombination aus der Bottom-Up- und der Top-Down-Konstruktion. Dieser realistische Mix aus den zwei Methoden geht von der Verwendung im Einzelteilmodus konstruierter und im *Zusammenbau* platzierter Bauteile aus. Wobei aber genauso Teile aus dem Zusammenbau heraus konstruiert werden können.

## 6.2 Erstellung einer neuen Zusammenbau-Datei

Für den *Zusammenbau* wird ein neuer Dateityp verwendet. Die Dateiendung für Zusammenbauten (hier Baugruppen) ist *.iam (iam = inventor assembly, dt. Inventorzusammenbau). Weitere Vorlagedateien befinden sich in den *Registerkarten englisch* und *Registerkarten metrisch* für Zusammenbauten mit den Maßeinheiten Zoll oder Millimeter. Die im Standard definierte Vorlagendatei enthält die bei der Installation getroffenen Vorgaben für das Normensystem und die Maßeinheit.

Die Oberfläche im Zusammenbau enthält die gleichen Elemente wie bei der Bauteilmodellierung: Menüleiste und Standardleiste, die Schaltflächenleiste mit den Zusammenbauwerkzeugen und den Browser in dem die verbauten Bauteile protokolliert werden und zuletzt den Arbeitsbereich.

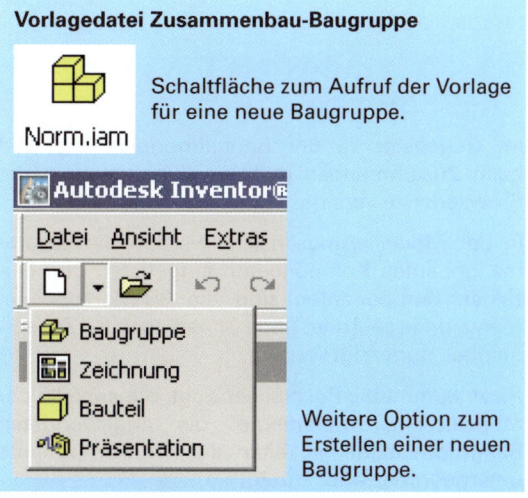

## 6.3 Schaltflächenleiste Baugruppe

Die *Schaltflächenleiste* enthält alle für den Zusammenbau von Bauteilen erforderlichen Werkzeuge. Es gibt im Gegensatz zu der Schaltflächenleiste bei der Bauteilmodellierung nur eine Befehlsebene. Zusätzlich zu den speziellen Zusammenbaubefehlen stehen noch einige Standardbefehle zur Verfügung. (Diese Befehle wurden schon im Kapitel Bauteilmodellierung erläutert.)

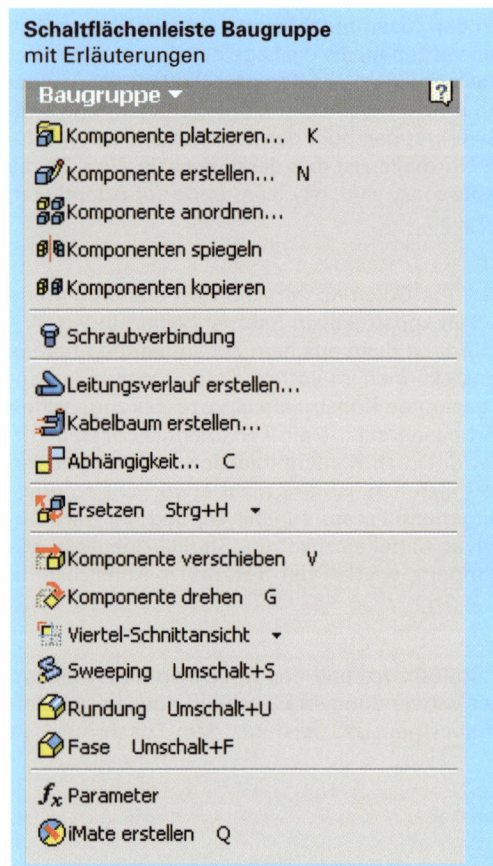

Schaltflächenleiste Baugruppe mit Erläuterungen

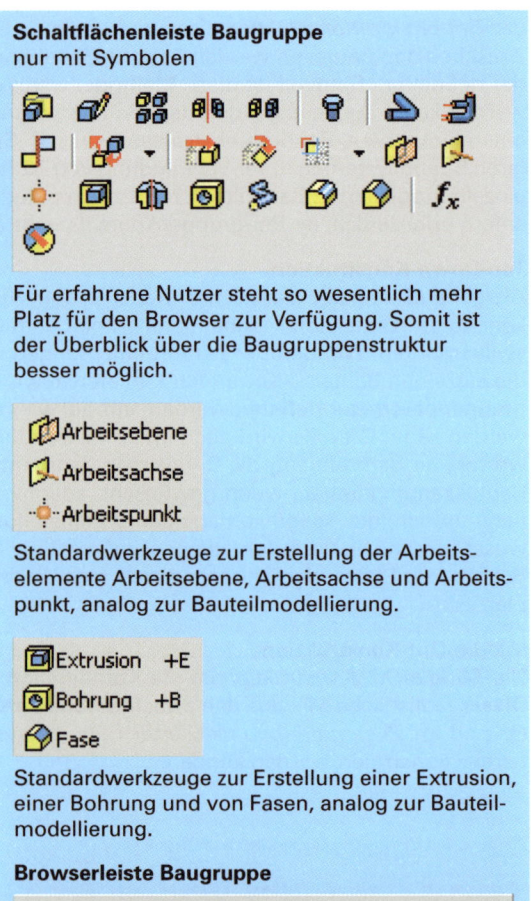

Schaltflächenleiste Baugruppe nur mit Symbolen

Für erfahrene Nutzer steht so wesentlich mehr Platz für den Browser zur Verfügung. Somit ist der Überblick über die Baugruppenstruktur besser möglich.

Standardwerkzeuge zur Erstellung der Arbeitselemente Arbeitsebene, Arbeitsachse und Arbeitspunkt, analog zur Bauteilmodellierung.

Standardwerkzeuge zur Erstellung einer Extrusion, einer Bohrung und von Fasen, analog zur Bauteilmodellierung.

**Browserleiste Baugruppe**

## 6.4 Der Browser bei einer Baugruppe

Im Gegensatz zu der Bauteilmodellierung sind beim Zusammenbau mehrere Funktionen in der Browserleiste vereint.

In der Modellierungsansicht werden die zusammengebauten Komponenten aufgelistet. Den einzelnen Komponenten sind die 3D-Modellierelemente untergeordnet und können auch im Zusammenbau angezeigt werden.

Hinzu kommt die Positionsansicht, die anstelle der modellierten 3D-Elemente, die angewendeten Baugruppenabhängigkeiten die der Komponente untergeordnet sind, anzeigt.

# 6 Zusammenbau – Baugruppe

Eine weitere Funktion in der Browserleiste ist durch den *Trichter* symbolisiert. Durch diese Funktion lassen sich bestimmte Dinge aus der Browserhistorie herausfiltern oder ausblenden.
Das Symbol mit der Baumstruktur macht die Definition benutzerdefinierter Ansichten möglich. So können für die Konstruktion interessante Bereiche als Ansicht definiert werden und schnell angezeigt werden.

**Browserleiste Positionsansicht**
mit Baugruppenabhängigkeiten

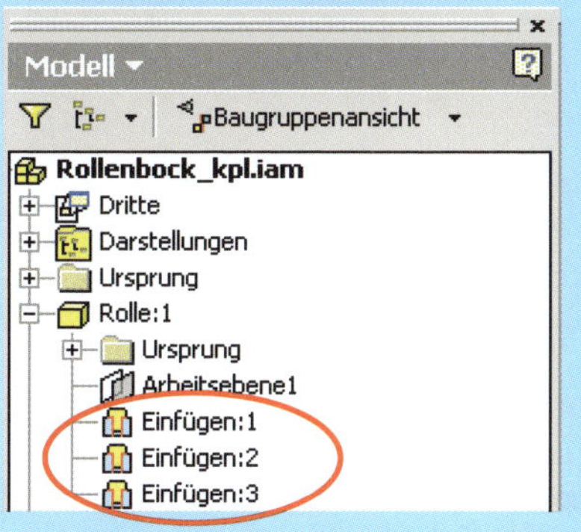

Baugruppenabhängigkeiten des Bauteils Rolle.

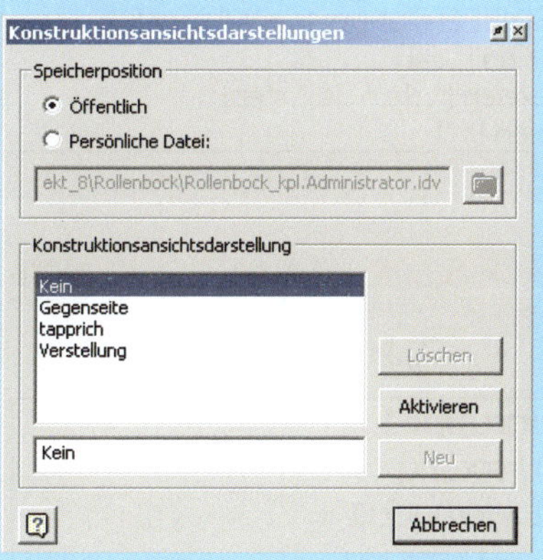

**Browserleiste Trichter – Filter**

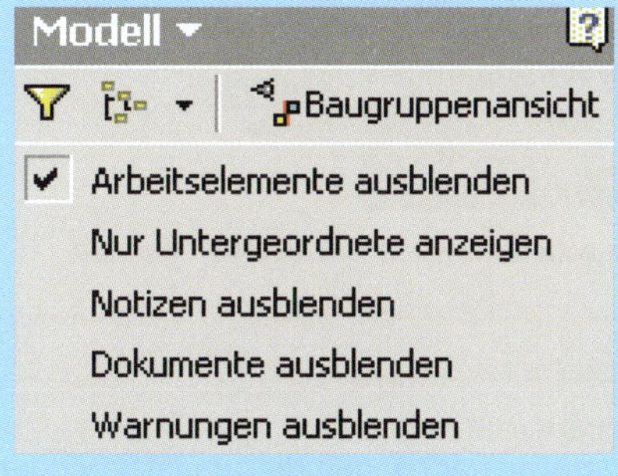

Die obigen Elemente und Optionen können durch das Setzen des Filters beeinflusst werden.

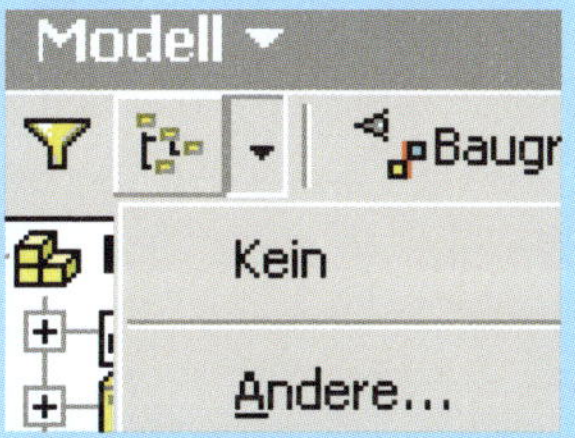

Definition von benutzerdefinierten Ansichten, Speichern unter beliebigen Namen. Aufruf der gespeicherten Ansichten.

Analog zur Bauteilmodellierung steht die Browserleiste auch beim Zusammenbau als Zugriffsmöglichkeit auf Komponenten, z. B. für Änderungen zur Verfügung. Des weiteren kann anstelle der Zusammenbauhistorie die Normteilbibliothek in der Browserleiste aufgerufen und dargestellt werden.
Die Verwendung und das Einfügen von Normteilen in Zusammenbauten wird später in diesem Kapitel ausführlich behandelt.

## 6.5 Komponente platzieren

Mit dem Aufruf dieses Befehls können Bauteile in einem Zusammenbau *platziert* werden. Generell wird im Zusammenbau nicht von Bauteilen, sondern von Komponenten gesprochen. Komponenten können nicht nur selbst modellierte Bauteile, sondern auch Normteile aus einer Bibliothek oder aus dem Internet importierte Komponenten in einem vom Inventor lesbaren Dateiformat, sein. Die Auswahl der Komponente findet in einem windowsnativen *Öffnen-Fenster* statt.

**Befehl *Komponente platzieren***

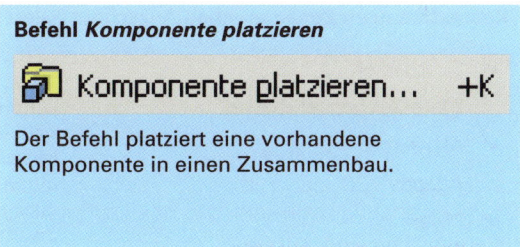

Der Befehl platziert eine vorhandene Komponente in einen Zusammenbau.

## Komponente platzieren – Öffnen-Fenster

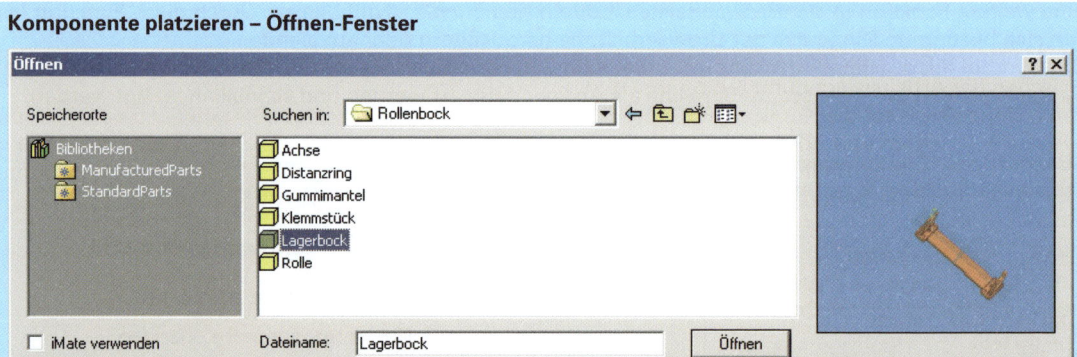

Im *Öffnen-Fenster* können die zu platzierenden Komponenten ausgewählt und mittels linkem Mausklick im Arbeitsbereich platziert werden.

Die Palette der möglichen Dateitypen, die in einem Zusammenbau platziert werden können.
Von besonderem Interesse sind die vom System unabhängigen Dateiformate *.igs, *.sat und *.stp.

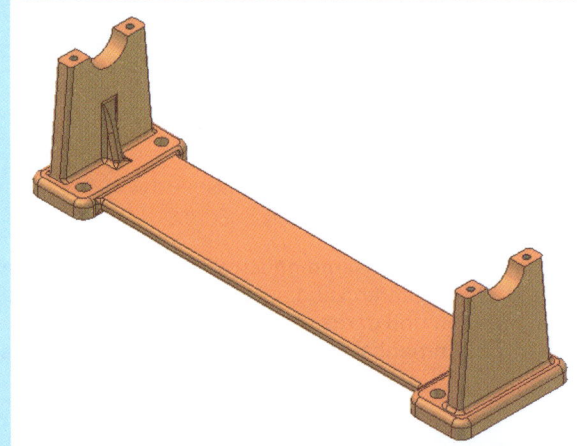

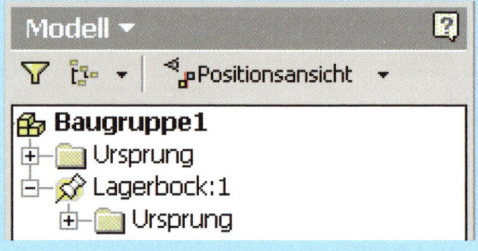

Der Lagerbock ist die erste platzierte Komponente in diesem Zusammenbau.
Aus diesem Grund wird er vom System als fixiert platziert. Der Ursprung der Zusammenbaudatei und der Ursprung der Komponente Lagerbock sind koinzident.

## Kontextmenü im Zusammenbau Ausschnitt fixiert

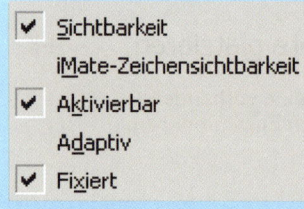

Durch Anklicken der Komponente im Browser oder im Arbeitsbereich wird ein Kontextmenü geöffnet.
Mit diesem Menü lassen sich einige Komponenteneigenschaften steuern. Die Fixierung der Komponente lässt sich aufheben und auf eine andere Komponente übertragen.

# 6 Zusammenbau – Baugruppe

## 6.6 Komponente erstellen

Dieser Befehl macht es möglich aus dem Zusammenbau heraus Einzelteile zu modellieren. Der Wechsel zwischen der Arbeitsumgebung Baugruppe und der Arbeitsumgebung *Bauteilmodellierung* erfolgt durch einen Doppelklick auf die Komponente oder die Baugruppe im Browser. Alternativ kann die Komponente ausgewählt werden und über ein Kontextmenü die Option *bearbeiten* gewählt werden wodurch dann in die Arbeitsumgebung Bauteilmodellierung gewechselt wird. Zurück in die Arbeitsumgebung Baugruppe führt der Befehl Bearbeitung beenden.

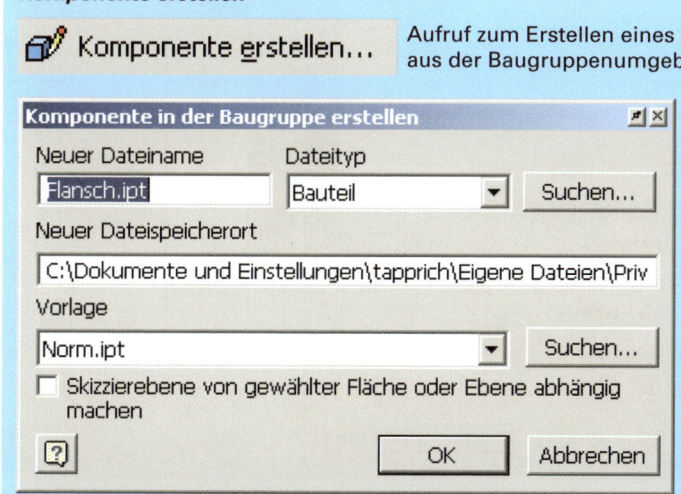

Aufruf zum Erstellen eines neuen Bauteils aus der Baugruppenumgebung heraus.

Neue Komponente im Baugruppenbrowser. Hell hinterlegt die augenblicklich aktive Skizze der Komponente in der Arbeitsumgebung zur Bauteilmodellierung

**Spezifikationen des Befehls *Komponente erstellen***
**Neuer Dateiname**: Vergabe eines beliebigen Bauteilnamens.
**Dateityp**: Auswahl, ob ein Standardbauteil oder ein Blechteil erstellt werden soll. Definition des **Speicherorts** der neuen Datei und der zu verwendenden **Vorlagedatei**.
**Achtung**: Festlegung, ob das neue Bauteil zu bestehender Referenzgeometrie adaptiv sein soll.

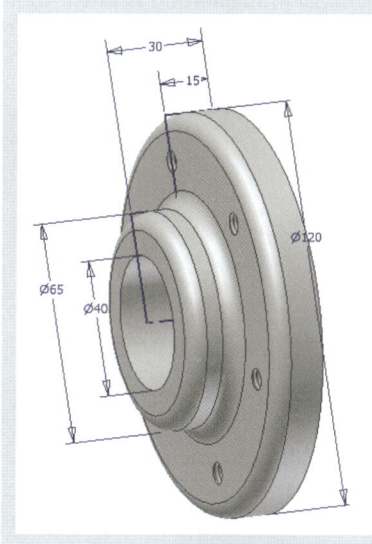

**Übungsbeispiel:**

Erstellen Sie aus einer Baugruppendatei heraus eine neue Komponente Flansch mit den skizzierten Abmessungen.
Legen Sie vorher einen Ordner Flansch_mit_Schwungrad an und geben Sie diesen Ordner als Speicherort der Komponente an.

Als Vorlagedatei nehmen Sie die standardmäßig vorgeschlagene Datei nom.ipt aus dem Verzeichnis templates.

Im Browser wird diese Komponente Flansch sofort als fixiert definiert.

Lochkreisdefinition im
Flansch. Durchgangs-
gewindebohrung M8 (6x).

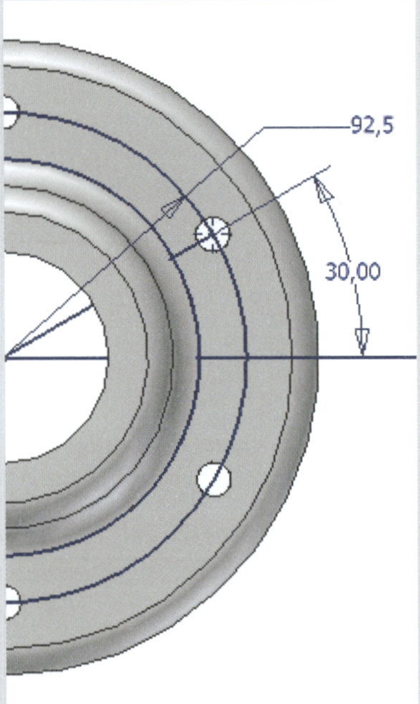

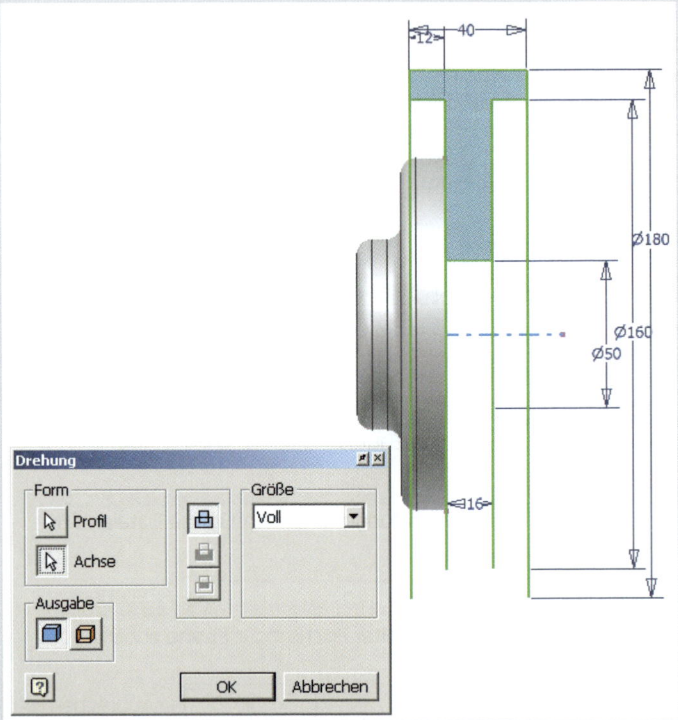

Erstellen der zweiten Komponente in dieser Baugruppe.
Skizzierebene ist die XY-Ebene des Baugruppenursprungs.
von der Komponente Flansch werden Kanten als Konstruktions-
hilfe projiziert, allerdings ohne voneinander abhängig zu sein.

## 6.7 Komponente anordnen

Komponenten lassen sich auch nach verschiedenen *Anordnungsschemata* im Zusammenbau verbauen. Analog zu der rechteckigen und runden Anordnung in Skizze und bei der 3D-Modellierung können Komponenten im Zusammenbau auch rund oder rechteckig angeordnet werden. Als dritte Option kann als Anordnungsmuster eine bestehende Elementanordnung (einer bestehenden Komponente) genutzt werden.

*Komponente anordnen*

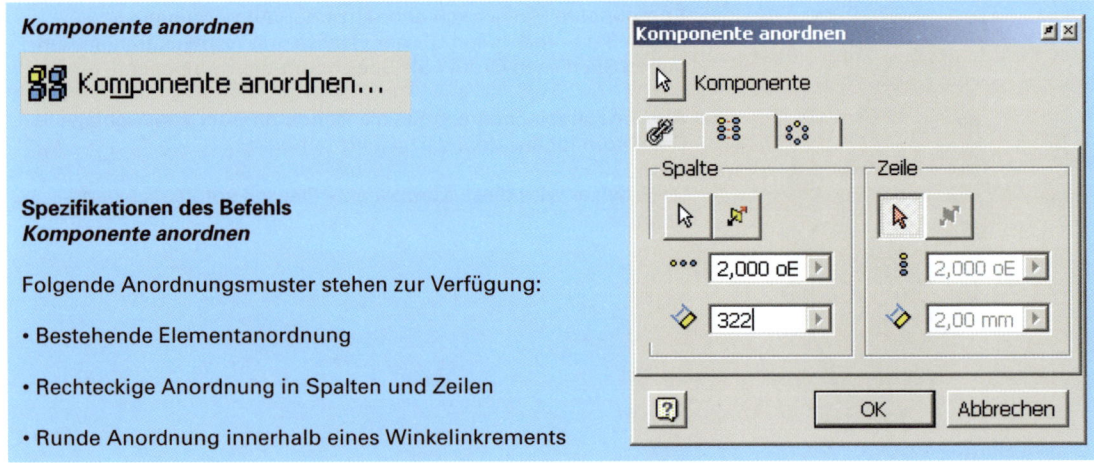

**Spezifikationen des Befehls**
*Komponente anordnen*

Folgende Anordnungsmuster stehen zur Verfügung:

• Bestehende Elementanordnung

• Rechteckige Anordnung in Spalten und Zeilen

• Runde Anordnung innerhalb eines Winkelinkrements

# 6 Zusammenbau – Baugruppe

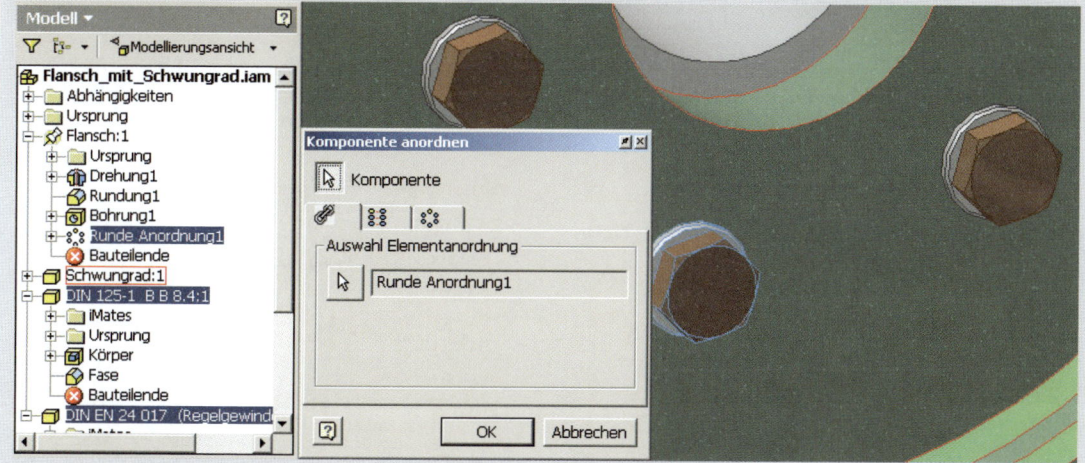

**Übungsbeispiel:**

Verschraubung zwischen Flansch und Schwungscheibe. Verwenden Sie aus der Normteilbibliothek eine Scheibe DIN 125 Form B ø8,4 und eine Sechskantschraube DIN EN 24017 M8 x 30. Platzieren Sie eine Scheibe und Schraube mit der Baugruppenabhängigkeit Einfügen und ordnen Sie die beiden Komponenten rund an.

Im zweiten Schritt nutzen Sie die Elementanordnung der Gewindebohrungen zur Anordnung der beiden in einer Bohrung und platzierten Komponenten.

## 6.8 Baugruppenabhängigkeit

Das wichtigste Werkzeug in der Zusammenbauumgebung ist die Vergabe von Baugruppenabhängigkeiten.

Vergeben werden **4 Abhängigkeitstypen**:
**Passend** mit den Optionen Passend und Fluchtend. **Winkel** mit der Möglichkeit die Auswahl umzukehren. **Tangential** mit den Optionen innen oder außen tangentialberührend. **Einfügen** mit den Optionen entgegengesetzt und ausrichten.
Neben den Abhängigkeiten zum Bauteile fügen ist die Definition von Bewegungsabhängigkeiten möglich. Unterschieden werden hier 2 Typen, und zwar die Drehung und die *Drehung verbunden mit einer Translation*. Zusätzlich kann der *Übergang* zwischen zwei Gleitflächen definiert werden.
Die Abhängigkeiten werden in der Positionsansicht des Browsers angezeigt und werden für die betreffende Komponente untergeordnet dargestellt. Durch einen Doppelklick auf die Abhängigkeit wird deren Änderung aktiviert. Der in der Abhängigkeit definierte Versatz kann direkt geändert werden.

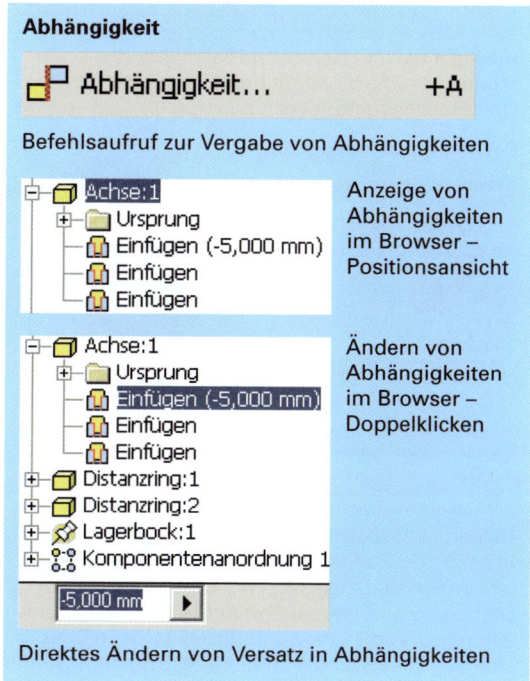

**Abhängigkeit**

Befehlsaufruf zur Vergabe von Abhängigkeiten

Anzeige von Abhängigkeiten im Browser – Positionsansicht

Ändern von Abhängigkeiten im Browser – Doppelklicken

Direktes Ändern von Versatz in Abhängigkeiten

## Abhängigkeit *Passend*

Auswahl zweier Flächen oder Achsen und Festlegen des Modus, passend aufeinander liegend oder fluchtend, mit der Option zur Vergabe eines Versatzes.

## Abhängigkeit *Tangential*

Auswahl zweier Flächen und Festlegen des Modus, innerhalb oder außerhalb, mit der Option zur Vergabe eines Versatzes.

## Bewegungsabhängigkeit

Definition beabsichtigter Bewegungsverhältnisse in einer Baugruppe. Auswahl zweier Komponenten, denen ein Bewegungstyp zugewiesen wird: Drehung (z.B. Zahnräder) oder Drehung und Translation (z.B. Zahnstange und Ritzel). Im Verhältnis können Übersetzungsverhältnisse festgelegt werden.

## Abhängigkeit *Winkel*

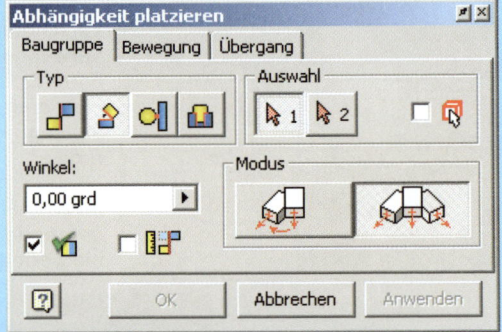

Auswahl zweier Flächen und Festlegen des Modus, Umkehrmöglichkeit der Auswahl mit der Option zur Vergabe eines Versatzes.

## Abhängigkeit *Einfügen*

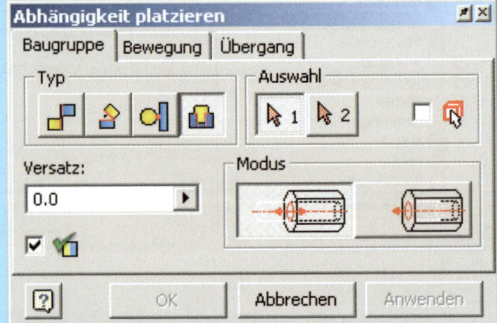

Auswahl zweier Kanten oder Achsen und Festlegen des Modus, entgegen gesetzt oder ausgerichtet, mit der Option zur Vergabe eines Versatzes.

## Übergang von Abhängigkeiten

Eine Abhängigkeit Übergang bestimmt die Beziehung zwischen (normalerweise) einer zylindrischen Bauteilfläche und einem daran grenzenden Flächensatz auf einem anderen Bauteil, wie z.B. eine Kurvenscheibe in einem Langloch.

# 6 Zusammenbau – Baugruppe

Eine weitere Möglichkeit vergebene Abhängigkeiten zu nutzen, ist das Bewegen der Komponenten nach ihren Abhängigkeiten. Die Komponente wird dann animiert von ihrer willkürlichen Einfügeposition an ihre endgültige Einbauposition bewegt. Die Animation kann als *.avi Videoclip aufgezeichnet werden. *Passend, Fluchtend* und *Einfügen* als Abhängigkeit animiert ergibt lineare Bewegungen, die Winkelabhängigkeit ergibt animierte Drehbewegungen.

**Bauteil nach Abhängigkeiten bewegen**

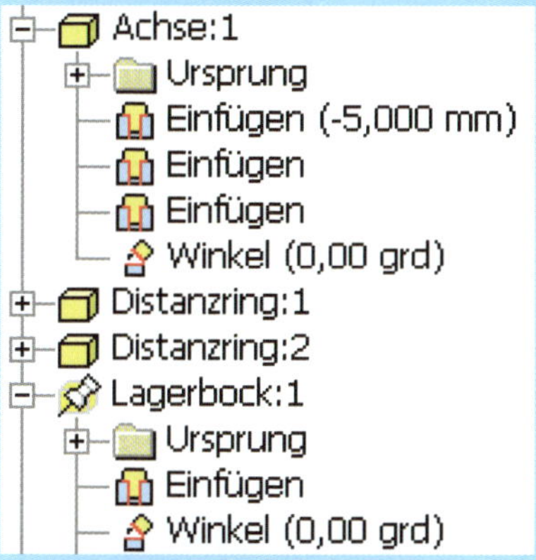

Winkelabhängigkeit (hier zwischen Achse und Lagerbock) kann oft günstig zur Animation von Drehbewegungen genutzt werden.

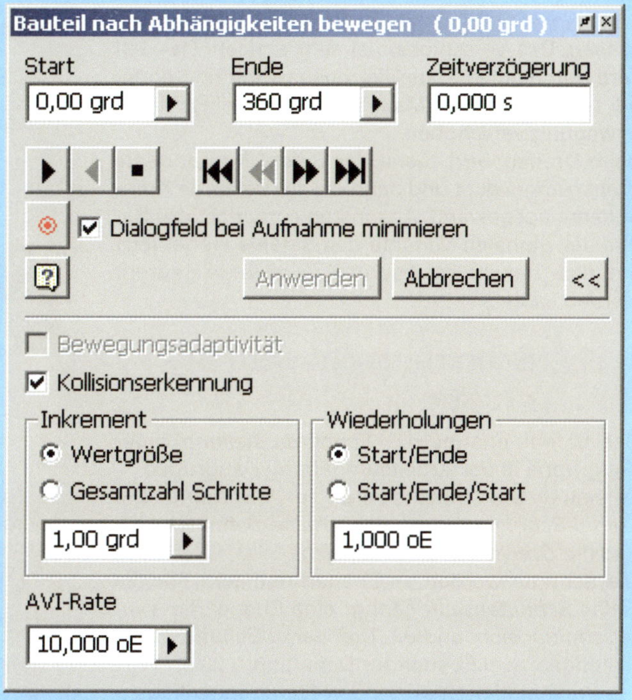

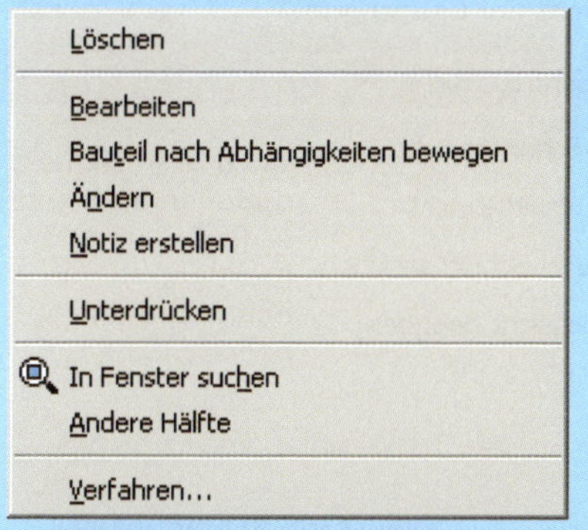

Kontextmenü nach dem Klicken mit der rechten Maustaste auf die Abhängigkeit.

**Spezifikationen: *Bauteil nach Abhängigkeiten bewegen***
Start und Ende der Bewegung (hier ein Winkel).
Mediaplayer analoges Bedienpaneel, um die Animation ablaufen zu lassen, inklusive Aufnahmeknopf. (Es muss ein auf dem Rechner vorhandener Videocode gewählt werden). Eine Kollisionserkennung ist während des Bewegungsablaufs möglich. Bewegungsinkremente und die Anzahl der Wiederholungen wird, ebenso wie die AVI-Rate, festgelegt.

## 6.9 Komponente ersetzen

Mit dem Befehl *Ersetzen* können Sie Baugruppenkomponenten ersetzen. Die neue Komponente wird an Stelle der Vorgängerkomponente eingefügt, wobei der Browser versucht die vergebenen Abhängigkeiten zu erhalten. Die grundlegende Voraussetzung hierfür ist allerdings eine ähnliche Form. Ist dies nicht gegeben so gehen Abhängigkeiten verloren und müssen entsprechend der neuen Komponente nachgebessert werden.

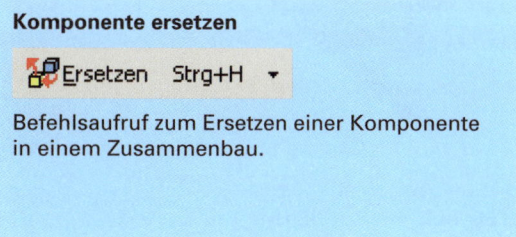

**Komponente ersetzen**

Befehlsaufruf zum Ersetzen einer Komponente in einem Zusammenbau.

## 6.10 Komponente verschieben und drehen

Die Standard-Zoombefehle, Drehbefehle und Panbefehle haben auch im Zusammenbau ihre Gültigkeit. Allerdings werden diese Befehle immer global auf die gesamte Baugruppe angewandt.
Aus Gründen der Übersichtlichkeit ist es aber oft nötig *einzelne Komponente zu verschieben oder zu drehen*. Das Verschieben ist sehr einfach. Das Teil wird durch einen Mausklick ausgewählt und dann, bei betätigter linker Maustaste, durch eine Mausbewegung verschoben.
Beim Drehen wird zuerst der Befehl *Komponente drehen* angewählt und dann die zu drehende Komponente ausgewählt. Ansonsten entspricht der Befehl der globalen Variante des Befehls wobei jetzt natürlich nur die selektierte Komponente gedreht werden kann.

## 6.11 Schnittansicht der Baugruppe

Der Befehl erlaubt die *Schnittdarstellung* einer Baugruppe in der Arbeitsumgebung Baugruppe.
Es stehen 3 Schnittansichten zur Verfügung: Die *Viertel-Schnittansicht*, die *Halbe-Schnittansicht* und die *Dreiviertel-Schnittansicht*.
Die Schnitte werden an Ebenen definiert. Für die *Halbe-Schnittansicht* genügt eine Ebene, die *Viertelschnittansicht* und die *Dreiviertel-Schnittansicht* benötigen zwei Ebenen zur Definition.
Für Präsentationen oder beim Fügen innenliegender Komponenten ist dies eine nützliche Funktion, die bei großen Baugruppen allerdings eine leistungsfähige Grafikkarte voraussetzt.

### Komponente verschieben

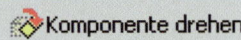

Befehlsaufruf zum Verschieben einer Komponente

### Komponente drehen

Befehlsaufruf zum Drehen einer Komponente

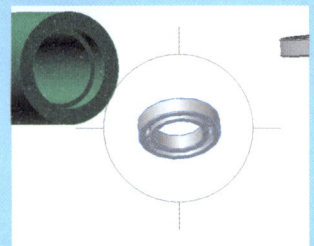

Zum Drehen markierte Komponente

### Schnittansicht der Baugruppe

Die drei Ansichtsoptionen und ihre Aufhebungsfunktion: Schnittansicht beenden.

**Beispiele von Schnittansichten der Baugruppe Lagerbock**

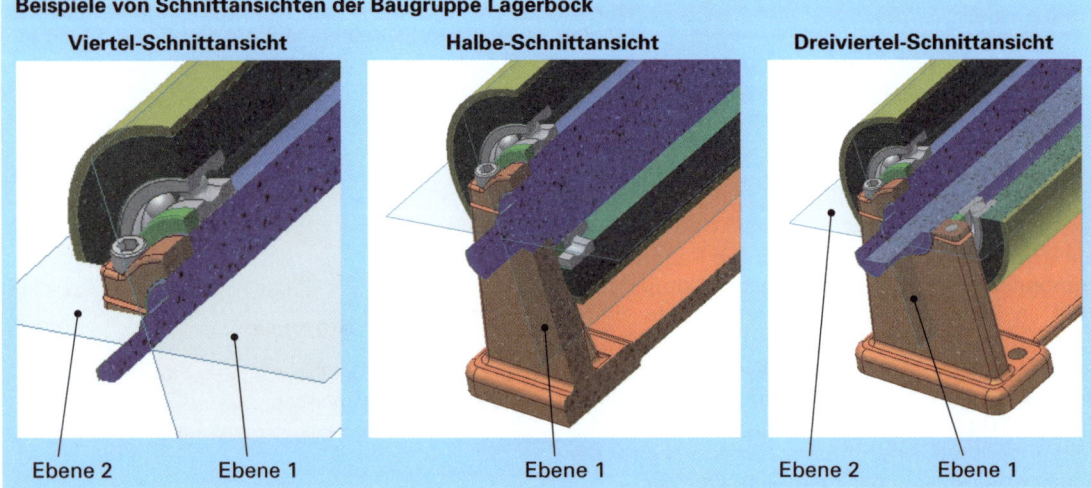

Viertel-Schnittansicht — Ebene 2, Ebene 1
Halbe-Schnittansicht — Ebene 1
Dreiviertel-Schnittansicht — Ebene 2, Ebene 1

## 6.12 Normteilbibliothek im Zusammenbau

Der Aufruf der *Normteilbibliothek* erfolgt über den Browser. Über die oberste Schaltfläche Modell kann zwischen der Auflistung der Zusammenbauhistorie und der Auflistung der verfügbaren Normteile hin und her geschaltet werden. Grundsätzlich wird in der Bibliothek zwischen Normteilen und Profilen (Halbzeugen) unterschieden. Die nächste Auswahl kann dann sowohl bei den Normteilen als auch bei den Profilen aus einer Vielzahl internationaler Normen getroffen werden. In Deutschland sind allerdings die Normen DIN und ISO von Bedeutung.

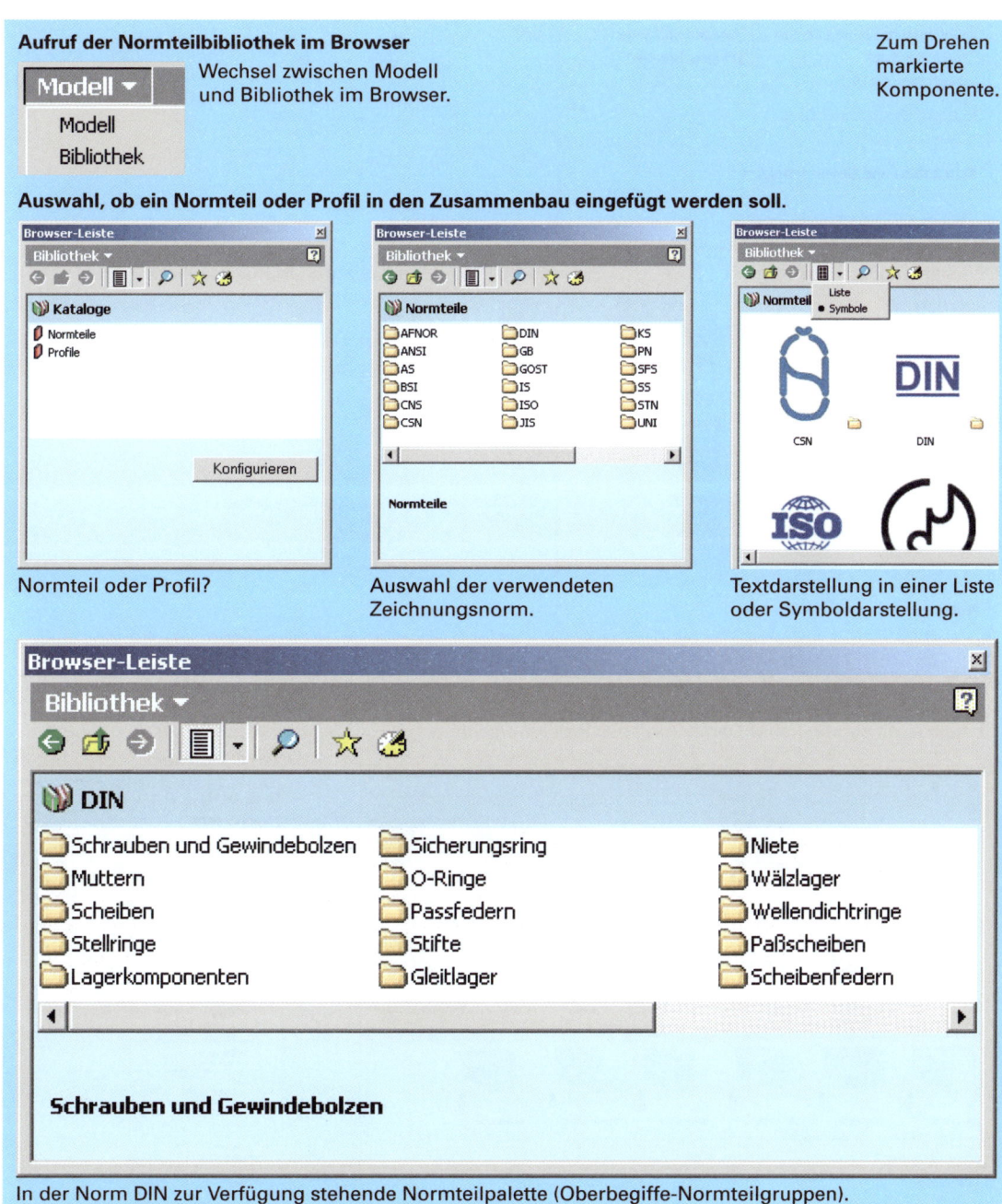

## Auswahl der Schrauben nach DIN

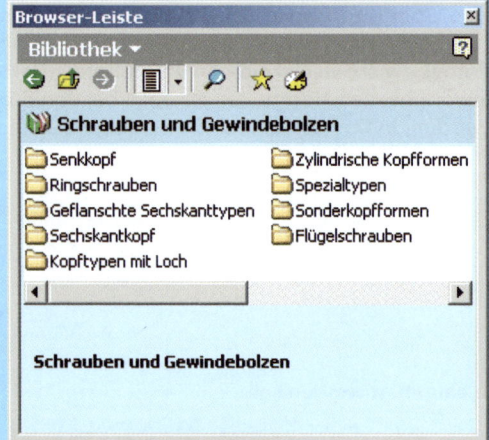

Übersicht in Listendarstellung

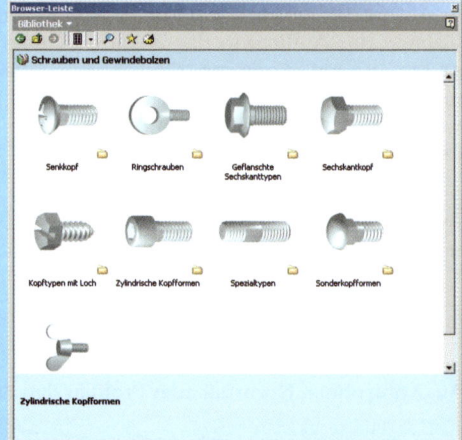

Übersicht in Symboldarstellung

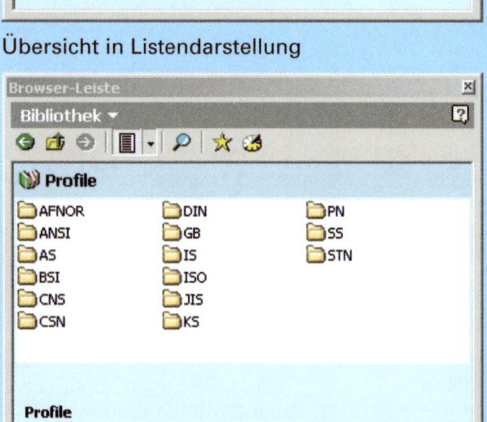

Auswahl der Stahlprofile nach DIN aus einer Liste oder aus der Übersicht mit symbolhafter Darstellung des Profilquerschnitts.

Einfügemaske für ein Profil DIN EN 10210-2 mit den Abmessungen 20x20x2. Die Profillänge kann frei gewählt werden.

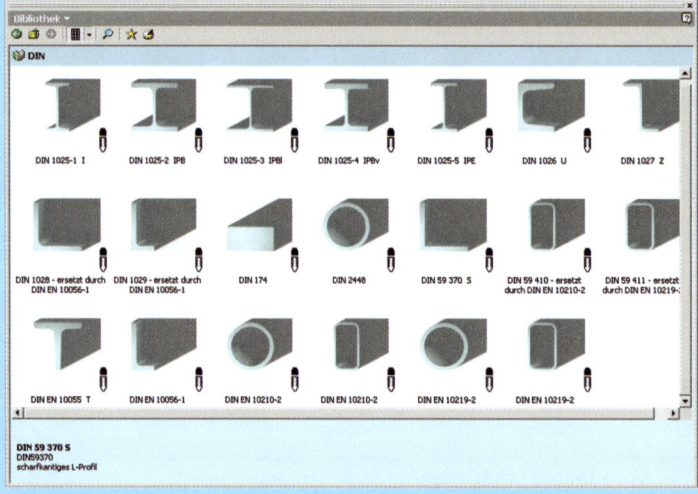

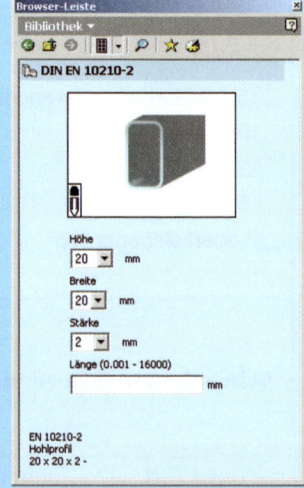

# 6 Zusammenbau – Baugruppe

**Übungsbeispiel:** Fügen Sie in einer Baugruppe ein Rillenkugellager DIN 625 T1 – 6008 aus der Normteilbibliothek ein.

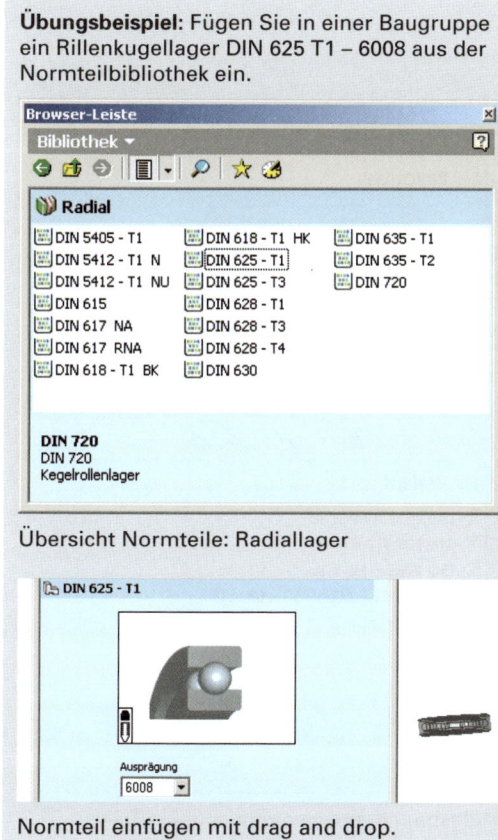

Übersicht Normteile: Radiallager

Normteil einfügen mit drag and drop.

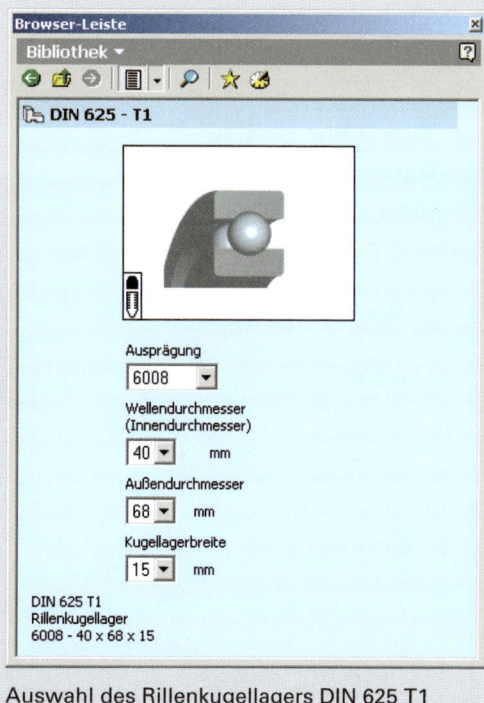

Auswahl des Rillenkugellagers DIN 625 T1 Ausprägung = Lagerreihe, Angabe des Innen- und Aussendurchmessers des Lagers und der Lagerbreite.
Mögliche Abmessungen werden in einer Liste dargeboten.

## 6.13 Steuerelemente der Normteilbibliothek

Analog zu einigen Windowsanwendungen, sind in die Steuerleiste für die *Normteilbibliothek* einige bekannte Windowsfunktionen implementiert.

Die grün *hinterlegten Pfeile* dienen zum vorwärts und rückwärts blättern, das Ordnersymbol mit Pfeil führt eine Ebene höher.

Das *Listensymbol* dient zum Ansichtswechsel zwischen Listen und Symboldarstellung der Normteile und Profile.

Die *Lupe* aktiviert den Suchen-Befehl, mit dem man nach Normteilen suchen kann.

Der *Stern* zeigt die definierten Favoriten, das *Verlaufssymbol* zeigt die nacheinander eingefügten Normteile oder Profile analog zum Verlaufslis-ting bei einer Internetsitzung.

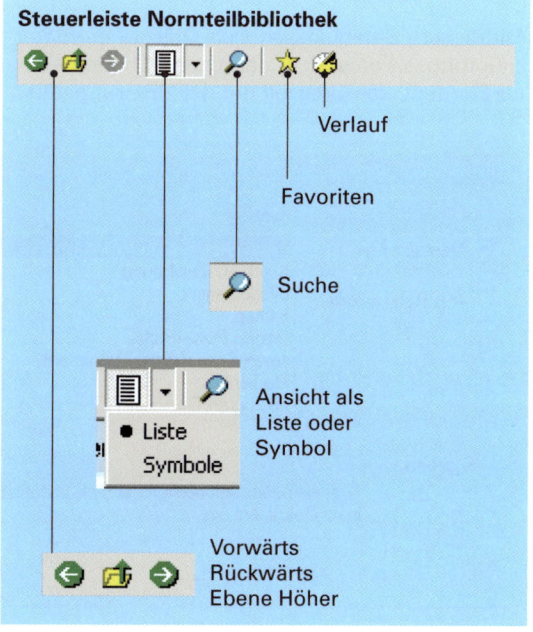

**Suchfunktion der Normteilbibliothek**

**Favoriten in der Normteilbibliothek**

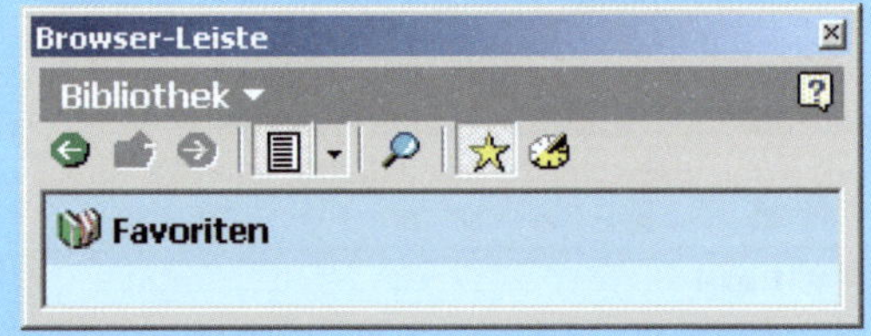

Definition von Favoriten analog zu Internetbrowser möglich.

**Verlaufsdarstellung Normteilbibliothek**

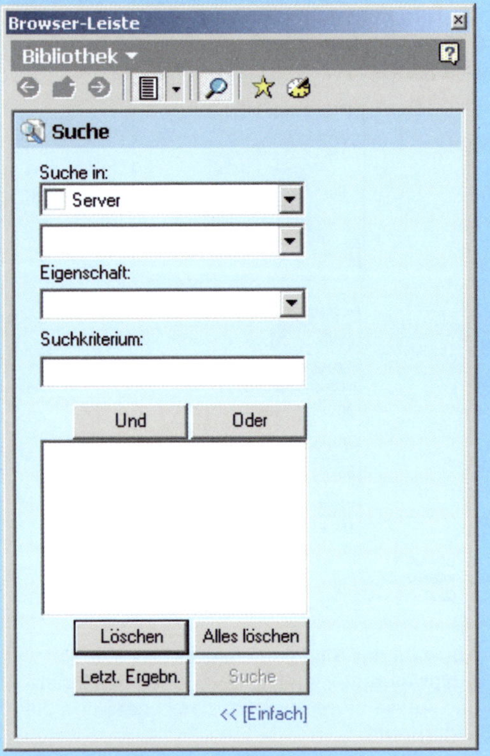

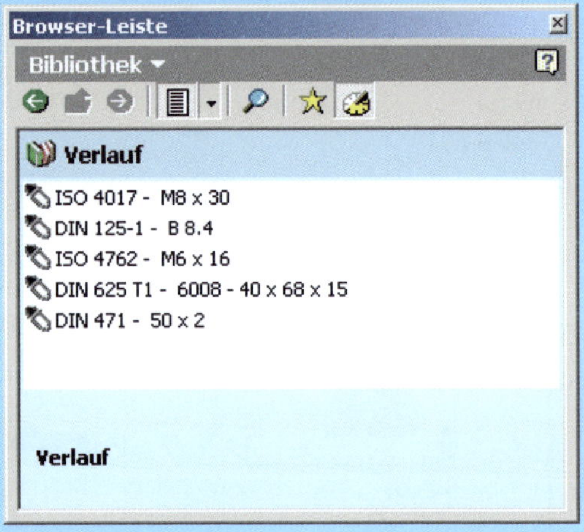

Funktion wie die Windowssuche

Auflistung der bisher verwendeten Teile.

## 6.14 Objekt einfügen

Mit diesem Befehl lassen sich Objekte *einfügen*. Dies können unterschiedlichste Objekte sein. Die Verknüpfungsart entspricht der eines OLE-Elements (OLE = Objekt Linking and Embedding), ein eingebettetes Element, das jederzeit mit der Ursprungssoftware geändert werden kann.

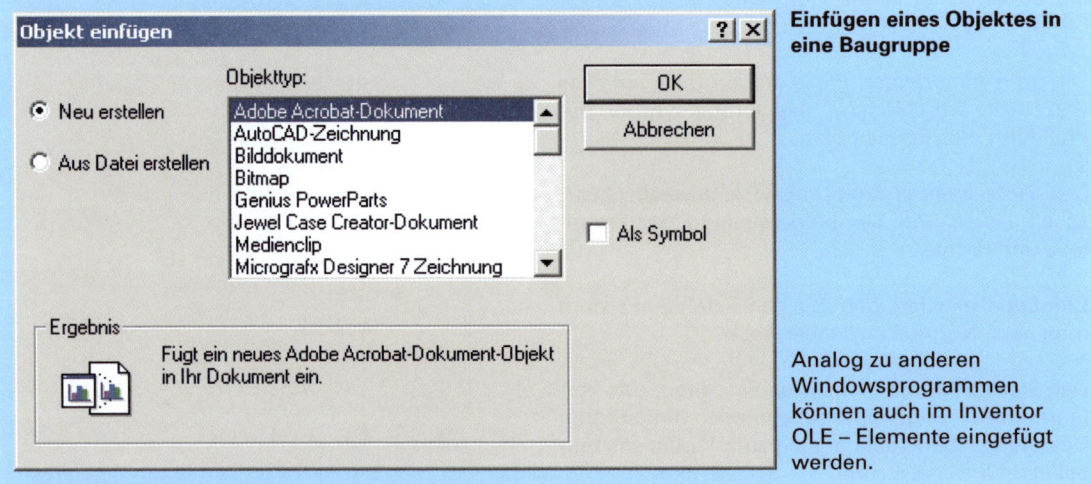

**Einfügen eines Objektes in eine Baugruppe**

Analog zu anderen Windowsprogrammen können auch im Inventor OLE – Elemente eingefügt werden.

# 6 Zusammenbau – Baugruppe

## 6.15 Externe Normteile einfügen

Viele Hersteller von Kaufteilen oder von Normteilen bieten CD-ROMs mit Ihren Produktdaten als CAD-Datensatz an. Eine weitere Möglichkeit ist die Nutzung verschiedener Internetportale, um an CAD-Daten von Kaufteilen zu kommen. Einige Anbieter liefern die Daten als *natives Inventorformat*. Oft muss man aber den Weg über ein Standardformat, wie z. B. STEP, gehen.

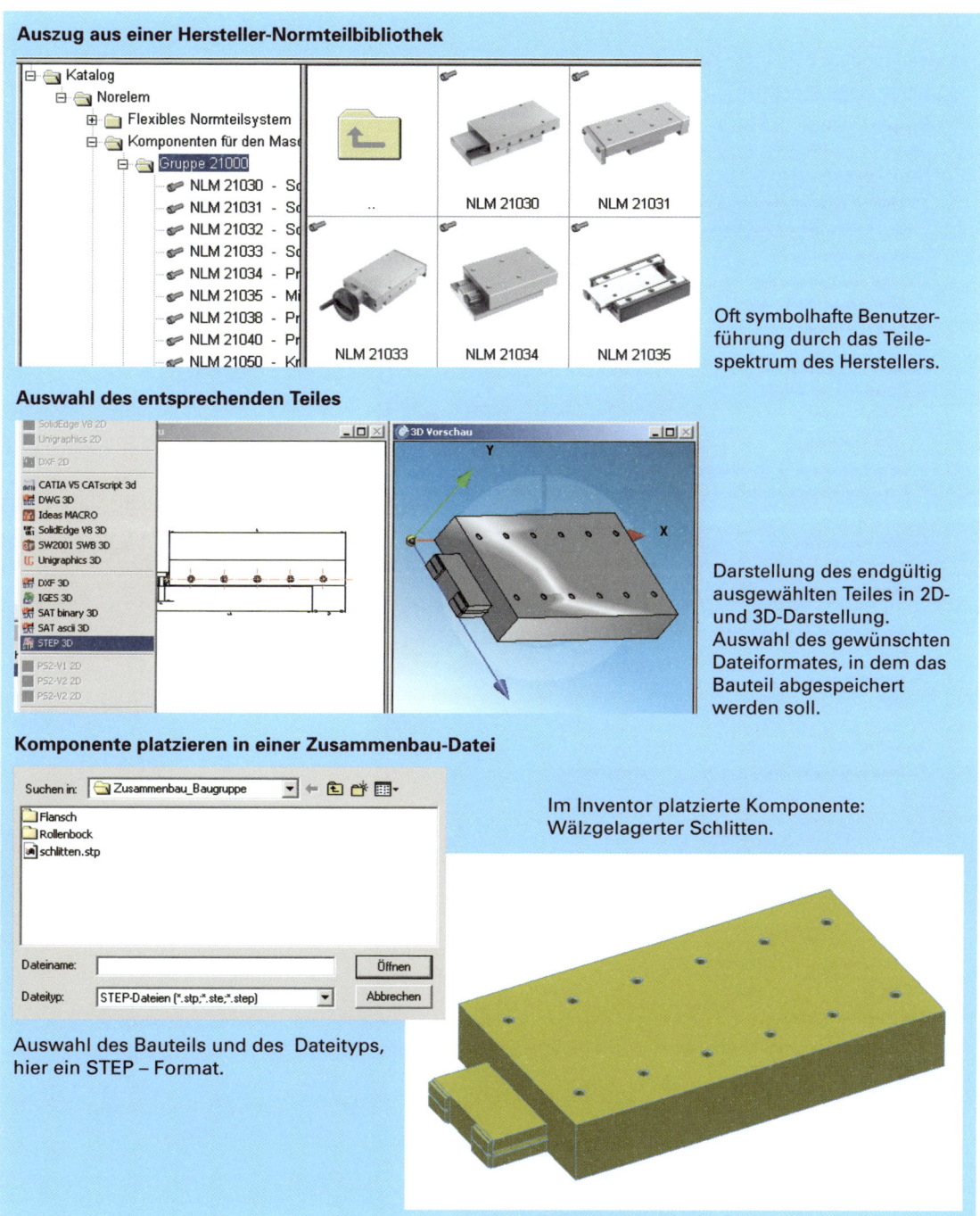

## 6.16 Adaptive Bauteile

Man kann *adaptive* Bauteile definieren. Diese Bauteile passen sich automatisch aneinander an, sind also adaptiv. Im Zusammenspiel mit den Baugruppenabhängigkeiten, assoziativen Gleichungen und der Verknüpfung von Parametern ist es allerdings angeraten, die Adaptivität nur gezielt einzusetzten und möglichst alle voreingestellten Automatismen zu deaktivieren. Voreinstellungen werden im Menüpunkt Extras, Anwendungsoptionen, Baugruppe getroffen.

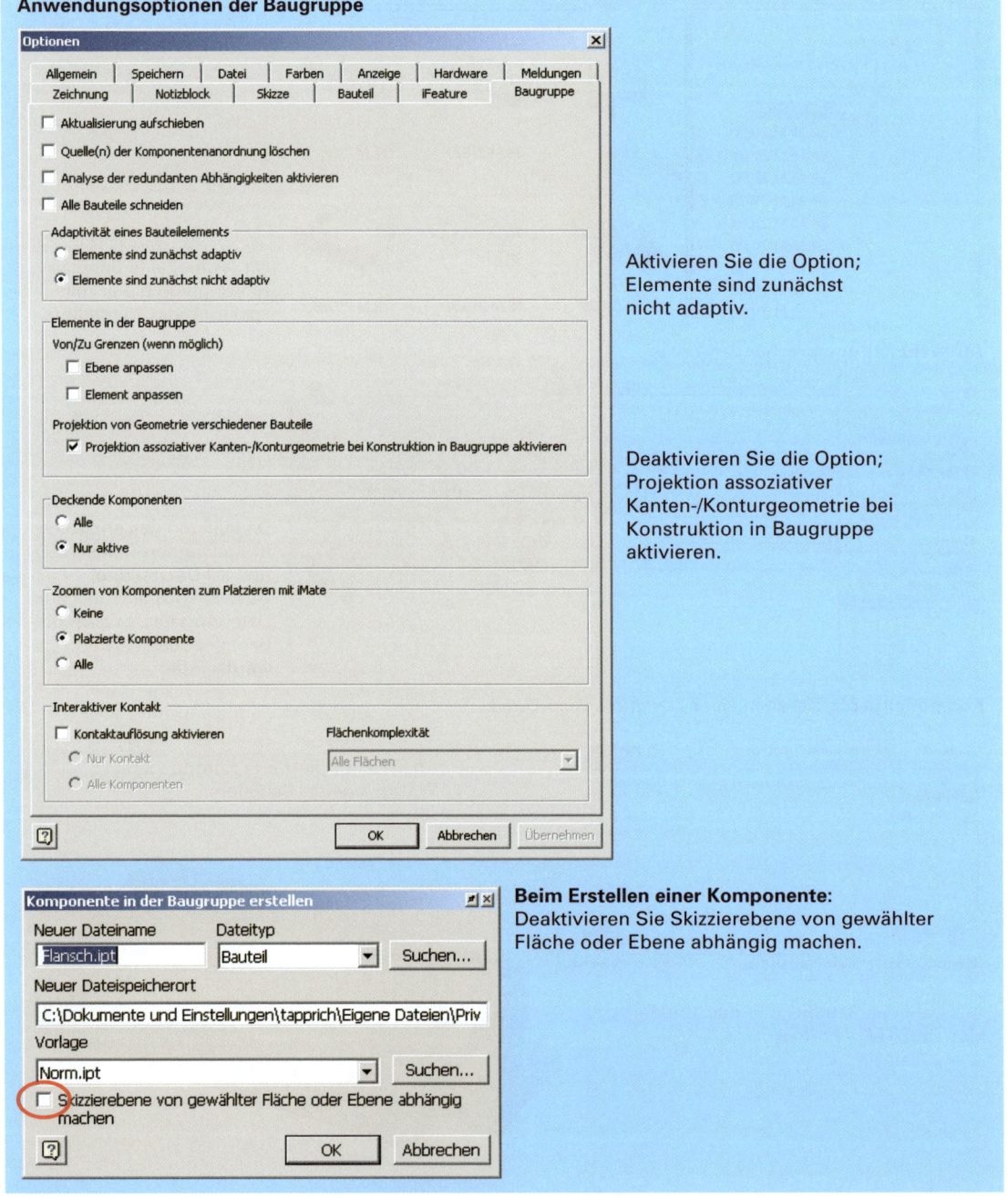

# 6 Zusammenbau – Baugruppe

**Projekt 8: Zusammenbau eines Rollenbocks nach der Bottom-Up-Methode.**

Bauen Sie den Rollenbock unter Verwendung der im Verzeichnis Rollenbock abgelegten Teile zusammen und ergänzen sie die vorhandenen Teile um die beiden Normteile Zylinderschraube DIN EN ISO 4762 M6 x 20 und Rillenkugellager DIN 625 – T1 – 6008 aus der Inventor-Normteilbibliothek.

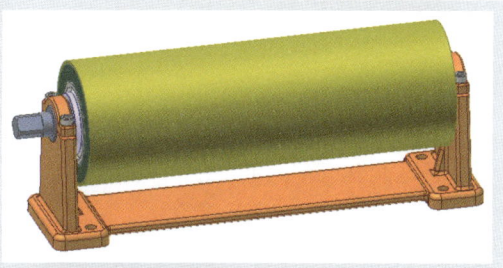

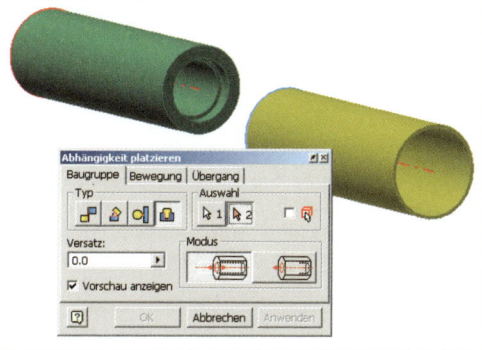

*Schritt 1:* Öffnen Sie die Vorlage norm.iam und speichern Sie die Baugruppendatei als Laufrolle mit Achse ab. Dies ergibt eine Unterbaugruppe, die dann in die Hauptbaugruppe Rollenbock eingefügt werden soll. Platzieren Sie die Komponente Rolle in dieser Baugruppe.

*Schritt 2:* Platzieren Sie die Komponente Gummimantel. Fügen Sie Gummimantel und Rolle mit der Baugruppenabhängigkeit Einfügen.

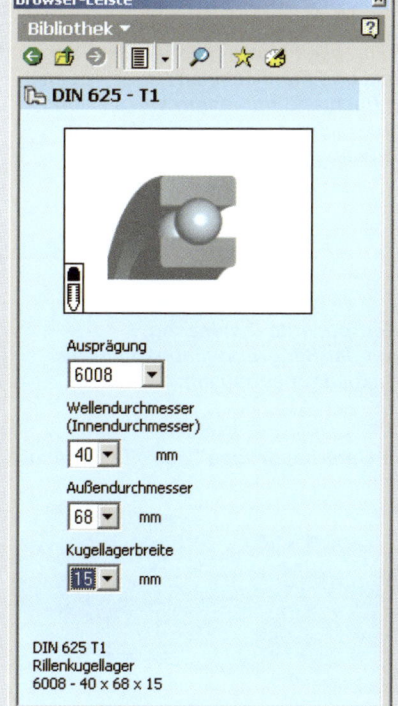

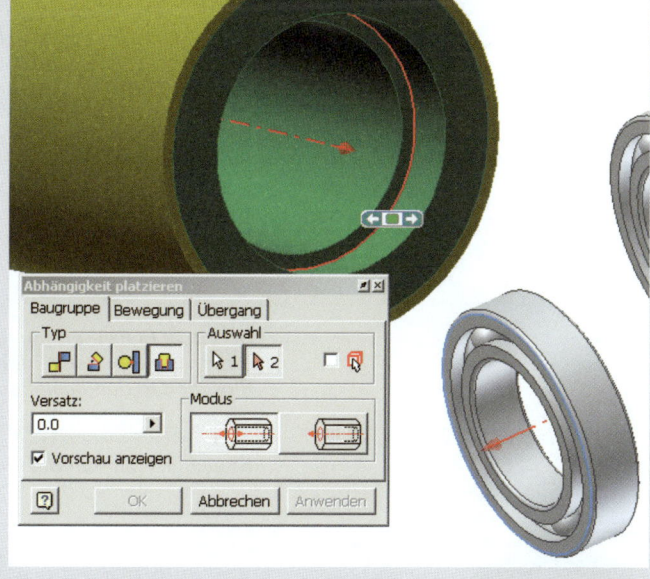

*Schritt 3:* Wählen Sie aus der Normteilbibliothek des Inventors das Rillenkugellager DIN 625 – T1 6008 – 40x68x15.
Platzieren Sie dieses Lager mit der drag and drop – Methode zweimal in Ihrem Zusammenbau.
Positionieren Sie die beiden Rillenkugellager mit der Baugruppenabhängigkeit Einfügen in den Lagerstellen der Rolle.

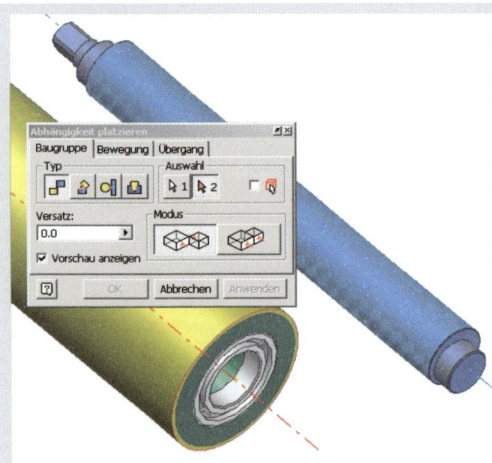

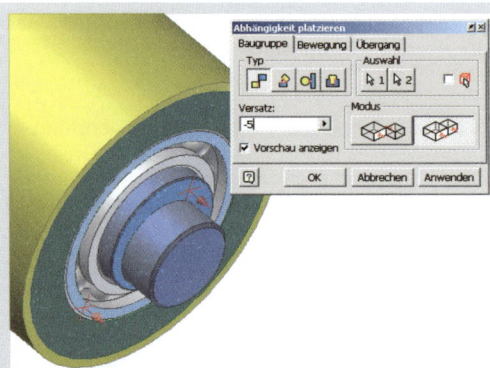

Schritt 4: Platzieren Sie die Komponente Achse. Bauen Sie die Achse mit der Baugruppenabhängigkeit Passend (Mittelachse auf Mittelachse) in den bestehenden Zusammenbau ein.

Schritt 5: Kontrolle der Freiheitsgrade. Unter Freiheitsgrad versteht man die noch vorhandenen freien Bewegungsrichtungen einer Komponente im Raum. Nach dem Anwenden der Baugruppenabhängigkeit Passend hat die Achse noch die beiden Freiheitsgrade lineare Bewegung in Achsrichtung und Drehung um die Mittelachse.
Anzeigen des Symbols für die Freiheitsgrade: rechter Mausklick auf die Komponente im Browser, Eigenschaften, Exemplar. Die Eigenschaft Freiheitsgrade mit einem Häkchen versehen und das Symbol wird dargestellt.
(Alternativ: Ansicht, Freiheitsgrade).

Fügen Sie nun eine weitere Baugruppenabhängigkeit hinzu. Planfläche an der Achse und Planfläche an Lager Außenring fluchtend mit einem Versatz von 5 mm (Richtungsänderung über das Vorzeichen + -).

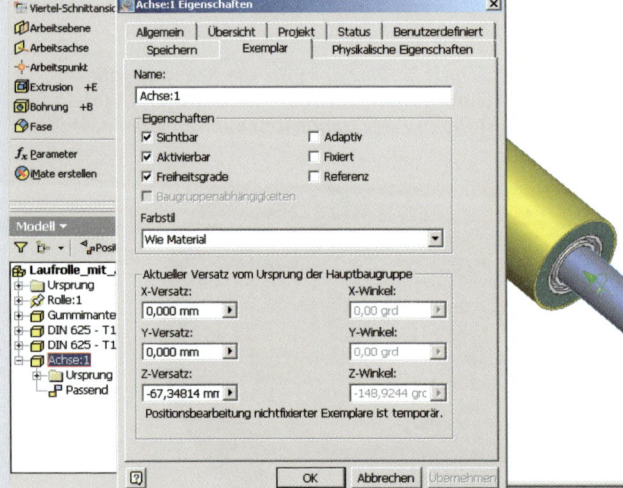

Schritt 6: Platzieren Sie die Komponente Distanzring. Bauen Sie die Distanzringe mit der Baugruppenabhängigkeit Einfügen in den bestehenden Zusammenbau ein.

Speichern Sie nun die fertige Unterbaugruppe Laufrolle mit Achse.

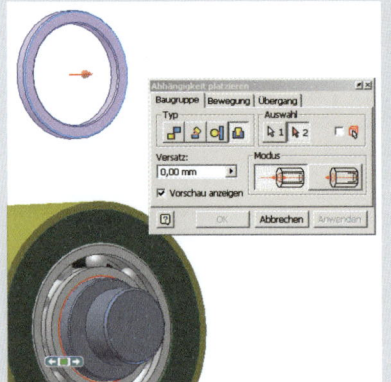

# 6 Zusammenbau – Baugruppe

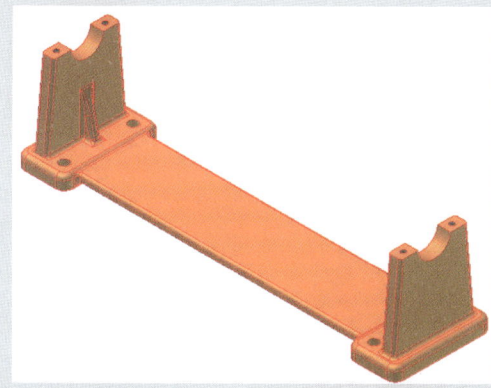

Schritt 7: Öffnen Sie nun eine neue Baugruppendatei als Hauptbaugruppe Rollenbock und platzieren Sie in dieser Baugruppe den Lagerbock. Platzieren Sie nun als zweite Komponente die zuvor erstellte Unterbaugruppe Laufrolle mit Achse.

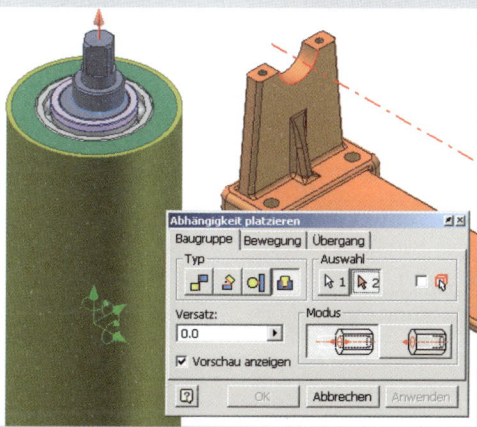

Schritt 8: Positionieren Sie die Unterbaugruppe mit der Baugruppenabhängigkeit Einfügen in der Lagerhalbschale des Lagerbocks.

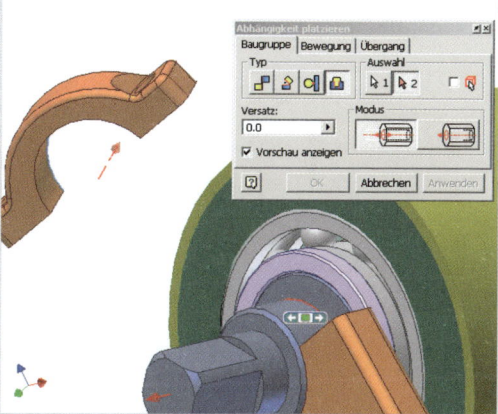

Schritt 9: Platzieren Sie die Komponente Klemmstück und positionieren Sie diese mit der Baugruppenabhängigkeit Einfügen.

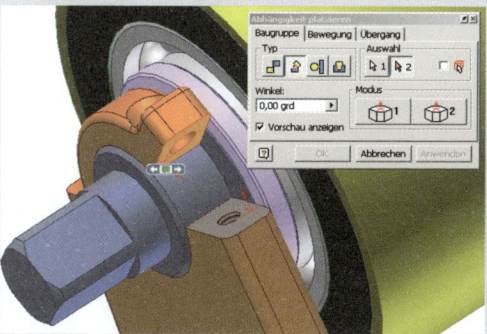

Schritt 10: Fügen Sie dem Klemmstück noch die Baugruppenabhängigkeit Winkel hinzu.
Beachten Sie den Modus der Auswahlreihenfolge.

Schritt 11: Fügen Sie in den Zusammenbau zwei Zylinderschrauben DIN EN ISO 4762 M6 x 30 ein.

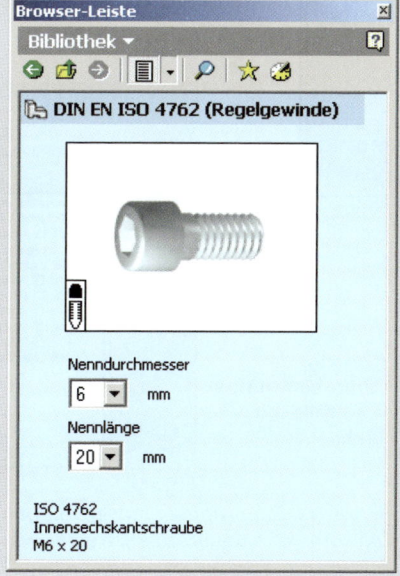

# 6 Zusammenbau – Baugruppe

Schritt 12: Erzeugen Sie das Klemmstück und die Schrauben auf der anderen Lagerschale durch eine rechteckige Komponentenanordnung (Anzahl zwei, Abstand 322 mm gemessen).

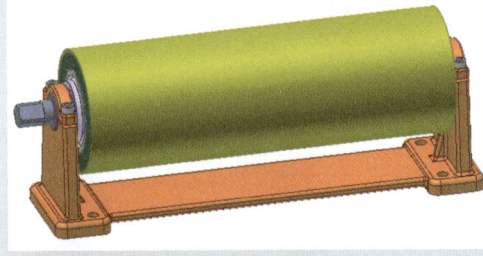

Fertige Baugruppe Rollenbock

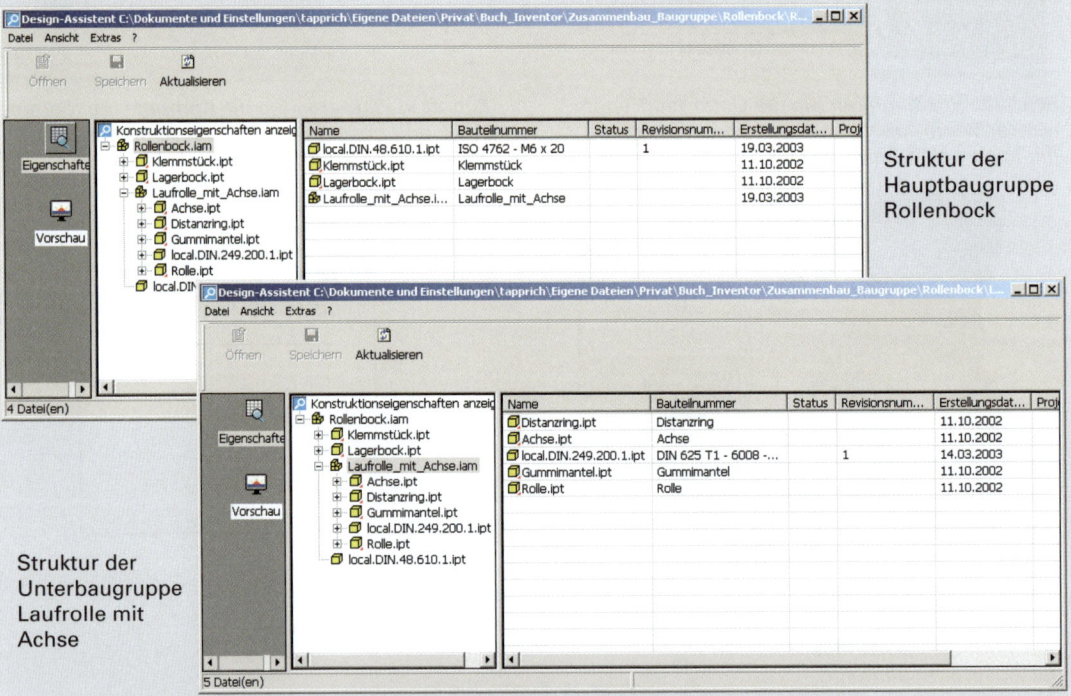

Struktur der Hauptbaugruppe Rollenbock

Struktur der Unterbaugruppe Laufrolle mit Achse

Schritt 13: Baugruppenanalyse mit dem Design-Assistenten des Inventors.
Die komplette Baugruppenstruktur wird mit allen verbauten Komponenten dargestellt.
Aufruf des Design-Assistenten: Menüpunkt Datei, Design-Assistent.

# 7 Zusammenbau einer Schweißbaugruppe

Neben der allgemeinen Baugruppenumgebung steht auch eine Umgebung für *Schweißbaugruppen* zur Verfügung. Zu den Standard-Zusammenbauwerkzeugen kommen Werkzeuge zur Nahtvorbereitung, zur detaillierten Darstellung von Schweißnähten (Kehlnähte als Volumen, die anderen Nähte symbolhaft) und zur Bearbeitung des Schweißteils nach dem Schweißen.

## 7.1 Erstellung einer neuen Schweißbaugruppe

Für eine *Schweißbaugruppe* wird eigene Dateivorlage verwendet. Vom Typ her ein Zusammenbau, aber mit speziellen Schweißfeatures (Schweißeigenschaften). Allerdings kann ein nomaler Zusammenbau problemlos im einen Schweißzusammenbau konvertiert werden. Die Konvertierung kann allerdings nicht rückgängig gemacht werden. Ausgeführt wird die Konvertierung über den Menüpunkt Anwendungen und dem Wechsel von Baugruppe zu Schweißkonstruktion. Der Zusammenbau der einzelnen Komponenten erfolgt analog zum Standardzusammenbau.

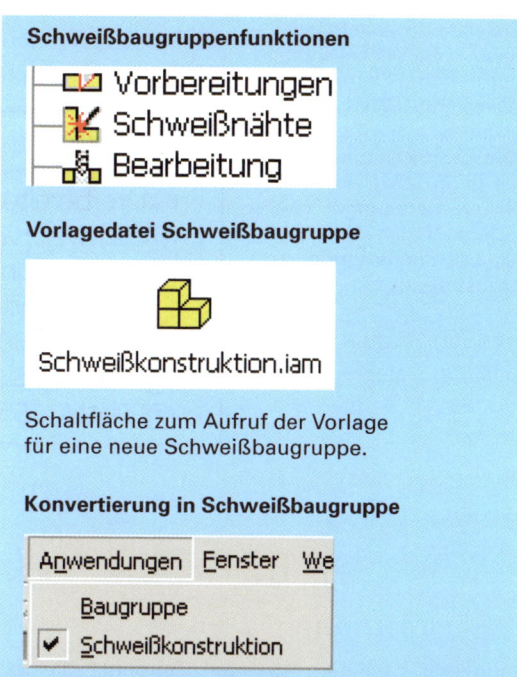

**Schweißbaugruppenfunktionen**

**Vorlagedatei Schweißbaugruppe**

Schaltfläche zum Aufruf der Vorlage für eine neue Schweißbaugruppe.

**Konvertierung in Schweißbaugruppe**

**Die drei Schweißbaugruppenfunktionen**

**Nahtvorbereitung**
Die Standardwerkzeuge Extrusion, Bohrung und Fase dienen zum Vorbereiten der Schweißfuge, soweit erforderlich. Hinzu kommen die Standard-Arbeitselemente.

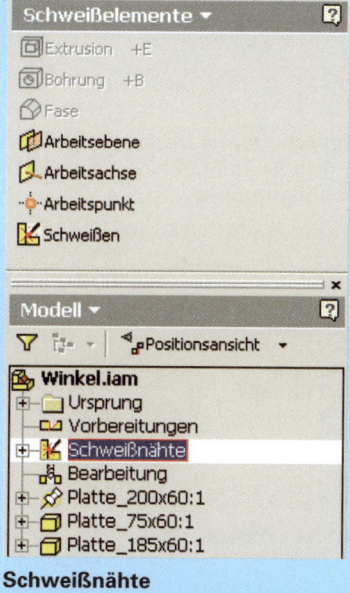

**Schweißnähte**
Werkzeug zum Erzeugen von detaillierten Schweißnähten. Kehlnähte als Volumen (bildlich) und alle anderen Nähte symbolhaft (sinnbildlich).

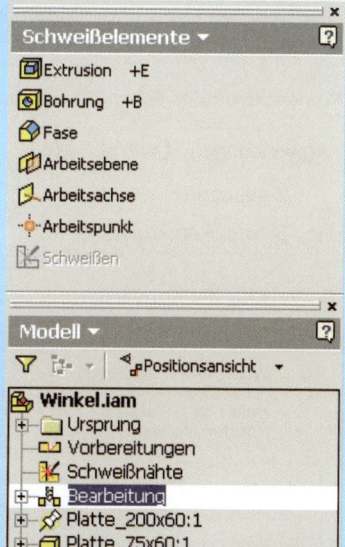

**Bearbeitung**
Die Standardwerkzeuge Extrusion, Bohrung und Fase dienen zur Bearbeitung der geschweißten Baugruppe.

## Übungsbeispiel: Winkel 1

Erstellen Sie eine Schweißbaugruppe Winkel stehend aus den drei Platten (Verzeichnis: Winkel)

Konstruktiv ist dieser Winkel so gestaltet, dass auf Nahtvorbereitungen verzichtet werden kann (dies ist, wenn immer möglich, anzustreben).

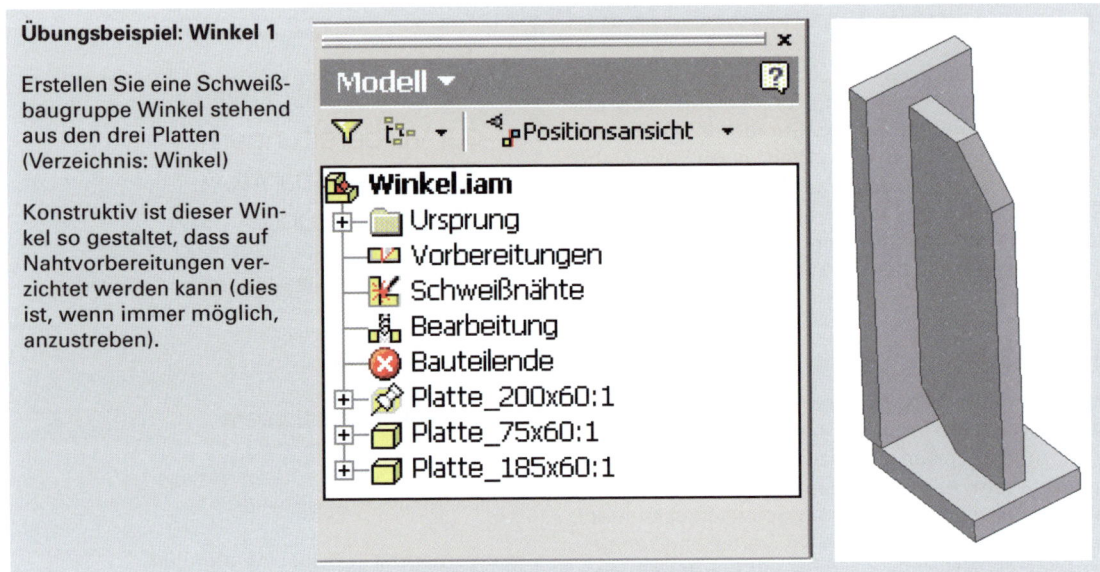

## 7.2 Umwandeln einer Standardbaugruppe in eine Schweißbaugruppe

Wenn erst zu einem späteren Zeitpunkt die Entscheidung für eine Schweißkonstruktion fällt oder Schweißkonstruktionen älterer Inventorversionen vorliegen und bearbeitet werden sollen, so ist die Konvertierung dieser Baugruppen kein Problem. Nur ist zu beachten, dass dieser Schritt nicht rückgängig gemacht werden kann (Warnhinweis beachten, ggf. Sicherungskopie anlegen). Im abschließenden Schritt der Konvertierung muss dann die Schweißnorm und das Material für die Schweißnaht festgelegt werden.

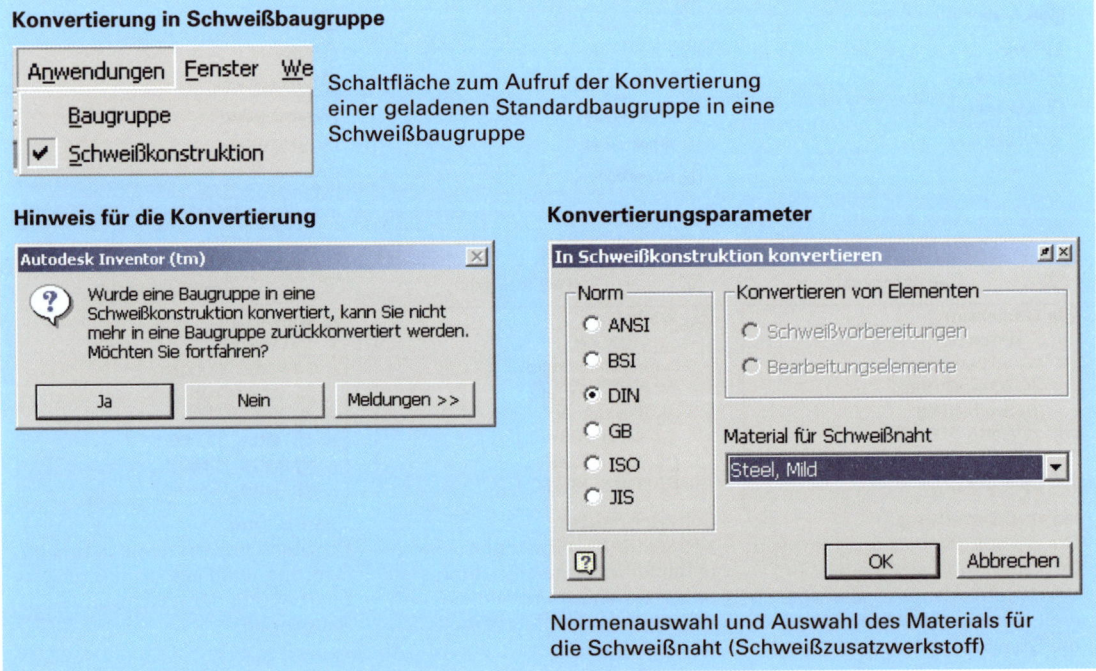

# 7 Zusammenbau – Schweißen

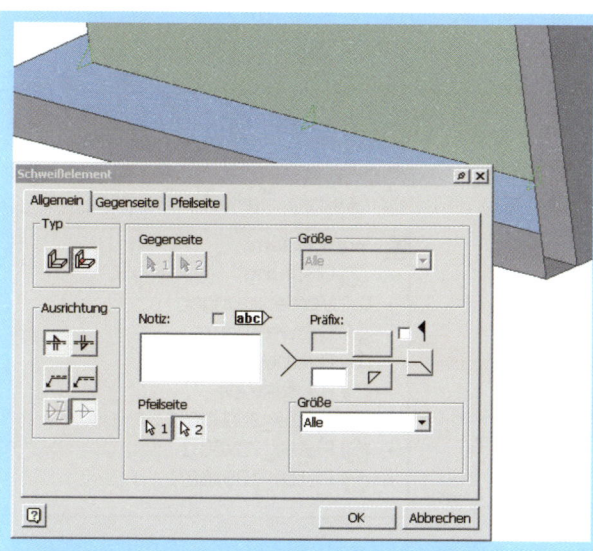

Definition des Typs Kehlnaht. Auswahl der beiden Flächen auf der Pfeilseite (hier ist die Gegenseite deaktiviert – es ist keine Schweißnahtform angewählt).
Achtung: Die Schaltflächen Pfeilseite 1 und 2 müssen immer manuell angewählt werden. Besondere Notizen (z.B. für Schweißverfahren) wurden nicht gemacht.
Kehlnahtvorschau nach der Flächenwahl und fertige Schweißnaht mit Raupentextur.

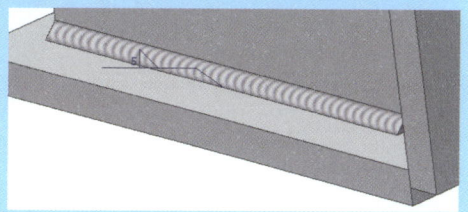

## Festlegung der Schweißnahtgeometrie 1

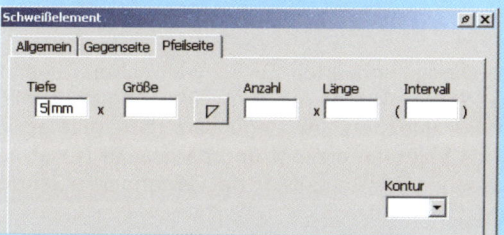

Angewählt ist eine Nahttiefe von 5 mm, Nahtform Kehlnaht.

## Festlegung der Schweißnahtgeometrie der Gegenseite

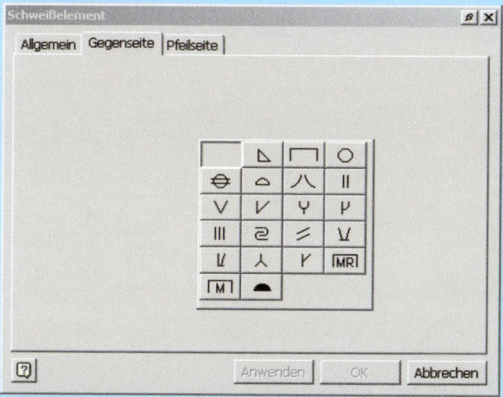

Als Nahtform ist keine angewählt, damit ist das zur Pfeilseite analoge Eingabefenster für die Nahtgeometrie deaktiviert.

## Zusatzinformationen

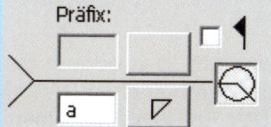

Fähnchen: Baustellennaht
Kreis: ringsum verlaufende Naht, Nahtsymbole
Präfix: a = Nahtdicke

## Festlegung der Schweißnahtgeometrie 2

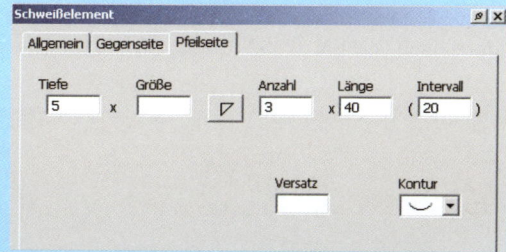

Unterbrochene Kehlnaht, drei Schweißnähte 40 mm lang, Intervall zwischen den Schweißnähten: 20mm

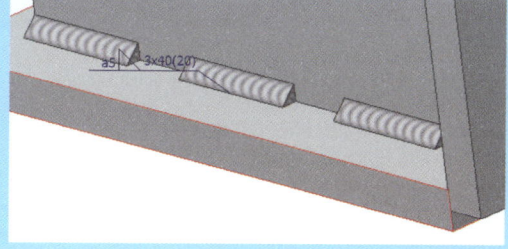

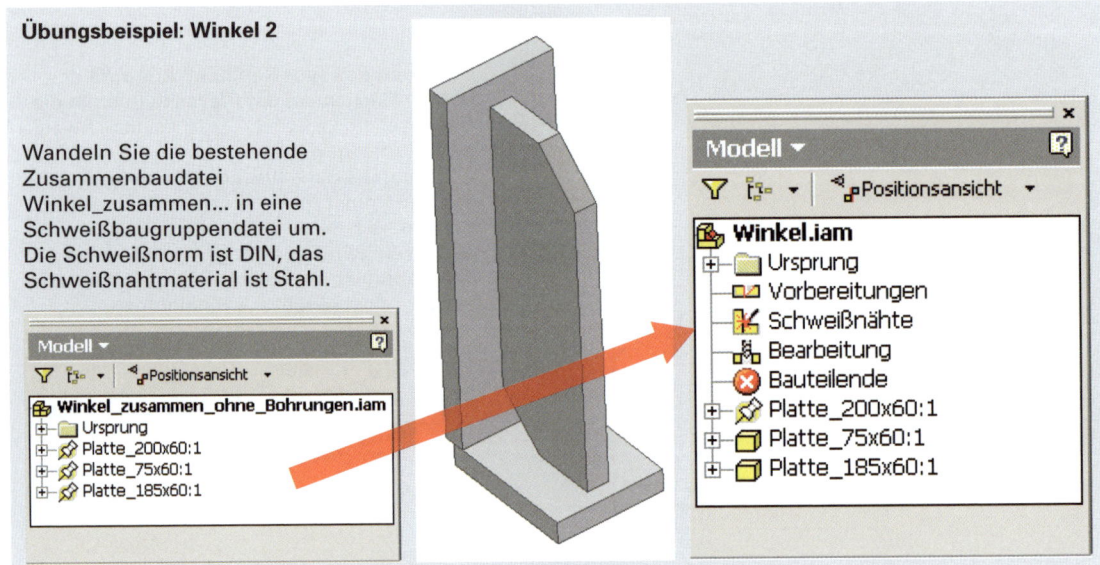

**Übungsbeispiel: Winkel 2**

Wandeln Sie die bestehende Zusammenbaudatei Winkel_zusammen... in eine Schweißbaugruppendatei um. Die Schweißnorm ist DIN, das Schweißnahtmaterial ist Stahl.

## 7.3 Schweißen – Definition von Schweißnähten

Im Schweißzusammenbau gibt es zwei unterschiedliche Darstellungsarten für Schweißnähte. Die erste entspricht weitgehend der symbolhaften Darstellung der Schweißnähte mit Schweißsymbolen, ähnlich den Sinnbildern nach DIN EN 22553 in einer Zeichnungsableitung. Im Gegensatz dazu gibt es für Kehlnähte folgende Alternative: Die Schweißnaht wird als Volumen erzeugt und dargestellt (zusätzlich auch noch das Symbol) und entspricht so dem realen Aussehen des Bauteils. In der Zeichnungsableitung können diese Nähte nun auch bildlich dargestellt werden.

### 7.3.1 Kehlnähte als modelliertes Volumen

Wichtigste Vorraussetzung zur Schweißnahtdefinition ist die Kenntnis der Darstellung von Schweißsinnbildern nach DIN EN 22553 (Ersatz DIN 1912). Diese Kenntnisse werden an dieser Stelle vorausgesetzt.

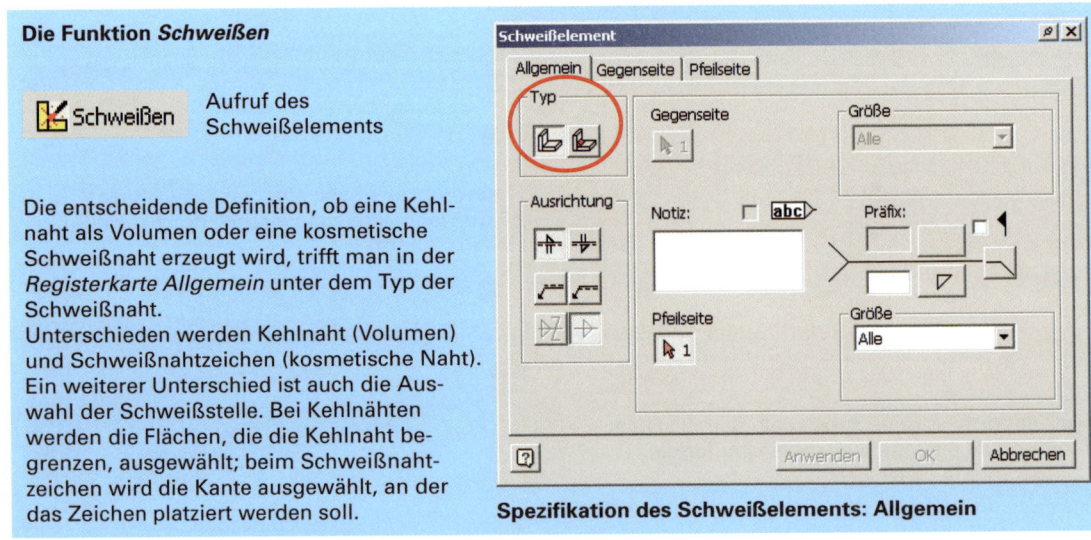

# 7 Zusammenbau – Schweißen

**Übungsbeispiel: Winkel 3**
Erzeugen Sie die drei Schweißnähte zum Fügen des Winkels. Dreiseitig umlaufende Nähte:
Auswahl 1: die drei umlaufenden Flächen.
Auswahl 2: die Gegenfläche.

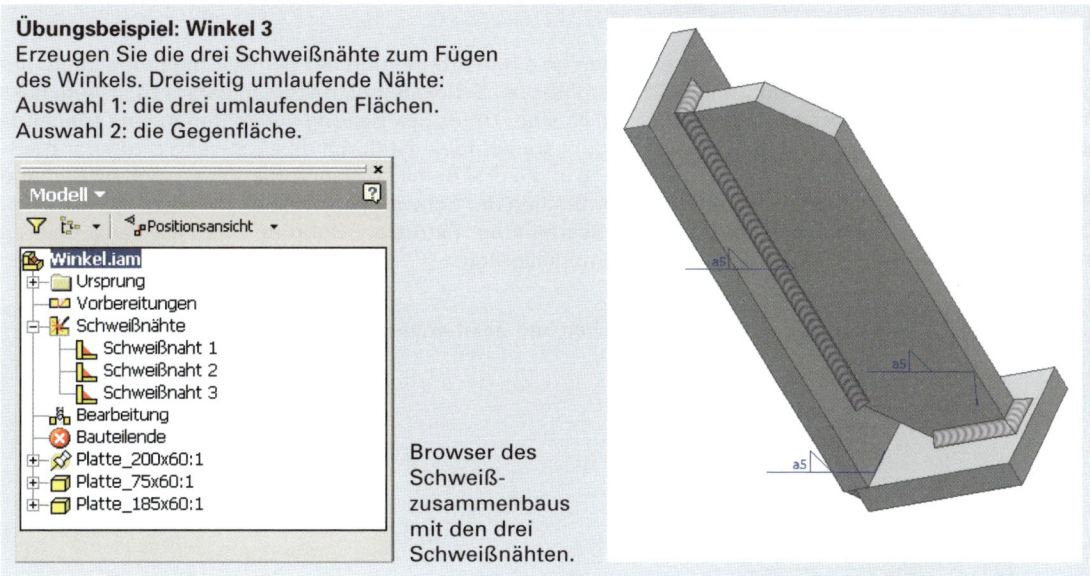

Browser des Schweißzusammenbaus mit den drei Schweißnähten.

## 7.3.2 Schweißnahtzeichen

In Gegensatz zur Kehlnaht können alle anderen Schweißnahtformen nur durch Schweißnahtzeichen symbolisiert dargestellt werden.

**Schweißnahtformen – Symbole**

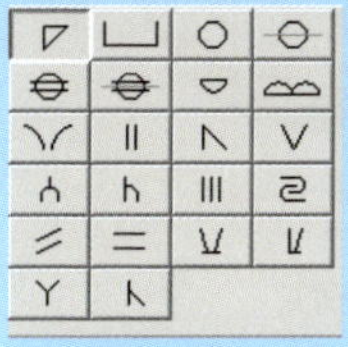

Zur Auswahl stehende Schweißnahtzeichen.

**Umlaufende Kehlnaht als Schweißnahtzeichen**

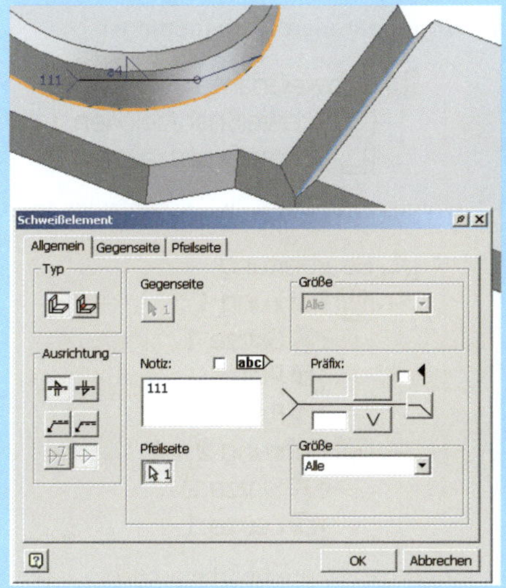

**V-Naht mit Nahtvorbereitung**

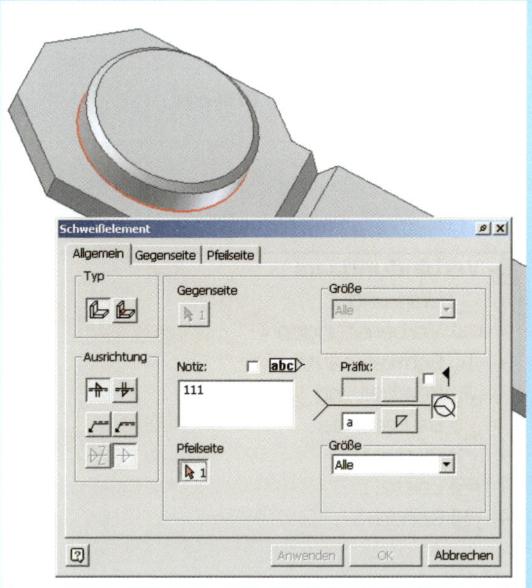

Auswahl des Nahtsymbols für eine V-Naht, Notiz: 111 – Lichtbogenhandschweißen, Kante zur Nahtplatzierung am Grund der Vorbereitung.

## 7.4 Nahtvorbereitung und Bearbeitung

Um ein ausreichendes Nahtvolumen zu erreichen ist eine Vorbereitung der Schweißfuge manchmal unbedingt erforderlich. Aus Kostengründen ist allerdings bei Schweißkonstruktionen darauf zu achten, dass möglichst wenige Nahtvorbereitungen erforderlich sind. Unter Bearbeitung versteht man eine spanende Bearbeitung nach dem Schweißen. Diese Fertigungsreihenfolge ist durch den Schweißverzug der meisten Schweißverfahren erforderlich. Die Aufteilung in die drei Bereiche Nahtvorbereitung, Schweißen und Bearbeitung macht Zeichnungsableitungen aller Stadien der Schweißkonstruktion möglich.
Die Werkzeuge zur Nahtvorbereitung und zur Bearbeitung, Extrusion, Bohrung und Fase funktionieren analog zu den gleichen Werkzeugen der Bauteilmodellierung.

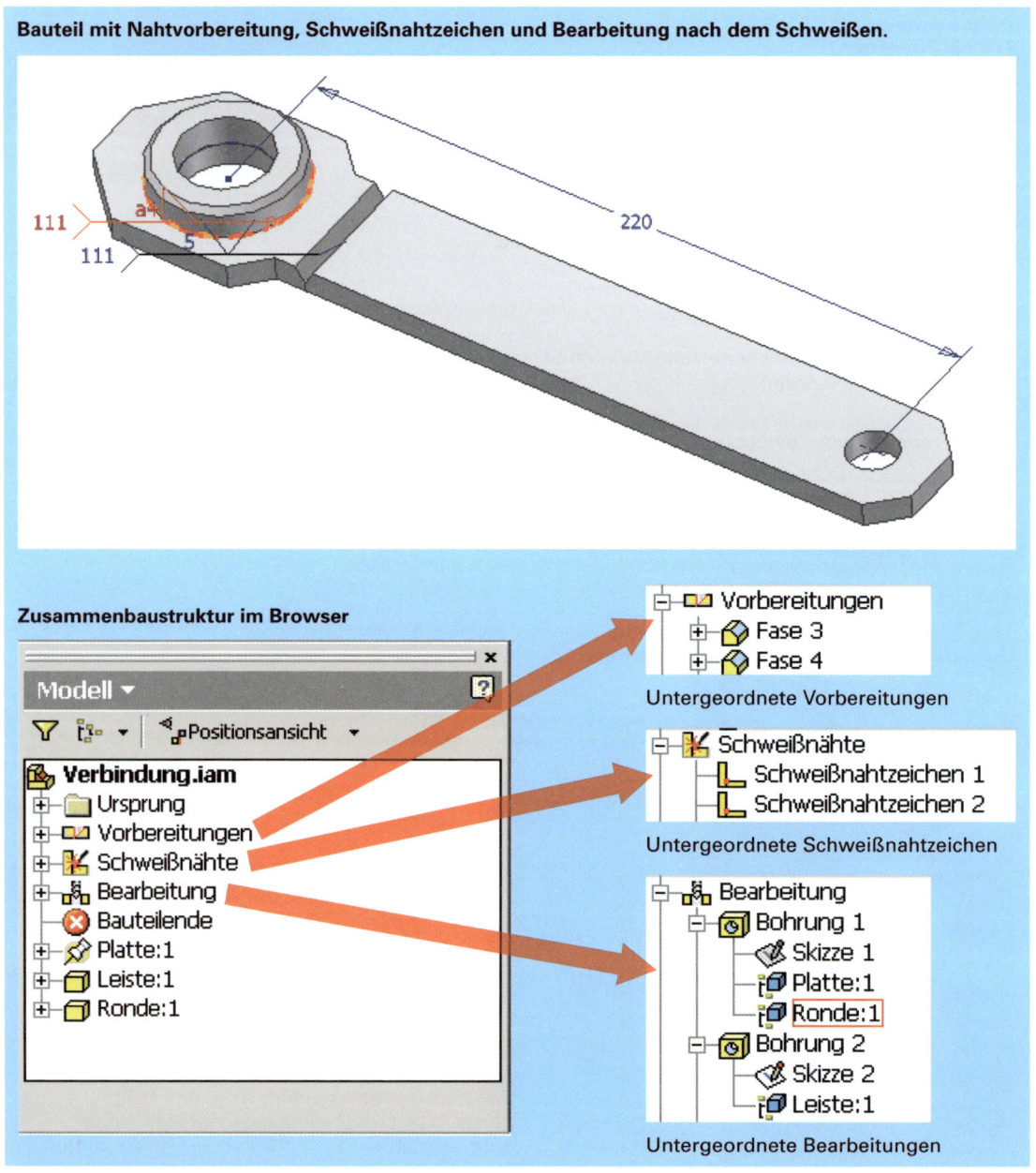

## Projekt 9: Schweißkonstruktion eines Schwenkhebels

Laden Sie aus dem Verzeichnis Hebel die Schweiß-Zusammenbaudatei Hebel. Die Datei enthält den gefügten Hebel ohne definierte Schweißnähte. Ergänzen Sie alle Schweißnähte, wann immer möglich als Kehlnähte (Volumen), und alle Schweißnahtzeichen. Die Nahtvorbereitung ist nicht zu definieren. Die Bearbeitung des Hebels nach dem Schweißen ist durchzuführen.

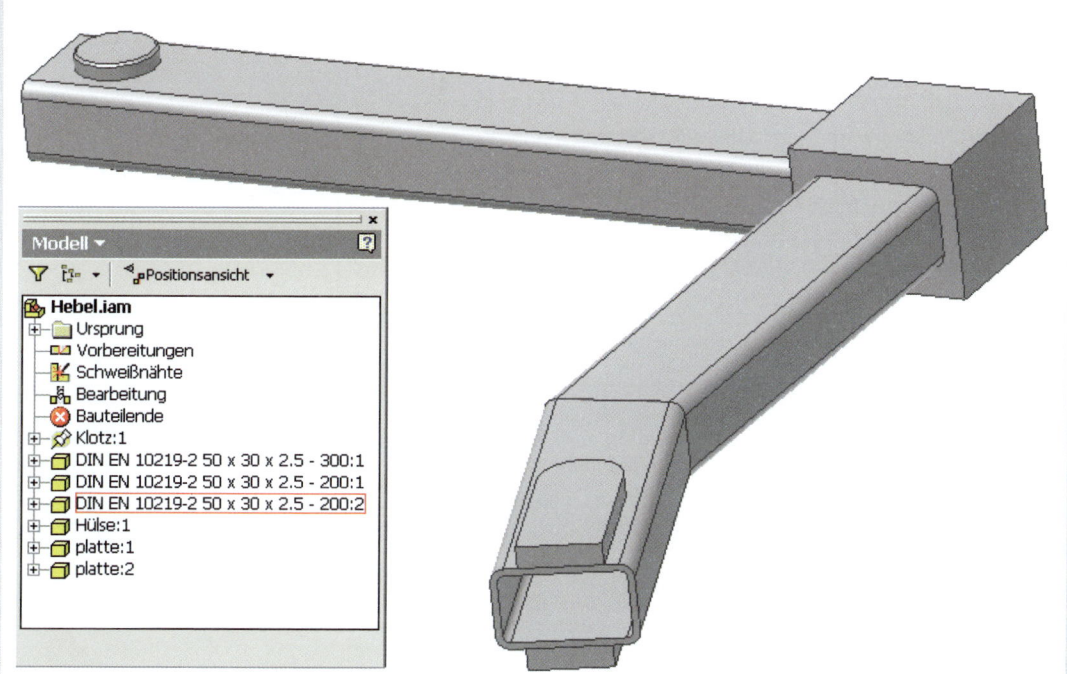

Zusammenbau des Hebels vor der Definition der Schweißnähte / -zeichen mit Browser.

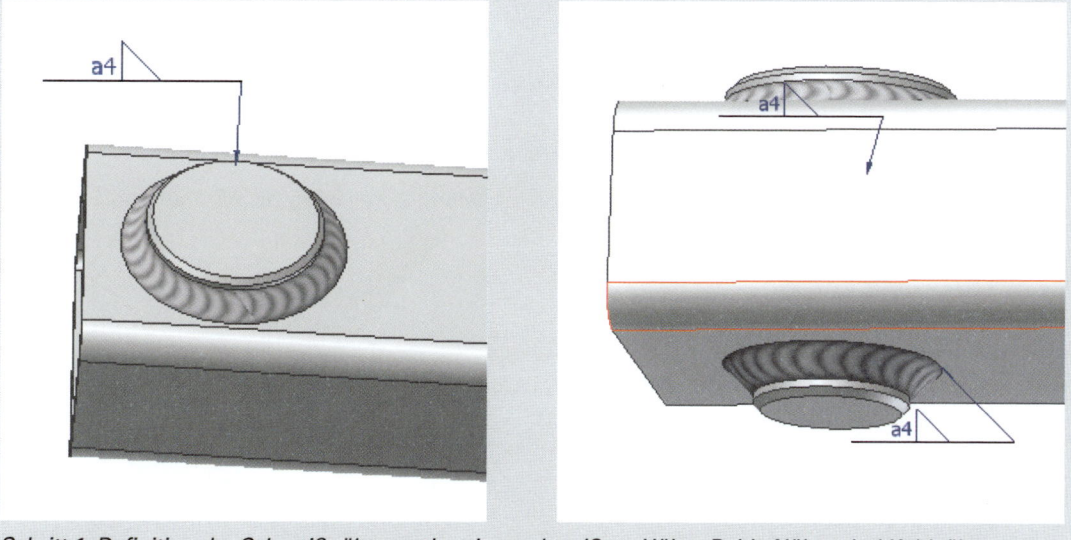

Schritt 1: Definition der Schweißnähte an der eingeschweißten Hülse. Beide Nähte sind Kehlnähte, als Volumen modelliert, Nahtdicke a = 4 mm.

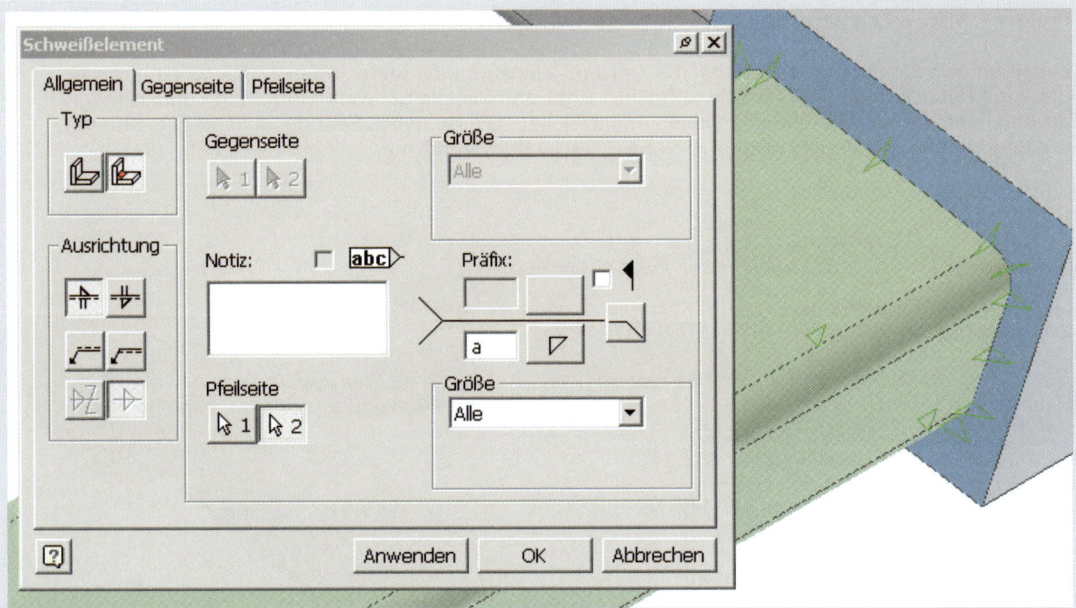

*Schritt 2: Verschweißen der beiden Profile mit dem Klotz. Für die umlaufende Naht werden alle Flächen am Profilumfang ausgewählt, und als zweite Fläche wird die dazu senkrechte Fläche des Klotzes gewählt. Kehlnaht als Volumen, Nahtdicke a = 4 mm.*

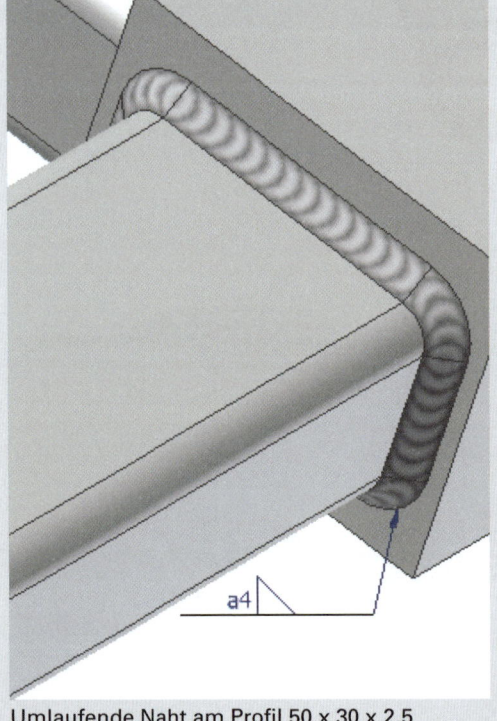

Umlaufende Naht am Profil 50 x 30 x 2,5

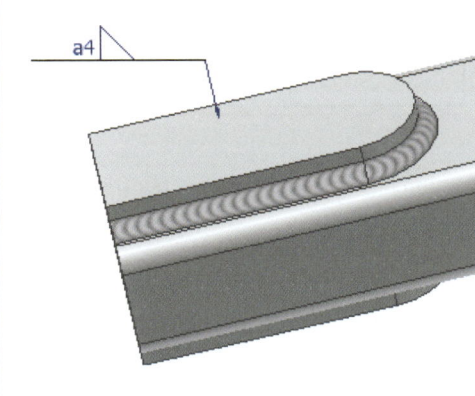

*Schritt 3: Kehlnähte an den Platten, a = 4 mm*

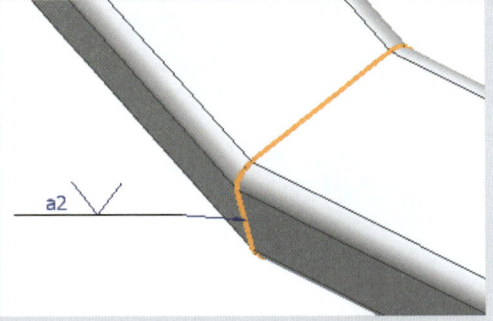

*Schritt 4: Kosmetische V-Naht als Schweißnahtzeichen (auf die Nahtvorbereitung wurde verzichtet).*

# 7 Zusammenbau – Schweißen

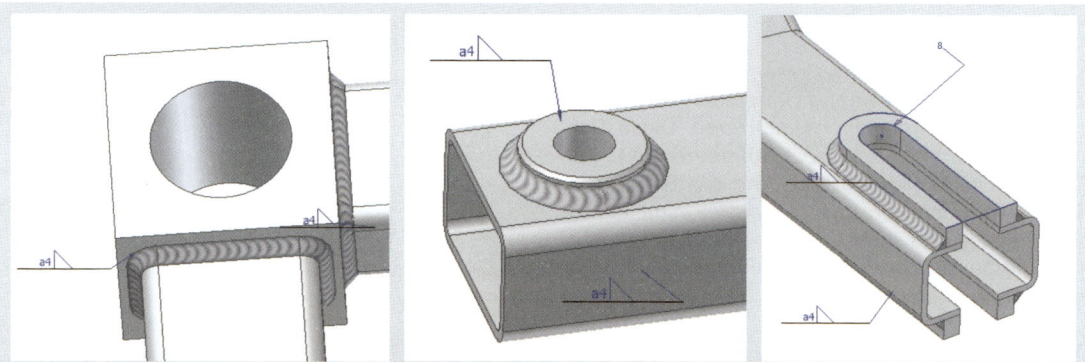

*Schritt 5: Bearbeitung des Hebels nach dem Schweißen. Zentrische Bohrung im Klotz ø40 mm. Zentrische Bohrung in der Hülse ø14 mm. Schlitz durch beide Platten, Breite 16 mm, beginnend im Zentrum der Rundung der Platte.*

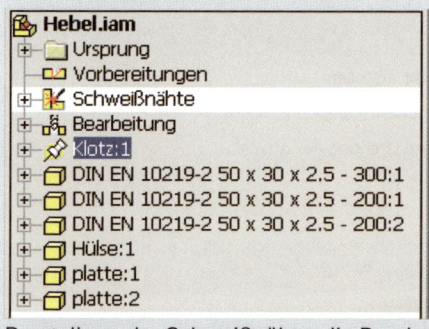
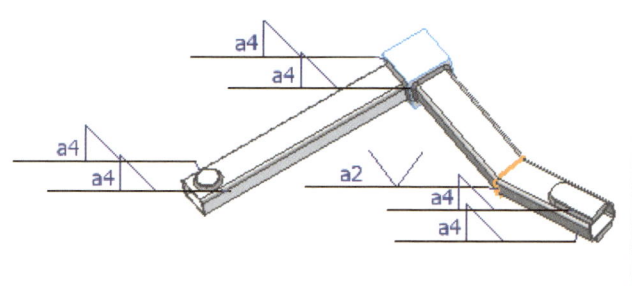

Darstellung der Schweißnähte, die Bearbeitung ist ausgeblendet.

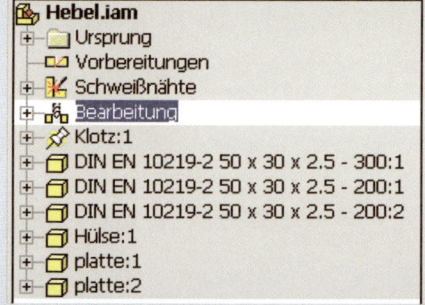
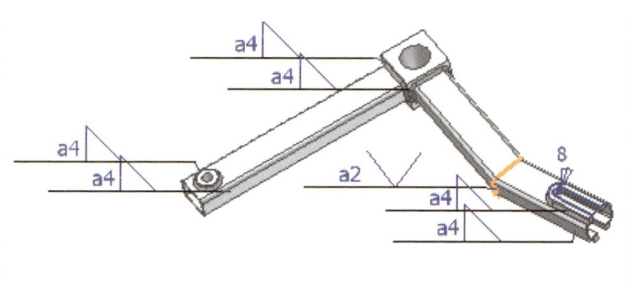

Darstellung der Bearbeitung mit den Schweißnähten und Symbolen.

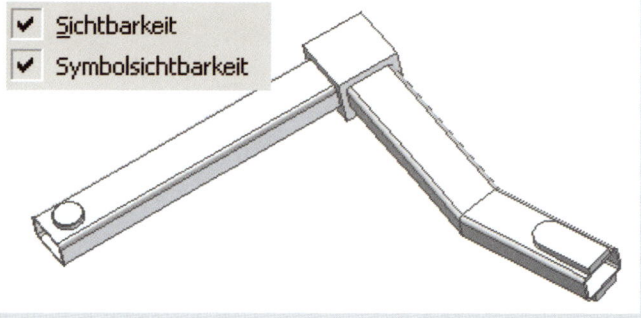

Kontextmenü: Sichtbarkeit und Symbolsichtbarkeit, Darstellung ohne Nähte und Symbole

# 8  Präsentation

Es gibt ein Werkzeug, um *Präsentationen* zu erstellen. Unter einer Präsentation versteht man eine *Explosionsdarstellung einer Baugruppe*. Diese Darstellung lässt sich dazu noch animieren, d.h. die Explosion läuft rückwärts ab und die Baugruppe fügt sich automatisch zusammen. Wenn die Explosion manuell und exakt der Demontage entspricht, kann die Animation als Montagevideo *(*.avi)* abgespeichert werden.

## 8.1  Eine neue Präsentation erstellen

Auch für die Erstellung einer Präsentation gibt es eine Vorlagedatei. Die Dateiendung von Präsentationen ist *.ipn*. Die Oberfläche in der Präsentationsumgebung enthält die gleichen Elemente wie bei der Bauteilmodellierung. Menüleiste und Standardleiste, die Schaltflächenleiste mit den Präsentationswerkzeugen und den Browser, allerdings mit drei verschiedenen Darstellungsoptionen. Dargestellt werden die Baugruppenansicht, die *Präsentationsansicht* und die *Sequenzansicht*.

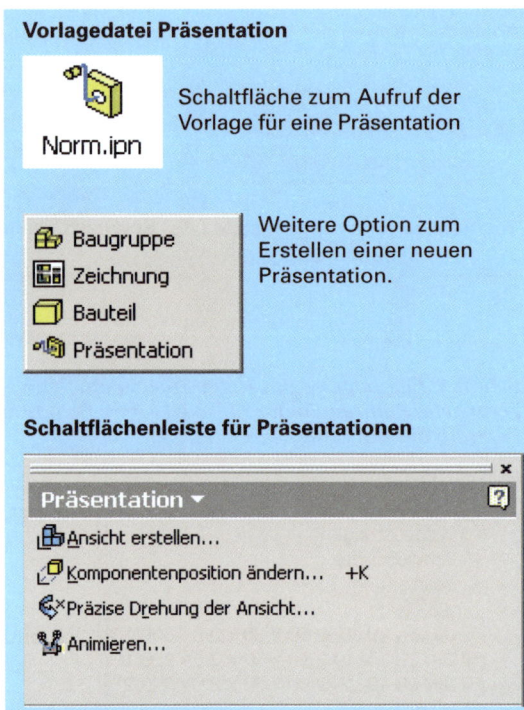

**Vorlagedatei Präsentation**

Schaltfläche zum Aufruf der Vorlage für eine Präsentation

Weitere Option zum Erstellen einer neuen Präsentation.

**Schaltflächenleiste für Präsentationen**

**Präsentation: Explosionsdarstellung einer Ritzelwelle eines Getriebes**

Ritzelwelle einseitig wälzgelagert, Lagergehäuse mit Radialwellendichtring.

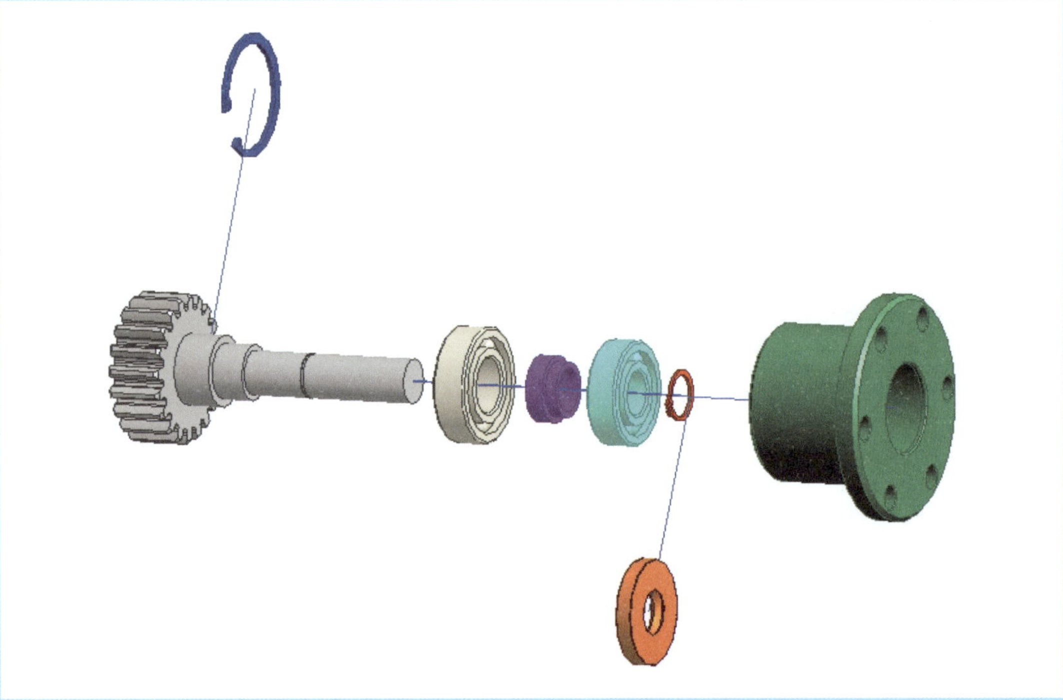

**Ansichtsoptionen der Browserleiste in Präsentationen**

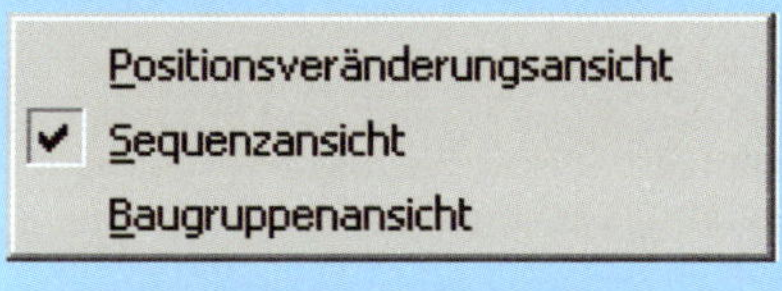

Positionsveränderungsansicht
Sequenzansicht
Baugruppenansicht

Kontextmenü des Trichters in der Browserleiste zur Auswahl der Ansichtsoption

**Positionsveränderungsansicht**

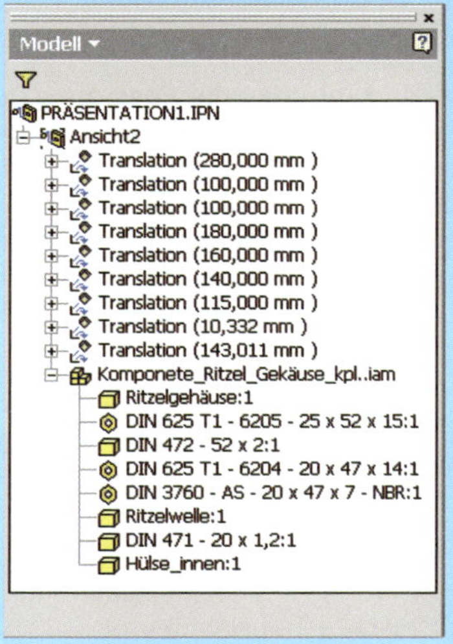

Modell
PRÄSENTATION1.IPN
Ansicht2
Translation (280,000 mm )
Translation (100,000 mm )
Translation (100,000 mm )
Translation (180,000 mm )
Translation (160,000 mm )
Translation (140,000 mm )
Translation (115,000 mm )
Translation (10,332 mm )
Translation (143,011 mm )
Komponete_Ritzel_Gekäuse_kpl..iam
Ritzelgehäuse:1
DIN 625 T1 - 6205 - 25 x 52 x 15:1
DIN 472 - 52 x 2:1
DIN 625 T1 - 6204 - 20 x 47 x 14:1
DIN 3760 - AS - 20 x 47 x 7 - NBR:1
Ritzelwelle:1
DIN 471 - 20 x 1,2:1
Hülse_innen:1

**Sequenzansicht**

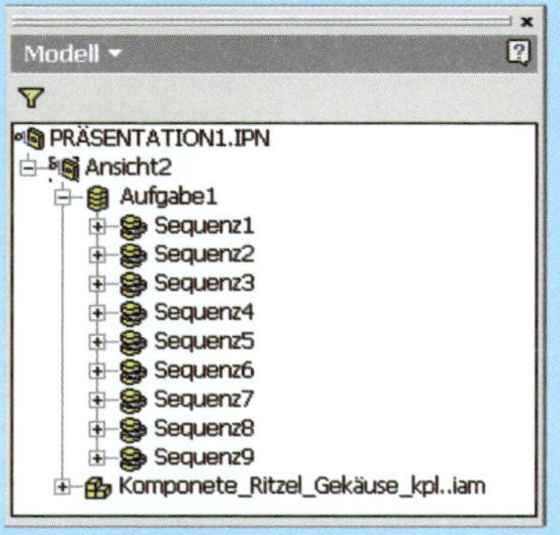

Modell
PRÄSENTATION1.IPN
Ansicht2
Aufgabe1
Sequenz1
Sequenz2
Sequenz3
Sequenz4
Sequenz5
Sequenz6
Sequenz7
Sequenz8
Sequenz9
Komponete_Ritzel_Gekäuse_kpl..iam

**Baugruppenansicht**

Modell
PRÄSENTATION1.IPN
Ansicht2
Komponete_Ritzel_Gekäuse_kpl..iam
Ritzelgehäuse:1
DIN 625 T1 - 6205 - 25 x 52 x 15:1
DIN 472 - 52 x 2:1
DIN 625 T1 - 6204 - 20 x 47 x 14:1
DIN 3760 - AS - 20 x 47 x 7 - NBR:1
Ritzelwelle:1
DIN 471 - 20 x 1,2:1
Hülse_innen:1

Die Ansichten dienen der Darstellung der verschiedenen Zustände der Präsentation. In der Positionveränderungsansicht hat man Zugriff auf die Translationen und Rotationen die auf die Komponenten angewandt wurden. In der Sequenzansicht kann man die verschiedenen Sequenzen der Animation bearbeiten, z.B. die Kameraposition. In der Baugruppenansicht hat man Zugriff auf die Einzelteile der Baugruppe.

## 8.2 Eine Ansicht erstellen

Auswählen einer Baugruppendatei und platzieren der Datei im Arbeitsbereich der Präsentation.

**Ansicht erstellen**

Ansicht erstellen...

Befehlsaufruf zum Laden einer Baugruppe in die Präsentationsumgebung

**Auswahlfenster für die einzufügende Baugruppe**

Baugruppe auswählen
Baugruppe
Datei:
E:\Stirnradgetriebe\Komponete_Ritze
Benutzerdefinierte Ansicht:
tapprich.default
Explosionsmethode
Manuell
Automatisch
Abstand:
1,000
Pfade erstellen
OK
Abbrechen

Explosionsmethode
Manuell
Automatisch
Abstand:
100
Pfade erstellen

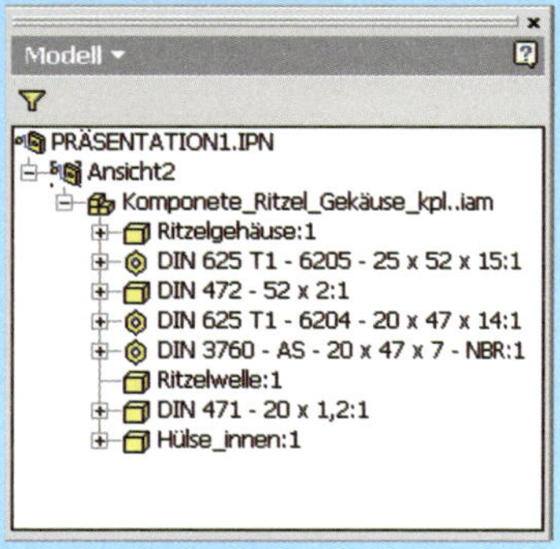

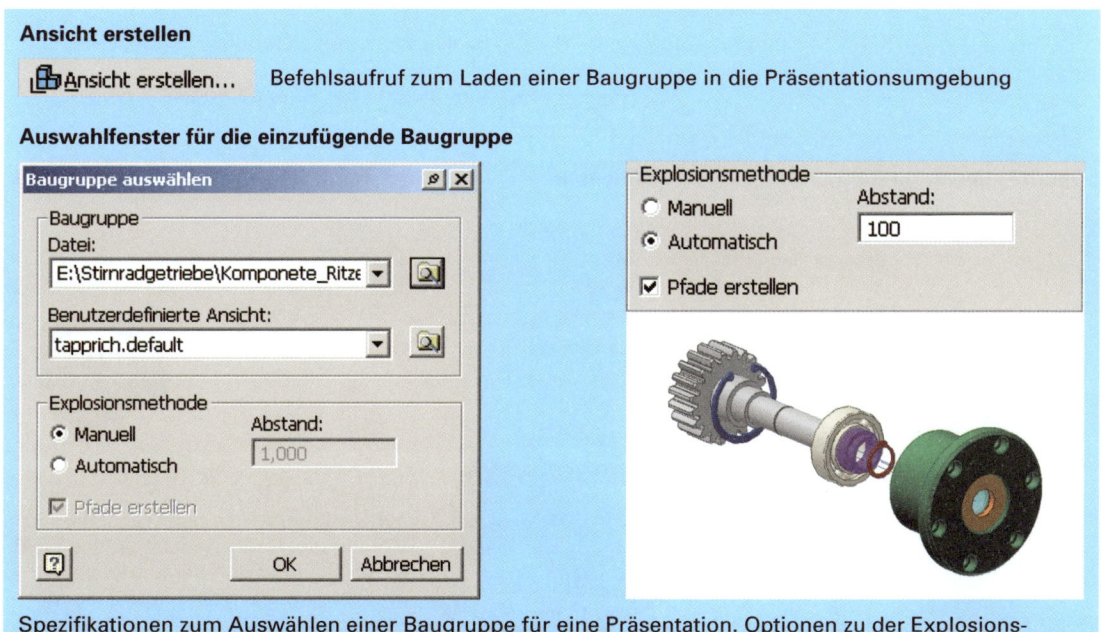

Spezifikationen zum Auswählen einer Baugruppe für eine Präsentation. Optionen zu der Explosionsmethode, manuell oder automatisch (meist kein zufriedenstellendes Ergebnis – nicht montagegerecht).

**Manuelle Explosionsmethode**

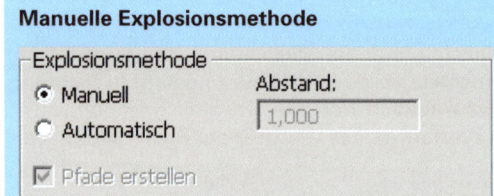

Die manuelle Explosionsmethode ist der automatischen oftmals vorzuziehen. Die Translationen und Rotationen lassen sich alle benutzerdefiniert bewusst vornehmen. Der Automatismus berücksichtigt auch den Montageprozess nur unzureichend.

## 8.3 Komponentenposition ändern

Ist eine Baugruppe dann in den Arbeitsbereich der Präsentation eingefügt, kann man die *Positionen* der einzelnen Komponenten einfach *verändern*. Die Komponente, oder die Komponentengruppe wird ausgewählt und kann nun in X-, Y-, und Z-Richtung verschoben oder um die entsprechende Achse gedreht werden. Die Transformationspfade können bearbeitet werden, ihre Sichtbarkeit kann gewählt werden. Die Translation und Rotation erfolgt quasi nach der drag-and-drop-Methode, nur die Richtung muss vorgewählt werden. Ein Vorschaukoordinatensystem wird eingeblendet, um die Arbeit zu erleichtern. Die mit der Maus gezogene Positionsveränderung kann durch einen exakten ganzzahlig gerundeten Wert abgeändert werden.

**Komponentenpositionen ändern**

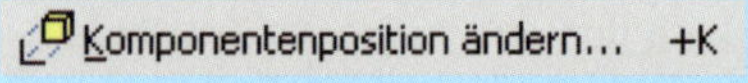

Komponentenposition ändern… +K   Befehlsaufruf *Komponentenposition ändern*

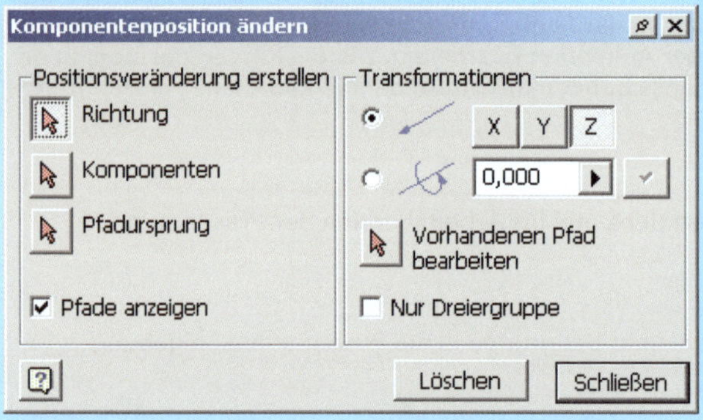

Auswahl der Richtung der Positionsänderung und Wechsel zwischen Translation und Rotation.

Auswahl der zu bewegenden Komponenten, es können auch alle sein (z.B. bei einer kompletten Drehbewegung der Baugruppe).

Exakte Werteingabe für die Positionsänderung.

Bearbeitung der Veränderungspfade.

**Spezifikationen zur Komponentenpositionsänderung**

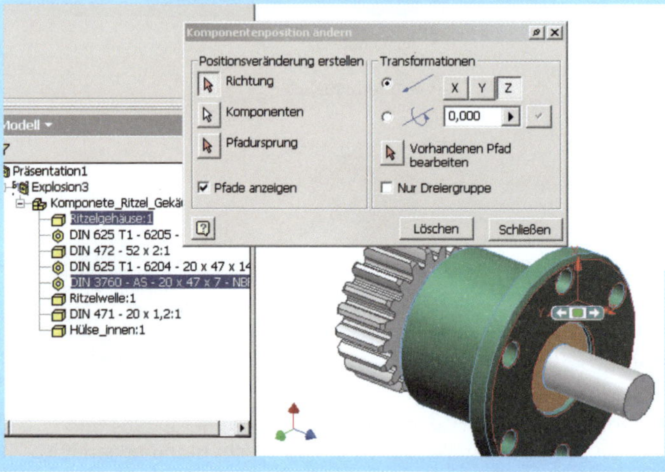

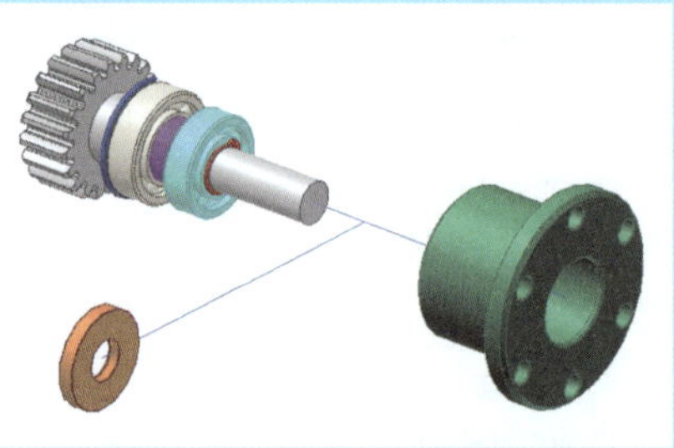

Auswahl des Ritzelgehäuses und des WDR zur gemeinsamen Translation in Z-Richtung. Dann Translation des WDR in −Z-Richtung und herausziehen in X-Richtung. Oben die Explosionsdarstellung dieser zwei Schritte mit den angezeigten Explosionspfaden.

# 8 Präsentation

## 8.4 Präsentationsansicht bearbeiten

Bei der manuellen Erstellung einer Präsentation ist es oftmals in der ersten Phase der Arbeit erforderlich, den Montage- und Demontagevorgang zu beachten. Die einzelnen Teile werden nur ungefähr in Richtung des angezeigten Koordinatensystems gezogen oder gedreht. Erst in der zweiten eher gestalterischen Phase der Präsentationserstellung werden den ungefähren Werten exakte Werte in der Präsentationsveränderungsansicht des Browsers zugewiesen.

Mithilfe des Befehls *Präzise Drehung* lässt sich die Ansicht in jede beliebige Position exakt und damit wiederholbar drehen. Das einzugebende Inkrement entspricht dem Drehwinkel in Grad.

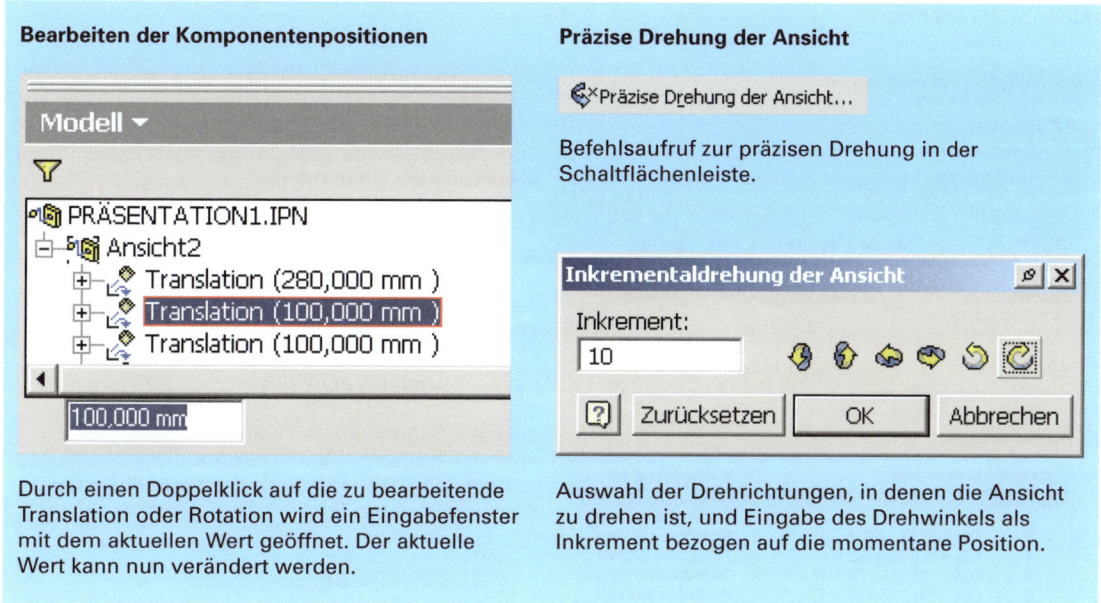

**Bearbeiten der Komponentenpositionen**

Durch einen Doppelklick auf die zu bearbeitende Translation oder Rotation wird ein Eingabefenster mit dem aktuellen Wert geöffnet. Der aktuelle Wert kann nun verändert werden.

**Präzise Drehung der Ansicht**

Befehlsaufruf zur präzisen Drehung in der Schaltflächenleiste.

Auswahl der Drehrichtungen, in denen die Ansicht zu drehen ist, und Eingabe des Drehwinkels als Inkrement bezogen auf die momentane Position.

## 8.5 Aufgabe und Sequenzen bearbeiten

Unter Aufgaben und Sequenzen versteht man im Präsentationsmodus die Animationsaufgaben und Animationssequenzen, die sich aus der Abfolge der verschiedenen Translationen (Verschiebungen) und Rotationen (Drehungen) ergeben.

Soll durch eine Animation zum Beispiel eine Montageabfolge dokumentiert werden, so ist es sicherlich von Vorteil, die einzelnen Aufgaben und Sequenzen mit einer Beschreibung zu versehen.

Durch den Befehl *Kamera einrichten* wird die aktuelle Ansicht als Kameraposition (Augrichtung und Zoom) festgelegt. So lassen sich kleine Details in der Präsentation vergrößert darstellen.

Die Sequenzen lassen sich problemlos nach der Positionsveränderung der Komponenten verändern. Das Intervall legt die Wiedergabegeschwindigkeit der Sequenz fest. Je höher der Wert, desto langsamer läuft die Animation ab.

**Aufgaben und Sequenzen**

## 8.6 Präsentationen animieren

Die erstellte Präsentation bietet nun zwei Nutzungsmöglichkeiten. Die erste Möglichkeit ist die der klassischen *Explosionsdarstellung* einer Zusammenbaudarstellung mit der Option der Zeichnungsableitung, z. B. als Montageplan oder Bauteilübersicht. Sie ist auch für Laien lesbar.

Die zweite weitergehende Möglichkeit ist die eigentliche, *animierte Präsentation*. Darunter versteht man die Umkehrung des Prozesses der Erstellung einer Explosionsansicht. Die auseinander gezogenen Komponenten werden bei der Animation entlang den Explosionspfaden bewegt und fügen sich bei der korrekten Reihenfolge der Positionänderung in Montagereihenfolge zusammen.

Die Animation kann als Videodatei (*.avi) aufgezeichnet und in andere Anwendungen eingebunden werden (z. B. Power Point).

**Präsentationen animieren**

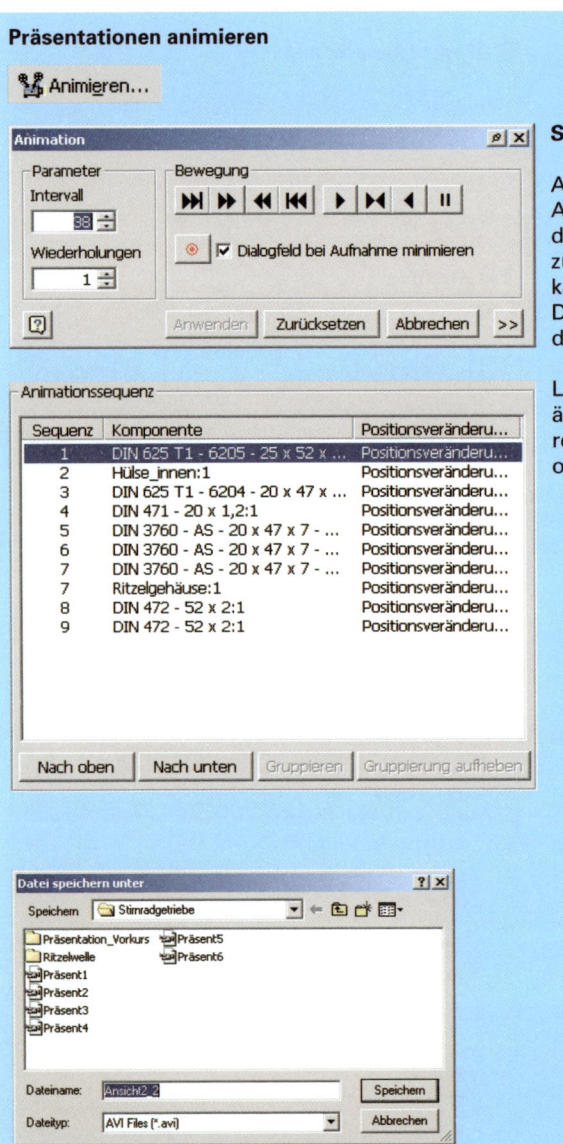

**Steuerung der Animation.**

Analog zu einem Mediaplayer lässt sich das Animationswerkzeug bedienen. Im Intervall wird die Anzahl der Bilder festgelegt, die der Animation zugrunde gelegt werden. Der Animationszyklus kann mehrmals wiederholt werden.
Der rote Aufnahmeknopf startet die Aufnahme der Animation als *avi-Video*.

Liste der Sequenzen. Die in ihrer Position veränderten Komponenten in der Änderungsreihenfolge. Die Reihenfolge kann mittels den nach oben / nach unten Tasten verändert werden.

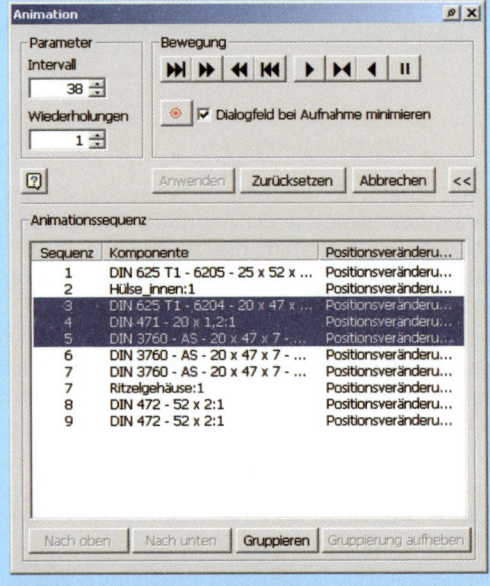

Speichern Fenster für eine aufzunehmende Animation als *avi-Videodatei*.

Mehrere Komponenten können für die Animation zu Gruppen zusammengefasst werden. Die Komponentengruppe kann nun gemeinsam bewegt werden.

# 8 Präsentation

**Projekt 10: Präsentation eines Zahnrads mit Spannelementen**

Laden Sie aus dem Verzeichnis *Zahnrad mit Spannelementen* die gleichnamige Datei in eine neue Präsentationsdatei. Der Zusammenbau umfasst ein Zahnrad, das mittels Ringfeder-Spannelementen auf eine Welle gefügt werden soll. Der Kraftschluss wird durch ein Druckstück und sechs Spannschrauben hergestellt. Die beiden Spannelementpaare sind durch einen Distanzring voneinander getrennt.
Die Präsentation soll die innenliegenden Komponenten sichtbar machen und der Montageprozess soll visualisiert werden.

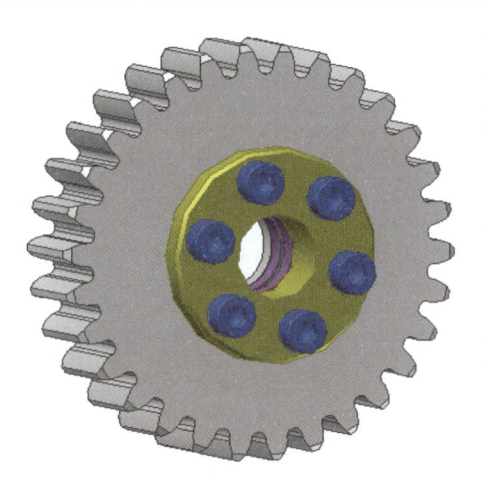

*Schritt 1: Laden Sie die Datei in die Präsentation. Verwenden Sie die manuelle Explosionsmethode für Ihre Präsentation. Drehen Sie die Baugruppe in die von Ihnen gewünschte Lage.*

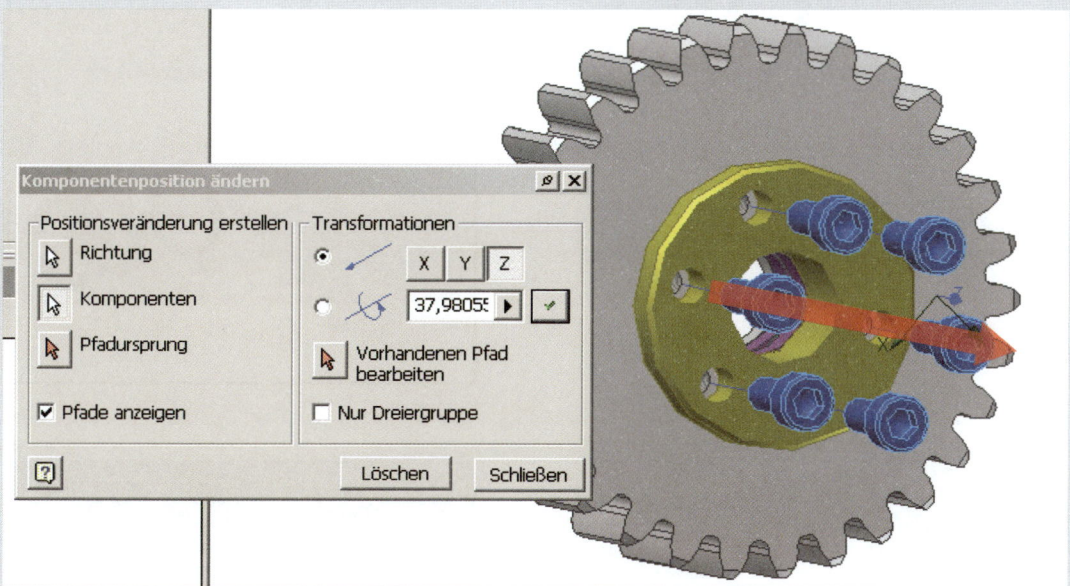

*Schritt 2: Nehmen Sie schrittweise die Positionsveränderungen der verschiedenen Komponenten vor. Wählen Sie mit der Shift-Taste nacheinander alle Schrauben aus und ziehen Sie auf Z = 150 mm.*

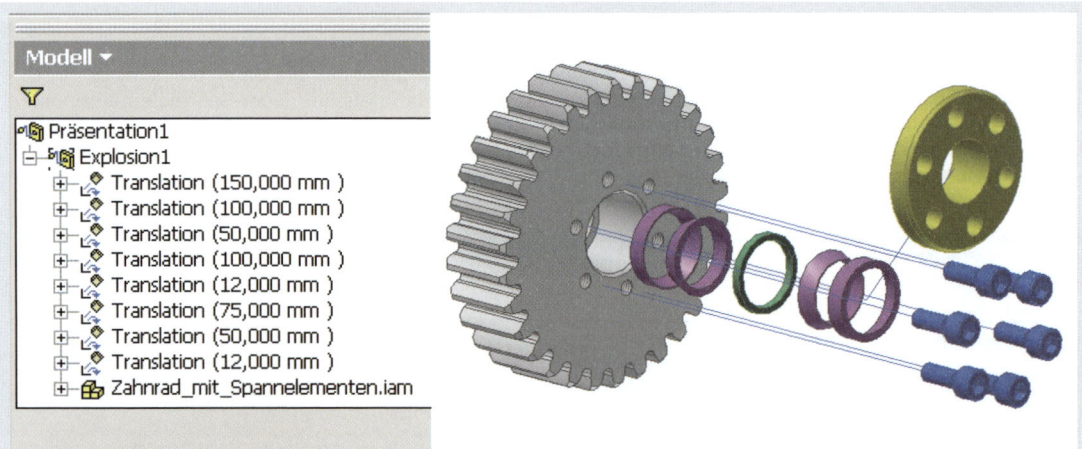

Schritt 3: Positionsveränderungen der einzelnen Komponenten: die sechs Spannschrauben werden 150 mm nach außen gezogen. Das Druckstück wird 100 mm heraus und 50 mm zur Seite gezogen. Die Spannelementpaare werden jeweils 100 mm bzw. 50 mm herausgezogen. Die beiden kegeligen Ringe der Paare werden 12 mm auseinander gezogen. Der Distanzring liegt mit seiner Position von 75 mm zwischen den Spannelementen.

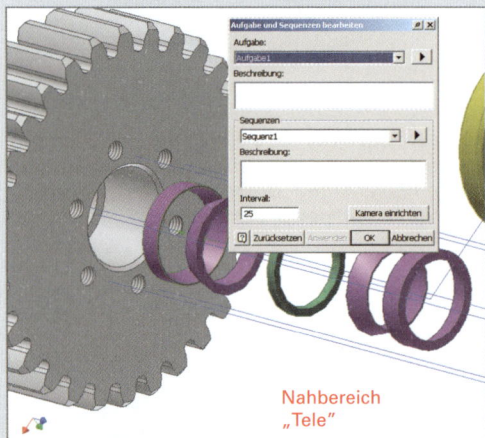

Nahbereich „Tele"

Schritt 4: Bearbeiten Sie die Bildsequenzen der Präsentation. Zoomen sie die Kamera für die Sequenzen des Einbaus der Spannelemente näher an die Bohrung. Verändern Sie die Kameraposition zum Einbau des Druckstücks und der Schrauben.

Entfernter Bereich „Weitwinkel"

Schritt 5: Testen Sie Ihre Montageabfolge durch eine Animation und zeichnen Sie diese als AVI-Video.

# 9 Zeichnungserstellung

Es lassen sich auch normgerechte und fertigungsgerechte Zeichnungen erstellen. Zur Zeichnungserstellung können Bauteile, Zusammenbauten (Baugruppen) und Präsentationen herangezogen werden. Es können von dem jeweiligen Objekt beliebig viele Ansichten, Schnitte und Details erstellt werden. Auch die Darstellung von 3D-Ansichten ist möglich. In Zeichnungen von Baugruppen können Positionsnummern angezogen werden und eine automatische Stückliste der Baugruppenelemente erstellt werden. Die Stückliste greift auf den Browser im Zusammenbau und die *iProperties* zu. Die Zeichnungsansichten können mit Maßen versehen werden, wobei Modellmaße automatisch angezeigt werden können. Die Angabe weiterer fertigungsrelevanter Informationen, wie z. B. Oberflächenangaben oder Form- und Lagetoleranzen, ist mit den Zeichnungskommentaren möglich.

**Vorlagedatei Zeichnungserstellung**

Schaltfläche zum Aufruf der Vorlage zum Erstellen einer Zeichnung.

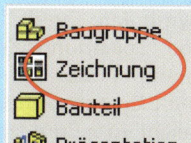

Weitere Option zum Erstellen einer neuen Zeichnung.

**Schaltflächenleiste zum Erstellen von Zeichnungsansichten**

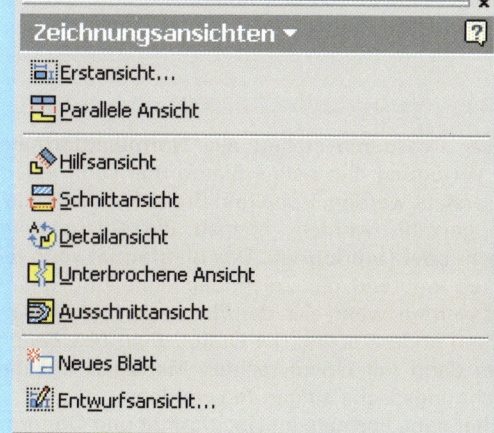

## 9.1 Eine neue Zeichnung erstellen

Durch die Anwahl des Icons für die Erstellung einer *neuen Zeichnungsdatei* wird die Zeichnungsvorlagedatei des Inventors geöffnet. Wichtig ist hierbei die korrekte Verwendung der entsprechenden nationalen Zeichnungsnormen. Die Vorlagedatei im Register Standard entspricht bei entsprechender Installation der DIN-Norm.

**Arbeitsbereich Zeichnung**

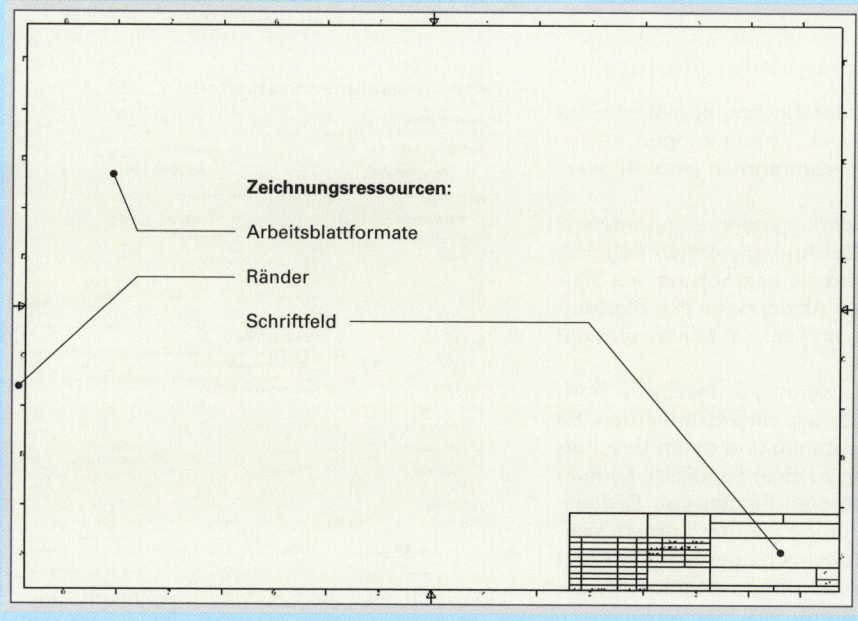

Im Arbeitsbereich der Zeichnungserstellung wird die Zeichnung so wie im späteren Ausdruck dargestellt. Die Vorlage bietet vier Ressourcen an:
- verschiedene Blattformate
- editierbare Ränder
- ein editierbares Schriftfeld
- und die Option zum Erstellen von Symbolen.

## 9.2 Zeichnungsressourcen

Der Vorlagedatei für eine Zeichnung werden standardmäßig einige Zeichnungsressourcen mitgegeben, die die Arbeit des Konstrukteurs erleichtern sollen. Dies sind vordefinierte Blattformate, editierbare Zeichnungsränder und Schriftfelder und ein Werkzeug zum Erstellen von Symbolen. Symbole können immer wiederkehrende Zeichnungselemente sein, wie z. B. Schweißstempel oder Zahnradtabellen. Die Symbole können Eingabeaufforderungen enthalten und somit leicht vom Benutzer individuell ausfüllbar sein. Mit der Vorlagedatei als template (Musterelement) abgespeichert, stehen Symbole in allen Vorlagen zur Verfügung. Der Vorlagedatei wird standardmäßig ein DIN-A2-Blatt mit normgerechtem Rahmen und einem normgerechten Schriftfeld mitgegeben.

### 9.2.1 Arbeitsblattformate

Dieser Ressource stehen alle Normblattformate zur Verfügung. Ein neues Blattformat kann jederzeit erstellt werden. Höhe und Breite können beliebig gewählt werden, ebenso die Ausrichtung (Hoch- oder Querformat). Das Blattformat kann jederzeit während der Zeichnungserstellung geändert werden, wenn sich der Platzbedarf für die Ansichten ändern sollte. Die Option *Blatt bearbeiten* kann dann mit einem rechten Mausklick auf die Zeichnungsfläche aufgerufen werden.
Vorhandene Formate im Hochformat und Querformat sind A0, A1, A2, A3, und A4.

### 9.2.2 Zeichnungsrahmen (Ränder)

Auch für die Ränder einer Zeichnung gibt es viele Einstellmöglichkeiten. Um Veränderungen vorzunehmen, muss der Vorlagenrahmen gelöscht werden.
Mit den Standard-Zeichnungsrahmenparametern kann dann ein neuer Zeichnungsrahmen definiert werden. Gezeichnet wird als Begrenzung des Blattes ein Rechteck, dessen Abstände zu den Blatträndern oben, rechts, unten und links in Millimetern angegeben werden kann.
Diese Ränder können, wenn gewünscht, in horizontale und vertikale Zonen eingeteilt werden. Es werden die Anzahl der Zonen und deren Beschriftung festgelegt. Analog zu einer Landkarte können diese Zonen zum leichteren Finden von Bildausschnitten auf der Zeichnung genutzt werden. Weitere Beschriftungsoptionen sind die Schriftart und Schriftgröße und die Beschriftungsposition der Zonen und deren Begrenzung.

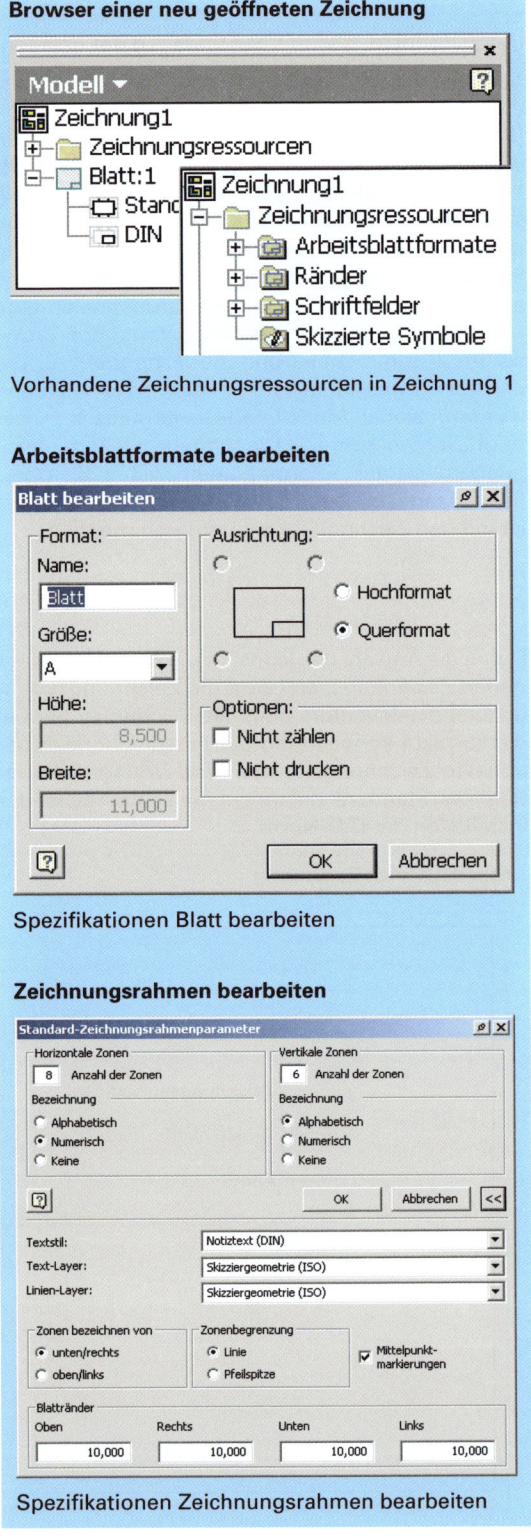

**Browser einer neu geöffneten Zeichnung**

Vorhandene Zeichnungsressourcen in Zeichnung 1

**Arbeitsblattformate bearbeiten**

Spezifikationen Blatt bearbeiten

**Zeichnungsrahmen bearbeiten**

Spezifikationen Zeichnungsrahmen bearbeiten

# 9 Zeichnungserstellung

## 9.2.3 Schriftfelder

Das Schriftfeld, das mit der Vorlagedatei geladen wird, entspricht der Norm, die bei der Installation gewählt wurde. Es besteht aus einigen gezeichneten Feldern, die zum Teil mit Text und mit Platzhaltern (Eigenschaftsfelder) versehen sind. Dieses Schriftfeld muss betriebsspezifisch modifiziert werden. Die Werkzeuge, die hierfür zur Verfügung stehen, sind die aus dem Skizziermodus bekannten Skizzierwerkzeuge. Hinzu kommt die Möglichkeit der Definition von *Eigenschaftsfeldern*, die dann in den *iProperties* ausgefüllt werden können. Ebenso sind benutzerdefinierte Eigenschaftsfelder möglich (ebenfalls in den iProperties editierbar).

**Schriftfelder bearbeiten**

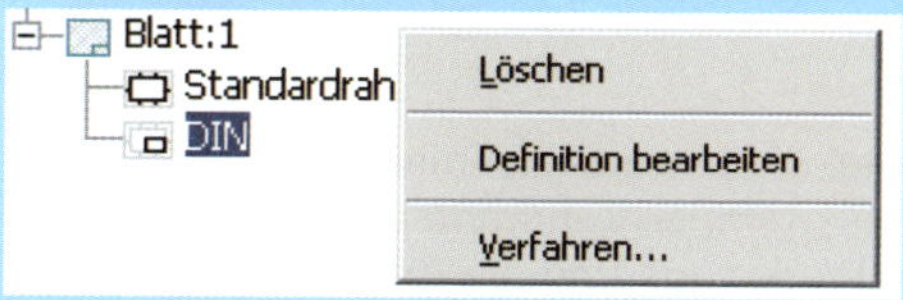

Kontextmenü zum Editieren eines Schriftfeldes. Das Schriftfeld DIN wurde durch die Vorlagedatei eingefügt und wird nun zum Bearbeiten ausgewählt.

**Das Standard-Schriftfeld DIN**

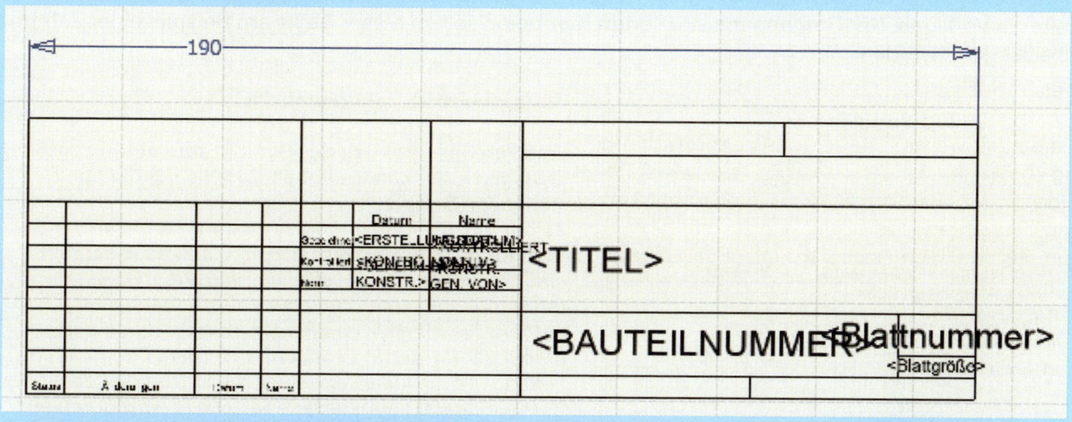

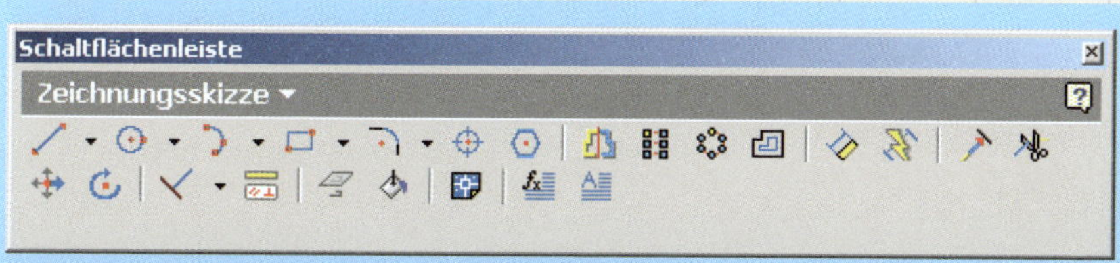

**Editierwerkzeuge zum Schriftfeld bearbeiten.**

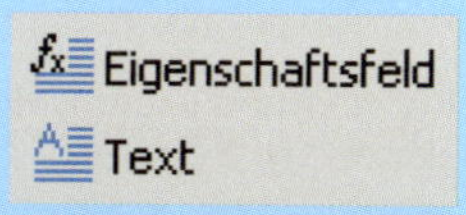

*fx* Eigenschaftsfeld

A Text

Kontextmenü zum Editieren eines Schriftfeldes. Das Schriftfeld DIN wurde durch die Vorlagedatei eingefügt und wird nun zum Bearbeiten ausgewählt. Die Textelemente zwischen <> sind Eigenschaftsfelder, Platzhalter, denen in den *iProperties* Werte zugewiesen werden.

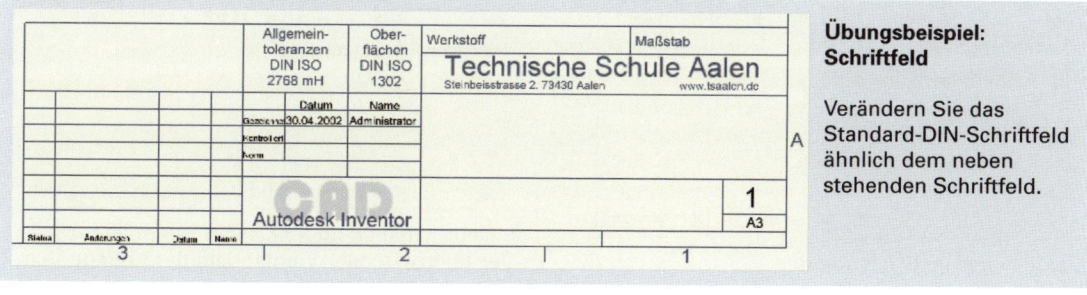

**Übungsbeispiel: Schriftfeld**

Verändern Sie das Standard-DIN-Schriftfeld ähnlich dem nebenstehenden Schriftfeld.

**Hinweis:**

<Werkstoff> und <Maßstab> sind benutzerdefinierte Eingabefelder. Die Infos zu den Allgemeintoleranzen und den Oberflächen sind Texte. Firmenlogos können als Bitmap-Datei eingefügt werden.

### 9.2.4 Skizzierte Symbole

Unter skizzierten Symbolen versteht man Zeichnungselemente, die benutzerdefiniert immer wiederkehrend eingefügt werden müssen. Beispiele hierfür seien Schweißstempel, Zahnradtabellen oder Symbole des Kantenzustandes von Bauteilen nach DIN ISO 13715. Die Werkzeuge und die Arbeitsumgebung entsprechen dem Skizziermodus. Wichtig sind hierbei Eingabefelder für eine individuelle Anpassung der Symbole. Werden die skizzierten Symbole mit der Vorlgedatei abgespeichert, so sind sie Bestandteil aller weiteren Vorlagen. Der Umgang mit skizzierten Symbolen soll an dieser Stelle am Beispiel einer Zahnradtabelle erklärt werden.

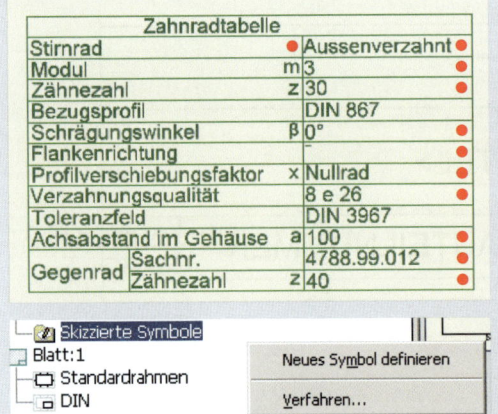

**Übungsbeispiel: Zahnradtabelle**

Erstellen Sie ein skizziertes Symbol zum automatischen Erzeugen einer Zahnradtabelle, ähnlich dem neben stehenden Beispiel.
*Zu der Einzelteilzeichnung eines Zahnrades mit Bemaßung, Oberflächenzeichen, u.a. wird zusätzlich eine Tabelle auf der Zeichnung platziert, die weitere fertigungsrelevante Daten zur Zahnradherstellung enthält. Die markierten ● Felder müssen durch eine Eingabeaufforderung ausgefüllt werden. Die anderen Felder sind normale Textfelder – Textgröße ist dem Bemaßungstext angepasst. Die Tabelle wird durch ein Rechteck und Linien in rechteckiger Anordnung erzeugt. Die Abmessungen werden durch eine allgemeine Bemaßung definiert, die anschließend wieder entfernt wird.*

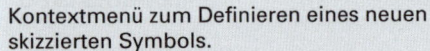

Kontextmenü zum Definieren eines neuen skizzierten Symbols.

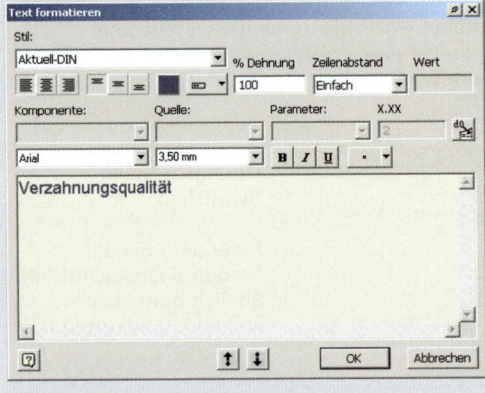

Texteingabe im Skizzenmodus

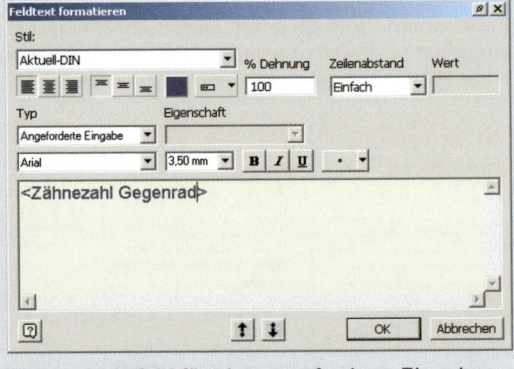

Eigenschaftsfeld für eine angeforderte Eingabe. Der Text zwischen <> entspricht der Abfrage Text.

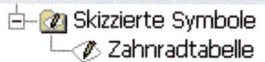

| Zahnradtabelle | |
|---|---|
| Zahnradtyp | Innen oder aussen |
| Modul | m Modul |
| Zähnezahl | z Zähnezahl |
| Bezugsprofil | DIN 867 |
| Schrägungswinkel | β Schrägungswinkel |
| Flankenrichtung | Flankenrichtung |
| Profilverschiebungsfaktor | x Profilverschiebungsfaktor |
| Verzahnungsqualität | Verzahnungsqualität |
| Toleranzfeld | DIN 3967 |
| Achsabstand im Gehäuse | a Achsabstand |
| Gegenrad Sachnr. | Sachnr. |
| Gegenrad Zähnezahl | z Zähnezahl Gegenrad |

*Die fertige Zahnradtabelle mit allen Texten und allen Platzhaltern für die angeforderten Werte (Benutzereingaben). Die Platzhalter dürfen durchaus größer wie die eigentlichen Werte sein.*

*Das fertige skizzierte Symbol wird unter einem treffenden Namen abgespeichert.*

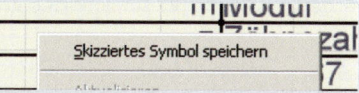

## Skizzierte Symbole einfügen

- Skizzierte Symbole
  - Zahnradtabelle

Das neue skizzierte Symbol Zahnradtabelle wird nun unter den Zeichnungsressourcen aufgeführt und kann nun in die Zeichnung eingefügt werden. Angeforderte Werte werden nun in der Reihenfolge ihrer Erstellung abgefragt.

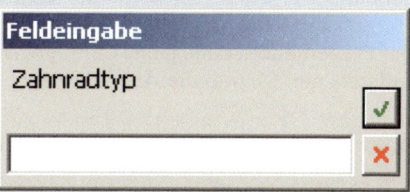

*Eingabebox für angeforderte Werte, hier der Zahnradtyp z.B. Stirnrad.*

## Skizzierte Symbole bearbeiten

Definition bearbeiten
Angeforderte Werte bearbeiten

Kontextmenü – angeforderte Werte bearbeiten, Aufruf durch Klick mit der rechten Maustaste auf das skizzierte Symbol.

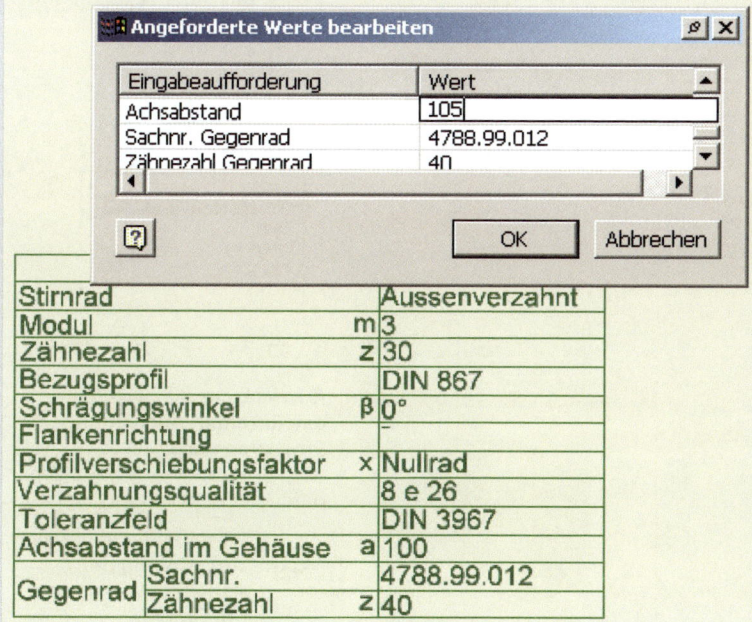

*Die Änderungen der eingegebenen Werte ist jederzeit möglich. Über ein Kontextmenü wird ein Fenster zum Bearbeiten der angeforderten Werte geöffnet. Damit lassen sich die Werte in einer Tabelle ändern.*

| Stirnrad | Aussenverzahnt | |
|---|---|---|
| Modul | m | 3 |
| Zähnezahl | z | 30 |
| Bezugsprofil | | DIN 867 |
| Schrägungswinkel | β | 0° |
| Flankenrichtung | | |
| Profilverschiebungsfaktor | x | Nullrad |
| Verzahnungsqualität | | 8 e 26 |
| Toleranzfeld | | DIN 3967 |
| Achsabstand im Gehäuse | a | 100 |
| Gegenrad Sachnr. | | 4788.99.012 |
| Gegenrad Zähnezahl | z | 40 |

## 9.3 Zeichnungsansichten erstellen

In der Schaltflächenleiste Zeichnungsansichten sind alle Werkzeuge zum Erstellen der verschiedenen Ansichten vereint. Allerdings ist zuerst immer eine *Erstansicht* zu definieren.
Die weiteren Ansichten basieren dann auf dieser Erstansicht oder stehen in einer Beziehung zueinander. Weitere „Erst"-Ansichten können definiert werden, z. B. eine 3D-Ansicht des Werkstücks.

### 9.3.1 Definition von Erstansichten

Die *Erstansicht* ist die erste Ansicht auf dem Zeichenblatt. Die Datenquelle für die Zeichnungsableitung kann eine Bauteildatei, Baugruppendatei oder Präsentationsdatei sein. Definiert werden der *Maßstab*, der *Stil* und die *Ausrichtung*.

**Zeichnungsansichten**

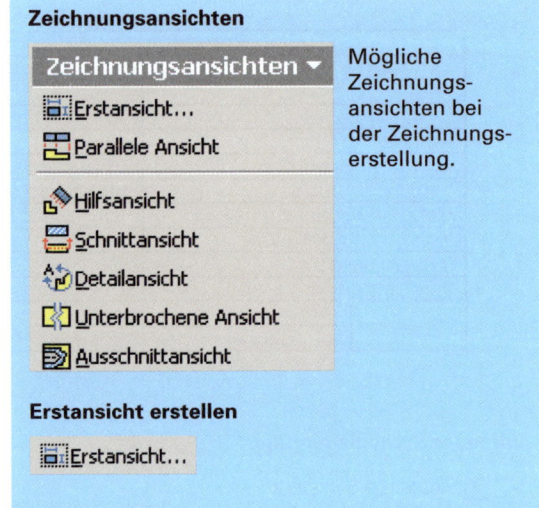

Mögliche Zeichnungsansichten bei der Zeichnungserstellung.

**Erstansicht erstellen**

**Auswahl der Datei, von der eine Zeichnung erstellt werden soll**

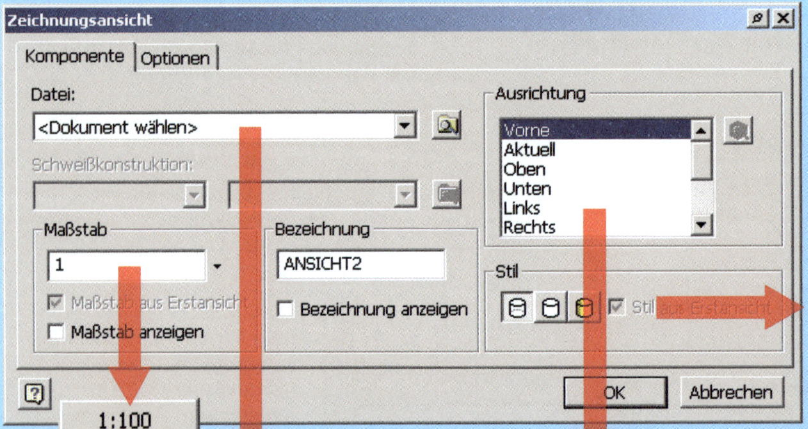

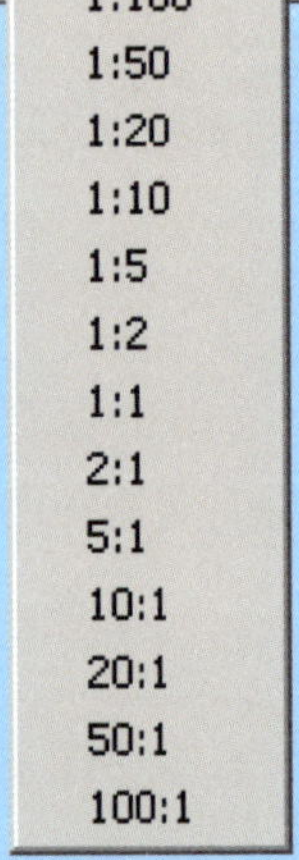

**Stil:** Auswahl der Darstellung der Zeichnungsansicht, mit oder ohne verdeckte Kanten, schattiert.

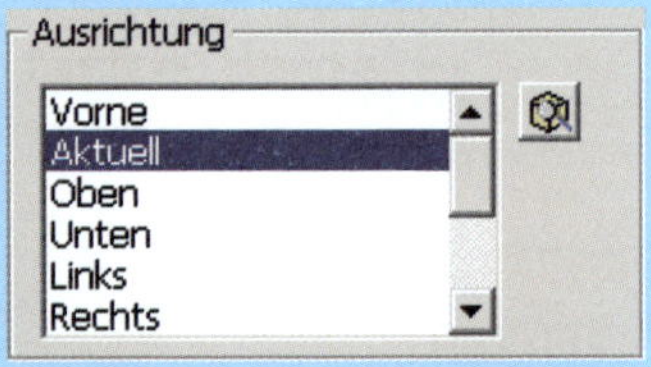

**Datei:** Auswahl der Datei, von der eine Zeichnung erstellt werden soll.

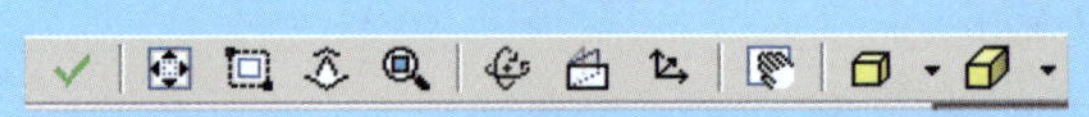

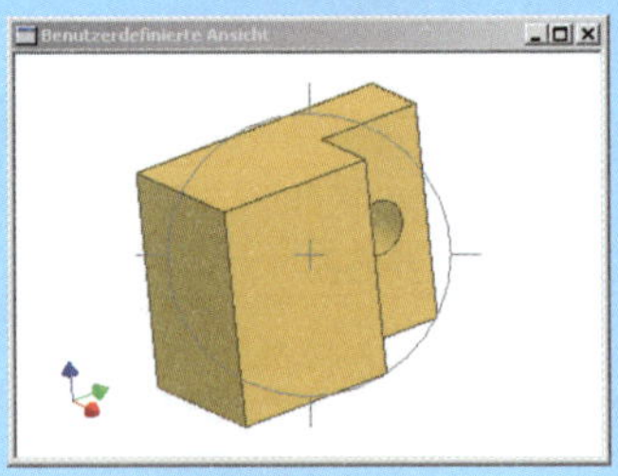

**Ausrichtung:** Auswahl der gewünschten Ausrichtung, Projektion nach DIN 6.
Aktuell erzeugt eine benutzerdefinierte Ausrichtung.

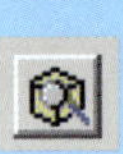

Dieser Icon erlaubt eine Veränderung der aktuellen Ausrichtung, z.B. Drehen.

**Maßstab:** Auswahl des gewünschten Zeichnungsmaßstabs.

9 Zeichnungserstellung

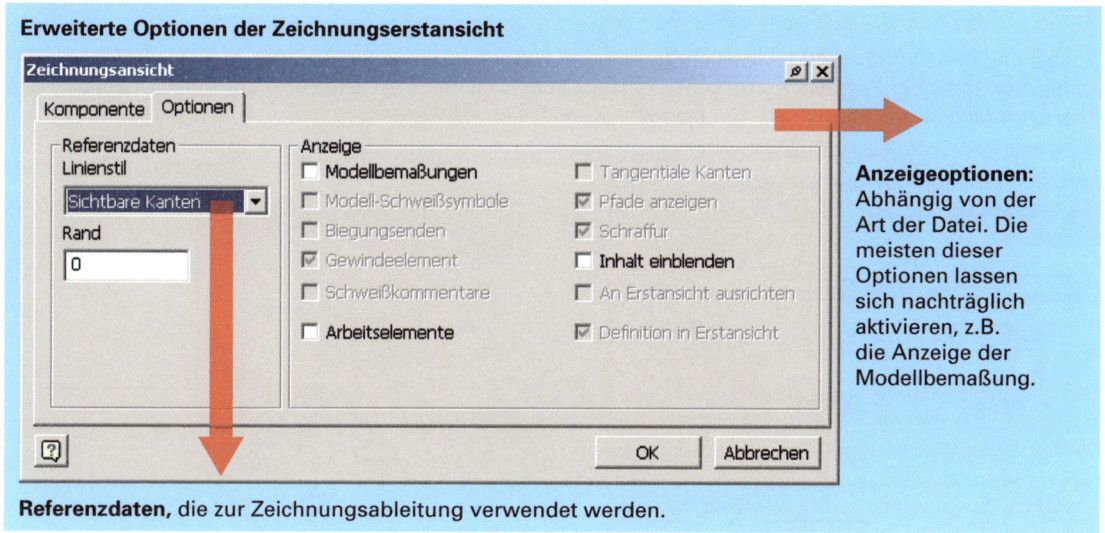

**Referenzdaten,** die zur Zeichnungsableitung verwendet werden.

## 9.3.2 Definition von Parallelansichten

Ausgehend von einer Erstansicht können beliebig viele *Paralellansichten* erstellt werden. Auch von bestehenden Parallelansichten oder Schnittansichten können weitere Parallelansichten erzeugt werden. Die Standardzeichnungsvorlage (in der Regel DIN) projiziert Ansichten nach der Projektionsmethode 1 der DIN 6.

Die Ansicht, von der die Parallelansicht erstellt werden soll, wird ausgewählt und durch *Ziehen* auf die gewünschte Projektionsseite werden eine oder mehrere parallele Ansichten vorangezeigt. Durch den Aufruf des Kontextmenüs und der Verwendung des Befehls *Erstellen* werden die Parallelansichten erstellt. *Diagonales Ziehen* erzeugt *isometrische Ansichten*. Sie sind von der Ausgangsansicht unabhängig.

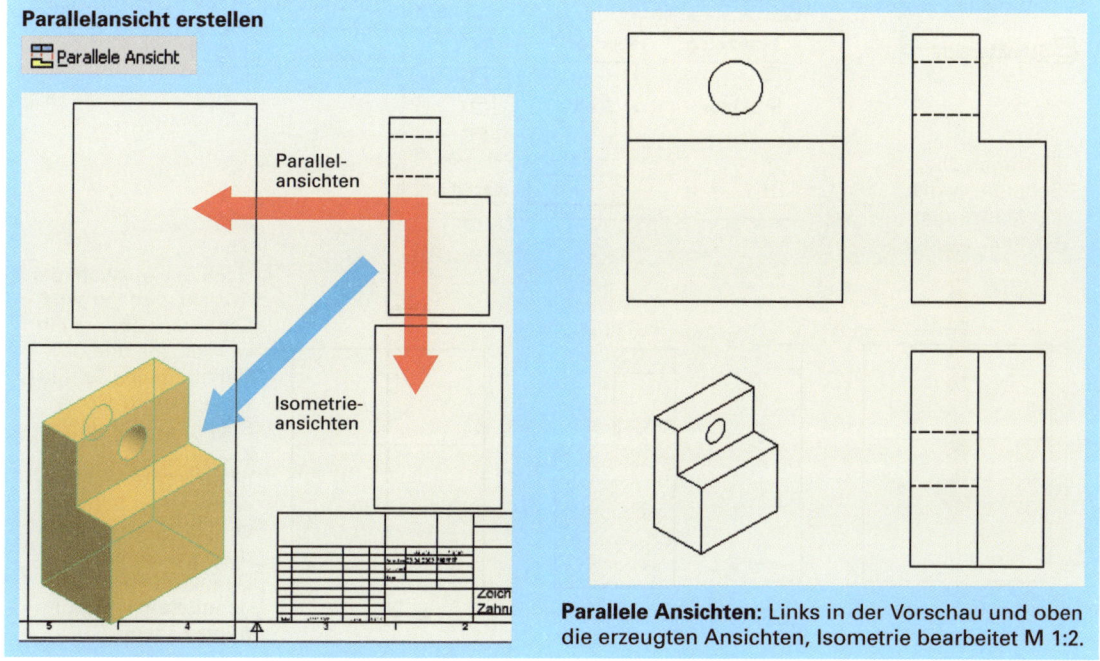

**Parallele Ansichten:** Links in der Vorschau und oben die erzeugten Ansichten, Isometrie bearbeitet M 1:2.

## 9.3.3 Definition von Hilfsansichten

Ausgehend von einer beliebigen Ansicht lassen sich Hilfsansichten erzeugen. Die Ansicht wird durch Anwahl einer Kante der Bezugsansicht, senkrecht zu dieser Kante erzeugt. Die Blickrichtung wird durch einen Pfeil symbolisiert und kann durch Buchstaben gekennzeichnet werden.

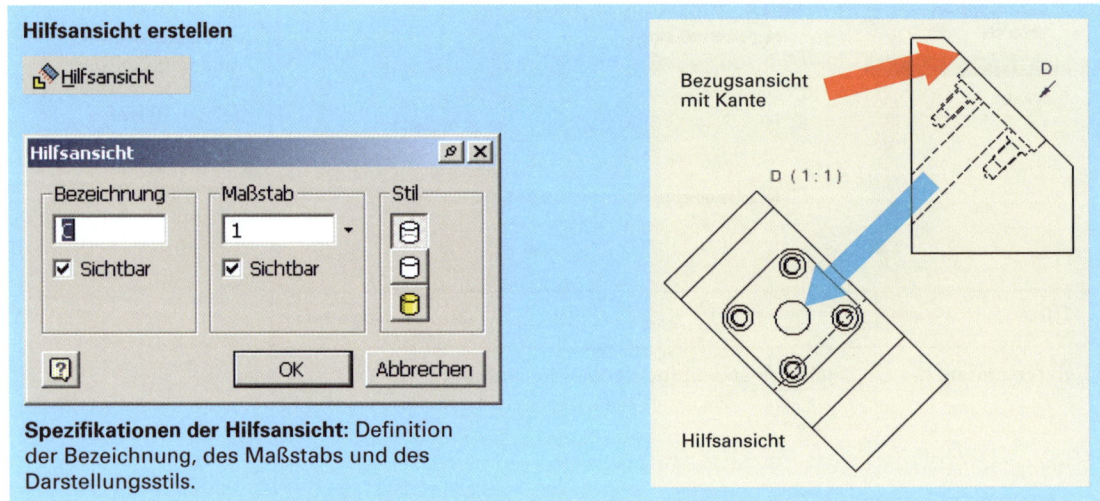

## 9.3.4 Definition von Schnittansichten

Von allen vorhandenen Ansichten lassen sich zusätzlich noch Schnittansichten ableiten. Der Schnittverlauf wird in der Bezugsansicht definiert. Die Schnittansicht wird dann durch Ziehen auf die gewünschte Seite projiziert. Die Schnittansicht wird mit einer normgerechten Benennung versehen. Die Schnittflächen werden schraffiert dargestellt. Das Schraffurmuster und die Schraffurrichtung kann über ein Kontextmenü geändert werden.

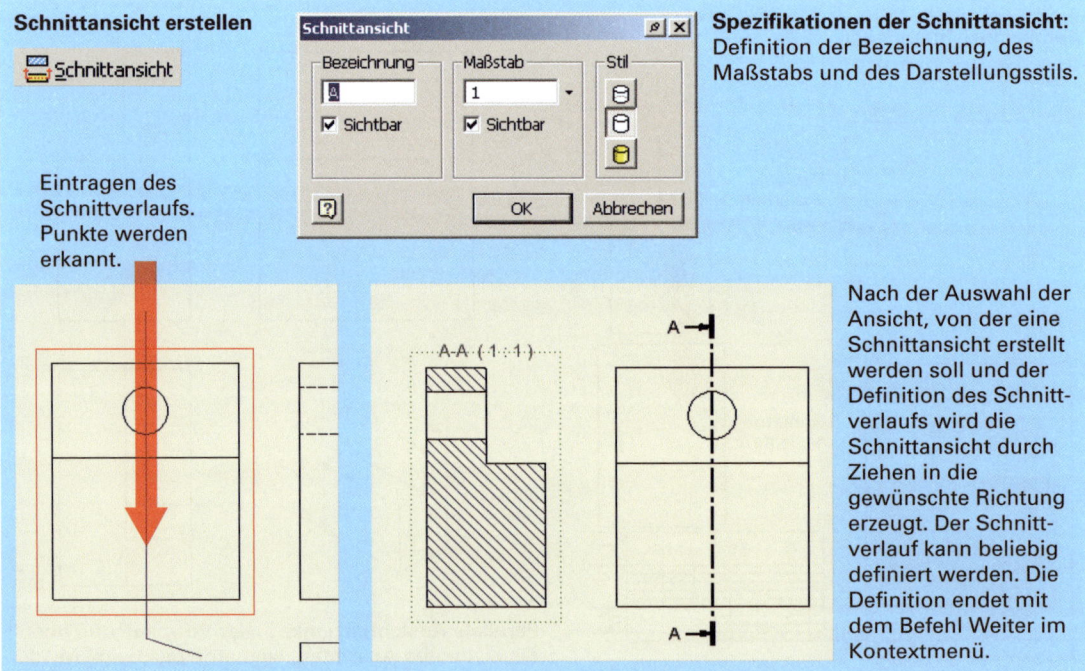

# 9 Zeichnungserstellung

## 9.3.5 Definition von Detailansichten

Einstiche, Freistiche, kleine Profile oder Ähnliches machen oft eine Detailansicht mit vergrößertem Maßstab erforderlich. Ausgehend von einer bleibigen Ansicht lassen sich die Details durch einen Auswahlkreis definieren und können dann durch Ziehen in einem beliebigen Maßstab erzeugt werden. Trotz verändertem Maßstab bleibt die Standardschriftgröße erhalten.

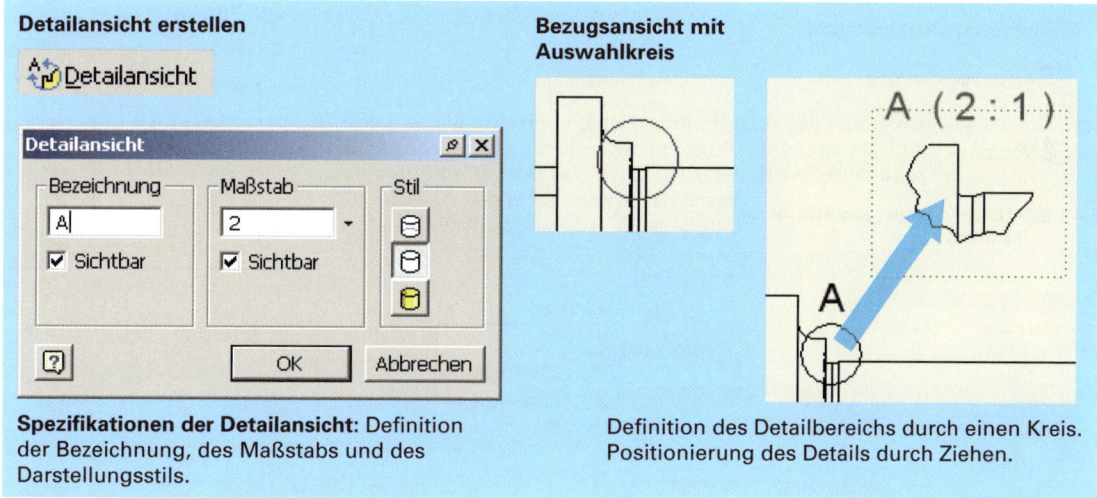

**Spezifikationen der Detailansicht:** Definition der Bezeichnung, des Maßstabs und des Darstellungsstils.

Definition des Detailbereichs durch einen Kreis. Positionierung des Details durch Ziehen.

## 9.3.6 Definition von unterbrochenen Ansichten

Bei Teilen die nur an den Werkstückenden bemaßungsrelevante Geometrie besitzen ist die unterbrochene Ansicht oft eine platzsparende Alternative. Trotz der Unterbrechung werden die Gesamtlängenmaße korrekt wiedergegeben. Das gesamte Teil kann im verkleinerten Maßstab zur Hebung des Informationsgehalts der Zeichnung zusätzlich auf dem Blatt platziert werden.

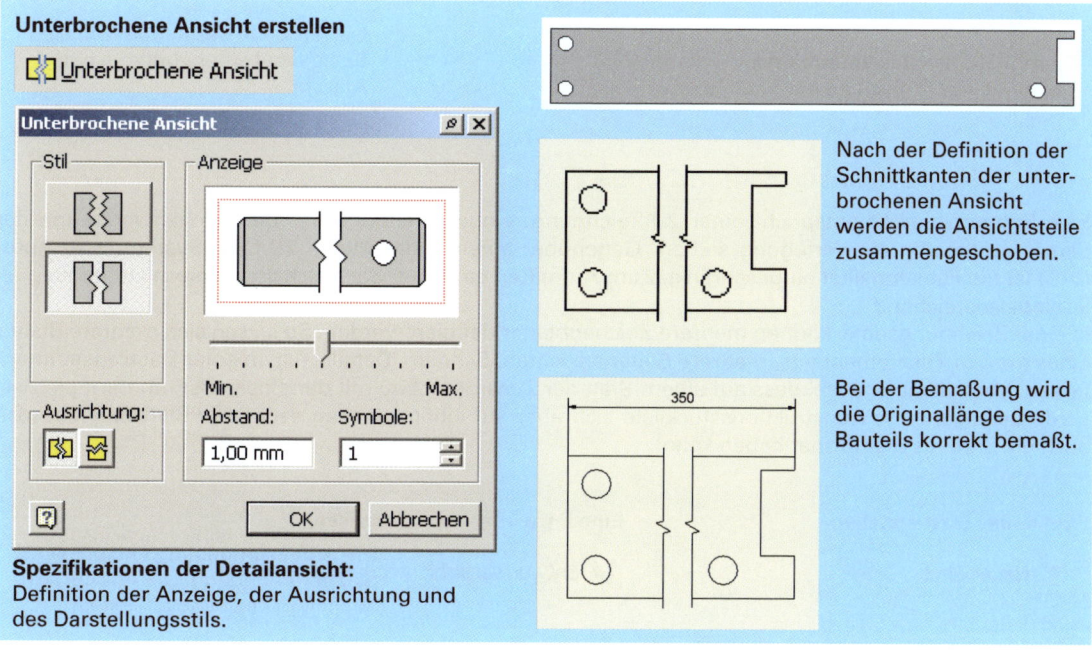

**Spezifikationen der Detailansicht:**
Definition der Anzeige, der Ausrichtung und des Darstellungsstils.

Nach der Definition der Schnittkanten der unterbrochenen Ansicht werden die Ansichtsteile zusammengeschoben.

Bei der Bemaßung wird die Originallänge des Bauteils korrekt bemaßt.

## 9.3.7 Definition von Ausschnittansichten

Als Alternative zu Halbschnitten oder zu Vollschnitten kommt oft die *Ausschnittansicht* zum Einsatz. Der Schnitt ist hierbei lokal auf einen Bereich mit interessanter innenliegender Geometrie begrenzt. Die Begrenzung wird durch eine Skizze definiert, die der Ansicht untergeordnet ist. Die Schnitttiefe lässt sich ebenfalls individuell definieren. Der Ausschnitt wird normgerecht schraffiert dargestellt.

**Ausschnittansicht erstellen**

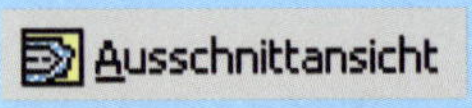

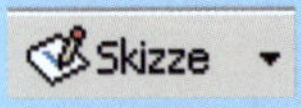

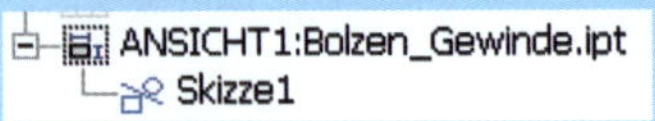

Definition des Ausschnittbereichs durch eine Skizze. Der Ansicht, in der die Ausschnittansicht erzeugt werden soll, wird diese Skizze untergeordnet. Das skizzierte Profil muss geschlossen sein, kann den Ausschnittbereich aber großzügig umschließen.

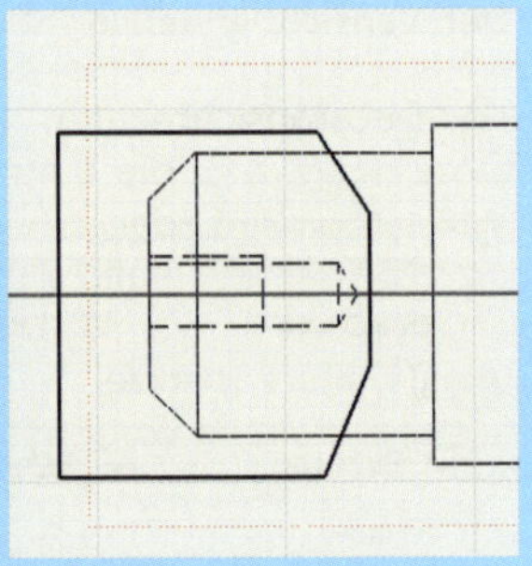

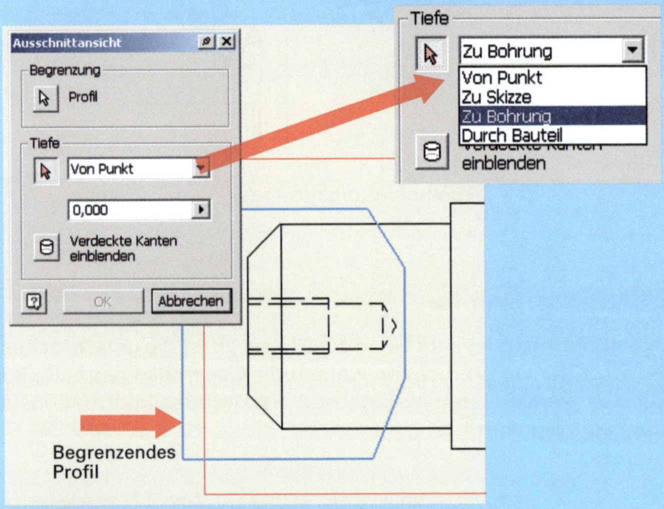

Definition der Schitttiefe des Ausschnitts.

**Begrenzendes Profil**

**Spezifikationen des Ausschnitts:**
Definition des Profils und der Schnitttiefe.

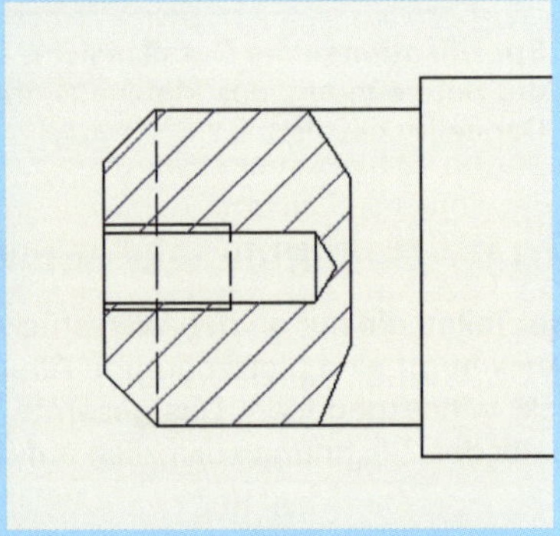

Die fertige Ausschnittansicht als Bestandteil einer vorhandenen Ansicht.

## 9.3.8 Entwurfsansichten und neue Blätter

Eine Entwurfsansicht entspricht einer 2D-Zeichnung, wobei allerdings nur die Zeichenwerkzeuge der Skizzierumgebung zur Verfügung stehen. Gegenüber einem vollwertigen 2D-CAD System (z. B. Auto-CAD) ist die Funktionalität eingeschränkt. Zum Aufreißen einfacher Sachverhalte ist diese Umgebung allerdings ausreichend.
In einer Zeichnungsdatei können mehrere Zeichenblätter definiert werden. So lassen sich mehrere Blätter eines großen Zusammenbaus, mehrere Seitenansichten, Schnitte, Details, u.a. in einer Datei zusammenfassen. Vorstellbar ist auch, dass auf einem Blatt der Zusammenbau mit den Positionsnummern platziert wird, die zugehörige Konstruktionsstückliste sich aber auf einem zweiten separaten Blatt befindet (das auch ein anderes Blattformat haben kann).

**Ein neues Blatt erstellen**

**Eine Entwurfsansicht erstellen**

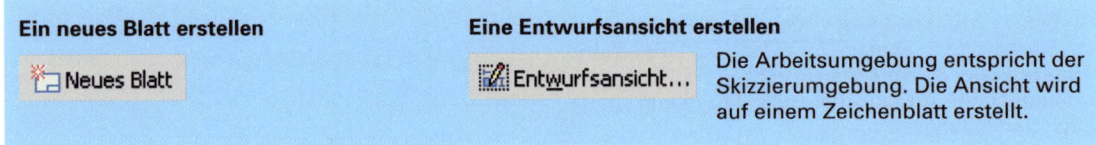

Die Arbeitsumgebung entspricht der Skizzierumgebung. Die Ansicht wird auf einem Zeichenblatt erstellt.

## 9.4 Zeichnungskommentare

Nach der Definition der verschiedenen Zeichnungsansichten muss die Zeichnung noch mit den so genannten Zeichnungskommentaren versehen werden. Dies sind zusätzliche Informationen zur Fertigung des Werkstücks, dem Zustand der Werkstückoberflächen, zu Passungen oder Form- und Lagetoleranzen. Ebenso sind meistens Ergänzungen zur normgerechten Darstellung der Werkstücke nötig, z. B. die Eintragung von Mittellinien, Symmetrielinien oder ähnlichem.

Texte können ebenfalls auf einer Zeichnung platziert werden.

Einige weitere Werkzeuge kommen allerdings erst bei der Erstellung von Zusammenbauzeichnungen oder in Zeichnungen abgeleiteter Präsentationen zum Tragen.

Dies ist zum einen das Werkzeug zum automatischen Erzeugen von Positionsnummern, zum andern das daraus resultierende Ableiten einer Stückliste.

Dazu kommen noch einige Sonderwerkzeuge zur Erstellung von Bohrungstabellen, Revisionstabellen und Schweißnahtzeichen sowie dem Schnellzugriff auf die Zeichnungsressource *Symbole*.

Die Erläuterungen zu den Zeichnungskommentaren beziehen sich immer nur auf die Benutzung des jeweiligen Inventor-Werkzeugs. Die jeweiligen Normen wurden soweit wie möglich berücksichtigt, wobei an mancher Stelle Kompromisse zur normgerechten Darstellung gemacht wurden. Angesprochen sei hier nur die Problematik Gewinde mit Fase. Die schmale Volllinie des Kerndurchmessers endet an der Fase, die mit entsprechendem Aufwand, manuell, in normgerechte Darstellung, überführt werden kann. Der Aufwand steht allerdings in keinem Verhältnis zu dem gewonnenen Mehr an normgerechter Zeichnungsinformation.

**Schaltflächenleiste Zeichnungskommentar**

Die ganze Werkzeugpalette zum Erstellen von Zeichnungskommentaren.

### 9.4.1 Zeichnungsbemaßung

Die Möglichkeiten, eine Zeichnung zu bemaßen, sind sehr vielfältig. Ausgehend vom Modell liegt der Gedanke nahe, die Modellbemaßungen zu nutzen. Dies ist aber oftmals nur teilweise möglich, da die Modellmaße oft nicht normgerecht eingetragen wurden (also bei den Skizzenbemaßungen schon an die Zeichnungserstellung denken). Ansonsten werden die Werkzeuge, allgemeine Bemaßung und Basislinienbemaßung, sowie verschiedene Koordinatenbemaßungen, zur Verfügung gestellt. Vereinfacht nach Norm können Bohrungen und Gewinde mit den Bohrungs- und Gewindeinfos bemaßt werden.

**Werkzeuge zur Bemaßung**

## 9.4.1.1 Bemaßungen abrufen

Die in den Bauteilskizzen zur Modellierung verwendeten Maße können in der abgeleiteten Zeichnung erfasst werden. Sie werden dann in der Zeichnung als Zeichnungsmaße dargestellt. Die Position und die Darstellung weichen aber oft von der gewünschten Form ab, so dass manchmal nur ca. 30 % - 60 % der Modellmaße genutzt werden können. Die restlichen Maßeintragungen müssen dann mit den anderen Bemaßungswerkzeugen manuell erzeugt werden.

**Bemaßung abrufen**

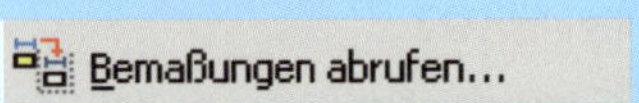

🗐 Bemaßungen abrufen...

Kontextmenü zum Abrufen Bemaßungen. Auswahl der gewünschten Ansicht in der die Modellmaße angezeigt werden sollen.

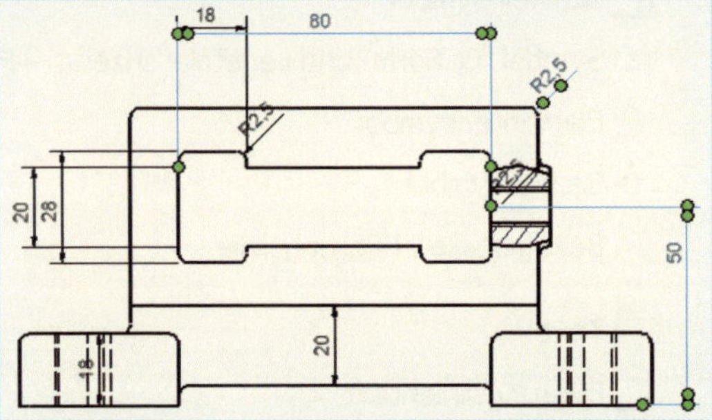

Modellbemaßung in einer Zeichnungsableitung im Originalzustand ohne Benutzereingriff.

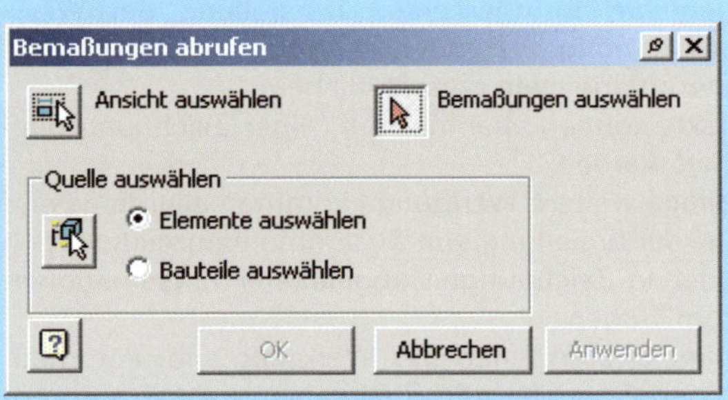

Auswahl der Bemaßungselemente die in diese Ansicht übernommen werden sollen. Die ausgewählten Bemaßungen werden markiert dargestellt.
Die Maße müssen allerdings noch positioniert werden, der Eintrag der Modellmaße hält sich an keine Normregeln. Bei Anwendung auf mehrere Ansichten findet keine Kontrolle auf doppelten Maßeintrag statt. Eine Vollständigkeit aller zur Fertigung erforderlicher Maße ist nicht gewährleistet. Hier ist das Benutzerwissen gefragt.

## 9.4.1.2 Allgemeine Bemaßung

Im Gegensatz zu der Modellbemaßung lassen sich mit dem Werkzeug *Allgemeine Bemaßung* sehr gut normgerecht Maße in eine Zeichnung eintragen. In der Funktion ist der Befehl fast identisch zu dem gleichnamigen Befehl in den diversen Skizziermodi. Verschiedene Bemaßungs- und Darstellungsoptionen lassen kaum Bemaßungswünsche offen.

**Werkzeug Allgemeine Bemaßung**

◆ Allgemeine Bemaßung   A

Befehlsaufruf *Allgemeine Bemaßung*

Normgerechte Bemaßung des Durchbruchs in dieser Ansicht unter Verwendung horizontaler und vertikaler Maße.

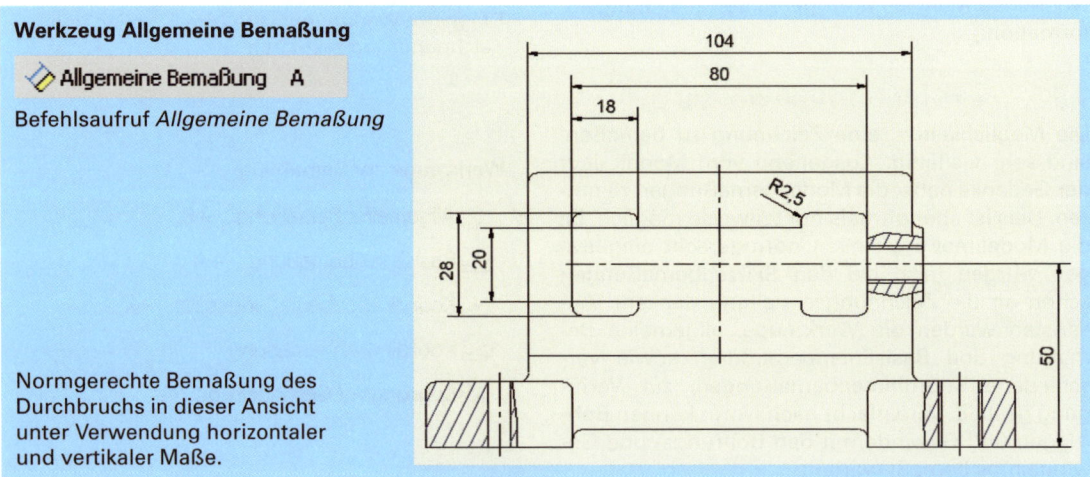

# 9 Zeichnungserstellung

## Allgemeine Bemaßung bearbeiten

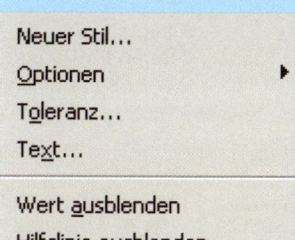

**Kontextmenü zum Bearbeiten von Bemaßungen.**

**Neuer Stil:** Auswahl eines neuen Bemaßungsstils nur für dieses Maß.
**Optionen:** Darstellungsoptionen, z.B. Pfeilspitzen innen oder außen.
**Toleranz:** Definition von Maßtoleranzen.
**Text:** Bearbeitungsmöglichkeit des Bemaßungstextes (Ergänzungen).

**Wert ausblenden:** Der Bemaßungstext wird komplett ausgeblendet und kann nun überschrieben werden (z.B. mit einer Erläuterung).

### Bemaßungsstile

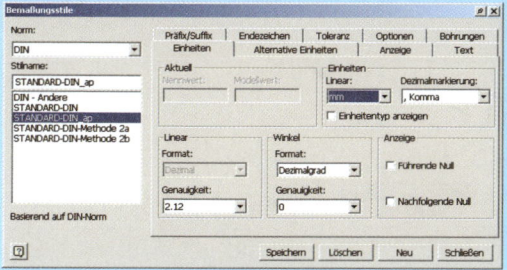

Änderungen des global definierten Bemaßungsstils für ein besonderes Maß.

### Bemaßungstoleranzen

Toleranzangaben als Maßzusätze in den verschiedensten Varianten.

### Bemaßungstext

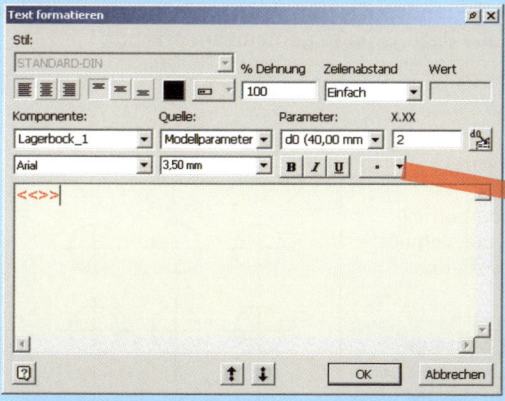

Dem Bemaßungstext können Texte voran- und nachgestellt werden (Durchmesserzeichen (ø) oder Passungsangaben (H7)). Der Maßtext wird durch <> repräsentiert und ist an dieser Stelle nicht änderbar. Er repräsentiert die parametrische Abmessung des Bauteils und kann nur unterdrückt werden.

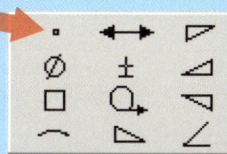

Einige Sybole, die im allgemeinen Maschinenbau üblich sind, können einfach per Mausklick eingefügt werden.

### Bemaßungsoptionen

Auswahl der Darstellung von Pfeilspitzen, innen oder nach außen geklappt.

### Bemaßungstyp

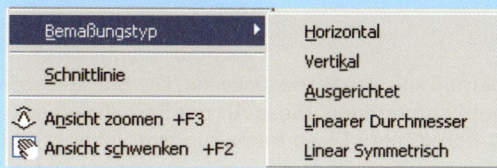

Definition horizontaler, vertikaler und ausgerichteter Maße, sowie linearer Durchmesser und linearer symmetrischer Maße als Kontextmenü nach Mausklick auf die Maßvorschau.

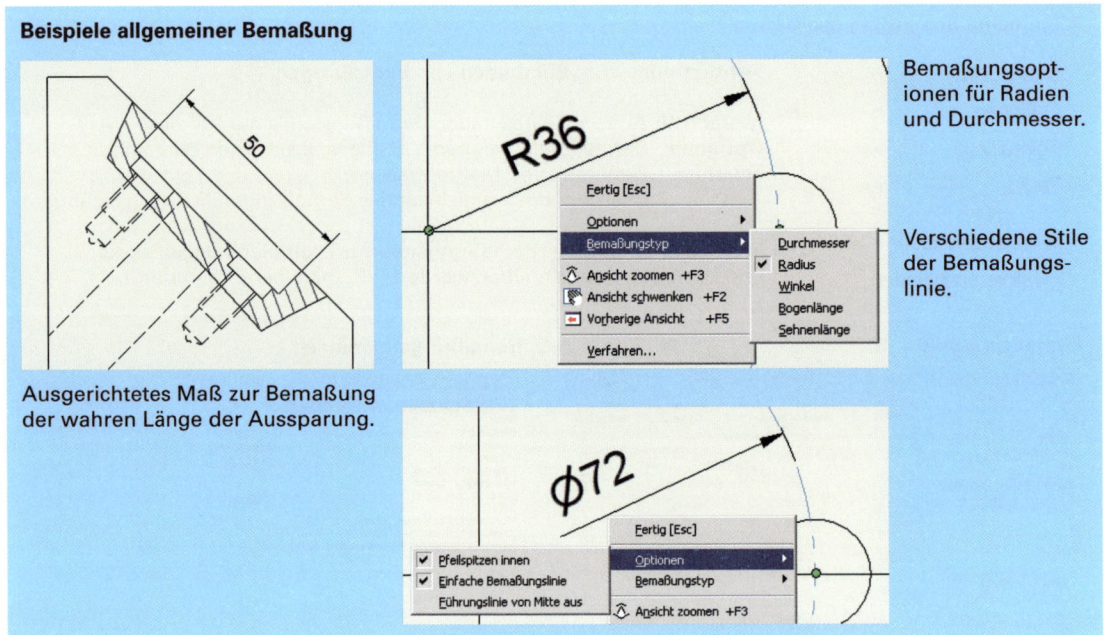

### 9.4.1.3 Basislinienbemaßung

Die Basislinienbemaßung stellt eine normgerechte Bezugsbemaßung dar. Alle Maße gehen von einer definierten Bezugskante aus. Die Bezugskante und alle ihr folgenden Kanten werden nacheinander ausgewählt. Nach bestätigen der Auswahl mit weiter werden alle Bezugsmaße gemeinsam erzeugt.

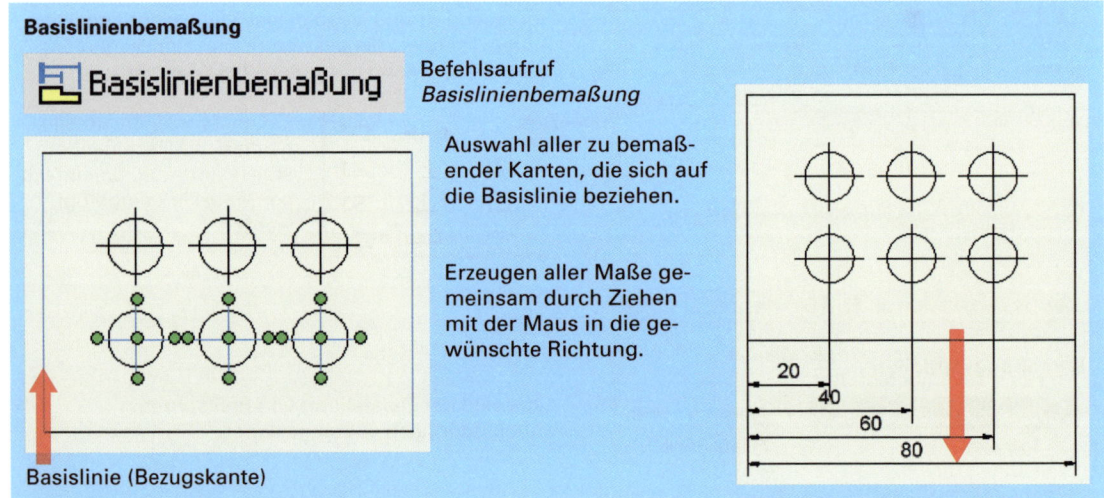

### 9.4.1.4 Koordinatenbemaßungssatz

Der Koordinatenbemaßungssatz stellt eine Koordinatenbemaßung des Werkstücks dar. Die Maße werden entlang einer Bemaßungslinie (Strahl in X- oder Y-Richtung) aufgetragen. Diese Art der Bemaßung ist besonders zweckmäßig bei einer fertigungsgerechten CNC-Bemaßung. Diese Bemaßungsart ist aber auch sehr platzsparend und übersichtlich.

# 9 Zeichnungserstellung

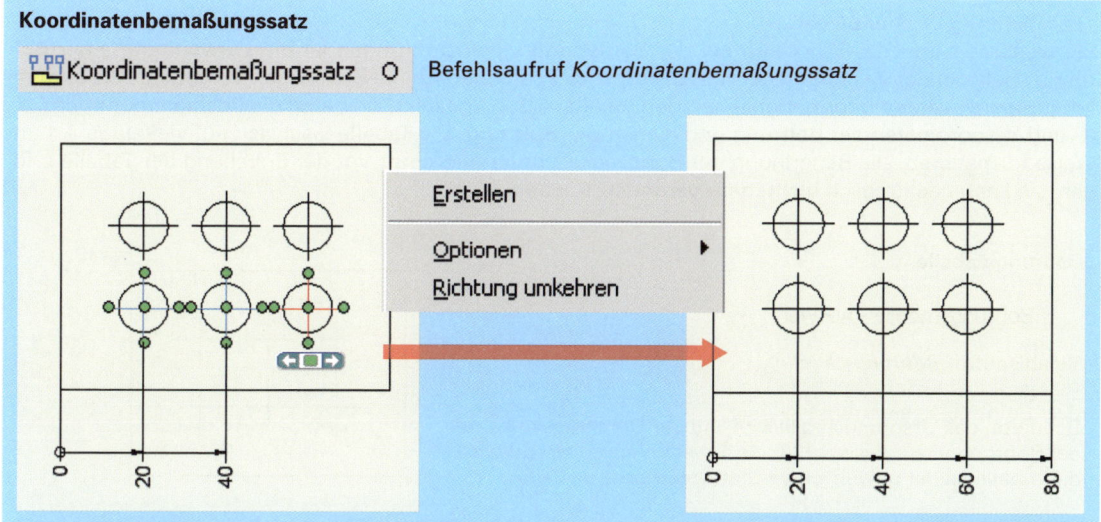

**Koordinatenbemaßungssatz**

Befehlsaufruf *Koordinatenbemaßungssatz*

Auswahl der Position der Nulllinie, daraufhin wird die Position des Bemaßungsstrahls festgelegt. Die folgenden Positionen werden dann nacheinander gewählt, und die Maßeintragung auf dem Bemaßungsstrahl erfolgt sofort. Der Befehl Erstellen (Kontextmenü) beendet die Auswahl und schließt den Befehl ab.

### 9.4.1.5 Koordinatenbemaßung

Die Koordinatenbemaßung hat große Ähnlichkeit mit dem Koordinatenbemaßungssatz. Nach Auswahl der Ansicht auf die diese Bemaßungsart angewandt werden soll wird zuerst der Nullpunkt (Ursprung) gesetzt. Am Ursprung wird ein Nullpunktsymbol (Ursprungsindikator) platziert. Danach werden die einzelnen zu bemaßenden Positionen gewählt. Die Platzierung erfolgt analog zum Koordinatenbemaßungssatz.

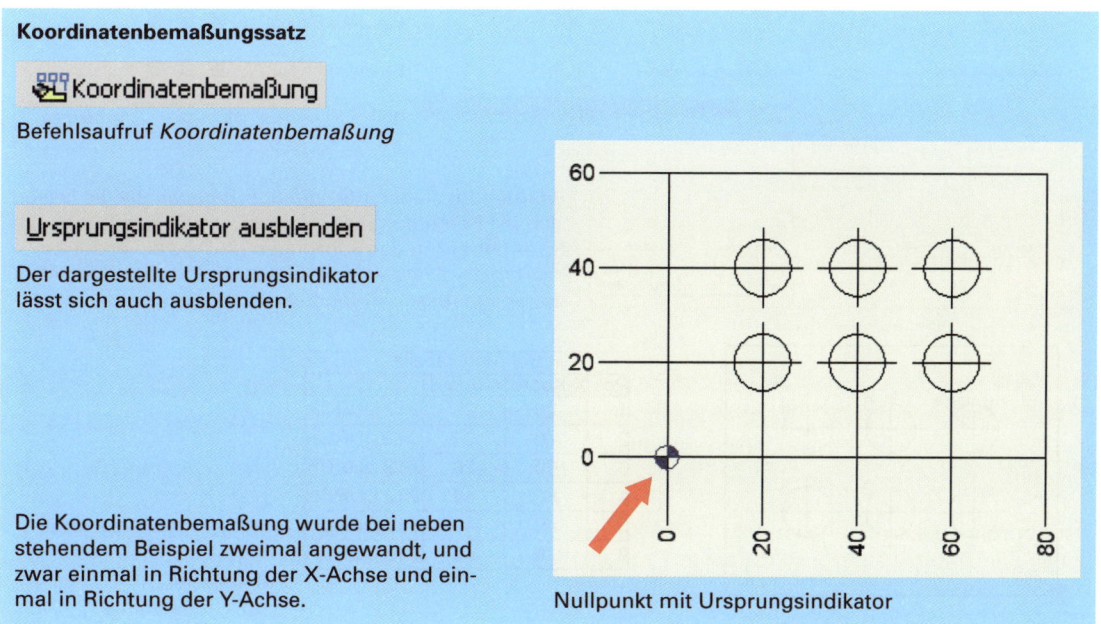

**Koordinatenbemaßungssatz**

Befehlsaufruf *Koordinatenbemaßung*

**Ursprungsindikator ausblenden**

Der dargestellte Ursprungsindikator lässt sich auch ausblenden.

Die Koordinatenbemaßung wurde bei nebenstehendem Beispiel zweimal angewandt, und zwar einmal in Richtung der X-Achse und einmal in Richtung der Y-Achse.

Nullpunkt mit Ursprungsindikator

### 9.4.1.6 Bohrungstabelle

Ein weiteres sinnvolles Werkzeug bei der Bemaßung vieler Bohrungen ist die Verwendung einer Bohrungstabelle. In der Zeichnungsansicht werden nur Positionen für die Bohrungen vergeben. Alle anderen fertigungsrelevanten Informationen werden tabellarisch dargestellt. Dies sind die Positionsnummern, die X- und Y-Koordinaten der Bohrung und die Art der Bohrung. Die Tabelle lässt sich auf vielfältige Art und Weise formatieren. Die Benennung der Bohrungsart muss allerdings vor der Erstellung der Tabelle erfolgen, sie kann nachträglich nicht mehr verändert werden.

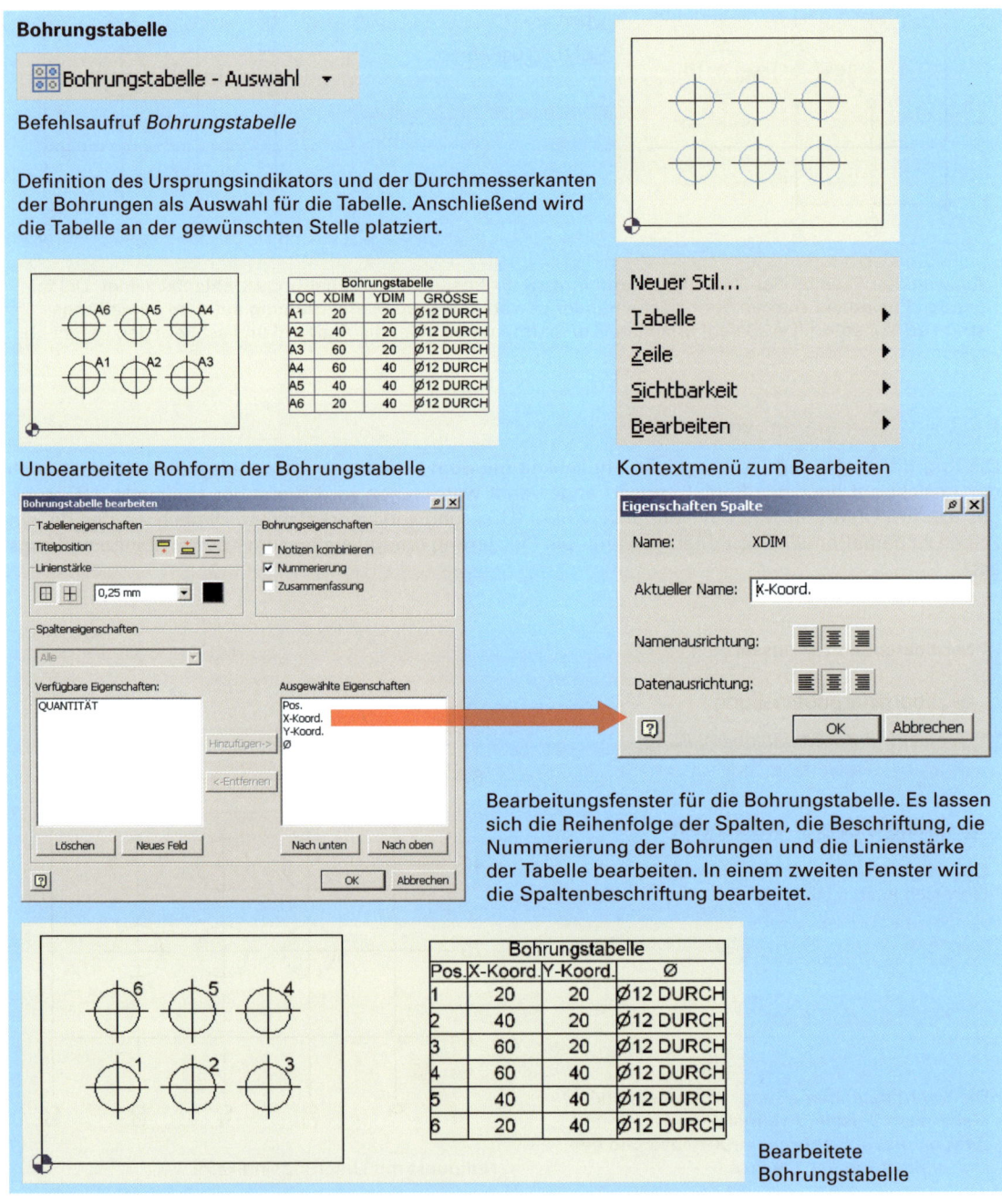

## 9.4.1.7 Bemaßung von Bohrungen und Gewinden

Die Bemaßung von Bohrungen und Gewinden kann selbstverständlich durch allgemeine Bemaßung stattfinden. Bohrungen und Durchmesser (auch in der Seitenansicht) werden zum Teil erkannt und das Durchmesserzeichen wird dann korrekt vorangestellt. Sollte der Durchmesser nicht erkannt werden oder generell bei Gewinden, ist der Bemaßungstext entsprechend zu editieren (z. B. durch eine vorgestelltes ⌀ oder M). Neben dieser Möglichkeit kann direkt durch anklicken des Kreises oder des Gewindes ein Bohrungs- oder Gewindeinfo erzeugt werden. Hierbei wird auf systeminterne Daten bei der Modellerzeugung zurückgegriffen. Die Darstellung ist ähnlich der vereinfachten Darstellung nach Norm. Die Darstellung ist bei den Bemaßungsstilen einstellbar.

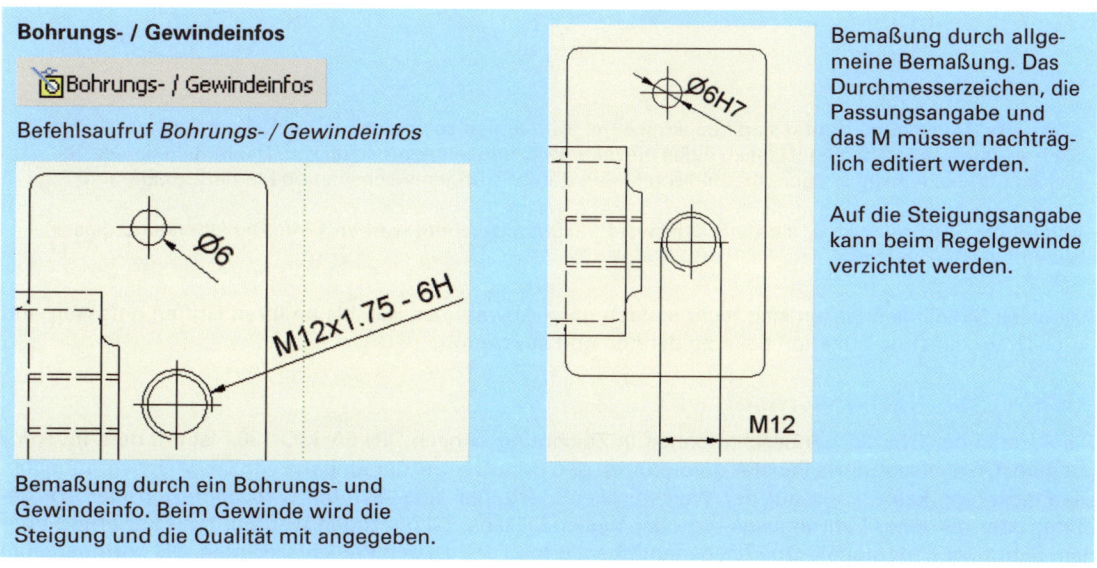

## 9.4.2 Mittellinien, Mittelpunktsmarkierungen und Symmetrielinie

Mit diesem Werkzeug lassen sich verschiedene Strichpunktlinien erzeugen. Mittelpunktsmarkierungen für Bohrungen, Mittellinien, Symmetrielinien und Mittellinien bzw. Mittelpunktsmarkierungen von Lochkreisen als zentrierte Anordnung.

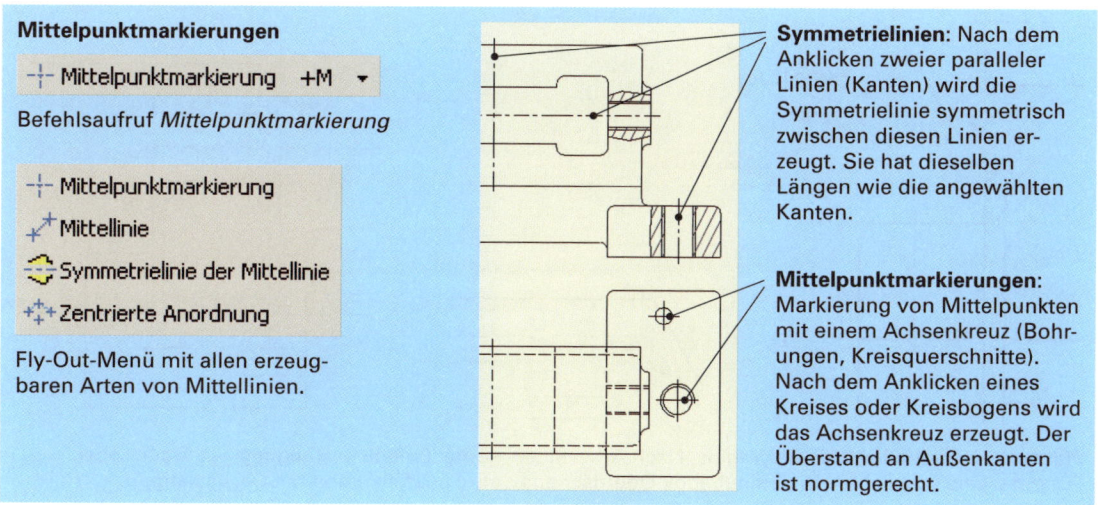

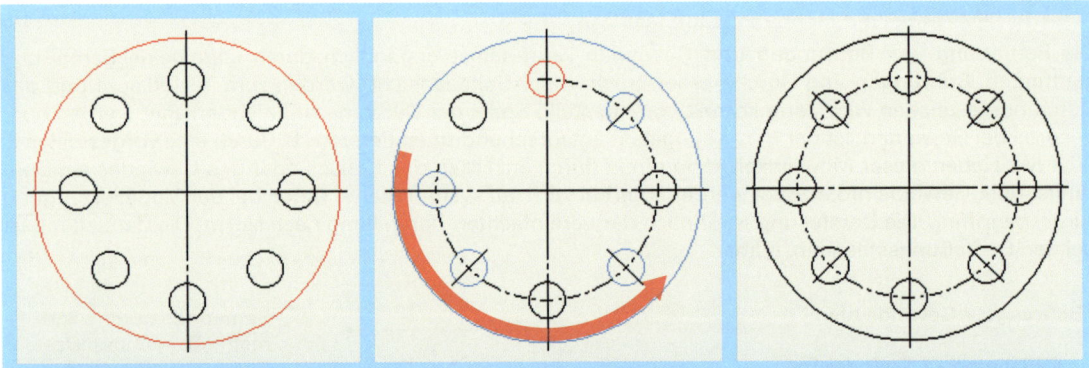

**Zentrierte Anordnung**: Häufig sind Lochkreise mit Mittellinien zu versehen. Den Kreis anklicken, zu dem die Anordnung zentrisch ist. Danach jedes einzelne Bohrungselement anklicken. Die Mittellinie des Teilkreises und die winklig ausgerichteten Mittellinien der Bohrungen wachsen von Element zu Element.

**Mittellinie**: Strichpunktlinie, die zwischen zwei Punkten gezeichnet werden kann. Der Überstand dieser Mittellinie ist nach Norm.

Alle diese Mittellinien lassen sich recht einfach nach Abwahl des Befehls an ihren Griffen anfassen und durch Drag-and-Drop-Funktion beliebig dehnen und strecken.

### 9.4.3 Oberflächensymbol

Die Angabe der Oberflächenbeschaffenheit in Zeichnungen nach DIN EN ISO 1302 ist mit dem Inventor gut gelöst. Gut visualisierte Fenster unterstützen den Benutzer bei der Eingabe von Oberflächenrauheiten. Die Platzierung kann direkt auf der Werkstückkante erfolgen (das Symbol wird dann normgerecht gedreht) oder mit einer Führungslinie von der Werkstückkante weggezogen werden. Die Platzierung über dem Schriftkopf, für globale Oberflächenangaben, erfolgt wie an den Werkstückkanten. Die normgerechte Darstellung, die erforderlichen Rauheitswerte und die vom Fertigungsverfahren abhängigen, erreichbaren Rauheiten entnehmen Sie entsprechender Fachliteratur.

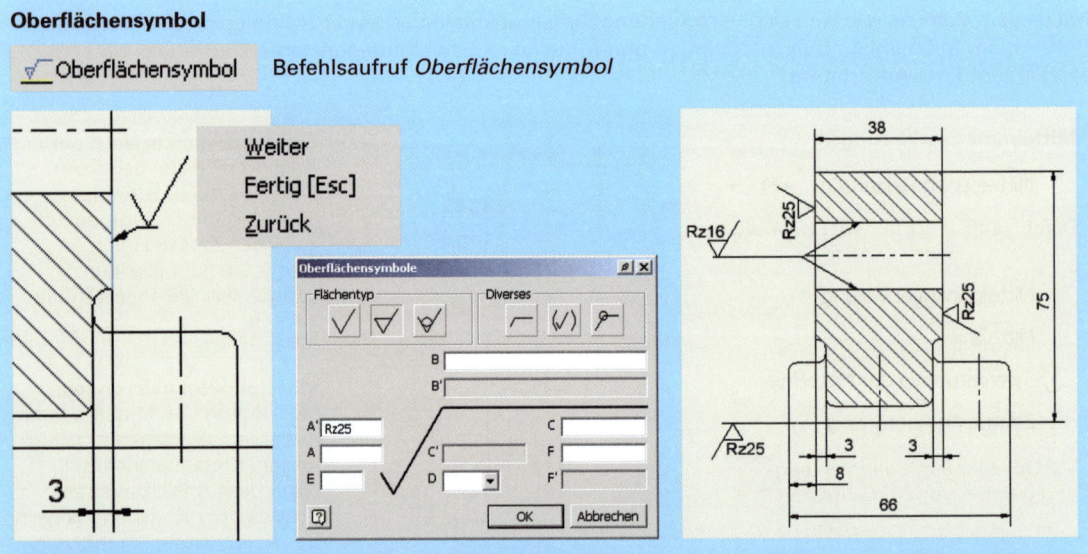

**Platzierung eines Oberflächensymbols**: Nach Anwahl der Kante: Befehlsbestätigung mit Weiter oder Führungslinie wegziehen. Die Eingabebox Oberflächensymbol ausfüllen und mit OK bestätigen.

## Oberflächensymbol mit mehreren Führungslinien

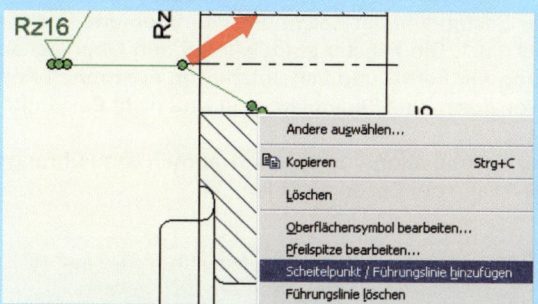
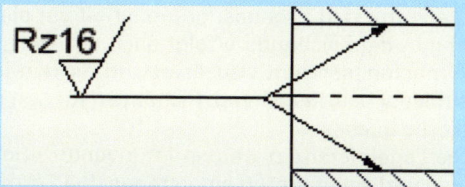

Einem bestehenden Oberflächensymbol kann eine weitere Führungslinie zu einer weiteren Werkstückoberfläche mit identischen Eigenschaften gezogen werden.

## Globale Oberflächensymbole über dem Schriftfeld

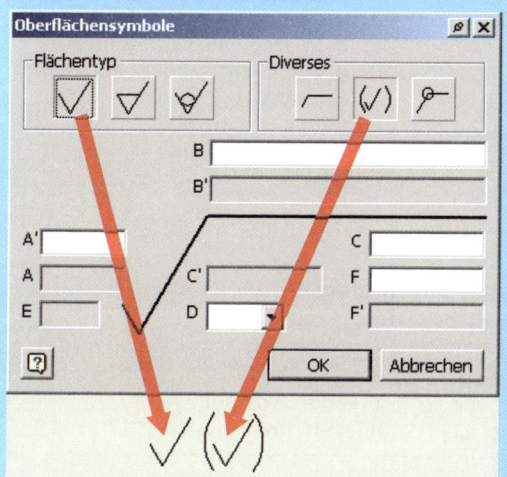

Das Symbol vor der Klammer definiert die globale Oberflächenbeschaffenheit. Der Klammerwert gibt an, dass auf der Zeichnung weitere Oberflächensymbole, abweichend der globalen Definition, zu finden sind.

## Substituierte Oberflächensymbole

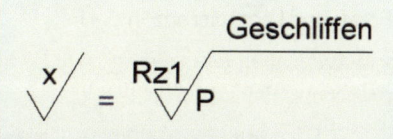

Substituierte Symbole haben den Vorteil, dass sie auf der Zeichnung wenig Platz beanspruchen.
Die Erläuterung über dem Schriftfeld muss allerdings aus Einzelelementen zusammengesetzt werden.

## Kurzbeschreibung der Angabe von Oberflächensymbolen

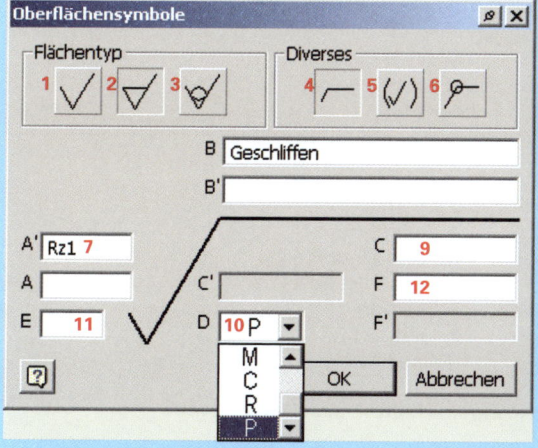

| 1 | Besondere Oberfläche |
|---|---|
| 2 | Material abtrennende Bearbeitung |
| 3 | Oberfläche im Anlieferungszustand, ohne Material abtrennende Bearbeitung. |
| 4 | Besondere Oberflächenangabe |
| 5 | Angabe weiterer Oberflächensymbole auf der Zeichnung |
| 6 | Umlaufende Definition einer Oberflächenbeschaffenheit |
| 7 | **A** Rauheitswert Ra oder Rz |
| 8 | **B** Fertigungsverfahren, Behandlung, Überzug |
| 9 | **C** Welligkeit |
| 10 | **D** Rillenrichtung |
| 11 | **E** Bearbeitungszugabe |
| 12 | **F** andere Rauheitswerte (auch Rz) |

Spezifikationen eines Oberflächensymbols nach DIN EN ISO 1302 zum Zeichnungseintrag und zum Eintrag oberhalb des Schriftfeldes.

## 9.4.4 Form- und Lagetoleranzen, Bezugsymbol

Die Form- und Lagetolerierung ist oft ein elementarer Bestandteil der Zeichnungskommentare. Der Eintrag in die Zeichnung erfolgt nach der Norm DIN ISO 1101. Die Fenster sind, wie bei den Oberflächensymbolen, sehr gut visualisert und für den im Umgang mit Form- und Lagetoleranzen erfahrenen Konstrukteur selbsterklärend. Richtlinien für den Eintrag von Form- und Lagetoleranzen sind nicht Bestandteil dieses Buches.

Die Lagetoleranzen werden im Inventor immer in der Kombination von Toleranzrahmen mit Führungslinie und einem Bezug eingetragen, bei Formtoleranzen kann der Bezug entfallen.

**Bezugssymbol**

Befehlsaufruf *Bezugssymbol*

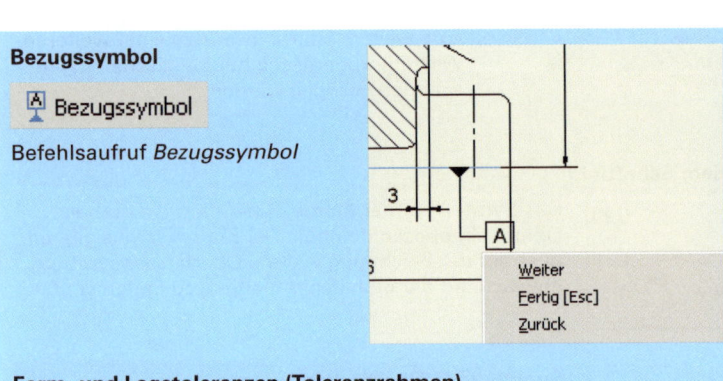

Das Bezugssymbol wird auf der gewünschten Bezugskante erzeugt. Auf der Kante wird ein Bezugsdreieck platziert, der Bezug wird durch einen Bezugsbuchstaben gekennzeichnet. Im Kontextmenü wird mit Weiter der Bezugsbuchstabe eingegeben, Fertig schließt den Befehl ab. Der Bezug wird im Toleranzrahmen wiederholt, die Kontrolle obliegt dem Benutzer.

**Form- und Lagetoleranzen (Toleranzrahmen)**

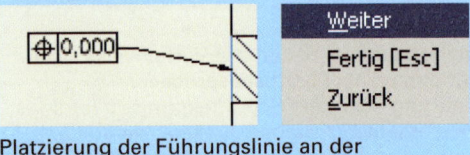

Befehlsaufruf *Form- und Lagetoleranzen*, erzeugt einen Toleranzrahmen mit Führungslinie.

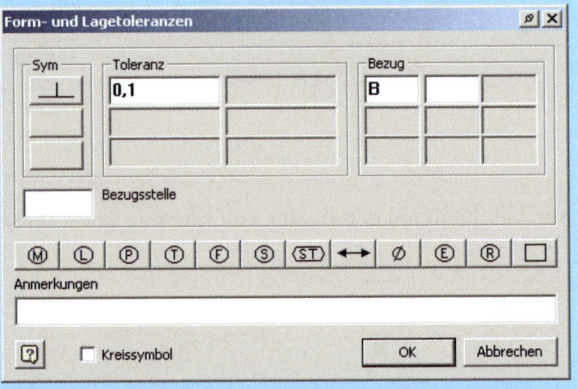

Platzierung der Führungslinie an der gewünschten Kante/Linie. Den Toleranzrahmen platzieren und mit Weiter das Eingabefeld zum Ausfüllen des Toleranzrahmens öffnen.

**Sym: Symbole für Form- und Lagetoleranzen**

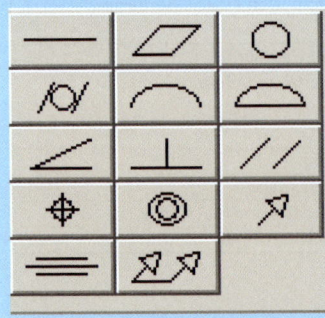

1 Geradheit    2 Ebenheit
3 Rundheit    4 Zylinderform
5 Profil einer Linie    6 Profil einer Fläche
7 Neigung    8 Rechtwinkligkeit
9 Parallelität    10 Position
11 Konzentrizität    12 Lauf
13 Symmetrie    14 Gesamt

**Symbole für tolerierte Eigenschaften nach DIN ISO 1101**

# 9 Zeichnungserstellung

**Mehrere Toleranzrahmen pro Bezug**

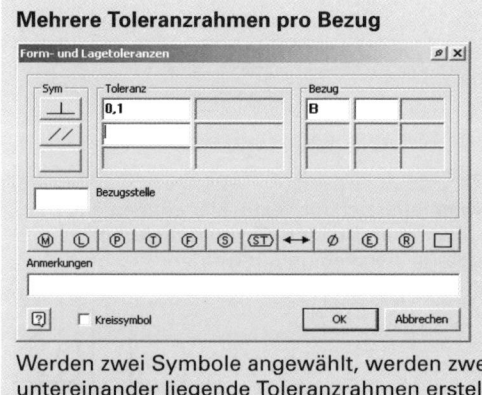

Werden zwei Symbole angewählt, werden zwei untereinander liegende Toleranzrahmen erstellt.
**Kreissymbol:** Rundum (Profil)

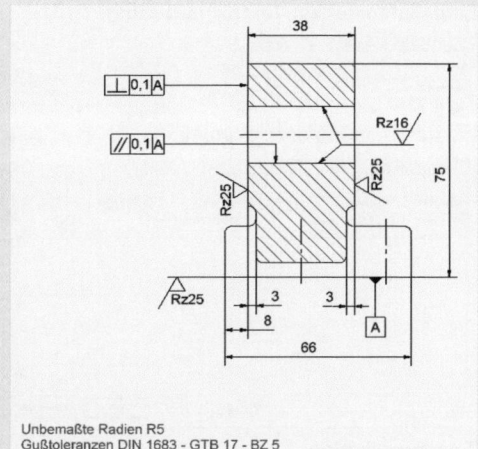

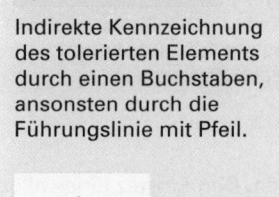

**Weitere Symbole:**
M – Maximum-Material-Bedingung
P – Projizierte (vorgelagerte) Toleranzzone
Ø – Kreisförmiger Toleranzbereich (z.B. bei Position)

**Zusätzliche Symbole zur Form- und Lagetolerierung**

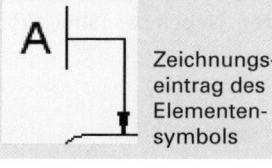

Indirekte Kennzeichnung des tolerierten Elements durch einen Buchstaben, ansonsten durch die Führungslinie mit Pfeil.

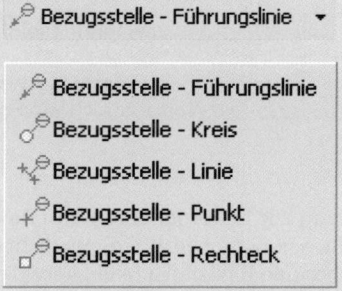

Zeichnungseintrag des Elementensymbols

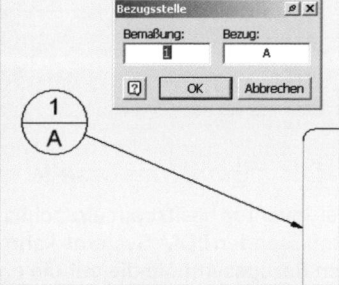

Definition einer Bezugsstelle für eine Form- und Lagetoleranz. Es stehen die Bezugsstellenarten Führungslinie, Kreis, Linie, Punkt und Rechteck zur Verfügung. Der Eintrag einer Bemaßung und eines Bezuges ist möglich.

## 9.4.5 Text und Führungslinientext

Die meisten Zeichnungen müssen zusätzlich zu den Maßeintragungen, den Oberflächenangaben und Form- und Lagetoleranzen mit weiteren Textinformationen versehen werden.
Dies können Informationen über die Wärmebehandlung, Generalanweisungen für Gussradien, Hinweise auf besondere Normvorschriften oder sonstige firmenspezifische Angaben sein.
Alle installierten Windowsschriften stehen dem Textwerkzeug zur Verfügung. Die Handhabung zur Gestaltung von Texten und deren Formatierung entspricht dem Textwerkzeug im Skizziermodus. Texte aus Textverarbeitungen können einfach mit den Tastenkombinationen Strg+C kopiert und mit Strg+V eingefügt werden.

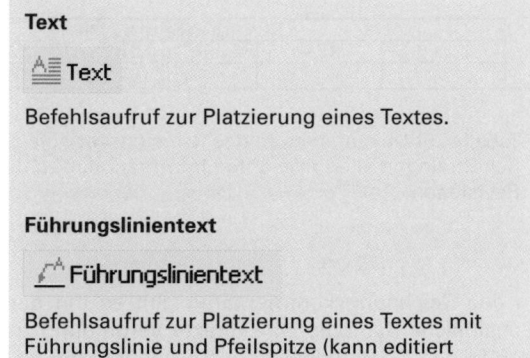

**Text**

Befehlsaufruf zur Platzierung eines Textes.

**Führungslinientext**

Befehlsaufruf zur Platzierung eines Textes mit Führungslinie und Pfeilspitze (kann editiert werden, Schrägstrich, Punkt, ect.)

**Eingabefenster zur Textformatierung**

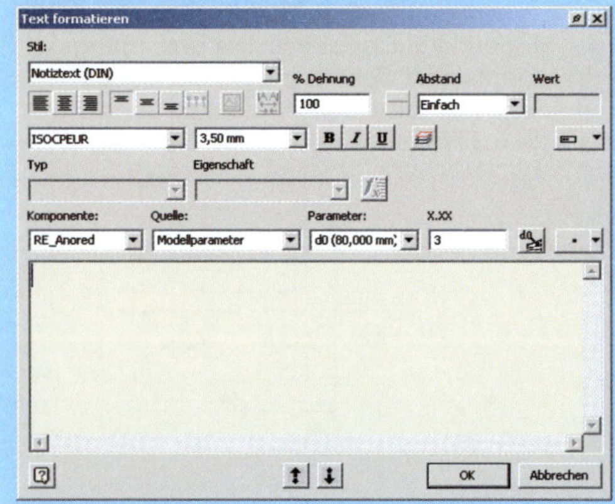

**Textspezifikation:**
Textstil, Farbe, Ausrichtung, Zeilenabstand, Schrifthöhe, etc. sind analog zu den Möglichkeiten eines Textverarbeitungssystems.

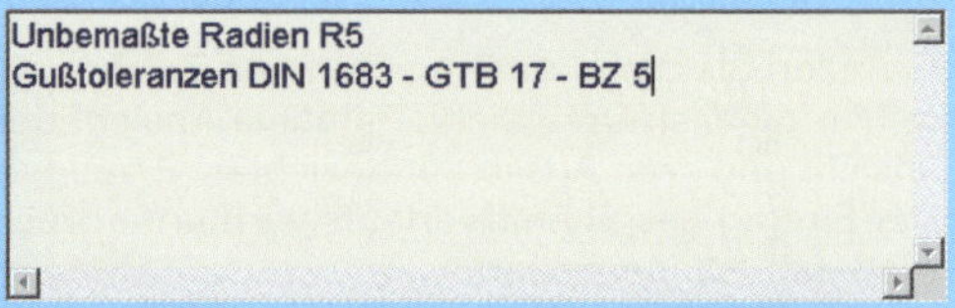

Eingabebereich für Texte, hier können auch aus anderen Quellen (Textverarbeitung) kopierte Texte eingefügt werden.

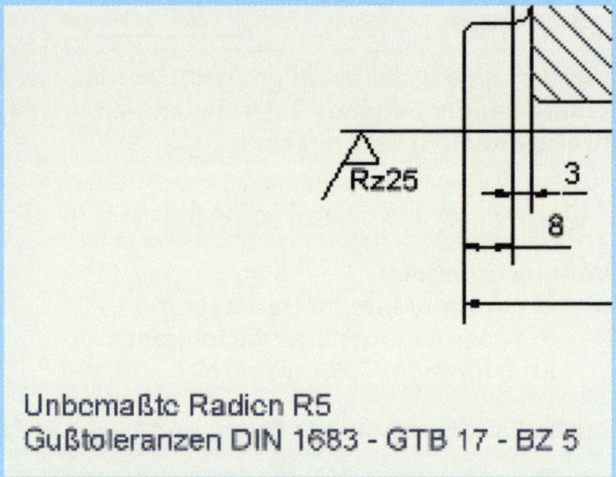

Zeichnungseintrag von Texten.

Zeichnungseintrag eines Textes mit Führungslinie, hier Normbezeichnung eines Schleiffreistiches.

### 9.4.6 Revisionstabelle und Revisionsbezeichnung

Der Inventor besitzt ein einfaches Werkzeug zur Dokumentation von Revisionen. Den Einsatz eines alles umfassenden EDM-Systems kann diese Revisionstabelle allerdings nicht ersetzen. Neben der Tabelle können Bezugssymbole die auf die entsprechenden Revisionsstellen verweisen.

**Revisionstabelle und Revisionsbezeichnung**

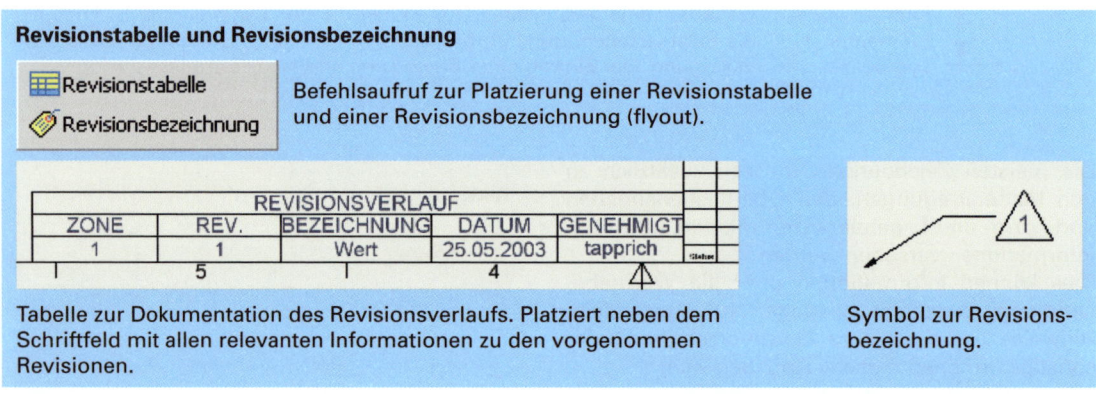

Befehlsaufruf zur Platzierung einer Revisionstabelle und einer Revisionsbezeichnung (flyout).

Tabelle zur Dokumentation des Revisionsverlaufs. Platziert neben dem Schriftfeld mit allen relevanten Informationen zu den vorgenommen Revisionen.

Symbol zur Revisionsbezeichnung.

### 9.4.7 Symbole

In den Zeichnungskommentaren gibt es mit der Schaltfläche Symbole eine direkte Verbindung zu den in den Zeichnungsressourcen definierten benutzerspezifischen Symbolen.

**Zeichnungsressource *Symbole***

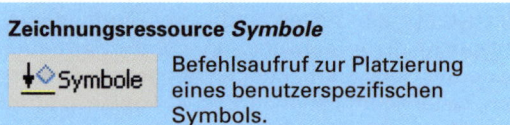

Befehlsaufruf zur Platzierung eines benutzerspezifischen Symbols.

# 9 Zeichnungserstellung

**Projekt 11: Normgerechte und fertigungsgerechte Zeichnungserstellung eines Lagerbocks**

Erstellen Sie die unten abgebildeten Zeichnungsansichten der Modelldatei Lagerbock. Die Erzeugungsreihenfolge ist: Draufsicht, Parallele Ansicht der Draufsicht (Vorderansicht), Schnittansicht der Vorderansicht und zwei Ausschnittansichten. Erzeugen Sie die Mittel- und Symmetrielinien wie unten abgebildet. Der Eintrag des Schnittverlaufs wird unterdrückt. Platzieren sie eine 3D-Ansicht als weitere Erstansicht im Maßstab 1:2 (gerendert).

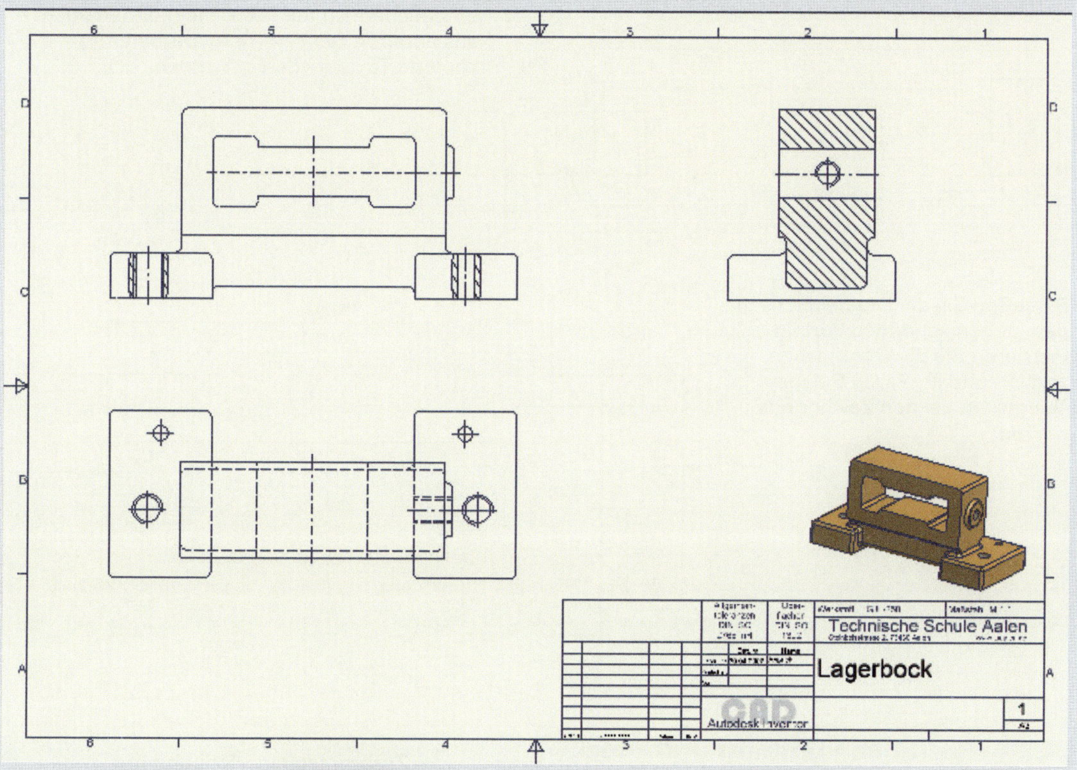

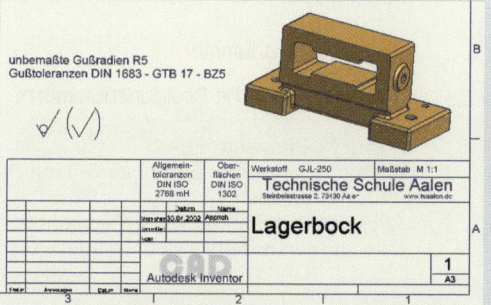

Geben Sie die beiden Textzeilen oberhalb des Schriftfeldes ein. Platzieren Sie die globalen Oberflächenangaben ebenfalls oberhalb des Schriftfeldes. Füllen Sie in den iProperties die Felder Titel und Autor und die benutzerdefinierten Felder Maßstab und Werkstoff aus.

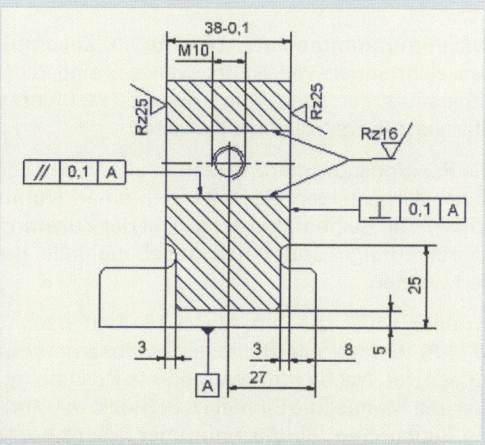

Bemaßen Sie die Schnittansicht nach obigem Vorbild. Platzieren Sie die Oberflächenzeichen, das Bezugssymbol und die Toleranzrahmen der Form- und Lagetoleranzen.

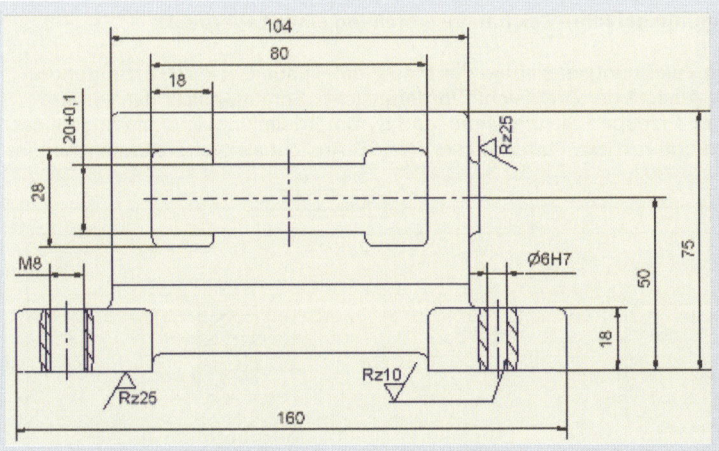

Bemaßen Sie die Vorderansicht nach dem nebenstehenden Vorbild. Platzieren Sie die Oberflächenzeichen und ergänzen Sie die Toleranzen bei den Zeichnungsmaßen.

Bemaßen Sie die Draufsicht nach dem nebenstehenden Vorbild. Platzieren Sie die Oberflächenzeichen und ergänzen Sie die Toleranzen bei den Zeichnungsmaßen.

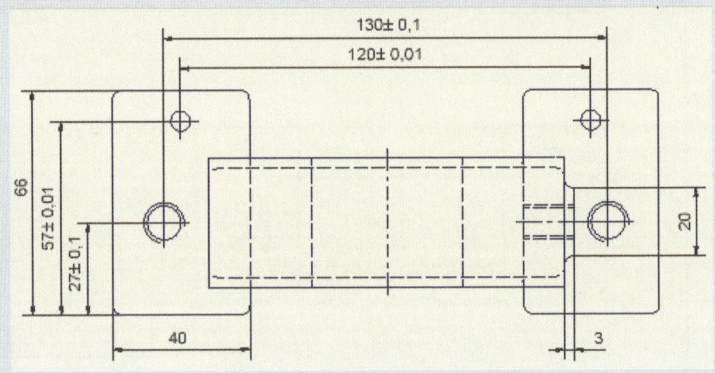

### 9.4.8 Positionsnummern und Stücklisten

Zeichnungskommentare, die nur in Zusammenbauzeichnungen verwendet werden, sind die Positionsnummer und die daraus resultierende Stückliste (Konstruktionsstückliste).

Die Positionsnummern versehen alle in der Zeichnung dargestellten Bauteile mit einer Nummer (Ziffer). Die Reihenfolge entspricht der Zusammenbaureihenfolge und muss gegebenenfalls geändert werden.

In einer Stückliste (im Maschinenbau nach DIN 6771-2) werden alle Bauteile des Zusammenbaus aufgelistet. Nach Norm werden die Positionsnummer, die Menge, die Einheit (z. B. Stück, m², lfm, ...), die Benennung, die Sachnummer / Normbezeichnung und eine Bemerkung angegeben. Die voreingestellte Stückliste ist gegenüber der Norm etwas vereinfacht, kann aber über die Voreinstellungen betriebsspezifisch angepasst werden.

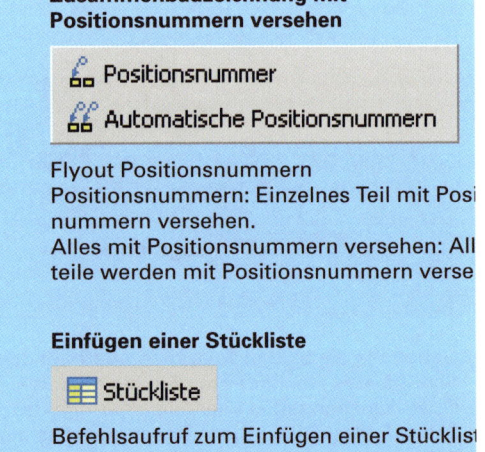

**Zusammenbauzeichnung mit Positionsnummern versehen**

Flyout Positionsnummern
Positionsnummern: Einzelnes Teil mit Pos nummern versehen.
Alles mit Positionsnummern versehen: All teile werden mit Positionsnummern verse

**Einfügen einer Stückliste**

Befehlsaufruf zum Einfügen einer Stücklist

# 9 Zeichnungserstellung

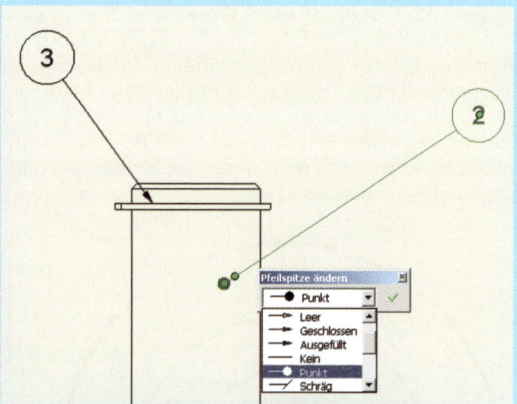

Spezifikationen für die Positionsnummern. Nummerierung von
Hauptbaugruppen oder von Bauteilen.

Darstellung der Positionsnummern auf der
Zeichnung: Mit Pfeil zur Werkstückkante oder mit
Punkt in einer Bauteilfläche (Kontextmenü).

## Einfügen einer Stückliste

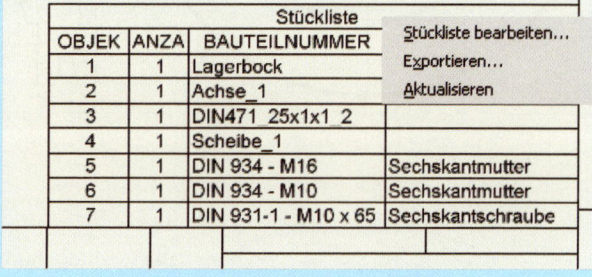

Stückliste mit Kontextmenü zum Bearbeiten

Spezifikationen für die Stückliste.
Alle Bereiche werden zur Stücklisten-
erstellung berücksichtigt

1. Vergleichen
2. Spaltenauswahl
3. Sortieren
4. Exportieren (z.B. in EXCEL)
5. Header (Stücklistenüberschrift)
6. Neu nummerieren
7. Benutzerdefinierte Bauteile hinzufügen
8. Benutzerdefinierte Bauteile hinzufügen

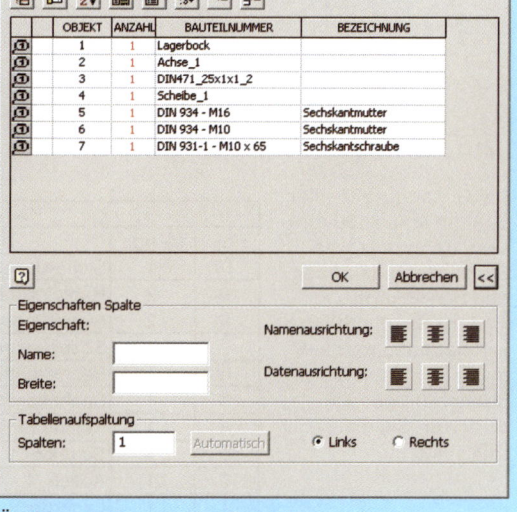

Änderungsfenster der Stückliste.

**Projekt 12: Erstellung einer Gesamtzeichnung einer Keilriemenscheibe mit Lagerbock**

Erstellen Sie die unten abgebildeten Zeichnungsansichten der Baugruppendatei Keilriementrieb. In der Vorderansicht soll der Lagerbock sichtbar sein, die Seitenansicht soll im Schnitt dargestellt werden. Nehmen Sie die Achse, die Mutter M16, die Scheibe und die Lager aus dem Schnitt heraus.
Ziehen Sie in der Schnittansicht alle Positionsnummern (mit Punkt in der Teilefläche) an. Erstellen Sie eine Stückliste nach dem unten stehenden Vorbild. Ändern Sie die vom Inventor ausgegebene Standardstückliste entsprechend ab.

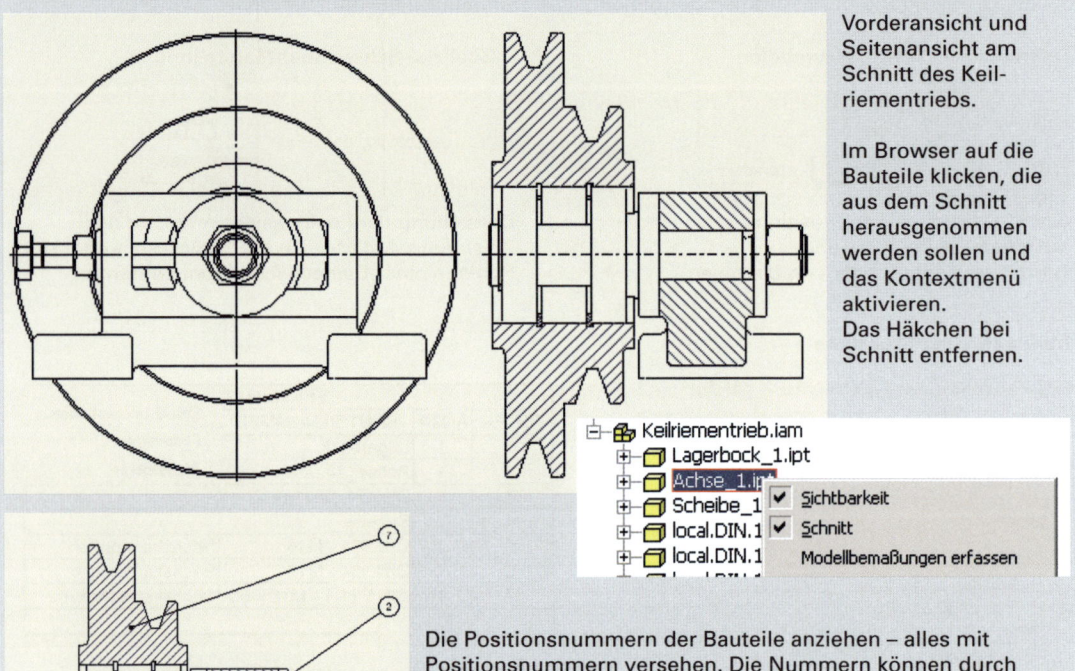

Vorderansicht und Seitenansicht am Schnitt des Keilriementriebs.

Im Browser auf die Bauteile klicken, die aus dem Schnitt herausgenommen werden sollen und das Kontextmenü aktivieren.
Das Häkchen bei Schnitt entfernen.

Die Positionsnummern der Bauteile anziehen – alles mit Positionsnummern versehen. Die Nummern können durch die Spurfunktion ausgerichtet werden (auf der Linie).
Der Wechsel von Pfeil- zu Punktdarstellung des Endezeichens geschieht automatisch durch drag and drop.
Das Pfeilende greifen und die Teilefläche ziehen, und das Endezeichen ändert sich automatisch vom Pfeil (für Kanten) zum Punkt.

Die Gesamtbreite aller Spalten sollte 190 mm sein, dann passt die Stückliste genau über den Schriftkopf.
Ändern Sie die Stücklistenangabe manuell in die korrekten Normbezeichnungen ab. Sortieren Sie die Stückliste neu.

| Konstruktionsstückliste - Keilriementrieb | | | |
|---|---|---|---|
| Pos. | Menge | Benennung | Sachnr. / Normbez. |
| 10 | 1 | Sicherungsring | DIN471- 25 x 1 |
| 9 | 2 | Radialrillenkugellager | DIN625 - 55 x 25 x 14 |
| 8 | 2 | Sicherungsring | DIN472 - 55 x 2 |
| 7 | 1 | Sechskantmutter | DIN EN ISO 4032 - M16 - 8 |
| 6 | 1 | Sechskantmutter | DIN EN ISO 4032 - M10 - 8 |
| 5 | 1 | Sechskantschraube | DIN EN ISO 4017 - M10 x 70 - 8.8 |
| 4 | 1 | Keilriemenscheibe_1 | AlMg3 |
| 3 | 1 | Scheibe_1 | C 15E |
| 2 | 1 | Achse_1 | C 15E |
| 1 | 1 | Lagerbock_1 | EN - GJL 250 |

## 9.4.9 Zeichnungserstellung von geschweißten Bauteilen

Für geschweißte Bauteile sind zwei Möglichkeiten bei der Zeichnungserstellung möglich. Die erste Möglichkeit ist für Schweißteile, die als normaler Zusammenbau angelegt wurden. Diese Teile können mit Schweißsymbolen nach DIN EN 22553 (manuell) versehen werden. Das Fenster zur Definition der Symbole ist fast identisch zu dem Fenster bei der Definition von Schweißzusammenbauten. Die zweite Möglichkeit setzt einen Schweißzusammenbau voraus. Hier kann schon bei der Ansichtserstellung gewählt werden, ob die Bearbeitung, die Schweißnähte oder die Vorbereitungen angezeigt werden sollen. In der Ansicht können dann die Symbole oder die bildliche Darstellung gewählt werden.

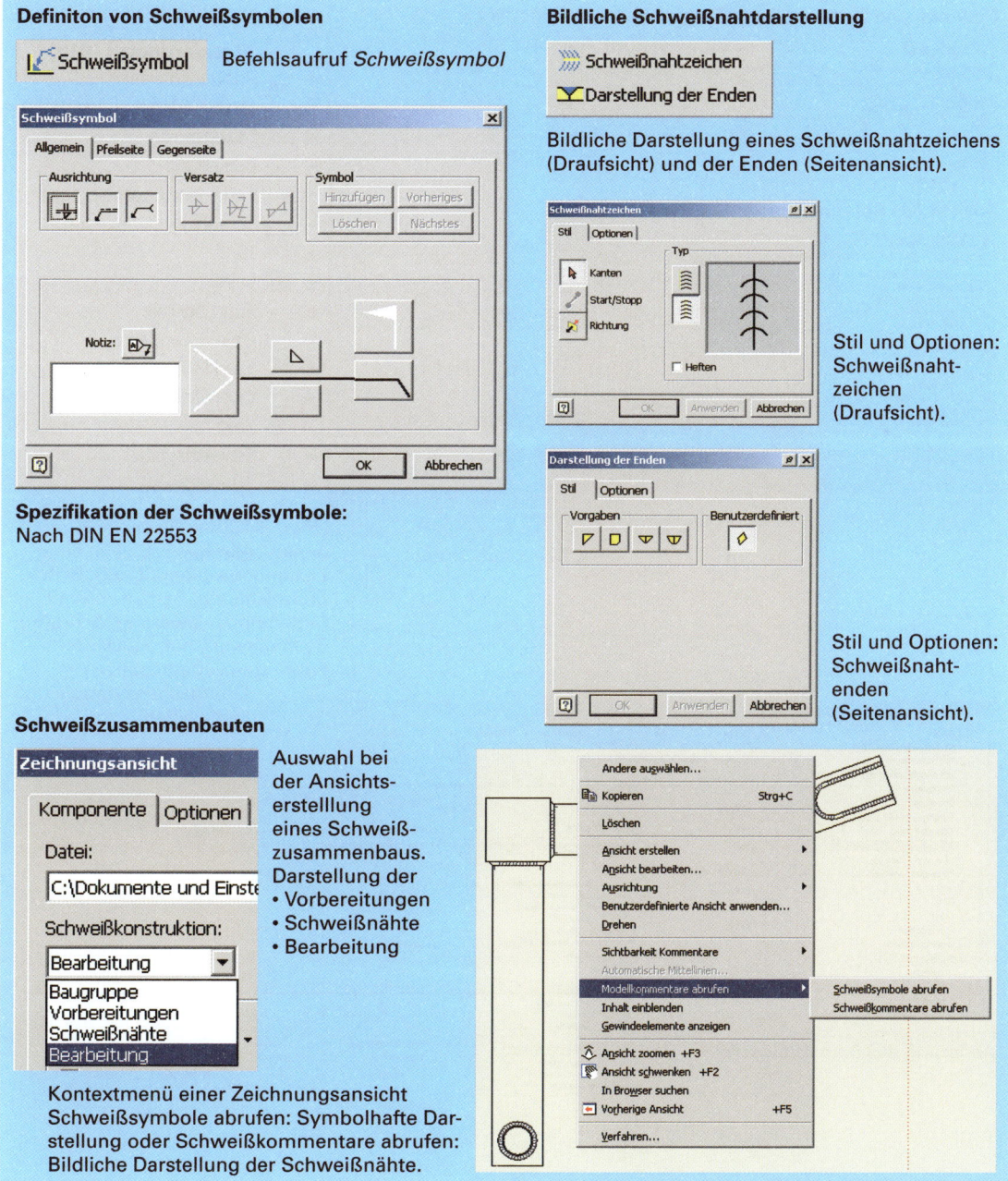

## 9.4.10 Voreinstellungen bei der Zeichnungserstellung

Für die korrekte normgerechte und fertigungsgerechte Zeichnungsdarstellung sind eine Vielzahl von Voreinstellungen zu treffen. Die Voreinstellungen Standard DIN sind meistens ausreichend und bedürfen nur weniger Änderungen. Durch Anwahl des Menüpunktes Format kann der Stil-Editor aufgerufen werden, mit dem sich viele Zeichnungsstile verändern lassen.

Die Vielzahl von Änderungsmöglichkeiten macht allerdings eine vorsichtige Vorgehensweise beim Ändern erforderlich. Die Änderungen sollten sich nicht auf einen vorhanden Stil beziehen, sondern auf einen vorher definierten neuen Stil angewandt werden. Die Standards sollten unverändert bleiben.

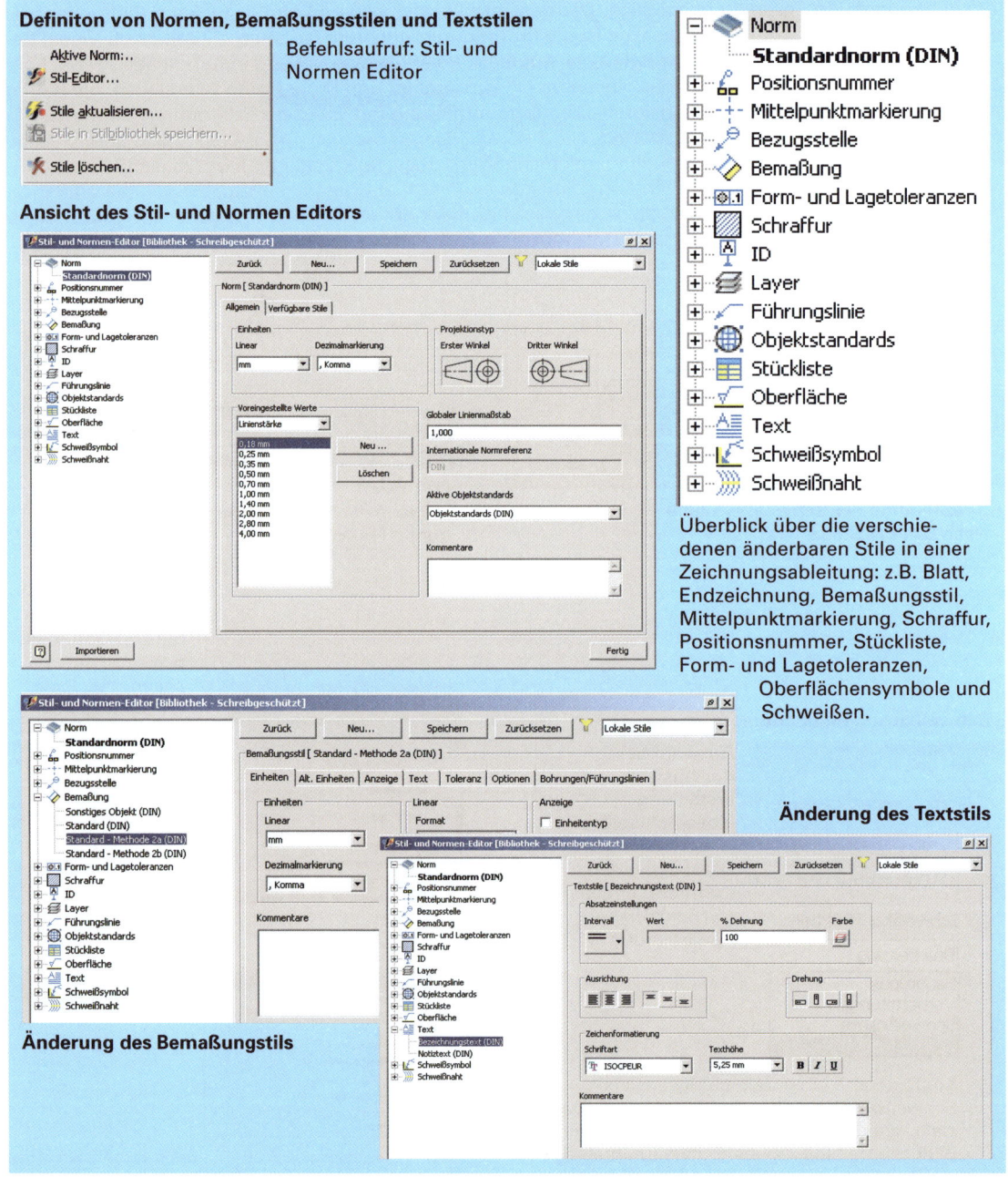

# 10 Variantenkonstruktion

Bei einem parametrischen CAD-System ist das Erstellen von Konstruktionsvarianten mit geringem Aufwand möglich. Die Verwendung von Variablen für alle Maße und die zentrale Ablage der Variablen in der Parameterliste sind für das Erzeugen von Varianten eine optimale Voraussetzung. Maßvarianten sind daher einfach durch Änderungen der Variablenwerte in der Parameterliste zu erzeugen. Bei Gestaltvarianten muss darauf geachtet werden, dass Skizzenabhängigkeiten den Gestaltänderungen nicht widersprechen. Bei Gestaltvarianten sollten Skizzenabhängigkeiten sehr sparsam verwendet werden.

Da die Parameterliste in die Tabellenkalkulation EXCEL exportiert werden kann, sind dort auch komplexe Verknüpfungen von Parametern möglich. Der gesamte Formelbestand von EXCEL kann dann ebenfalls genutzt werden. Eine weitere Möglichkeit ist die Programmierung von Varianten mit Microsoft Visual Basic for Applications (VBA). VBA ermöglicht in Autodesk Inventor eine Programmierumgebung. Sie können VBA verwenden, um auf Autodesk Inventor API zuzugreifen und Programme zu erstellen, die häufig wiederkehrende Aufgaben automatisieren. Die Programmierung mit VBA setzt Programmierkenntnisse in objektorientierter Programmierung voraus.

Es stehen dem Benutzer aber auch einige einfache Werkzeuge zum Erzeugen von Varianten zur Verfügung. Dies sind die so genannten iFeatures (wiederverwendbare Konstruktionselemente), die iParts (tabellengesteuerte Teilefamilien) und die abgeleiteten Komponenten. Das Buch beschränkt sich auf diese drei Möglichkeiten der Variantenerzeugung.

## 10.1 iFeatures

Ein iFeature besteht aus einem oder mehreren 3D-Elementen, die gespeichert und in anderen Konstruktionen wieder verwendet werden können. Sinnvoll ist es, immer wiederkehrende Elemente als iFeature abzulegen, damit diese Elemente in allen Konstruktionen einfach und schnell wiederverwendet werden können. Das Element wird einmal modelliert. Dann wird aus diesem Element das iFeature extrahiert und in einem Katalog abgespeichert (programme\autodesk\inventor\catalog). Günstig ist es die Variablennamen des Ausgangselements in sinnvolle Begriffe umzubenennen (z. B. Passfederbreite statt d1). Das gespeicherte iFeature kann nun in allen weiteren Konstruktionen verwendet werden.

| *iFeature* extrahieren (erstellen) | | *iFeature* einfügen | |
|---|---|---|---|
| 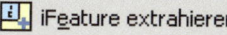 iFeature extrahieren | Befehlsaufruf zum Erstellen eines *iFeatures*. | iFeature einfügen | Befehlsaufruf zum Einfügen eines *iFeatures*. |
| | | Katalog anzeigen | Anzeige des Katalogs in dem alle *iFeatures* abgespeichert sind. |

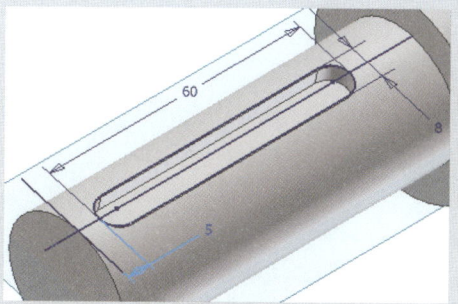

**Übungsbeispiel: *iFeature* Passfedernut**

Zeichnen Sie auf einer zur Zylindermantelfläche tangential liegenden Arbeitsebene die abgebildete Kontur der Passfedernut. Erstellen Sie das Element Passfedernut (umbenannt) als Extrusion (Differenz). Benennen Sie die Parameter in der Parameterliste nach der unten stehenden Vorlage um.

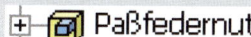

| | | | | | | | | |
|---|---|---|---|---|---|---|---|---|
| Paßfederlänge | mm | 60 mm | 60,000000 | ○ | 60,000000 | ☐ | | |
| Abstand | mm | 5 mm | 5,000000 | ○ | 5,000000 | ☐ | | |
| Wellennuttiefe | mm | 4 mm | 4,000000 | ○ | 4,000000 | ☐ | | |
| d7 | grd | 0 grd | 0,000000 | ○ | 0,000000 | ☐ | | |
| Paßfederbreite | mm | 8 mm | 8,000000 | ○ | 8,000000 | ☐ | | |

## iFeature erstellen

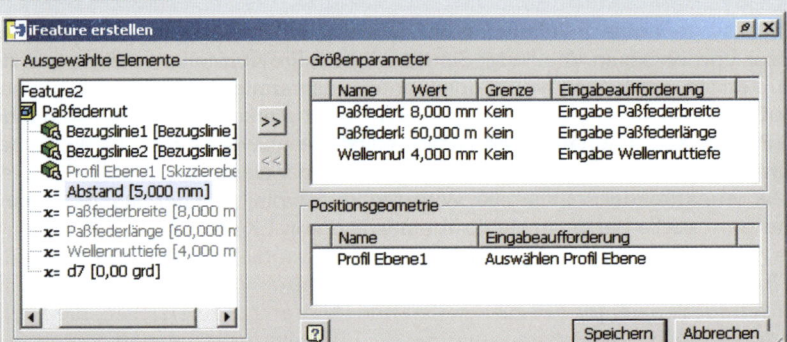

Definition der für das iFeature relevanten Parameter und der Positionsgeometrie. Optionen: Festlegen der Eingabeaufforderung und Festlegen von Grenzen für die Variablenwerte.

## Übungsbeispiel: iFeature einfügen

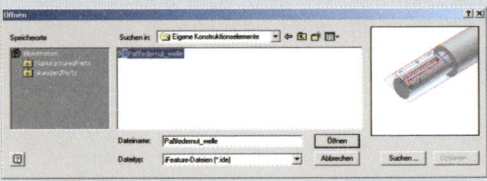

Aufruf des Befehls iFeature einfügen. Das entsprechende iFeature muss aus dem Katalog ausgewechselt werden.

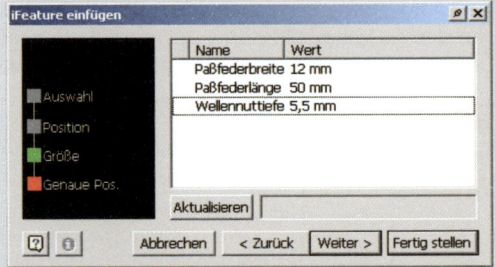

Definition der neuen Skizzierebene.
Die Ebene muss vor dem Einfügen des iFeature erzeugt werden (Arbeitsebene).

Definition der neuen Variablenwerte.

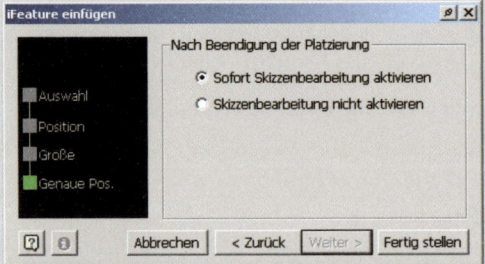

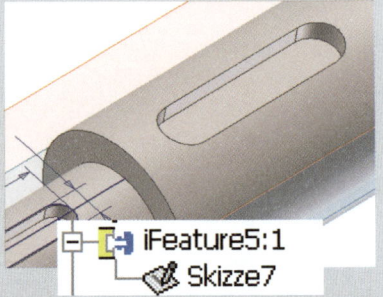

Die Skizzierumgebung wird wieder nach dem Befehl Fertigstellen aktiviert. Die endgültige Positionierung des Elements wird hier nun manuell vorgenommen: Kolinearität zwischen Mittellinie der Nut und der projizierten Mittelachse der Welle. Bemaßung des Abstandes der Nut von der Vorderkante des Wellenabschnitts.

Die neue Passfedernut im Bauteil und die Darstellung des iFeatures im Browser.

## 10.2 iParts

Als *iParts* werden beim Inventor so genannte Teilefamilien bezeichnet. Eine Gruppe ähnlicher Teile lässt sich auf diese Weise einfach zusammenfassen. Als erster Schritt wird ein Prototypteil modelliert und die Variablennamen in der Parameterliste werden sinnvoll umbenannt. Umbenannte Variablen werden automatisch als Schlüsselkenngrößen der Teilefamilie bei der *iPart*-Generierung erkannt. Die Teilefamilie besteht nun aus diesem einen Prototypteil (Eltern), die Schlüsselkennwerte und die ihnen zugewiesenen Werte werden tabellarisch dargestellt. Dieser Tabelle können nun beliebig viele Zeilen hinzugefügt werden. Jede neue Zeile ergibt ein neues Teil der Teilefamilie. Wird das Prototypteil in einer Zusammenbaudatei eingefügt, dann kann aus der Tabelle die gewünschte Variante ausgewählt werden.

**Übungsbeispiel:**

Modellieren Sie die abgebildete Spannpratze und verändern Sie die Parameterliste nach dem nebenstehenden Vorbild.

| Parametername | Einheit | Gleichung | Nennwert | Tol. | Modellwert | | Kommentar |
|---|---|---|---|---|---|---|---|
| Länge | mm | 100 mm | 100,000000 | | 100,000000 | | |
| Breite | mm | 40 mm | 40,000000 | | 40,000000 | | |
| Dicke | mm | 16 mm | 16,000000 | | 16,000000 | | |
| d3 | grd | 0 grd | 0,000000 | | 0,000000 | | |
| d4 | mm | 5 mm | 5,000000 | | 5,000000 | | |
| d6 | mm | Breite / 4 oE | 10,000000 | | 10,000000 | | |
| d7 | mm | Länge / 4 oE | 25,000000 | | 25,000000 | | |
| d8 | mm | Länge / 4 oE | 25,000000 | | 25,000000 | | |
| d9 | mm | Breite / 4 oE | 10,000000 | | 10,000000 | | |
| d10 | mm | 12,5 mm | 12,500000 | | 12,500000 | | |
| d11 | mm | ( Länge * 2 mm ) / 3 mm | 66,666667 | | 66,666667 | | |
| d12 | mm | Länge / 6 oE | 16,666667 | | 16,666667 | | |
| d14 | grd | 0 grd | 0,000000 | | 0,000000 | | |

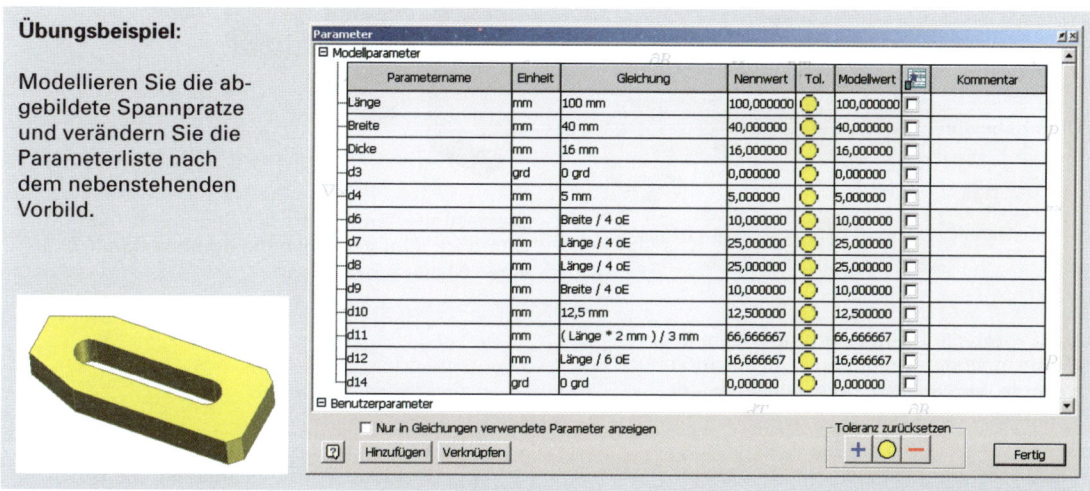

***iPart* erstellen**

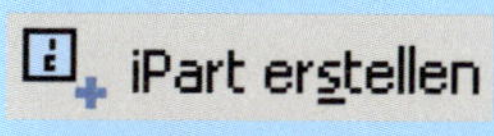

Befehlsaufruf zum Erstellen eines *iParts*

| | Länge | Breite | Dicke |
|---|---|---|---|
| 1 | 100 mm | 40 mm | 16 mm |

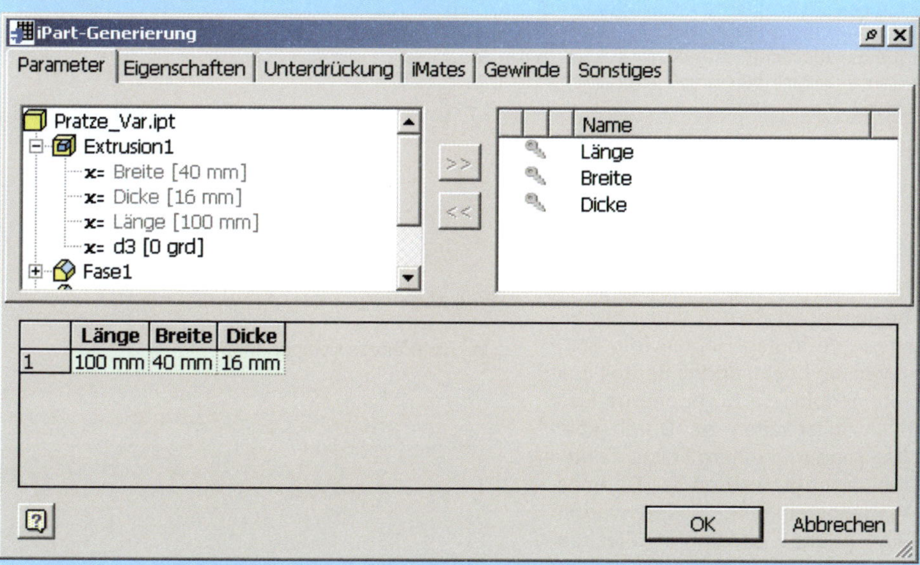

Spezifikationen der *iPart*-Generierung. Ein neues Teil wird durch Hinzufügen einer neuen Tabellenzeile und der Zuweisung neuer Werte der Teilefamilie zugefügt.

**Übungsbeispiel: iPart einfügen**

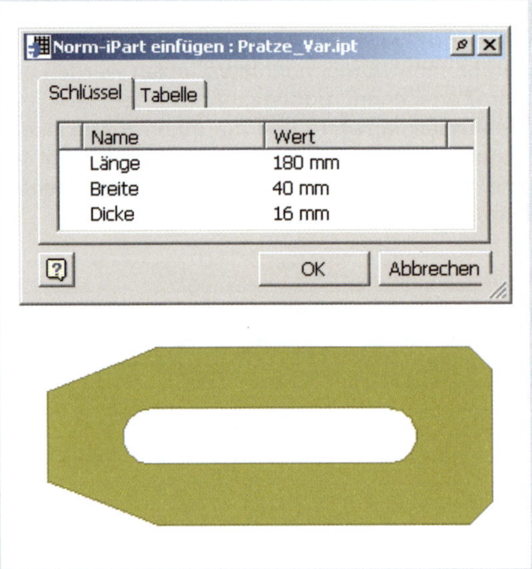

Das Prototypteil wird als Komponente in eine Baugruppendatei eingefügt. Die einzufügende Variante wird aus der Tabelle ausgewählt.

Die gesamte Teilefamilie der Spannpratze im Überblick, fünf verschiedene Bauteile durch einen Mausklick generiert.

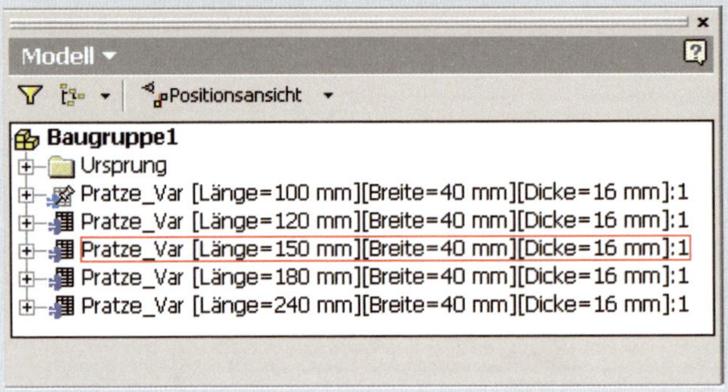

Die fünf Varianten werden im Browser mit dem iPart-Symbol versehen. Die Unterscheidung geschieht durch den Zusatz der Variablenwerte in Klammern.

## 10.3 Abgeleitete Komponenten

Durch den Befehl abgeleitete Komponente lassen sich von einem bestehenden Bauteil Varianten ableiten. In einem neu geöffneten Bauteil (die erste Skizze schließen) wird ein bestehendes Bauteil ausgewählt. Der Befehl abgeleitete Komponente lässt nun verschiedene Möglichkeiten zu. Durch spiegeln an einer Achse kann von einem linken Bauteil ein rechtes Bauteil erzeugt werden (z. B. Achsschenkel), das Ausgangsteil kann skaliert werden (Gussmodell – Schwindung), es kann als Flächensatz abgeleitet werden (als Konstruktionsfläche) und ebenso ist das Ableiten von Skizzen, von Parametern und von Arbeitsgeometrie möglich.

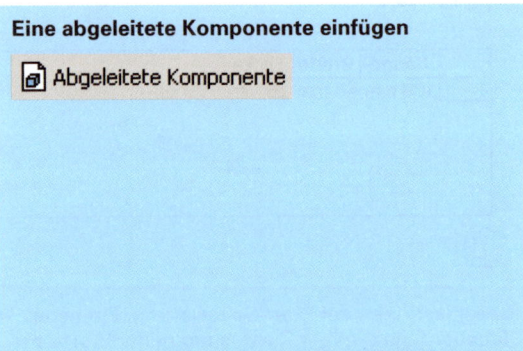

**Eine abgeleitete Komponente einfügen**

# 10 Variantenkonstruktion

## Auswahlfenster für abgeleitete Komponente

Spezifikationen des Befehls *abgeleitete Komponente*. Auswahlmöglichkeiten der Elemente, die abgeleitet werden sollen. Der ganze Volumenkörper, der ganze Körper als Arbeitsfläche, einzelne oder mehrere Skizzen, Arbeitsgeometrie, Flächen, exportierte Parameter und iMates.

Weitere Funktionen sind das Skalieren und das Spiegeln (an den Standardebenen).

**Übungsbeispiel:** Leiten Sie von dem rechten Winkelstück das linke Winkelstück ab. Spiegeln Sie den Volumenkörper an der XY-Ebene.

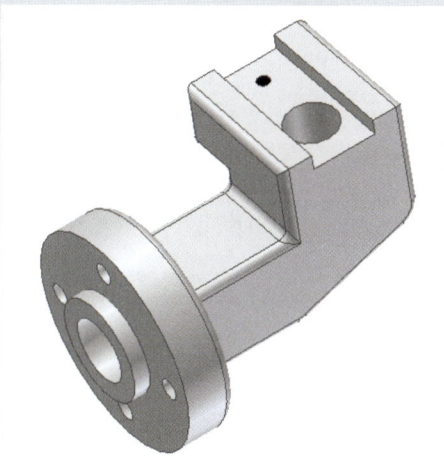
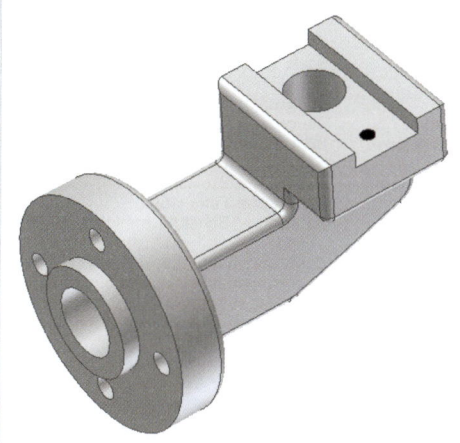

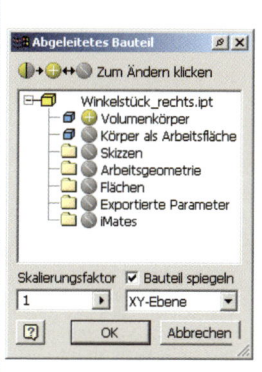
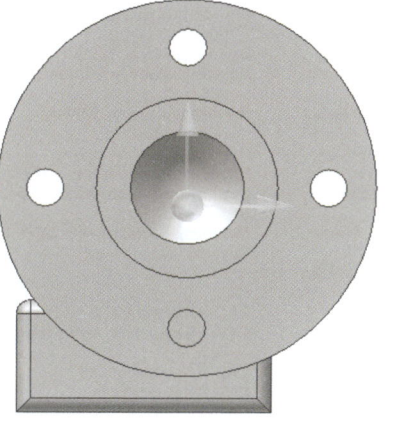

Spezifikationen des Befehls *abgeleitete Komponente* durch Spiegeln des Bauteils.

# Sachwortverzeichnis

2D-Abrunden 66
2D-Fase 66
2D-Systeme, Anforderungen 14
2D-Systeme, CAD 13
3D-Arbeitselemente 121
3D-Elemente bearbeiten 93
3D-Fase 97
3D-Geometrieelemente 18
3D-Geometrieelemente, platzierte 19
3D-Geometrieelemente, skizzierte 19
3D-Koordinatensysteme 17
3D-Manipulationen 21, 110
3D-Printing 12
3D-Rundung 94
3D-Schnittkurve 125
3D-Skizze 125
3D-Skizze, 3D-Schnittkurve 125
3D-Skizze, Biegung 125
3D-Skizze, Geometrie einschließen 125
3D-Skizze, Linie 125
3D-Sweeping 126
3D-Systeme, Anforderungen 15
3D-Systeme, CAD 15

## A

Abgeleitete Komponente 220
Abgeleitete Komponente auswählen 221
Abgeleitete Komponente einfügen 221
Abgeleitetes Bauteil auswählen 221
Abhängigkeiten (Skizze) 82
Abhängigkeiten anzeigen 84
Abhängigkeiten löschen 84
Abhängigkeitsarten 82
Abroll-Menüleiste 54
Abwicklung 142
Adaptive Bauteile 168
Adaptive Komponente erstellen 168
Adaptivität 24
Aktuelle Ausrichtung 194
Alles mit Positionsnummern versehen 212
Alles speichern 30
Allgemeine Bemaßung 199, 200
Allgemeine Bemaßung (Skizze) 75
Allgemeine Bemaßung bearbeiten 201
Allgemeine Bemaßung, Kontextmenü 76
Angeforderte Werte bearbeiten 193
Animation steuern 187
Animationssequenz 187
Animieren 182, 187
Anordnung, rechteckige 21
Anordnung, rechteckige (Skizze) 68
Anordnung, runde 21
Anordnung, runde (Skizze) 67
Ansicht erstellen 182, 183
Ansichtswerkzeug Drehen 38

Anwendungsoptionen, Adaptiv 168
Arbeitsachse 21, 121, 122
Arbeitsachse, Platzierungsmöglichkeiten 122
Arbeitsblattformate, bearbeiten 190
Arbeitsebene 21, 121
Arbeitsfläche 54
Arbeitspunkt 21, 121, 123
Assoziativität 24
Aufgaben bearbeiten 185
Aufkleber 132
Ausgerichtete Bemaßung 201
Ausgleichswert 135
Ausklinkung 140
Ausschnittansicht 194, 198
Auswahl Box 37
Auswahl Fenster 37
Auswahl-Werkzeug 37
Auswahlkreis 197
Auswahloptionen 36
AutoCAD Datei einfügen 64
Automatische Bemaßung 78
AVI-Datei speichern 187
AVI-Rate 161

## B

Basis-Volumenkörper 18
Basislinienbemaßung 199, 202
Baugruppe 153
Baugruppe auswählen 183
Baugruppe, Benutzerdefinierte Ansichten 155
Baugruppe, Browserleiste 154
Baugruppe, Filter 155
Baugruppe, Schaltflächenleiste 154
Baugruppenabhängigkeit 159
Baugruppenabhängigkeit, Einfügen 159, 160
Baugruppenabhängigkeit, Passend 159, 160
Baugruppenabhängigkeit, Tangential 159, 160
Baugruppenabhängigkeit, Winkel 159, 160
Baugruppenansicht 183
Bauteil Eigenschaften 44
Bauteil nach Abhängigkeiten bewegen 161
Bauteil, Neues 51
Bauteildarstellung 39
Bauteildarstellung, Drahtmodell 39
Bauteildarstellung, mit Schatten 40
Bauteildarstellung, mit verdeckten Kanten 39
Bauteildarstellung, schattiert 39
Bauteilmodellierung, Elemente 86
Bauteilmodellierung, Skizzen 50
Bauteilparametrik 24
Bearbeitung 173, 178
Beenden, Programm 32
Beleuchtung 40, 42
Bemaßung 14
Bemaßungen abrufen 200
Bemaßung bearbeiten 81

Bemaßung Bohrung 205
Bemaßung Gewindebohrung 205
Bemaßung löschen 81
Bemaßungsoptionen 201
Bemaßungsstile 201
Bemaßungsstile definieren 216
Bemaßungstext 201
Bemaßungstoleranzen 201
Bemaßungstyp 201
Bemaßungstyp Radius 202
Bemassungswert anzeigen 79
Benutzerdefinierte Eingabefelder 192
Benutzeroberfläche 54
Bestehende Elementanordnung 158
Bewegungsabhängigkeit 160
Bezugsstelle 209
Bezugssymbol 208
Biegeradius 135
Biegeumformung, Grundlagen 135
Biegung 144
Biegungstabelle 135, 136
Biegungstabelle, ASCII-Datei 136
Biegungstabelle, EXCEL-Datei 136, 137
Bild einfügen 65
Blatt bearbeiten 190
Blech.ipt 133
Blech.ipt, Parameterliste 133
Blechstile 134
Blechteilmodellierung, Grundlagen 133
Bogen, durch 3 Punkte 63
Bogen, Mittelpunkt, Startpunkt, Endpunkt 63
Bogen, tangential an 2 Kurven 63
Bohrerform 92
Bohrung 89
Bohrung mit konischer Senkung 91
Bohrung mit zylindrischer Senkung 91
Bohrung ohne Senkung 91
Bohrung, Ausführungstypen 90
Bohrung, Blech 146
Bohrungs-/Gewindeinfos 199, 205
Bohrungsposition, Mittelpunkte 90
Bohrungstabelle 204
Boolesche Operationen 87, 88
Bottom-up-Konstruktion 153
Browser 57
Browser, Kontextmenü 58
Browserleiste 54, 57

## C

CAD-Arbeitsplatz 7, 8
CAD-Arbeitsplatz, Anforderungen 9
CAD-Bildschirme 10
CAD-Rechner 9
CAD-System, Anforderungen 8

CAD, Bedeutung 7
CAD, Begriffsdefinitionen 7
CAD, Grundlagen 7

## D

Darstellungshilfen 22
Darstellungsoptionen Schweißzusammenbauten 215
Dateiformate 31
Dateityp *.iam 27
Dateityp *.idw 27
Dateityp *.ipn 27
Dateityp *.ipt 27
Dehnen 71
Detailansicht 194, 197
Differenz 20, 87, 88
Dokumenteinstellungen 48
Dokumentvorlagen 27, 28, 29, 51
Doppelte Biegung 144
Drahtmodell 16
Drehen 38, 74
Drehrichtung 88
Drehung 88
Dreiviertel-Schnittansicht 162
Drucker 11
Durchmesserbemaßung (Skizze) 77, 201

## E

Ebenentechnik 14
Eckenfasen 146
Eckenrundungen 146
Eckverbindungen 139
Einführung in den Inventor 26
Eingabefelder, angeforderte Werte 193
Eingabefelder, benutzerdefiniert 192
Eingabegeräte 11
Elementsymbol 209
Ellipse 62
Entwurfsansicht 198
Erhebung 126
Erstansicht erstellen 194
Erste Schritte 27
Erzeugungslogik, 2D 14
Erzeugungslogik, 3D 20
Explosionsmethode 183, 184
Externe Normteile einfügen 167
Extrusion 86

## F

Falz 145
Farbe 40, 41
Farbspezifikationen 41
Fase 97, 98
Fenster, alles anordnen 49
Fenster, überlappend 49
Fensteranordnung 49
Fest 84
Fixiert 156
Fläche 137
Flächen ersetzen 128
Flächen heften 128
Flächen löschen 128
Flächenmodell 16, 18
Flächenmodellierung 128
Flächenverjüngung 110

# Sachwortverzeichnis

Form- und Lagetoleranzen 208
Freie Lasche 141
Führungslinie 201
Führungslinientext 209
Funktionsmodelle 12
Fused Deposition Modelling 12

## G
Geometrie einschließen 125
Geometrie proijzieren 64
Geometrieelemente 14
Gestreckte Länge 135
Getriebene Bemaßung 81
Gewindeabmessungen 92
Gewindeart, Bohrung 91
Gewindearten 99
Gewindeelement 99
Gleich 84
Gleichung anzeigen 79
Großrechner 10

## H
Halbe-Schnittansicht 162
Hilfsansicht 194, 196
Horizontal 83
Horizontale Bemaßung 200

## I
iFeatures 217
Importieren 156
Inkrementaldrehung 185
Internetanbindung 25
iPart erstellen 219
iParts 25, 219
iProperties 44, 45

## K
Kamera einrichten 185
Kamera, orthogonale 39
Kamera, perspektivische 39
Kamerapositionen 39
Kantenmodell 16
Kehlnäht als modelliertes Volumen 176
Koinzident 83
Kolinear 83
Kollisionserkennung 161
Komponente anordnen 158
Komponente drehen 162
Komponente ersetzen 161
Komponente erstellen 157
Komponente öffnen 156
Komponente platzieren 155
Komponente verschieben 162
Komponente, Dateitypen 156
Komponenten fixieren 156
Komponentenposition ändern 182, 184
Komponentenpositionen bearbeiten 185
Konturlasche 143
Konvertierung in Schweißbaugruppe 174
Konvertierungsparameter 174
Konzentrisch 83
Konzeptionsmodelle 12
Koordinatenbemaßung 199, 203
Koordinatenbemaßungssatz 199, 202, 230
Koordinatensysteme 14

Kopie speichern unter 30
Korrekturfaktor k 135
Kreis, an 3Tangenten 62
Kreis, Mittelpunkt und Radius 62

## L
Lasche 138
Linie 62
Linienstil (Skizze) 78
Listendarstellung, Normteile 164
LOM 12
Lotrecht 82

## M
Makros 15
Manipulationsfunktionen 14
Material, neues 43
Materialien 40, 43
Maustastenbelegung 35
Messen 47
Middle-Out-Konstruktion 153
Mittellinie 205, 206
Mittelpunktsmarkierung 205
Modelldarstellung 16
Modellkommentar abrufen 200

## N
Nahtvorbereitung 173, 177, 178
Neue Objekte erstellen 27
Neues Blatt 198
norm.iam 153
Norm.ipn 182
Normen definieren 216
Normteilbibliothek 25, 163
Normteilbibliothek, Ansicht 165
Normteile 163
Normteilpalette DIN 163

## O
Oberflächenangaben DIN EN ISO 1302 207
Oberflächenauswahl 41
Oberflächenbeschaffenheit 41
Oberflächensymbol 206
Objekt einfügen 166
Objektsichtbarkeit ausschalten 46
Objektsichtbarkeit einschalten 46
Öffnen, Datei 30
Organizer 44

## P
Pan 38
Parallel 82
Parallelansicht 195
Parameterliste 24, 80
Parametername anzeigen 79
Parametrische Bemaßung 79
Pfade erstellen 183
Pfeilspitze ändern 213
Pfeilspitzen 201
Platzierte 3D-Elemente 94
Plotter 11
Polygon 64
Positionsnummern 212, 213
Positionsveränderung erstellen 184

Positionsveränderungsansicht 183
Prägung 130
Präsentation 182
Präsentation erstellen 182
Präsentationen animieren 186
Präsentationsansicht 182
Präsentationsansichten bearbeiten 185
Präzise Drehung der Ansicht 182, 185
Pro/Engineer-Dateien importieren 156
Profile 163
Programmstart 26
Projekt bearbeiten 35
Projekt editieren 34
Projekt erstellen 33
Projektdatei 33
Projekte 32
Projekteditor 34
Punkt 63

## R
Rapid prototyping 12
rapid tooling 12
Rechnervernetzung 10
Rechteck, 2 diagonale Eckpunkte 63
Rechteck, Eckpunkt, Länge, Breite 63
Rechteckige Anordnung, 3D 110, 111
Rechteckige Anordnung, Komponente 158
Registerkarte Englisch 28
Registerkarte Metrisch 28, 29
Registerkarte Standard 28
Revisionsbezeichnung 210
Revisionstabelle 210
Rippe 108
Rippe, offen (Steg) 109
Rollen entlang scharfer Kanten 96
Rollende Kugel wenn möglich 96
Rückfederung 136
Rückfederungsfaktor kR 136
Runde Anordnung, 3D 110, 112
Runde Anordnung, Komponente 158
Rundung, konstant 96
Rundung, variabel 96
Rundung, Versatz 97
Rundungsradius 94

## S
Schaltflächenleiste 54
Schaltflächenleiste Zeichnungskommentare 199
Schaltflächenleiste, Elementemodus 56
Schaltflächenleiste, Skizzenmodus 55
Schieben 73
Schließen, Datei 32
Schnittansicht 194, 196
Schnittkanten proijzieren 64
Schnittmenge 20, 87, 88
Schnittverlauf 196
Schraffuren 14
Schriftfeld, Definition bearbeiten 191

Schriftfeld, Eigenschaftsfeld 191
Schriftfeld, Text 191
Schriftfelder 191
Schrifthöhe 210
Schweißbaugruppe 173
Schweißbaugruppe konvertieren 173
Schweißbaugruppenfunktionen 173
Schweißelement Typ 176
Schweißkonstruktion 173
Schweißnahtdarstellung, bildlich 215
Schweißnahtdarstellung, symbolisch 215
Schweißnähte 173
Schweißnähte definieren 176
Schweißnahtformen 177
Schweißnahtsymbole 177
Schweißsymbole 215
Schwerpunkt, Darstellung 46
Selektives Laser Sintern 12
Sequenzansicht 182, 183, 185
Shortcuts 36
Skizze beenden 59
Skizze, neue 59
Skizzen bearbeiten 66
Skizzenerstellung 58, 59
Skizzierte Symbole 192, 210
Skizzierwerkzeuge 62
Speichern unter 29
Speichern, Datei 29
Speicherort norm.ipt 53
Speicherort Vorlagedateien 53
Spiegeln (Skizze) 70
Spiegeln, 3D 110, 113
Spirale 118
Spitzenwinkel 92
Spline 62
Standard- Schriftfeld DIN 191
Standard- Zeichnungsrahmenparameter 190
Stanzwerkzeug, iFeature 147
Startbildschirm 26
Statusleiste 54
Statusleiste, Kommentare 61
Steg 109
STEP-Dateien 167
Stereolithographie 12
Stil-Editor 216
Stückliste 212
Stutzen 71
Suchen, Datei 31
Sweeping 123
Symboldarstellung, Normteile 164
Symbole 210
Symmetrielinie 205
Symmetrisch 84

## T
Tabellengesteuerte Teile 25
Tangential 82
Tasten-Shortcuts 36
Tastenrädchen 35
Teilefamilien 25, 219
templates 53
Text 209
Text erstellen 65
Textstile definieren 216
Texturen 40
Top-Down-Konstruktion 153
Transformationen 184
Trennen 119

**U**
Übergang von Abhängigkeiten 160
Umlaufende Schweißnähte 177
Unterbrochene Ansicht 194, 197
Ursprungselemente 53
Ursprungsindikator 203

**V**
Variantenkonstruktion 217
Variantentechnik 15
Verdickung, Versatz 129
Vereinigung 20, 87, 88
Verrundungskanten auswählen 94
Versatz 72
Vertikal 83
Vertikale Bemaßung 200
Viertel- Schnittansicht 162
Volumenmodell 16
Voreinstellung norm.ipt 52
Voreinstellungen 52
Vorlage Blech.ipt 133

**W**
Wandstärke 107
Wandstärke, zuweisen 108

Werkstoffkennwerte 43
Werkzeugleiste Standard 54
Workstation 10

**Z**
Zeichenblatt, Hochformat 190
Zeichenblatt, Querformat 190
Zeichenhilfen 60, 61
Zeichnung erstellen 189
Zeichnung, Arbeitsbereich 189
Zeichnung, Ränder 190
Zeichnungsableitung 23
Zeichnungsansichten 189, 194
Zeichnungsbemaßung 199

Zeichnungserstellung 189
Zeichnungserstellung Schweißteile 215
Zeichnungserstellung, Voreinstellungen 216
Zeichnungskommentare 199
Zeichnungsmaßstäbe 14
Zeichnungsrahmen 190
Zeichnungsressourcen 190
Zentrierte Anordnung 205, 206
Zoo-Befehle 38
Zusammenbau von Baugruppen 153
Zusammenbaudatei 153
Zuschnittsermittlung 135

# Quellenverzeichnis

Die nachfolgend genannten Firmen haben durch Bereitstellung von Druckschriften und Bildmaterial einen wesentlichen Beitrag für die praxisorientierte Darstellung geleistet. Hierfür gilt unser besonderer Dank.

3DCONNEXION, Seefeld · alphacam GmbH, Schorndorf · Autodesk GmbH, München · CINTEG AG, Göppingen · Hewlett Packard GmbH, Böblingen · Logitech GmbH, Germering · ORG-DELTA GmbH, Reichenbach/Fils

Grundlage für die Erstellung dieses Buches war die Software Autodesk Inventor professional 9, deutsche Version incl. Hilfefunktion, der Fa. Autodesk GmbH, München.